現代演算法
原來理解演算法並不難

Real-World Algorithms : A Beginner's Guide

目錄

前言

我這個世代的人經常在成長過程中聽到這句話：“撒旦有一些壞事是專門給懶人做的”。天真的我相信它，所以秉持良心努力工作，直到現在。雖然良心約束了我的行為，但我的想法依然經歷一場革命。我認為，人們的工作量太大了，之所以會有這麼痛苦的結果，是因為人們相信工作是良性的，且現代化的工業國家不斷鼓吹這個不良的觀念。

Bertrand Russell, *In Praise of Idleness*（1932）

本書談的是**演算法**（*algorithms*），也就是為了**不做事**而做的事。它是為了避免工作而做的事情。我們善於利用大腦來發明取代勞力的工具，藉由演算法，我們可用大腦來創造大腦。

減少人類的工作是很崇高的任務。我們認為應該盡量使用機器來減少勞動，以減少幾個世紀以來辛勞的工作。更棒的是，我們也可以同時避免體力勞動與腦力勞動。我們應該盡力避免扼殺人類創造力的重複性勞力，演算法可協助我們做到這一點。

此外，現今的數位科技可以完成人性化的工作，而非只有單調的工作。機器可以辨識及產生語音、翻譯文章、分類及歸納文件、預測天氣，以驚人的準確性來預測模式、運行其他機器、算術、在遊戲中擊敗人類，以及幫助我們發明其他機器。這些工作都是用演算法來做的，而且我們可以藉此減少工作量，把時間花在真正想做的事情上，以及獲得更多時間與機會來發明更好的演算法，進一步減少更多勞動。

演算法不是在電腦問世之後才出現的，也不限於電腦科學，它從遠古時代就與我們同在。演算法已經影響絕大多數的學科了。很多人發現演算法已經變成他們的專業領域的主要成分，於是開始學習演算法，試著理解與使用它們，無論它們表面上看起來與電腦的距離有多遙遠。

就算是簡單的事情與日常工作，因為沒有正確思考而浪費的精力也會很驚人。當你做重複的事情時，通常根本不該做那件事。作者的經驗是，在日常工作中，只要我們知道如何避免工作，通常很快就可以完成一系列的操作；我指的不是推卸責任（有些人非常擅長），而是讓電腦為我們工作（我們應該讓更多人擅長這件事）。

本書對象

本書是為第一次學習演算法的人寫的。如果你的本科是電腦科學，你可以從本書學到初階的方法，之後再研究較深的主題；演算法是計算的核心，本書介紹的只是它的皮毛而已。

但是，很多人也會在就業或學習其他學科時，發現演算法是一種重要的工具。許多學科都不太可能完全用不到演算法。本書希望將演算法介紹給工作或求學的過程中需要使用與瞭解演算法的人，無論演算法是不是他們的核心知識。

本書的對象還有希望可以使用演算法（無論多麼小型及簡單）來簡化工作，並避免浪費時間在雜事上的人。你只要寫幾行現代腳本程式就可以執行需要消耗好幾個小時的人力的工作。運用演算法不是內行精英的特權，令人遺憾的是，外行人有時無法瞭解這一點。

要在現代社會中進行有意義的交流，基本的數學與科學知識是不可或缺的元素，同樣的，如果你不瞭解演算法，就不可能在現代社會中具備生產力。它們都是你日常經驗的基礎。

你需要知道的知識

演算法並非只有電腦科學家才能瞭解。演算法是以執行工作的指令組成的，任何人都可以瞭解它。但是，要有效地運用演算法，以及從書中獲得最大的利益，就像這一本書，讀者應該具備一些基本的技術。

你不需要精通數學，但應該瞭解一些基本的數學概念與符號。本書使用的數學不會超過高中等級。你不需要知道更高深的數學，但必須知道如何證明，因為我們會以邏輯步驟來證明演算法的可行性，這與數學的證明是相同的。我指的不是這本書將會充滿數學證明，而是你必須瞭解我們如何證明。

讀者不需要很會寫程式，但應該初步瞭解電腦的運作方式、該怎麼寫程式，以及程式語言的結構。讀者不需要深入瞭解它們；不過，要看懂這本書，你最好也能夠瞭解它們。電腦系統與演算法有密切的關係，它們的理論是互通的。

你應該具備好奇心。演算法談的是解決問題，並確保答案是**有效的**。每次你在想 "有沒有更好的做法？" 時，其實是在尋找一種演算法。

寫作風格

本書希望以最簡單的方式來說明演算法，但又不至於侮辱讀者的智慧。如果你不明白書中的內容、如果你開始認為這本書或許比較適合程度比你高的人、如果你開始敬畏書的內容，但無法瞭解它，代表這本書讓你感到挫折。我想要盡量避免這種情況，所以會稍微簡化一些東西。也就是說，我們不會充分證明某些內容。

簡化或省略一些內容，不代表讀者不需要積極求知：這就是我們不侮辱讀者智慧之處。我們假設讀者真心想要學習演算法，這確實需要許多時間與精力，而且，投入的時間越多越好。

有些書會讓你深入其中，讓你不知不覺看完整本書，並充分吸收它的內容。我指的不是廉價小說。Albert Camus 寫的《*The Plague*》不是一本難懂的書，但大家都認為它是一本既正式且深入的文學作品。

但有些書會讓人絞盡腦汁，覺得高不可攀，努力看完的人有一種突破自我的感覺，甚至覺得自己與眾不同—並非所有人都喜歡 James Joyce 的《*Ulysses*》、Thomas Pynchon 或 David Foster Wallace 的作品。不過努力看完他們的書之後，覺得後悔的人也不多。

在這兩種書之間，還有許多其他種類的書。或許你覺得《*Gravity's Rainbow*》有點艱深，那你覺得《*The Brothers Karamazov*》或《*Anna Karenina*》如何？

你正在看的這本書試著介於兩者之間；我們不要求你有過人的智慧，但是必須認真研究。作者想要牽著你的手介紹演算法，而不是把你扛在肩上；這本書會協助你瞭解演算法，不過你應該自己走這條路。所以它不會侮辱你的智慧，它會假設你很聰明，樂於學習新知，知道學習是需要積極努力的；你知道天下沒有不勞而獲的事情，而努力終會獲得回報。

虛擬碼

在幾年前，只知道一種程式語言的年輕人就可以進入電腦業界，但現在已經不是如此了。目前有許多很好的程式語言，電腦做的事情比二十年前還要多很多，且各種不同的語言都有各自專精的領域。讓語言彼此競爭是愚蠢且適得其反的。此外，因為電腦可帶來美好的事物，所以人們願意積極尋求新的方法來與電腦合作，發明新的程式語言，並進化舊的語言。

作者確實有偏愛的語言，但將這種偏好強加在讀者身上不太公平。何況電腦語言也有流行期，昨日的寵兒或許會成為今日的敝屣。為了讓這本書的用途更廣泛且長壽，我們不採用實際的語言來編寫範例，而是用虛擬碼來說明演算法。虛擬碼比實際的電腦程式更容易瞭解，因為它沒有真正的程式語言固有的缺點。虛擬碼通常比較容易理解，當你想要深入瞭解演算法時，就必須用手書寫，此時虛擬碼比實際的程式好用，因為使用程式還需要注意語法。

話雖如此，你必須實際編寫電腦程式來實作演算法，否則很難瞭解它們。本書採用虛擬碼，但不希望讀者以傲慢的態度來看待電腦程式碼。可行的話，你應該選擇一種語言來實作書中的演算法。使用電腦程式**正確地**實作演算法，會讓你獲得超乎想像的成就感。

如何閱讀這本書？

本書最佳的閱讀方式是循序漸進，因為前面的章節介紹的是之後會用到的概念。在一開始，你會看到所有演算法都會用到的基本資料結構，之後的章節也會用到它們。但是，奠定基礎之後，如果你有比較想看的章節，也可以選擇想看的部分。

因此，你應該從第 1 章看起，在這一章，你也會看到其餘章節的架構：先描述問題，再展示解決問題的演算法。第 1 章也會介紹本書的虛擬碼規範，以及基本的術語，與我們遇到的第一種資料結構：陣列與堆疊。

第 2 章會初次介紹圖（graph）與探索它們的方式，也會討論遞迴，所以雖然你看過圖，但還不確定是否已瞭解遞迴，就不該跳過它。第 2 章也會展示其他的資料結構，其他章節的演算法會不斷使用它們。接下來，在第 3 章，我們會討論壓縮的問題，與兩種壓縮法的運作方式：我們也會介紹一些更重要的資料結構。

第 4 章與第 5 章討論密碼學。它與圖和壓縮不同，但也是很重要的演算法應用，尤其是近年來，你可以在許多地方與設備上找到個人資料，但各路人馬都想要窺探它們。這兩章可以單獨閱讀，不過有一些重要的部分，例如如何找出大質數，會留到第 16 章說明。

第 6 到 10 章會說明與圖有關的問題：排序工作、走出迷宮、找出彼此聯繫的事物的重要性（例如網路上的網頁）、如何使用圖來選舉。走迷宮有一些應用可能是你想像不到的，包括排版文章段落、Internet 路由與金融套利；它有一種版本是在選舉的情境下使用的，所以你可以將第 7、8 與 10 章視為同一個部分。

第 11 與 12 章會處理兩種最基本的計算問題：搜尋與排序。這兩個主題可用整本書來說明，它們也的確有專屬的書籍。我們只展示一些常用的重要演算法。在討論搜尋時，我們也會討論其他的主題，例如線上搜尋（在你收到的串流中尋找東西，且事後不能更改決定）以及研究員經常看到的無尺度分布。第 13 章會介紹另一種儲存與取回資料的方法，它們相當實用、通用且優雅。

第 14 章會討論分類演算法，這種演算法可根據一組範例來學習分類資料，接著我們可以用它來分類新的、未看過的實例。這是一種機器學習案例，這個領域隨著電腦越來越強大而變得越來越重要。這一章也會討論資訊理論的基本概念，這是另一種與演算法有關的優美領域。第 14 章與本書的其他章節不同，裡面的演算法會呼叫較小型的演算法來完成部分的工作，如同許多小型的組件組成電腦程式，每一個組件都會做一項特定的工作一般。這一章也會說明本書其他地方談過的資料結構如何在分類演算法中扮演重要的角色。想要瞭解高階演算法細節的讀者會特別喜歡這一章—本章將會介紹將演算法轉換為程式的步驟。

第 15 章會討論符號序列，也就是字串，以及從裡面找出東西的方法。每當我們要求電腦在文章中找出某個東西時，就會執行這種操作，但我們不知道如何有效率地執行它。幸運的是，我們可以快速且優雅地完成它。此外，符號序列也可以用來代表許多其他的東西，所以許多領域都會運用字串比對，例如生物學。

最後，第 16 章將會介紹隨機。隨機化的演算法有大量的應用，這一章只納入其中的一些。它們也可以解決書中談過的其他問題，例如在密碼學中，找到大質數的問題，或是同樣與投票有關的，計算你投下的票造成的影響。

課程使用

本書的教材適合想要探討演算法，而且把重心放在瞭解主要的概念，而不是深入討論技術做法的完整學期課程。商學、經濟學、生活、社會與應用科學等學科，或數學與統計學等形式科學的學生，都可在入門課程中將它當成主要教科書，並且輔以程式設計作業，實作可實際應用的演算法。電腦科學系可以將它當成非正式的介紹，協助你欣賞較具技術性的書籍之中的演算法的深度與美感。

致謝

當我第一次向麻省理工學院出版社提出這本書的構想時，一點都不知道該如何實現它，如果沒有一群優秀的人協助我，這本書就不可能出現。Marie Lufkin Lee 在整個過程中指引我，即使在最後期限之前，他依然採取溫和的態度。Virginia Crossman、Jim Mitchell、Kate Hensley、Nancy Wolfe Kotary、Susan Clark、Janice Miller、Marc Lowenthal 與 Justin Kehoe 曾經在各個階段像匿名評論家一樣協助我。Amy Hendrickson 在我享受 LATEX 奧秘的樂趣時協助過我。

Marios Fragkoulis 針對手稿的部分內容提供詳細的意見，Diomidis Spinellis 特別撥冗建議我該如何改進。Stephanos Androutsellis-Theotokis、George Theodorou、Stephanos Chaliasos、Christina Chaniotaki 與 George Pantelis 都很親切地指出錯誤。如果本書還有任何錯誤或疏漏，都與他們無關。

當然我要對 Eleni、Adrian 與 Hector 表達我的敬意，他們一起經歷了本書最艱困的時刻。

最後的前言

如果你將演算法（algorithm）寫成 *algorhythm*，它其實是一個混合詞，代表 "痛苦的節奏（the rhythm of pain）"，*algos* 是痛苦的希臘文。其實，algorithm 這個字來自 al-Khwārizmī，它是一位波斯數學家、天文學家與地理學家的名字（c. 780–c. 850 CE）。希望這本書能夠吸引你，而非讓你感到痛苦。我們開始來討論演算法吧！

1   股價跨幅

假設你有一檔股票每日的股價，也就是說，你有一系列的數字，這些數字都代表該股票在特定日期的收盤價，日期是按照時間順序來排列的，股市休市的那一天就沒有報價。

股票的**跨幅**（*span*）代表在指定的日期之前，價格少於或等於該日股價的連續天數。所以股價跨幅（Stock Span）問題就是，在一系列的逐日股價中，找出每天的股票跨幅。例如，在圖 1.1 中，第一天是零日（day zero），在資料的六日，跨幅是五天，五日是四天，四日是一天。

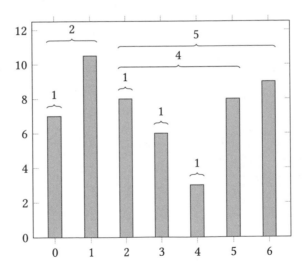

圖 1.1
股價跨幅範例。

在實際的情況下，這系列的數字可能會有上千日，我們也有可能想要計算許多不同系列的跨幅，以每一個系列來描述各種股價的演變。因此，我們想要用電腦來算出解答。

可用電腦來處理的問題通常都有多種方式可得到答案，裡面通常有一些方法比較好。"比較好"本身沒有特定的意思，它只是某方面會比較好，可能指的是速度、記憶體，或某種會影響時間、空間等資源的東西。我們很快就會進一步討論這一點，不過你要記住它，因為有的方法很簡單，但是以我們的限制或標準來看，它可能不是最好的。

假設你在這一系列日期的 m 日。找出 m 日的跨幅的方式之一是回推一天，所以你會在 $m-1$ 日。如果 $m-1$ 日的價格大於 m 日的價格，你就知道 m 日的股價跨幅只有 1。但是如果 $m-1$ 日的股價少於或等於 m 日的價格，那麼該股票在 m 日的價格跨幅就至少是 2，且可能更多，取決於之前的價格。所以我們繼續查看 $m-2$ 日的價格。如果這一天的價格不大於 m 日的價格，我們再繼續查看前一天，以此類推。接下來會發生兩件事。我們可能會看完剩下的日期（也就是到達這一系列的起點），那麼 m 日之前的所有股價都會小於或等於 m 日，所以跨幅剛好是 m。或者，我們發現在 k 日時（$k < m$）股價比 m 日高，則跨幅是 $m-k$。

如果股價序列有 n 日，為了解決問題，你就必須重複剛才談到的程序 n 次，一日的跨幅一次。你可以用圖 1.1 的範例來驗證這個程序是否有效。

不過白話不適合用來描述程序，白話很適合說明世上幾乎所有事項，但不包括要傳送給電腦的程序，因為我們必須準確地描述想要送給電腦的事項。

如果準確程度足以讓電腦瞭解我們的程序，我們就寫出一段程式了。人類不容易瞭解電腦程序，因為你必須告訴電腦完成工作需要的任何細節，但它們其實與問題的解法沒有實際的關係。足以讓電腦瞭解的描述對人類來說可能會過於詳細，以致難以理解。

所以我們可以採取折衷方案，使用比一般文字準確且人類比較容易理解的結構化語言來描述程序。電腦無法直接執行這種結構化語言，但它很容易就可以轉換成實際的電腦程式。

1.1　演算法

在處理股價跨幅問題之前，我們要先來認識一些重要的術語。*演算法*是一種程序，不過是一種特殊的程序。它必須用一系列有限的步驟來描述，且必須在有限的時間終止。每一個步驟都必須有良好的定義，讓人類可以用紙筆來執行。演算化會使用我們提供的輸入來辦事，並產生一些結果來反應它處理好的工作。演算法 1.1 實現了上述的程序。

演算法 1.1：簡單的股價跨幅演算法。

SimpleStockSpan($quotes$) → $spans$
　　　輸入：$quotes$，有 n 筆股價的陣列
　　　輸出：$spans$，有 n 筆股價跨幅的陣列

1　　$spans \leftarrow$ CreateArray(n)
2　　**for** $i \leftarrow 0$ **to** n **do**
3　　　　$k \leftarrow 1$
4　　　　$span\_end \leftarrow$ FALSE
5　　　　**while** $i - k \geq 0$ **and not** $span\_end$ **do**
6　　　　　　**if** $quotes[i-k] \leq quotes[i]$ **then**
7　　　　　　　　$k \leftarrow k + 1$
8　　　　　　**else**
9　　　　　　　　$span\_end \leftarrow$ TRUE
10　　　$spans[i] \leftarrow k$
11　**return** $spans$

你可以從演算法 1.1 看到我們描述演算法的方式。使用電腦語言時，我們必須處理與演算法邏輯無關的細節，所以我們改用*虛擬碼*（*pseudocode*）的形式。虛擬碼是一種介於實際的程式碼和非正式敘述之間的東西，它會使用一種結構化的格式，以及一組有特定意義的單字。但是，虛擬碼不是真正的電腦程式碼，它不是要讓電腦執行的，而是要讓人類理解的。順道一提，程式也應該讓人類可以理解，但並不是所有的程式都是如此，世上也有一些運行中的、寫得很差的、令人無法理解的電腦程式。

每一個演算法都有名稱、可接收一些輸入，與產生一些輸出。我們用 CamelCase（駝峰式大小寫）來表示演算法的名稱，並將它的輸入放在括號內，用→來代表輸出。下一行說明演算法的輸入與輸出。我們可用演算法的名稱與後面的括號內的輸入來*呼叫*演算法。當我們寫好演算法後，可以將它視為黑盒子，傳送一些輸入給它；之後，這個黑盒子會回傳演算法的輸出。當你用程式語言來實作演算法時，它是一段有名稱的程式碼，也就是*函式*（*function*）。在電腦程式中，我們會呼叫實作了演算法的函式。

有些演算法不會明確地回傳輸出，而是會做一些影響環境的行為。例如，我們可能會提供一些儲存空間，來讓演算法寫入它的結果，此時，演算法不會以傳統的方式回傳它的輸出，不過仍然有輸出，也就是影響環境而造成的改變。有些程式語言會將以下兩者視為不同的東西：有名稱而且會明確回傳一些東西的程式稱為*函式*（*functions*）；有名稱但不會回傳東西，不過有其他副作用的程式稱為*程序*（*procedures*）。這個區別來自數學，數學中的函數（也就是 function）是必須回傳一個值的東西。對我們來說，演算法被寫成實際的程式時，不是變成函式就是變成程序。

我們的虛擬碼會使用一組以**粗體**表示的關鍵字，如果你瞭解電腦與程式語言的工作方式，從字面應該就可以瞭解它們的意思。我們會使用←字元來代表指派，等號（＝）代表相等，五種符號來表示四則運算（＋、－、/、×、·），乘法有兩種符號，我們會依美觀的標準來選擇其中一種。我們會使用縮排來代表虛擬碼區塊，而非使用關鍵字或符號。

這個演算法使用**陣列**。陣列是一種保存資料的結構,可讓我們用某些方式來操作它的資料。可以保存資料,並且讓你對這些資料做特定操作的結構稱為**資料結構**。因此陣列是一種資料結構。

陣列之於電腦,就像一系列的物件之於人類。它們是有序的元素序列,元素會被存放在電腦的記憶體內。為了取得空間來保存元素,以及建立可保存 n 個元素的陣列,我們在演算法 1.1 的第 1 行呼叫 **CreateArray** 演算法。如果你熟悉陣列的話,或許會覺得奇怪:陣列為何要用演算法來建立?但事實的確如此。為了取得記憶體區塊來保存資料,你至少必須搜尋電腦中可用的記憶體,並且標記它來讓陣列使用。**CreateArray**(n) 呼叫式做的就是上述的所有事情。它會回傳一個可存放 n 個元素的陣列,在一開始,陣列裡面沒有元素,只有可保存元素的空間。演算法必須負責呼叫 **CreateArray**(n) 來將實際的資料填入陣列。

就陣列 A 而言,我們以 $A[i]$ 來代表讀取它的第 i 個元素。陣列的元素位置,例如 $A[i]$ 中的 i,稱為它的**索引**(*index*)。有 n 個元素的陣列含有元素 $A[0]$、$A[1]$、$\cdots$、$A[n-1]$。當你看到它的第一個元素是第零個,最後一個元素是第 $n-1$ 個時可能會覺得很奇怪,你原本可能會認為它們分別是第一個與第 n 個。但是這是多數電腦語言的陣列的工作方式,所以你最好開始適應它。因為它很普遍,所以當我們迭代一個大小為 n 的陣列時,會從第 0 個位置迭代至第 $n-1$ 個位置。如果演算法提到某個東西是從數字 x 到數字 y(假設 x 小於 y),就代表從 x 開始,但不包括 y 的所有值;見演算法的第二行。

我們假設無論 i 是多少,讀取第 i 個元素花的時間都相同。所以讀取 $A[0]$ 需要的時間與 $A[n-1]$ 相同。這是陣列的重要特徵之一:元素可用固定的時間來讀取;當我們用索引來讀取元素時,陣列不需要搜尋它。

關於符號,當我們描述演算法時,會以小寫字母來代表其中的變數,但是如果變數代表的是資料結構,我們會使用大寫來提示它們,例如陣列 A,不過這不是必要的做法。當我們想要用多個單字來構成變數的名稱時,會用底線(_)來作為**連接符號**(a_connector);這是必要的做法,因為電腦無法瞭解以空格來分開的多個單字組成的變數名稱。

演算法 1.1 使用了儲存數字的陣列。陣列可以保存任何型態的項目，不過在我們的虛擬碼中，陣列只能保存單一型態的項目，這也是多數程式語言的做法。例如，你或許會有一個十進位數字陣列、一個分數陣列、一個用項目來代表人員的陣列，與一個用項目來代表地址的陣列。但你應該不會有一個同時含有十進位數字與人員項目的陣列。關於 "代表人員的項目" 究竟是什麼，就要依特定的程式語言而定了。所有程式語言都提供某種手段來表示有意義的東西。

含有字元的陣列是特別實用的陣列種類。字元陣列代表字串，它是一系列的字母、數字、單字、句子，或其他東西。如同所有陣列，陣列內的各個字元都可以用索引來分別引用。如果我們有個字串 $s = $ "Hello, World"，則 $s[0]$ 是字母 "H"，而 $s[11]$ 是字母 "d"。

總之，陣列是一種資料結構，保存了一系列相同型態的項目。陣列有兩種操作方式：

- CreateArray(n) 會建立一個可以保存 n 個元素的陣列。這個陣列並未被初始化，也就是說，它沒有保存任何實際的元素，但是已經保留空間來儲存它們。

- 我們看過，$A[i]$ 可讀取陣列 A 的第 i 個元素，且讀取陣列內的任何元素花費的時間都是相同的。用小於 0 的 i 來讀取 $A[i]$ 是錯誤的行為。

回到演算法 1.1。按照上述的講法，這個演算法在第 2 – 10 行有一個迴圈，也就是一段會重複執行的程式。如果我們有 n 天的股價，這個迴圈會執行 n 次，每次計算一個跨幅。我們正在計算的日子是以變數 i 來指定的。最初我們會在第零天，也就是最早的時間點；每當我們經過迴圈的第 2 行時，就會移往第 1、2、…、$n-1$ 天。

我們用變數（$variable$）k 來代表目前的跨幅的長度；變數就是在虛擬碼中用來代表某塊資料的名稱。準確來說，這些資料的內容，也就是變數的值，會隨著演算法的執行而改變，所以稱為變數。當我們開始計算跨幅時，k 的值一定是 1，這是在第 3 行設定的。我們也使用一個指示變數（$indicator\ variable$），$span\_end$。指示變數可接收 true 與 false 值，來指出某位事成立或不成立。變數 $span\_end$ 會在我們到達跨幅的終點時變成 true。

在開始計算每一個跨幅時，*span_end* 是 false，見第 4 行。跨幅的長度是在第 5–9 行的內部迴圈中計算的。第 5 行告訴我們，只要跨幅還沒結束，就盡可能地回推時間。盡可能地回推是以條件 $i - k \geq 0$ 來決定的，$i - k$ 是我們往回檢查跨幅是否終止時的日期的索引，這個索引不能為零，因為零相當於第一天。檢查跨幅終止的地方是在第 6 行。如果跨幅沒有終止，我們會在第 7 行遞增它，否則在第 9 行記錄跨幅終止，所以回到第 5 行時，迴圈會終止。每當第 2–10 行的外部迴圈結束迭代時，我們會在第 10 行將 k 值存入陣列 *span* 中適當的地方。我們在第 11 行迴圈結束之後回傳 *spans*，它裡面含有演算法的結果。

注意，當我們開始時，$i = 0$ 且 $k = 1$。這代表第 5 行的條件在一開始必定是失敗的。這是正確的，因為它的跨幅只會等於 1。

之前我們曾經談過關於演算法、筆與紙的事情。要瞭解演算法，最好的方式是你自己手動執行它。如果你覺得演算法很複雜，或不確定是否充分理解它，就用紙筆來操作一些案例，看看它做了些什麼。或許這種做法看起來很老派，但它可以節省許多時間。如果你還不明白演算法 1.1，現在就做這件事，等你明白這個演算法時再回來。

1.2　執行時間與複雜度

演算法 1.1 是股價跨幅問題的解法之一，但還有更好的方法。在這裡，更好代表更快速。當我們談到演算法的速度時，指的其實是演算法的執行步驟的數量。儘管電腦計算每個步驟的速度會愈來愈快，但無論電腦多快，步驟的數量都是相同的，所以使用演算法需要的步驟數量來評估它的效能是合理的方式。我們將步驟數量稱為演算法的**執行時間**（*running time*），儘管這純粹是以數量來衡量的，而不是任何一種時間單位。使用時間單位的話，就會讓執行時間與特定的電腦型號掛勾，這種估算就毫無意義了。

考慮計算 n 筆股價跨幅需要的時間。這個演算法有一個迴圈，從第 2 行開始，它會執行 n 次，每個股價一次。接著從第 5 行開始有一個內部迴圈會試著為每一次外部迴圈迭代尋找股價跨幅。對於每一個股價，它會比較該股價與所有之前的股價。在最壞的情況下，如果該股價是最高的價格，它會檢查所有之前的股價。如果股價 k 比之前所有的股價高，內部迴圈就會執行 k 次。因此，在最壞的情況下，也就是如果股價是愈來愈高的，第 7 行會執行以下的次數：

$$1 + 2 + \cdots + n = \frac{n(n+1)}{2}$$

如果你不瞭解這個方程式，當你將數字 1、2、...、n 相加兩次時，就明白了：

$$
\begin{array}{c}
1 \ + \ 2 \ + \cdots + \ n \\
+ \ n \ + n - 1 + \cdots + \ 1 \\
\hline
n + 1 + n + 1 + \cdots + n + 1 = n(n+1)
\end{array}
$$

因為第 6 行是這個演算法執行最多次的步驟，$n(n+1)/2$ 是這個演算法在最壞的情況下的執行時間。

談到演算法的執行時間時，我們感興趣的其實是輸入資料很大時的執行時間（在這個例子就是數字 n）。這是演算法的漸近（*asymptotic*）執行時間，因為它處理的是演算法在輸入資料無限增加時的行為。為此，我們會使用一些特殊的符號。對於任何函數 $f(n)$，如果大於某個初始正值的任意 n 都會讓 $f(n)$ 小於或等於另一個函數 $g(n)$ 乘以一個正的常數值 c，也就是 $cg(n)$，我們稱之為 $O(f(n)) = g(n)$。更精確地說，如果有正的常數 c 與 n_0，會導致 $0 \le f(n) \le cg(n)$ 且所有 $n \ge n_0$ 時，我們就說 $O(f(n)) = g(n)$。

$O(f(n))$ 稱為 "大 O 表示法"。請記得，我們想知道的是大的輸入值，因為那是可以節省最大資源的情況。圖 1.2 畫出兩個函數，$f_1(n) = 20n + 1000$ 與 $f_2(n) = n^2$。就小 n 值而言，$f_1(n)$ 的值比較大，但這種情況很快就會改變，之後，n^2 會快速增加。

大 O 表 示 法 可 以 讓 我 們 簡 化 函 數。 如 果 有 一 個 函 數 $f(n) = 3n^3 + 5n^2 + 2n + 1000$，我們只會得到 $O(f(n)) = n^3$。為什麼？因為我們必定可以找到一個 c 值來讓 $0 \le f(n) \le cn^3$。一般情況下，當

一個函數有多個項時，它的最大項很快就會支配函數的成長，所以我們在取大 O 時，會將最小的項拿掉。所以，$O(a_1n^k + a_2n^{k-1} + \cdots + a_nn + b) = O(n^k)$。

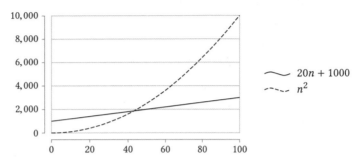

圖 1.2
比較 $O(f(n))$。

之前談到的演算法執行時間通常會被稱為演算法的**計算複雜度**（*computational complexity*），或簡稱為**複雜度**（*complexity*），因為我們會使用簡化版的函數來研究演算法的執行時間，事實上，多數演算法的執行時間函數都屬於少數的幾個簡化函數。也就是說，演算法的複雜度通常都屬於一個或少數的常見種類或族群。

第一種是**常數函數**（*constant function*），$f(n) = c$。它代表無論 n 是什麼，函數的值都是 c。除非 c 是很離譜的高值，否則這是理想中的最佳演算法函數。就大 O 表示法而言，根據定義，我們有個正的常數 c 與 n_0，讓 $0 \le f(n) \le cg(n) = c \cdot 1$。事實上，$c$ 是函數的常數值，且 $n_0 = 1$。因此，$O(c) = O(1)$。有這種行為的演算法稱為**常數時間演算法**（*constant time algorithm*）。其實這種名稱並不正確，因為它的意思不是無論輸入為何，演算法都會花費相同的時間。它代表演算法的執行時間上限與輸入是無關的。舉個簡單的演算法為例，"若 $x > 0$ 則將 x 值加上 y 值"花費的執行時間不一定相同：如果 $x > 0$，它會執行加法，否則就不做任何事情。但是它的上限是固定的，這個上限就是加法所需的時間，所以它屬於 $O(1)$ 族群。不幸的是，以常數時間來執行的演算法很罕見。最常見的常數時間操作之一，就是讀取陣列的一個元素，此時會花費固定的時間，無論想要讀取的元素的索引為何；之前看過，對於有 n 個元素的陣列 A，讀取 $A[0]$ 花費的時間與讀取 $A[n-1]$ 是相同的。

緊接在常數時間演算法之後的是對數時間（*logarithmic time*）演算法。對數函數（logarithmic function，或 *logarithm*），是 $\log_a(n)$，它的定義是 a 的幾次方可以得到 n：若 $y = \log_a(n)$，則 $n = a^y$。數字 a 是**對數的底數**。根據對數的定義，我們可以說 $x = a^{\log_a x}$，代表對數是"取一個數字的次方"的相反。事實上，$\log_3 27 = 3$，$3^3 = 27$。如果 $a = 10$，也就是對數的底數是 10 的話，我們只要寫成 $y = \log(n)$ 就可以了。在電腦中，我們很常遇到**底數為二的對數**，稱為二進位對數，所以會使用特殊的表示法，$\lg(n) = \log_2(n)$。它與所謂的**自然對數**不同，自然對數是底數為 e 的對數，$e \approx 2.71828$。自然對數也有特別的表示法，$\ln(n) = \log_e(n)$。

附帶說明一下 e 是怎麼來的。數字 e 有時稱為歐拉數（Euler's number），名稱來自 18 世紀的瑞士數學家 Leonhard Euler，但它也會在許多不同的領域出現。它是 $(1 + 1/n)^n$ 在 n 接近無限大時的上限。雖然它的名稱是歐拉，但它其實是另一位瑞士數學家發現的—17 世紀的 Jacob Bernoulli。當時 Bernoulli 試著找出一個公式來計算複利。

假設當你在銀行存入 d 元時，銀行給你 $R\%$ 的利息。如果每年計息一次，經過一年後，你的錢會變成 $d + d(R/100)$。設 $r = R/100$，你的錢會變成 $d(1 + r)$。你可以驗證，若 $R = 50$，$r = 1/2$ 時，你的錢會增加到 $1.5 \times d$。如果每年計息兩次，六個月一期的利率將會是 $r/2$。六個月之後，你會有 $d(1 + r/2)$。再過六個月之後的年末，你會有 $d(1 + r/2)(1 + r/2) = d(1 + r/2)^2$。如果每年計算 n 次利息，行話稱為**複利**，你在年末會有 $d(1 + r/n)^n$。若利率很優渥，$R = 100\%$，你會得到 $r = 1$；如果你不斷計算複利，也就是計算極小期間，n 會變成無限大。所以若 $d = 1$，你的錢在年末會成長為 $(1 + 1/n)^n = e$。附帶說明結束。

對數有一種基本特性：不同底數的對數之間的倍數是固定的，因為 $\log_a(n) = \log_b(n)/\log_b(a)$。例如，$\lg(n) = \log_{10}(n)/\log_{10}(2)$。因此，我們將所有對數函數全部歸類為同一個複雜度族群，通常表示成 $O(\log(n))$，但也會經常使用較具體的 $O(\lg(n))$。當演算法會不斷重複將一個問題分為兩個時，就會出現 $O(\lg(n))$ 複雜度，因為不斷將某個東西分成兩個，其實就是對它套用對數函數。與"搜尋"有關的演算法是很重要的對數時間演算法：最快速的搜尋演算法是以底數為二的對數時間來執行的。

比對數時間演算法更耗時的是以時間 $f(n) = n$ 來執行的**線性時間演算法**（*linear time algorithms*），也就是執行時間會與輸入成正比。這些演算法的複雜度是 $O(n)$。這些演算法可能必須掃描所有的輸入來找出答案。例如，當我們要搜尋未以任何方式來排序的隨機項目集合時，可能就要一一檢查它們才能找出想要的結果，因此這種搜尋是以線性時間來執行的。

比線性時間還要慢的是**對數線性時間演算法**（*loglinear time algorithms*），其 $f(n) = n \log(n)$，所以我們寫成 $O(n \log(n))$。與之前一樣，對數可採用任何底數，不過在實務上，通常採用底數為二的對數。這些演算法就某方面而言，是線性時間演算法與對數時間演算法的結合。它們可能會反覆切割問題，並對每一個切割出來的部分套用線性時間演算法。良好的排序演算法會有對數線性時間複雜度。

當描述演算法執行時間的函數是多項式 $f(n) = (a_1 n^k + a_2 n^{k-1} + \cdots + a_n n + b)$ 時，如前所述，複雜度是 $O(n^k)$，這種演算法是**多項式時間演算法**（*polynomial time algorithm*）。許多演算法都是以多項式時間來執行的；有一種重要的分支是以 $O(n^2)$ 時間執行的演算法，我們稱它為**二次時間演算法**（*quadratic time algorithms*）。有些沒效率的排序方法會以二次時間來執行，這就好像將兩個 n 位數的數字相乘的標準做法。不過，其實我們有更高效的乘法可用，當我們想要採取高效的算術運算時，就會使用這些比較有效率的方式。

比多項式時間演算法還要慢的是**指數時間演算法**（*exponential time algorithms*），其中 $f(n) = c^n$，c 是常數值，所以得到 $O(c^n)$。注意 n^c 與 c^n 的差異。雖然我們將 n 與指數的位置互換了，但產生的函數有很大的差異。如前所述，次方是對數函數的反向運算，它只是將一個常數變大成一個變數。注意，取次方是 c^n；**指數函數**（*exponential function*）是 $c = e$ 時的特例，也就是 $f(n) = e^n$，e 是之前談過的歐拉數。指數會在處理這種問題時出現：有 n 個輸入，且這 n 個輸入中的每一個輸入都有可能接收 c 種值，而且我們必須嘗試所有可能出現的情況。第一個輸入有 c 種值，且第二個輸入對於每一個值會有 c 種值，總共是 $c \times c = c^2$。對於 c^2 的每一個案例，第三個輸入有 c 種值，所以是 $c^2 \times c = c^3$；以此類推，直到最後一個輸入得到 c^n。

比指數時間演算法還要慢的是 $O(n!)$ 的階乘時間演算法（*factorial time algorithms*），階乘數的定義是 $n! = 1 \times 2 \times \cdots \times n$，極端的情況是 $0! = 1$。如果我們需要嘗試所有可能的輸入排列（*permutations*）來解決問題，就會產生階乘。"排列" 指的是以不同的順序來排列一系列的值。例如，值 [1, 2, 3] 的排列有：[1, 2, 3]、[1, 3, 2]、[2, 1, 3]、[2, 3, 1]、[3, 1, 2] 與 [3, 2, 1]。第一個位置有 n 種可能的值，因為我們已經使用一個值了，所以第二個位置有 $n-1$ 種可能的值，如此一來，前兩個位置會有 $n \times (n-1)$ 種不同的排列。其餘的位置以此類推，直到最後一個位置，屆時只有一個可能的值。所以我們總共有 $n \times (n-1) \cdots \times 1 = n!$ 種排列組合。這種階乘數字會在洗牌時出現：洗一副撲克牌可能會出現 52! 種結果，這是個天文數字。

根據經驗，複雜度在多項式時間以下的演算法都是好的演算法，所以我們的目標通常是找出具有這種效能的演算法。不幸的是，就我們所知，所有重要的問題都沒有多項式時間的演算法！你可以從表 1.1 看到，如果一個問題的執行時間是 $O(2^n)$，這種演算法除了處理輸入值極小的小問題之外沒有其他用途。你也可以從圖 1.3 的最底下看到，$O(2^n)$ 與 $O(n!)$ 的值從很小的 n 值就開始飆升了。

表 1.1

函數的增長。

函數	輸入大小				
	1	10	100	1000	1,000,000
$\lg(n)$	0	3.32	6.64	9.97	19.93
n	1	10	100	1000	1,000,000
$n\ln(n)$	0	33.22	664.39	9965.78	1.9×10^7
n^2	1	100	10,000	1,000,000	10^{12}
n^3	1	1000	1,000,000	10^9	10^{18}
2^n	2	1024	1.3×10^{30}	10^{301}	$10^{105.5}$
$n!$	1	3,628,800	9.33×10^{157}	4×10^{2567}	$10^{106.7}$

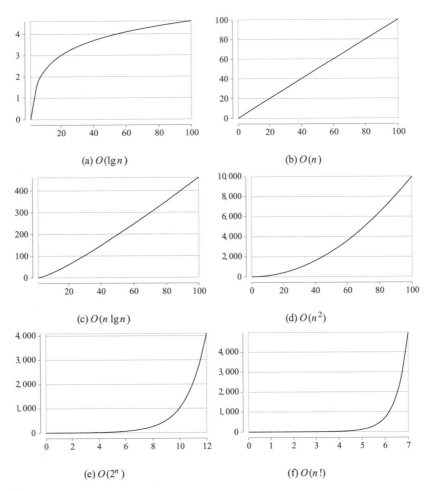

(a) $O(\lg n)$　　　　　　　(b) $O(n)$

(c) $O(n \lg n)$　　　　　　(d) $O(n^2)$

(e) $O(2^n)$　　　　　　　(f) $O(n!)$

圖 1.3
各種複雜度族群。

圖 1.3 以線條來表示函數，但實際上，在研究演算法時，數字 n 是
自然數，所以你看到的應該是散佈圖，顯示的是點，而不是線條。
對數、線性、對數線性與多項式函數當然是針對實數來定義的，所
以使用一般的函數定義，將它們繪成線條是沒問題的。指數通常是
整數，但是有時也會出現指數為有理數的次方，因為 $x^{(a/b)} = (x^a)^{(1/b)}$
$= \sqrt[b]{x^a}$。則指數為實數的次方的定義是 $b^x = (e^{\ln b})^x = e^{x \ln b}$。關於階乘，
我們可以藉由一些較進階的數學，完全用實數來定義它們（負階乘視
為無限大）。所以用線條來描繪複雜度函數是合理的做法。

為了避免讓你誤以為 $O(2^n)$ 或 $O(n!)$ 複雜度在實際情況下不容易出現，我們來考慮著名的（或臭名遠播的）巡遊推銷員問題。這個問題是，有一位推銷員必須前往一些城市，並且只拜訪每一個城市一次。每一個城市都會直接與其他的城市相連（推銷員可能是搭飛機）。重點是，在過程中，推銷員必須盡量減少旅程的公里數。其中一種直接的解法是嘗試排列所有可能的城市順序。如果有 n 個城市，它就是 $O(n!)$。有一種比較好的演算法可以用 $O(n^2 2^n)$ 來解決這個問題—它的確有稍微改善，但實際的幅度不大。我們該如何處理這個問題（與其他類似的問題）？事實上，我們可能找不到可以提供精準答案的演算法，但或許可以找到可提供近似結果的演算法。

大 O 代表的是演算法效能的上限。它的相反是下限，代表我們知道經過一些初始值之後，它的複雜度一定不會比某個函數還要好。這稱為 "大 Omega"，或 $\Omega(f(n))$，準確的定義是，如果有正的常數 c 與 n_0，且所有 $n \geq n_0$ 都可讓 $f(n) \geq cg(n) \geq 0$ 時，則 $\Omega(f(n)) = g(n)$。定義大 O 與大 Omega 後，我們也要定義同時有上下限的情況。也就是 "大 Theta"，即，若且唯若 $O(f(n)) = g(n)$ 且 $\Omega(f(n)) = g(n)$，則 $\Theta(f(n)) = g(n)$。所以我們知道演算法的執行時間的上下限是用同一個函數乘上一個常數來界定的。你可以想像在那個函數上有一個帶狀的演算法執行時間。

1.3　使用堆疊來處理股價跨幅

回到股價跨幅問題。我們發現一個複雜度為 $O(n(n + 1/2))$ 的演算法。之前談過，這相當於 $O(n^2)$。我們可以得到更好的結果嗎？回到圖 1.1，注意，當我們在第六天時，並不需要比較之前直到第一天的每一天，因為我們已經路過第六天之前的每一天了，所以 "知道" 第二、三與四天的股價都小於或等於第六天，如果我們設法保存這個認知，就只需要比較一天的價格，而不需要比較每一天。

這是一種常見的模式。想像你在 k 日。如果 $k-1$ 日的股價小於或等於 k 日的股價，我們會得到 $quotes[k-1] \leq quotes[k]$，或等效的 $quotes[k] \geq quotes[k-1]$，所以就不需要與 $k-1$ 做比較。為什麼？就未來的日期 $k+j$ 而言，如果 $k+j$ 的股價小於 k 日的股價，$quotes[k+j] < quotes[k]$，我們就不需要與 $k-1$ 比較，因為跨幅是從 $k+j$ 到 k。如果 $k+j$ 的股價大於 k 的股價，我們已經知道 $quotes[k+j] \geq quotes[k-1]$，因為 $quotes[k+j] \geq quotes[k]$ 且 $quotes[k] \geq quotes[k-1]$。所以每當我們往回搜尋跨幅的終點時，可以將值小於跨幅起始日的每一天扔掉，爾後在計算跨幅時，也可以將被扔掉的這幾天排除在外。

以下的比喻或許對你有幫助：想像你坐在圖 1.4 的六日長柱的上面，往前直視，而不是往下看，你只會看到一日的長柱。它是唯一需要與六日的股價比較的對象。一般來說，在每一天，你只需要比較直視看到的那一天就可以了。也就是說，在演算法 1.1 中，當我們在第 5 行開始比較之前的每一天時，是在浪費時間。我們可以使用一些機制來掌握已建立的最大跨幅的上限，省下這些時間。

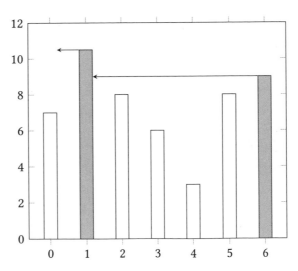

圖 1.4
優化股價跨幅。

為此，我們可以使用一種特殊的資料結構來保存資料，稱為**堆疊**（*stack*）。堆疊是一種簡單的資料結構，我們可以在它裡面放入資料，一個接一個，以及取回它們。我們每次都會取回最後一個放入的資料。堆疊的動作就像餐廳的一疊托盤，每一個托盤都被疊在另一個上面，我們只能拿最上面的托盤，也只能將托盤放在那一疊的最上面。因為被最後一個放上的托盤也是被第一個拿走的托盤，所以我們將堆疊稱為後入先出（Last In First Out，LIFO）結構。圖 1.5 展示類似托盤的行為，在堆疊中加入與移除項目的操作。

圖 1.5
將項目加入堆疊與移除。

當我們談到資料結構時，也必須說明可對它執行的操作。我們知道與陣列有關的操作有兩種：建立陣列與存取元素。關於堆疊，如前所述，有五種操作，包括：

- CreateStack() 可建立一個空堆疊。

- Push(*S*, *i*) 可將項目 *i* push 至堆疊 *S* 的最上面。

- Pop(*S*) 可將堆疊最上面的項目取出（pop）。這項操作會回傳該項目。如果堆疊是空的就不可以執行這項操作（會得到錯誤）。

- Top(*S*) 可取得堆疊 *S* 最上面的項目的值，但不移除它，堆疊會保持原貌。如果堆疊是空的，一樣不可以執行這項操作，我們會得到錯誤。

- IsStackEmpty(*S*) 如果堆疊 *S* 是空的則回傳 TRUE，否則 FALSE。

現實世界的堆疊是有限的，我們只能 push 它的上限之內的元素數量，畢竟電腦的記憶體是有限的。真正的堆疊還有一些額外的操作，例如查看堆疊的元素數量（堆疊的大小），以及它是否已滿，那些操作與這些虛擬碼的演算法無關，所以我們不討論它們，爾後使用的其他資料結構的相關操作也一樣。

我們可以藉由堆疊來執行剛才討論出來的概念，用演算法 1.2 來解決股票跨幅問題。一如往常，在一開始的第 1 行，我們先建立一個大小為 n 的陣列。根據定義，第一天的跨幅是一，所以我們在第 2 行將 *spans*[0] 初始化為這個值。這一次我們使用堆疊來儲存需要比較的日期。所以在第 3 行建立一個新的空堆疊。在一開始，我們知道一個簡單的道理：第一天的股價不會低於第一天的股價，所以我們在第 4 行 push 0 到堆疊內，也就是第一天的索引。

演算法 1.2：堆疊股價跨幅演算法。

StackStockSpan(*quotes*) → *spans*

　　輸入：*quotes*，有 n 筆股價的陣列

　　輸出：*spans*，有 n 筆股價跨幅的陣列

```
1   spans ← CreateArray(n)
2   spans[0] ← 1
3   S ← CreateStack()
4   Push(S, 0)
5   for i ← 1 to n do
6       while not IsStackEmpty(S) and quotes[Top(S)] ≤ quotes[i] do
7           Pop(S)
8       if IsStackEmpty(S) then
9           spans[i] ← i + 1
10      else
11          spans[i] ← i − Top(S)
12      Push(S, i)
13  return spans
```

第 5–12 行的迴圈會處理所有後續的日期。第 6–7 行的內部迴圈會往回查看，來找出比目前正在處理的這一天的股價還要高的最近日期。它的做法是：只要堆疊最上面那一天的股價小於或等於我們正在處理的日期的股價（第 6 行），就從堆疊 pop 一個項目（第 7 行）。如果我們因為堆疊耗盡而離開內部迴圈（第 8 行），而且正處於 i 日，那麼在那天之前的每一天的股價都比較低，所以跨幅是 $i + 1$，我們在第 9 行將 $spans[i]$ 設為那個值。否則（第 10 行），跨幅會從 i 日延伸到堆疊最上面的那一天，所以我們在第 11 行將 $spans[i]$ 設為這兩天的差。在回到迴圈的開頭之前，我們將 i 日 push 至堆疊的最上面。如此一來，在外部迴圈的結束時，堆疊裡面會有股價不低於我們正在檢查的那一天的日期。在下一次迭代迴圈時，我們可用它來與關鍵日期比較，也就是高於我們的視線的日期，這就是我們要的結果。

在演算法的第 6 行有一個值得注意的細節。如果 S 是空的，計算 Top(S) 就是錯誤的。但這種事情不會發生，因為有一種與估算條件的方法有關的重要性質，稱為**短路估算**（*short circuit evaluation*）。這個特性的意思是，當我們處理一個涉及邏輯布林運算子的運算式時，只要得到運算式的最終結果，計算就會停止，不會繼續費力計算運算式的其餘的部分。舉例而言，有個運算式：**if** $x > 0$ **and** $y > 0$。如果我們知道 $x \leq 0$，整個運算式就是 false，無論 y 的值為何；我們完全不需要估算運算式的第二個部分。同樣的，這個運算式：**if** $x > 0$ **or** $y > 0$，當我們知道 $x > 0$ 時，就不需要計算運算式的第二個部分：y 的地方，因為我們已經知道，當第一個部分是 true 時，整個運算式都是 true。表 1.2 是當我們用 **and** 與 **or** 來計算兩個布林運算式時的各種情況。灰色的兩列代表運算的結果與第二個部分無關，因此只要知道第一個部分的值，計算就會停止。因為短路計算，當 IsStackEmpty(S) 回傳 TRUE 時，也就是 **not** IsStackEmpty(S) 是 FALSE 時，我們不會計算 **and** 右邊的 Top(S) 部分，所以可避免錯誤。

表 1.2
布林短路估算。

運算子	a	b	結果
	T	T	T
and	T	F	F
	F	T/F	F
	T	T/F	T
or	F	T	T
	F	F	F

你可以在圖 1.6 看到演算法的工作方式以及視線比喻。每一張小圖的右邊有每次開始迭代迴圈時的堆疊情形；灰色的長條代表堆疊內的日期，虛線的長條代表尚未處理的日期。小圖下方的黑色圓圈代表目前正在處理的日期。

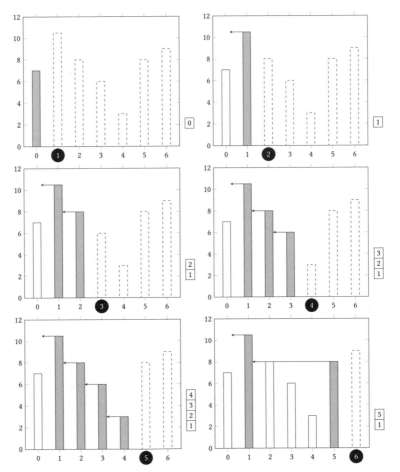

圖 1.6
股價跨幅的視線。

第一張小圖的 $i = 1$，我們必須檢查目前的日期的值與堆疊內的其他日期的值，裡面只有零日。一日的價格比零日高。也就是說，從現在開始，我們不需要比較一日之前的價格；我們的視線只會到達一日；所以在下一次迭代，$i = 2$，堆疊裡面有數字 1。二日的價格低於一日。

這代表如果三日的值小於二日的值，從三日開始的跨幅會在二日結束，或者如果三日的值不小於二日的值，會在一日結束。但是，它不可能會在零日結束，因為零日的價格小於一日。$i = 3$ 與 $i = 4$ 也是類似的情況。但是當我們到達 $i = 5$ 時，發現以後再也不需要與二、三與四日比較了，這幾天會被遮蔽，因為我們在五日。或者，在視線比喻中，我們的視野在一日之前是暢通無阻的。在這兩天之間的每一天都可以從堆疊 pop，所以堆疊只會有 5 與 1，因此在 $i = 6$ 時，我們最多只需要比較這兩天。如果有一天的值大於或等於五日的值，它肯定會跳過四、三、二日的值；我們無法確定的是它的值是否到達一日的值。當我們完成六日時，堆疊只有數字 6 與 1。

這種做法會不會比之前的做法好？在演算法 1.2 中，從第 5 行開始的迴圈會執行 $n - 1$ 次，每一次，稱之為第 i 次迭代，會執行從第 6 行開始的內部迴圈的 Pop 操作 p_i 次。也就是說 Pop 操作總共會執行 $p_1 + p_2 + \cdots + p_{n-1}$ 次，每個外部迴圈迭代 p_i 次。我們不知道數字 p_i 是什麼，但是仔細研究演算法就可以知道每一天只會被 push 至堆疊一次，第一天在第 4 行，之後幾天在第 12 行。因此在第 7 行，演算法最多只會將每一天從堆疊 pop 一次。所以，整個演算法的執行過程，在所有的外部迴圈迭代中，第 7 行的執行次數不會超過 $n - 1$ 次；注意，最後一天被 push 而不是被 pop。換句話說，$p_1 + p_2 + \cdots + p_{n-1} = n$，也就是整個演算法是 $O(n)$；第 7 行是執行最多次的操作，因為它在內部迴圈中，但 5-12 行的其他程式不是。

繼續分析可以知道，演算法 1.1 只能提供最差的估計結果，因此我們的估計是演算法效能的下限—演算法不可能用少於 n 個步驟來完成，因為我們必須遍歷 n 天。所以這個演算法的計算複雜度也是 $\Omega(n)$，因此它是 $\Theta(n)$。

堆疊與我們即將看到的其他資料結構一樣有許多用途。LIFO 行為在電腦中很常見，所以你可以在許多地方看到堆疊，包括用機器語言寫成的低階程式，以及超級電腦執行的巨型問題。它們是人類多年使用電腦來處理問題獲得的經驗結晶，所以資料結構通常會被放在最重要的位置，事實證明，演算法會使用類似的方法來管理它們所處理的資料，人們已經整理好這些方法，因此，當我們尋求解決之道時，會利用它們的功能來開發演算法。

參考文獻

Donald Knuth [112, 113, 114, 115] 著作了多本演算法權威文獻。這項工作耗時 50 年，而且有幾本書還有待編寫，現有的書籍並未涵蓋所有的演算法領域，但是他們以嚴謹且卓越的態度來看待討論到的部分。膽小的讀者不適合閱讀這些書籍，不過閱讀它們會得到巨大的收獲。

Cormen、Leiserson、Rivest 與 Stein 的書 [42] 是詳盡的演算法介紹經典。Thomas Cormen 也寫了另一本受歡迎的書 [41]，以較簡短與平易近人的方式來介紹重要的演算法。MacCormick 的書 [130] 將演算法介紹給行外人士。Kleinberg 與 Tardos [107]，Dasgupta、Papadimitriou 與 Vazirani [47]，Harel 與 Feldman [86]，以及 Levitin [129] 也寫了介紹演算法的熱門書籍。

此外還有許多介紹演算法，以及教導如何使用特定的程式語言來實作它們的好書 [180, 176, 178, 177, 179, 188, 82]。

堆疊與電腦一樣古老。根據 Knuth 的說法 [112, pp. 229 與 459]，Alan M. Turing 在 1945 年設計供 Automatic Computing Engine (ACE) 使用的作品，並且在 1946 年發表；當時堆疊的操作稱為 BURY 與 UNBURY，而非 "push" 與 "pop" [205, pp. 11–12 與 30]。

演算法的歷史比電腦悠久，至少在古巴比倫時期就出現了 [110]。

練習

1. 堆疊是一種容易製作的資料結構，最簡單的做法是使用陣列。請用陣列來寫出一個堆疊。如前所述，除了我們用過的操作之外，在實務上，堆疊還有許多種操作：回傳它的大小，以及檢查它是否已滿，請實作它們。

2. 我們提供了兩種股價跨幅問題的解決方案，一種使用堆疊，一種不使用堆疊。我們認為使用堆疊的方法比較快。用你自選的程式語言來實作這兩種演算法，並計算這兩種做法處理問題需要的時間，來證實這件事情。注意，要計算程式的執行時間，你必須對它傳入足夠的資料，來讓它花費合理的時間來完成；因為電腦會同時處理許多事情，每一次的執行可能會受到不同因素的影響，所以你必須重複執行它來取得穩定的測量結果。所以這是讓你尋找與研究程式效能評定方式的好機會。

3. 堆疊可用來實作逆波蘭表示法（*Reverse Polish Notation*，RPN）算術運算，這種表示法也稱為後綴表示法（*postfix notation*）。常見的中綴表示法會將運算子放在運算元之間，但 RPN 會將運算子放在所有運算元的後面。所以，RPN 會將 1 + 2 寫成 1 2+。"波蘭" 是 1924 年發明波蘭或前綴表示法（*prefix notation*）的 Jan Łukasiewicz 的國籍，前綴表示法會將上例寫成 +1 2。RPN 的優點是不需要括號：中綴表示法的 1 + (2 × 3) 在後綴表示法中會變成 1 2 3 * +。它的計算方式是從左邊讀到右邊。計算時，我們要將數字 push 入堆疊，遇到運算子時，要從堆疊 pop 需要的項目數量，執行運算，並將結果 push 入堆疊。最後，我們可從最上面拿到結果（也是堆疊中唯一的元素）。例如，在計算 123* + 2 – 時，用橫向的堆疊來表示是 [ ]、[1]、[1 2]、[1 2 3]、[1 6]、[7]、[7 2]、[5]。寫一個電腦來計算以 RPN 傳入的運算式。

4. 許多程式語言都會用成對的括號來表示運算式，例如小括號 ()、中括號 []，與大括號 {}。寫一個程式來讀取一系列的括號，例如 ( ) { [ ] ( ) { } }，並回報括號是否對稱，或是否有未配對的括號，例如 (( )，或是否有用錯誤的種類來配對的括號，例如 {}。使用堆疊來記住目前已被開啟的括號。

2 探索迷宮

尋找迷宮的出路是古老的問題。在神話故事中，克里特的彌諾斯王強迫雅典人每七年都要給他七位童男與七位童女，他們會被丟到彌諾斯宮殿內的地牢，地牢裡面住著牛頭人身怪彌諾陶洛斯，地牢是一座迷宮，彌諾陶洛斯會吃掉不幸的祭品。在第三次獻祭時，忒修斯自願成為祭品。當他到達克里特時，彌諾斯的女兒阿里阿德涅愛上他，給他一個線團，他在迷宮中一邊行走，一邊解開線團，找到彌諾陶洛斯並殺掉它，並且用解開的線尋找出路，免於迷路喪命。

迷宮探險除了在古老神話中讓人著迷之外，也在美麗的公園中帶來快樂。探索迷宮與探索用特定的路徑來連接的空間沒有什麼不同，例如道路網就是個明顯的例子；但是有時我們需要探索更抽象的東西，此時問題就很有趣了。你或許有一個連接電腦的網路，想要知道一台電腦是不是與其他的電腦相連，我們有人際網路，也就是曾經有某種連結的人，想要知道可不可以透過其中的一個人認識另一個人。

神話告訴我們，要在迷宮中尋找出路，我們必須知道目前的位置，否則探索迷宮的策略就會失敗。我們用一個迷宮的例子來想一下策略。圖 2.1 有一個迷宮，圓圈代表房間，圓圈之間的直線代表走廊。

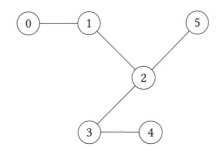

圖 2.1
迷宮。

你可以在圖 2.2 看到，當我們採取所謂的 "摸牆" 策略來有系統地探索迷宮時會發生什麼事情。灰色代表目前的房間，黑色代表已經造訪過的房間。策略很簡單，你只要持續將手放在牆上，不要讓手離開牆面就好了。當你從一間房間走到另一間時要小心持續摸著牆。這個策略顯然有效。但是當你在圖 2.3 的另一個迷宮採取這個策略時，會在迷宮外圍的房間遊走，沒辦法進入中間的房間，如圖 2.4 所示。

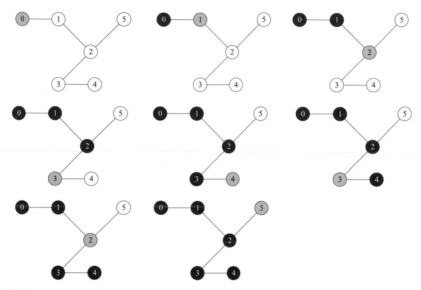

圖 2.2
摸牆策略：成功！。

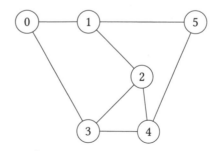

圖 2.3
另一個迷宮。

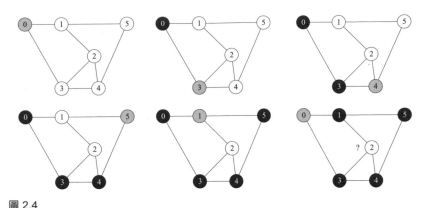

圖 2.4

摸牆策略：失敗…。

2.1　圖

在討論解決問題的方法之前，我們要先來討論迷宮的表示方式。我們剛才用房間與它們之間的走廊來表示迷宮。之前提過，如果它們與其他的東西有類似的結構時，它們會變得更有趣；事實上，它們很像以物體和物體之間的連結構成的任何東西。這是一種基本的資料結構，或許是最基本的一種，因為現實世界的許多東西都可以用物體與物體之間的連結來表示。這種結構稱為圖（*graphs*）。比較簡單的定義是，圖是由一組節點（*nodes*）以及它們之間的連結（*links*）構成的。它們也可以稱為頂點（*vertices*）與邊（*edges*）。一個邊會連接兩個頂點。一系列的邊，裡面每兩個邊都共用一個節點，稱為路徑（*path*）。所以在圖 2.2 中，有一個路徑連接節點 0 與 2，且穿越節點 1。路徑的邊數稱為它的長度。有一個邊就是長度為 1 的路徑。如果兩個節點之間有個路徑，這兩個節點就是相連（*connected*）的。某些圖可能希望邊是有方向的，這些圖稱為有向圖（*directed graphs*），或簡稱 *digraphs*，否則，它就是無向圖（*undirected graphs*）。圖 2.5 的左圖是無向圖，右圖是有向圖。你可以看到，有一些單一節點是許多個邊的起點或終點。與節點連接的邊數稱為它的度（*degree*）。有向圖會有入度（*in-degree*），代表以該頂點為終點的邊數，以及出度（*out-degree*），代表以該頂點為起點的邊數。在圖 2.5a 中，所有節點的度都是 3。在圖 2.5b 中，最右邊的節點的入度為 2，出度為 1。

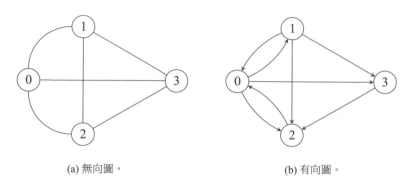

(a) 無向圖。　　　　　　　　　　　　(b) 有向圖。

圖 2.5
有向圖與無向圖。

圖的用法可用整本書來說明，你可以用圖來代表某項事物、用圖來呈現問題，世上也有許多演算法可解決與圖有關的問題，數量之多令人驚訝，原因是許多事物都是以物件以及它們之間的連結構成的，所以圖值得受到更多關注。

或許圖最直接的用途就是之前提過的，用來代表**網路**。網路的點就是圖的節點，連結就是它們之間的邊。網路有很多種，有**電腦網路**，裡面有許多互相連接的電腦，也有**交通網路**，以道路、飛機航線或鐵路來連接城市。在電腦網路中，*Internet* 是最重要的案例，*web* 也是一種網路，它是以超連結來連接網頁。**維基百科**是一個特大型的網路，它是 web 網路的子集合。在電子學領域中，**電路板**是用電晶體等電子元件以及連接它們的電路組成的。在生物學，我們會遇到**代謝網路**，裡面有代謝路徑：以化學反應來連接化學製品。圖也會被用來建立**社會網路**的模型，其節點是人，邊是人與人之間的關係。人類或機器的工作**排程**也可以用圖來建立模型，其中節點代表工作，邊代表它們之間的關係，例如哪些工作應該在哪些工作之前完成。

我們有各式各樣的圖可用來表示上述與其他應用的各種情況。如果圖中的任何節點都有一條連到任何其他節點的路徑，那張圖就稱為**相連**（*connected*），否則稱為**不相連**（*disconnected*）。圖 2.6 是相連的與不相連的圖，它們都是無向的。請注意，當我們要決定有向圖是否相連時，也要考慮邊的方向。如果有向圖的任何兩個節點之間都有一條

有向路徑,它就稱為強相連(*strongly connected*)。如果我們不在乎
方向,只想知道任何兩個節點之間有沒有無向路徑,那麼這張圖稱為
弱相連(*weakly connected*)。如果有向圖既不是強相連,也不是弱相
連,那它就只是相連。圖 2.7 展示這些情況。當我們想要知道某個東
西(用圖來建立模型的)究竟代表整個實體還是以個別的子實體組成
的時候,就要討論圖的相連性問題。無向圖的相連子實體與有向圖的
強相連子實體都稱為相連組件(*connected components*)。因此,當一
張圖有一個相連組件時,它就是相連的(或當它是有向圖時,是強相
連的)。有一種與相連有關的問題,就是可到達性(*reachability*),也
就是你是否可以從某個節點到達另一個節點。

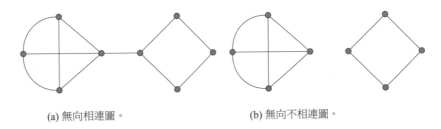

(a) 無向相連圖。 (b) 無向不相連圖。

圖 2.6
無向的相連與不相連圖。

在有向圖或 digraph 中,有時候你可以從一個節點開始,從一個邊跳
到另一個邊,再回到開始的節點,如果可以做到,代表你繞了一圈,
所以你建立的路徑是個循環。在無向圖中,我們必然可以往回走到起
點,所以如果我們可以在不往回走的情況下回到開始的節點,就稱為
繞了一圈。有循環的圖稱為環狀的(*cyclic*);沒有循環的圖稱為非環
狀的(*acyclic*)。圖 2.8 的兩張有向圖都有一些循環。注意,右邊的圖
有一些邊的起點與終點都在同一個節點上,這些迴圈的長度為一,稱
為迴圈(loops)。無向圖也可能有迴圈,但不常見。因為有向非環狀
圖(directed acyclic graph)經常在許多應用中出現,頻率之高讓它們
有個專屬的名稱,它簡稱為 *dag*。為了完整性,圖 2.9 也展示兩張非
環狀圖,一個是無向的,一個是 dag。

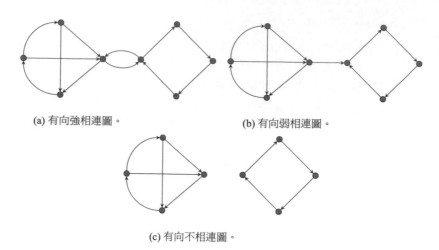

(a) 有向強相連圖。

(b) 有向弱相連圖。

(c) 有向不相連圖。

圖 2.7
有向的相連與不相連圖。

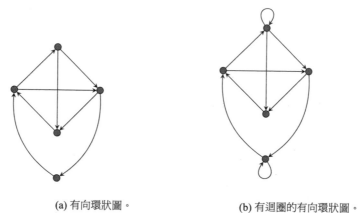

(a) 有向環狀圖。

(b) 有迴圈的有向環狀圖。

圖 2.8
有向環狀圖。

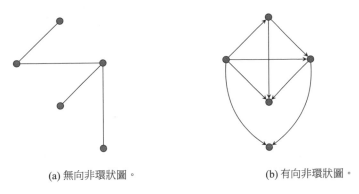

(a) 無向非環狀圖。　　　　　　(b) 有向非環狀圖。

圖 2.9
非環狀圖。

如果你可以將圖中的節點分成兩組，讓所有的邊都是從其中一組的節點連到另一組的節點，這張圖就稱為**二分圖**（*bipartite graph*）。**匹配**（*matching*）是典型的二分圖應用，也就是將兩組實體互相匹配（例如，它們是人員，以及要指派給人員的工作），以節點代表實體，以邊代表它們之間的連結。有時為了避免發生問題，只將一個實體配給另一個實體很重要。有時你要重新排列圖的節點位置才可以看出它是二分圖，如圖 2.10 所示。

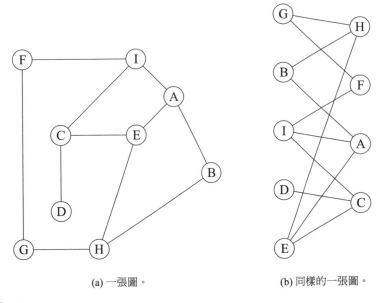

(a) 一張圖。　　　　　　(b) 同樣的一張圖。

圖 2.10
二分圖。

在各種圖之間有一個很重要的差異在於，有的圖有大量的邊，有的沒有。有大量邊的圖稱為**密集**（*dense*）圖，否則稱為**稀疏圖**（*sparse graph*）。有一個極端的案例是圖內的所有節點都連接到任何其他的節點。這種圖稱為**完整圖**（*complete graph*），如圖 2.11 所示。它當然會有大量的邊。如果圖有 n 個節點，因為每一個節點都連接到所有其他的 $n-1$ 個節點，所以它有 $n(n-1)/2$ 個邊。一般來說，如果一張圖有 n 個節點，當它的邊大約有 n^2 個時，我們就稱它為密集，如果它的邊大約有 n 個時，則是稀疏。所以在 n 與 n^2 之間有一個模糊地帶，但是我們可以從應用的背景得知目前處理的究竟是稀疏還是密集圖；事實上，多數的應用都使用稀疏圖。例如，想像有一張代表人際友誼關係的圖。假設地球上的每一個人都在裡面，這張圖有 70 億個節點，即 $n = 7 \times 10^9$。假設每人都有 1,000 位朋友，這應該是不太可能達到的數字，那麼，邊的數量就是 7×10^{12}，或 7 兆。當 $n = 7 \times 10^9$ 時 $n(n-1)/2$ 大約是 2.5×10^{19}，或 25 quintillion。這個數字比 7 兆大很多。這張圖的邊數非常多，但它仍然是稀疏的。

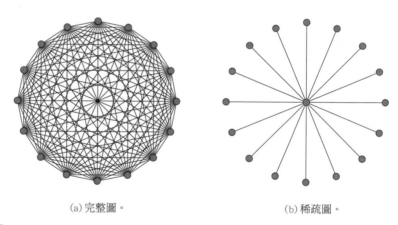

(a) 完整圖。　　　　　　　　　　(b) 稀疏圖。

圖 2.11
完整與稀疏圖。

2.2 圖的表示法

在使用電腦來用圖做事之前,我們要知道電腦程式是如何表示圖的。但是在這之前,我們要先簡單地探討數學如何定義圖。我們通常將一組頂點稱為 V,一組邊稱為 E,所以圖 G 就是 $G = (V, E)$。就無向圖而言,集合 E 是含有許多雙元素集合 $\{x, y\}$ 的集合,這個雙元素集合代表圖中的節點 x 與 y 之間有一個邊。我們通常用 (x, y) 來取代 $\{x, y\}$。無論哪一種情況,x 與 y 的順序都是無關緊要的。所以圖 2.5a 的定義是:

$V = \{0, 1, 2, 3\}$
$E = \{\{0, 1\}, \{0, 2\}, \{0, 3\}, \{1, 2\}, \{1, 3\}, \{2, 3\}\}$
$\quad = \{(0, 1), (0, 2), (0, 3), (1, 2), (1, 3), (2, 3)\}$

在有向圖中,集合 E 是含有雙元素 tuple (x, y) 的集合,代表圖中連接 x 與 y 的每一條邊。這一次 x 與 y 的順序就很重要了,相當於它所代表的邊的順序。所以圖 2.5b 的定義是:

$V = \{0, 1, 2, 3\}$
$E = \{(0, 1), (0, 2), (0, 3), (1, 0), (1, 2), (1, 3), (2, 0), (3, 2)\}$

從圖的數學定義可以看到,為了表示一張圖,我們必須設法表示頂點與邊。要表示 G,最直接的方式就是使用矩陣。這個矩陣稱為**相鄰矩陣**(*adjacency matrix*),它是一個方陣,每一個頂點在矩陣中都有一列與一行。矩陣的內容非 0 即 1。若第 i 列代表的頂點與第 j 列代表的頂點相連,則矩陣的 (i, j) 為 1,否則為 0。在相鄰矩陣中,頂點是用列與行的索引來表示的,邊是用矩陣的內容來表示的。

根據這些規則,我們可用表 2.1 的相鄰矩陣來表示圖 2.3。你可以看到,相鄰矩陣是對稱的。此外,除非圖中有迴圈,否則它的對角線元素全部都是 0。如果我們稱這個矩陣為 A,那麼對任何兩個節點 i 與 j 而言,$A_{ij} = A_{ji}$。所有的無向圖都是如此,但有向圖並非如此(除非每一條從節點 i 到節點 j 的邊,也都有一條從節點 j 到節點 i 的邊)。你可以看到矩陣有許多 0 值,這是稀疏圖的典型現象。

表 2.1

圖 2.3 的相鄰矩陣。

	0	1	2	3	4	5
0	0	1	0	1	0	0
1	1	0	1	0	0	1
2	0	1	0	1	1	0
3	1	0	1	0	1	0
4	0	0	1	1	0	1
5	0	1	0	0	1	0

即使圖不是稀疏的，我們也會提防相鄰矩陣內這些浪費空間的 0。為了移除它，有另一種圖的表示法可使用較少的空間。因為真實世界的圖可能有上百萬個邊，多數情況下，我們會使用這種表示法來節省空間。這種表示法是以陣列來代表圖的頂點，陣列內的每一個元素都代表一個頂點，它也是一個**串列**（*list*）的起點，而這個串列儲存的是那個頂點的相鄰頂點，這個串列稱為頂點的**相鄰串列**（*adjacency list*）。

那就，串列究竟是什麼？串列是一種含有元素的資料結構。串列內的元素稱為**節點**（*node*），它有兩個部分。第一個部分儲存描述該元素的資料。第二個部分儲存一個連結，用來連接下一個串列元素。第二個部分通常是個**指標**（*pointer*），指向下一個元素。電腦的指標是指向電腦記憶體位置的東西；它也稱為**參考**（*reference*），參考該位置。所以串列元素的第二部分通常是個指標，存有下一個串列節點的位址。串列有個**列首**（*head*），也就是它的第一個元素。逐一查看串列的元素，就像逐一查看鏈條的每一節。如果串列元素沒有下一個元素，它就不會指向任何地方，或指向 *null*；我們用 null 這個字來代表電腦中的 "無"；因為它是個特殊值，所以在文章與虛擬碼中，會用 NULL 來表示它。以這種方式建構的串列，準確的名稱是**鏈結串列**（*linked list*），如圖 2.12 所示。我們用打叉的方塊來代表 NULL。

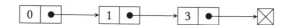

圖 2.12

鏈結串列。

與串列有關的基本操作包括：

- CreateList()，建立與回傳一個新的空串列。

- InsertListNode(*L*, *p*, *n*)，在串列 *L* 的節點 *p* 後面加上節點 *n*。如果 *p* 是 NULL，就將 *n* 當成新列首來插入。這個函式會回傳一個指向 *n* 的指標。我們假設已經使用一些想要加入串列的資料來建立節點 *n* 了。我們不在這裡深入說明節點是如何建立的。簡單來說，你必須先配置與初始化某塊記憶體，來讓節點儲存我們加入的資料與指標。接下來，InsertListNode 只需要改變指標即可。它必須將 *n* 的指標指向下一個節點，或如果插入之前，*p* 是串列的最後一個節點，則指向 NULL。如果 *p* 不是 NULL，它也要將 *p* 的指標改為指向 *n*。

- InsertInList(*L*, *p*, *d*)，在串列 *L* 的節點 *p* 後面加上一個含有 *d* 的節點。如果 *p* 是 NULL，就將新節點插入列首。這個函式會回傳一個指向新插入的節點的指標。它與 InsertListNode 的差異在於，InsertInList 會建立一個含有 *d* 的節點，而 InsertListNode 是接收已建立的節點，並將它插入串列。InsertListNode 會插入節點，而 InsertInList 會插入它建立的節點裡面的資料。也就是說，InsertInList 可以使用 InsertListNode 來將它建立的節點插入串列。

- RemoveListNode(*L*, *p*, *r*)，將串列的節點 *r* 移除，並回傳該節點；*p* 會指向 *r* 前面的節點，如果 *r* 是列首，則指向 NULL。之後會看到，我們必須知道 *p* 才能有效地移除 *r* 所指的項目。如果 *r* 不在串列內，它會回傳 NULL。

- RemoveFromList(*L*, *d*)，將串列中第一個含有 *d* 的節點移除，並回傳該節點。它與 RemoveListNode 的不同在於，它會在串列中搜尋含有 *d* 的節點，找到它，並移除它；*d* 並未指向節點本身，它是節點內的資料。若串列的節點都沒有 *d*，RemoveFromList 會回傳 NULL。

- GetNextListNode(*L*, *p*)，回傳串列的 *p* 後面的節點。若 *p* 是串列的最後一個節點，則回傳 NULL。如果 *p* 是 NULL，它會回傳 *L* 的第一個節點，也就是列首。這個函式回傳節點後，不會將它從串列中移除。

- SearchInList(L, d)，在串列 *L* 中尋找第一個含有 *d* 的節點。它會回傳該節點，或如果找不到這個節點，則回傳 NULL；串列的節點不會被移除。

當我們使用相鄰串列來表示圖時，只需要 CreateList 與 InsertInList。為了遍歷串列 L 的元素，我們必須呼叫 $n \leftarrow$ GetNextListNode(L, NULL) 來取得第一個元素，接著，只要 $n \neq$ NULL，我們就重複呼叫 $n \leftarrow$ GetNextListNode(L, n)。請注意，我們必須用某種方式來讀取節點內的資料，例如，用函式 GetData(n) 來回傳節點 n 裡面的資料 d。

為了瞭解插入的動作，假設我們有一個空串列，並且要將三個節點插入，每一個節點都儲存一個數字。當我們用文字來代表串列時，會使用括號，並在裡面列舉它的元素，例如 [3, 1, 4, 1, 5, 9]。空串列是 [ ]。如果數字是 3、1 與 0，當我們從串列的開頭依照這個順序插入它們時，串列會像圖 2.13 一樣，從 [ ] 變成 [0, 1, 3]。要在串列的開頭插入節點，做法是在 InsertInList 的第二個引數重複傳入 NULL。

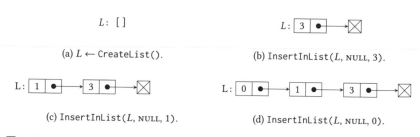

(a) $L \leftarrow$ CreateList().   (b) InsertInList(L, NULL, 3).

(c) InsertInList(L, NULL, 1).   (d) InsertInList(L, NULL, 0).

圖 2.13
在列首插入節點。

或者，如果我們想要在串列的結尾加上一系列的節點，可以連續呼叫 InsertInList，並在第二個引數傳入前一個呼叫式的回傳值；你可以在圖 2.14 看到這種模式。

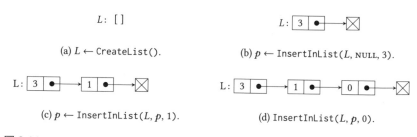

(a) $L \leftarrow$ CreateList().   (b) $p \leftarrow$ InsertInList(L, NULL, 3).

(c) $p \leftarrow$ InsertInList(L, p, 1).   (d) InsertInList(L, p, 0).

圖 2.14
在串列附加一些節點。

若要將串列的節點移除，就要將節點拿掉並且將前一個節點（若有的話）指向被移除的節點的下一個節點。如果我們移除列首，就不會有前一個節點，下一個節點會變成新的列首。圖 2.15 是將圖 2.13 建立的串列之中含有資料 3、0 與 1 的節點移除時的情況。如果我們不知道前一個節點是什麼，就必須從列首開始遍歷節點，直到找到指向想移除的節點那一個節點為止。這就是我們在呼叫 `RemoveListNode` 時使用它的原因。

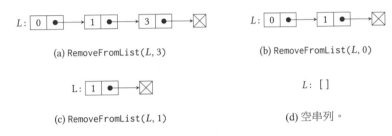

(a) `RemoveFromList(L, 3)`　　　　　　(b) `RemoveFromList(L, 0)`

(c) `RemoveFromList(L, 1)`　　　　　　(d) 空串列。

圖 2.15
移除串列的節點。

雖然範例的串列節點只儲存一個數字，但串列是很通用的資料結構，裡面可以儲存各種資訊。先保持簡單可方便你理解，但你必須知道，串列可以保存任何東西，只要它們是用含有資料的元素構成的即可，而且每一個元素都會指向下一個串列元素，或是 NULL。

我們的串列應該是最簡單的一種，從元素到下一個元素之間只有一個連結。此外也有其他類型的串列，它們的元素可能會有兩個連結，一個指向串列的前一個元素，一個指向下一個元素；這就是**雙鏈結串列**（*doubly linked list*）。相較之下，我們也可以具體使用**單鏈結串列**（*singly linked list*）來指出我們談到的串列只有一個連結。圖 2.16 是雙鏈結串列的例子。在雙鏈結串列中，最前面的元素與最後一個元素都指向 NULL。我們可以在雙鏈結串列中往前與往後遍歷，但是在單鏈結串列中只能往前遍歷。它們也需要較多空間，因為串列的每一個節點都需要兩個連結，一個指向下一個元素，一個指向前一個元素。此外，在它們裡面加入與移除節點比較複雜，因為必須正確設定與更新順向與逆向的連結。不過當我們想要移除節點時不需要知道指向它的節點，因為我們可以立刻循著反向連結找到它。

圖 2.16
雙鏈結串列。

還有一種串列的最後一個元素不是指向 NULL 而是指回第一個元素。
這種串列稱為循環串列（*circular list*），如圖 2.17 所示。

認識它們是好事，因為外界會廣泛使用各式各樣的串列，目前我們只
會使用單鏈結串列。

我們可以使用串列來建立圖的相鄰串列表示法。在這種表示法中，每
一個頂點有一個相鄰串列，此外還有一個陣列會指向相鄰串列的列
首，以結合它們。

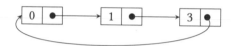

圖 2.17
循環串列。

若陣列為 A，則陣列的 $A[i]$ 項目會指向圖的節點 i 的相鄰串列的列
首。如果節點 i 沒有鄰居，$A[i]$ 會指向 NULL。

圖 2.18 是用相鄰串列來表示圖 2.4 的情況。為了方便你，我們在圖
2.18 的右上角放上縮小的圖。這張圖的左邊有一個陣列，存有圖的
相鄰陣列的列首；陣列的每一個項目都代表一個頂點。相鄰串列儲存
列首代表的頂點的邊。所以陣列的第三個元素存有圖的節點 2 的相鄰
串列列首。相鄰串列的建立方式，是以數字順序來加入節點的每一個
鄰居。例如，要建立節點 1 的相鄰串列，我們要依序為節點 0、2 與
5 呼叫 Insert 三次。所以圖中的每一個相鄰串列的節點都是反向排
列的：因為節點會被插入串列的列首，所以用 0、2、5 的順序插入它
們，會產生串列 [5, 2, 0]。

圖 $G = (V, E)$ 的相鄰矩陣表示法需要的空間與相鄰串列表示法需要的
空間很容易比較。若 $|V|$ 是頂點的數量，相鄰矩陣會有 $|V|^2$ 個元素。
類似的情況，若 $|E|$ 是圖中邊的數量，它的相鄰串列表示法會有一個
大小為 $|V|$ 的陣列，與 $|V|$ 個串列，所有串列都存有 $|E|$ 個邊。所以相

鄰串列表示法需要 $|V| + |E|$ 個項目，遠少於 $|V|^2$，除非圖是密集的，且許多頂點都彼此相連。

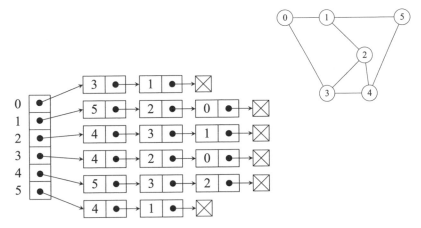

圖 2.18
代表一張圖的相鄰串列。

你可能會認為，如此一來，相鄰矩陣就完全沒有用處了。使用它的原因有兩個，第一，相鄰矩陣比較簡單，你只要瞭解矩陣就可以了，不需要知道串列。第二，相鄰矩陣比較快，我們已經知道存取矩陣的元素所花費的時間是固定的，也就是說，讀取每一個邊或元素的速度都是相同的，無論它靠近矩陣的左上角，還是右下角。當我們使用相鄰串列時，就必須讀取圖 2.18 左邊的頂點陣列裡面的元素，並且遍歷以該頂點為列首的串列，來找到想要的邊。所以，要查看節點 4 與 5 是否相連，我們必須先找到頂點陣列的節點 4，再跳到 2、3，最後 5。要查看節點 4 與 0 是否相連，我們要遍歷列首為 4 的串列直到結束，才發現找不到 0，代表它們沒有相連。你可能會反駁說，我們搜尋列首為 0 的那一列比較快知道結果，因為它比較短，但這種事情是無法事先知道的。

以大 O 來表示的話，當我們使用相鄰矩陣時，確定一個頂點是否與另一個頂點相連花費的時間是固定的，所以複雜度是 $\Theta(1)$。使用相鄰串列時，同樣的操作會花掉 $O(|V|)$ 時間，因為在圖中，一個頂點可能會連接所有其他的頂點，所以我們可能必須搜尋它的所有相鄰串列來尋找鄰居。天下沒有白吃的午餐，在電腦中，這句話代表一種取捨：用空間來換取速度。我們經常做這件事，它甚至有個名稱：**時間空間取捨**（*space-time tradeoff*）。

2.3   圖的深度優先遍歷

回來探索迷宮。要徹底探索一個迷宮,我們需要採取兩種方法:持續追蹤位置的方法,以及用系統化的方法來造訪未曾造訪的所有房間。假設房間是以某種方式排序。我們在圖中看過,我們可以假設順序是數字化的。接著,要造訪所有的房間,我們可以前往**第一間**房間,並將它標記為已造訪。接著前往與它相連的第一間未造訪的房間,將它標記為已造訪。接著再次造訪與它相連的第一間未造訪的房間,重複這個程序:將它標記成已造訪,再前往與目前房間相連的第一間未造訪的房間。如果房間已經沒有與任何未造訪的房間相連了,就回到這間房間之前的房間,看看還有沒有未造訪的房間。如果有,就造訪那裡的第一間未造訪的房間,以此類推。如果沒有,就沿路回到上一間房間。我們重複做這件事,直到回到一開始的房間,發現已經造訪過與它連接的所有房間為止。

看一個實際的例子比較容易瞭解。這個程序稱為**深度優先搜尋法**(*depth-first search*),因為我們是往深度探索迷宮,而不是往橫向探索。圖 2.19 有一個迷宮,右邊是它的相鄰串列表示法。請注意,我們再次以反向順序將節點插入串列。例如,在節點 0 的相鄰串列中,我們以 3、2、1 的順序插入相鄰節點,所以得到串列 [0, 1, 2, 3]。

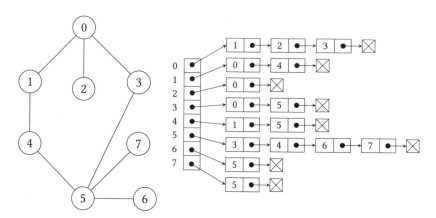

圖 2.19
準備以深度優先來探索的迷宮。

我們在圖 2.20 追蹤深度優先搜尋的步驟，從節點（房間）0 開始，灰色代表目前的節點，黑色代表已造訪過的節點，雙線代表我們探索時拿在手中的虛擬線。我們與忒修斯一樣，會在無法或不應該繼續往前走時，回溯經過的地方。

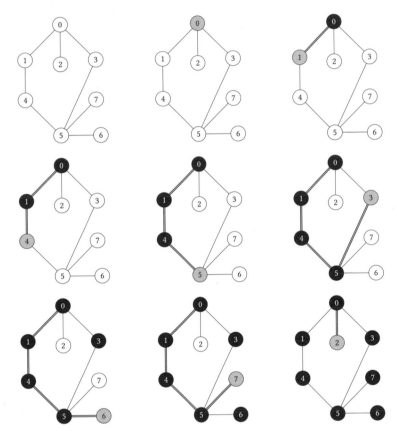

圖 2.20
以深處優先法來探索迷宮。

第一個未造訪的房間是 1 號房，所以我們進入 1 號房。在 1 號房時，第一個未造訪的房間是 4，接著在 4 號房時，第一個未造訪的房間是 5，藉由相同的方式，我們從 5 號房走到 3 號房。此時，我們發現沒有未造訪過的房間了，所以收線往回走，回到 5，在那裡發現 6 號房還沒有造訪過，我們進去裡面，再回到 5。5 號房仍然有個未造訪過的房間，7。我們進入那個房間，接著再次回到 5。現在我們已經造訪與 5 相鄰的所有房間了，所以回到 4 號房。同樣的，與 4 相鄰的房間都已被造訪過了，所以我們往回走到 1，同樣的原因，我們回到 0，看到我們還沒有進入 2，所以進入它裡面，接著回到 0。現在 1、2 與 3 都被造訪過了，所以工作完成。如果你有追隨剛才描述的路徑，可以發現我們是往深處走，而不是往橫向走。當我們在 0 號房時，會往 1 接著往 4，而不是往 2 與 3，雖然最初 2 號房在隔壁，但它是我們最後進入的房間。所以我們會盡量往深處走，再考慮其他的走法。

演算法 2.1 實作了深度優先搜尋。這個演算法會接收圖 G 並開始探索這張圖的第一個節點。它也會使用一個陣列 $visited$ 來代表每一個節點是否已被造訪。

演算法 2.1：深度優先遞迴搜尋。

DFS(G, $node$)

　　　輸入：$G = (V, E)$，圖

　　　　　　$node$，G 的節點

　　　資料：$visited$，大小為 $|V|$ 的陣列

　　　結果：如果節點 i 已經被造訪，則 $visited[i]$ 為 TRUE，

　　　　　　否則為 FALSE

1　　$visited[node] \leftarrow$ TRUE
2　　**foreach** v **in** AdjacencyList(G, $node$) **do**
3　　　　**if not** $visited[v]$ **then**
4　　　　　　DFS(G, v)

在一開始，我們尚未造訪任何節點，所以 $visited$ 全都是 FALSE。雖然演算法會使用 $visited$，但我們並未將它列在輸入，因為我們不需要在呼叫演算法時傳入這個東西，它是一個陣列，是在演算法外面建立與初始化的，可讓演算法接觸、讀取與修改。因為 $visited$ 會被演算法修改，所以其實是演算法的輸出，雖然我們沒有明講。這個演算法沒有指定任何輸出，因為它不會回傳任何東西；它透過 $visited$ 陣列來讓環境知道結果，所以 $visited$ 內的改變就是演算法的結果。你可以將 $visited$ 想成一塊擦乾淨的黑板，可讓演算法在上面寫上它的過程。

演算法 DFS(*G, node*) 是遞迴（*recursive*）執行的。遞迴演算法就是會在過程中呼叫自己的演算法。DFS(*G, node*) 會在第 1 行將目前的頂點標成已造訪，接著在相鄰串列中往下走，每當有未造訪的頂點與它相連時，就呼叫它自己；我們假設已經有一個函式 AdjacencyList(*G, node*) 可接收一張圖與一個節點，並回傳該節點的相鄰串列。第二行會遍歷相鄰串列中的節點；這很容易實現，因為根據串列的定義，串列的每一個節點都與下一個相連，所以我們可以從任何一個節點直接走到下一個。如果我們尚未造訪那個鄰點（第三行），就以**相鄰節點** *v* 來呼叫 DFS(*G, v*)。

這個演算法的麻煩之處在遞迴的部分。我們來看一張簡單的圖，它只有四個節點，如圖 2.21 a 所示。我們從節點 0 開始。假設這張圖稱為 *G*，所以呼叫 DFS(*G*, 0) 後，函式會取得節點 0 的相鄰串列，也就是 [1, 3]。在第 2–4 行的迴圈會執行兩次：第一次處理節點 1，第二次處理節點 3。在第一個執行迴圈時，因為節點 1 尚未被造訪，所以我們會跳到第 4 行。接下來的部分很重要。我們會在第 4 行呼叫 DFS(*G*, 1)，但是因為目前的呼叫**尚未完成**，我們會將 DFS(*G*, 0) 放在架上，開始呼叫 DFS(*G*, 1)；完成 DFS(*G*, 1) 時我們會從架上將它拿回來，並且在 DFS(*G*, 1) 呼叫式的後面恢復它的執行。當我們執行 DFS(*G*, 1) 時，會取出它的相鄰串列，也就是 [2]。2–4 行的迴圈會被執行一次，以處理節點 2。因為節點 2 還沒有被造訪，所以我們跳到第 4 行。與之前的做法一樣，我們呼叫 DFS(*G*, 2)，但 DFS(*G*, 1) 同樣還沒有完成，會被放在架上，等待 DFS(*G*, 2) 完成。DFS(*G*, 2) 是空的相鄰串列，所以在 2–4 行的迴圈完全不會被執行，所以函式會立刻返回。

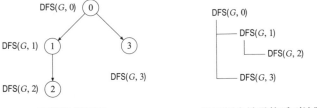

(a) 圖與造訪順序。　　　　　(b) 深度優先搜尋的呼叫追蹤。

圖 2.21
詳述深度優先搜尋。

回到哪裡？我們從架上拿回 DFS(*G*, 1)，並前往 DFS(*G*, 1) 中，當初我們叫它等待的地方，也就是第 4 行，不過是在呼叫 DFS(*G*, 2) 之後的地方。因為節點 1 的相鄰串列中只有節點 2，DFS(*G*, 1) 裡面的迴圈會終止，函式結束。我們回到 DFS(*G*, 0)，將它從架上取下，並從當初離開它的地方繼續執行。那個地方是在第 4 行呼叫 DFS(*G*, 1) 的後面。第一次迴圈迭代就此結束。接著我們開始第二次迴圈迭代，呼叫 DFS(*G*, 3)，並再次將 DFS(*G*, 0) 放在架上。節點 3 的相鄰串列是空的，與節點 2 一樣，所以 DFS(*G*, 3) 會結束，並回到 DFS(*G*, 0)，讓 DFS(*G*, 0) 完成第二次迴圈迭代，完成所有的執行步驟，並返回。

我們將追蹤一系列的函式呼叫稱為**呼叫追蹤**（*call trace*）。圖 2.21b 是從 DFS(*G*, 0) 開始的呼叫追蹤。這個追蹤是由上而下，由左而右來閱讀的，它是個樹狀結構，在一個呼叫式中初始化的另一個呼叫式是前一個呼叫式的子代。控制流程會從前代到子代，從子代到孫代，以此類推，直到沒有其他的後代時往回走，從後代到前代。它的走法是：往下 DFS(*G*, 0) → DFS(*G*, 1) → DFS(*G*, 2)；往上 DFS(*G*, 2) → DFS(*G*, 1) → DFS(*G*, 0)；再次往下 DFS(*G*, 0) → DFS(*G*, 3)；再次往上 DFS(*G*, 3) → DFS(*G*, 0)；結束。你可以看到，當我們造訪一個節點後，會遞迴前往它的子代，若有的話，我們只會在造訪過它的子代之後，才會造訪它的同代，例如，我們會從節點 1 跳到節點 2，而不是節點 3。採取這種遞迴，我們會先往深處走，執行深度優先遍歷。

如果你仍然很難理解遞迴，我們用另一種方式來解釋它。階層是典型的遞迴函式：$n! = n \times (n-1) \times \ldots \times 1$，它的特例是 $0! = 1$。我們可以用演算法 2.2 來呈現階乘函式；圖 2.22 是計算 5! 的呼叫追蹤。

演算法 2.2：階乘函式。

Factorial(*n*) → !*n*

    輸入：*n*，自然數

    輸出：*n*!，*n* 的階乘

1   **if** *n* = 0 **then**
2   **return** 1
3   **else**
4   **return** *n* · Factorial(*n* − 1)

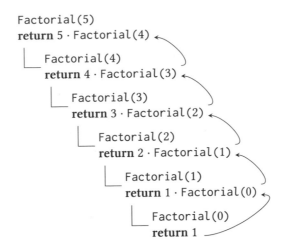

圖 2.22
階乘呼叫追蹤。

在這個呼叫追蹤裡面，我們為每一個造成遞迴呼叫的呼叫式加上說明，用箭頭來表示被呼叫的函式返回的地方。例如，當我們在 `Factoria(1)` 時，會在演算法 2.2 的第 4 行，此時，你可以將圖 2.22 的 `Factoria(0)` 當成 `Factoria(0)` 返回時要填入的預留位置。在呼叫追蹤中，被填入預留位置的返回路徑是用朝上的箭頭來表示的，它們會完成一系列的遞迴呼叫。我們遵循左邊的步驟往下執行呼叫追蹤，並且遵循右邊的箭頭返回。

對所有的遞迴函式而言，最重要的事情就是停止遞迴的條件。在階乘函式中，當我們到達 $n = 0$ 時會停止遞迴呼叫並返回。在演算法 2.1 中，停止條件位於第 3 行。如果我們已經造訪節點的所有鄰居，該節點就沒有其他的遞迴呼叫了，所以就該返回。**這一點非常重要**，忘記指定結束遞迴的條件是災難的開始。沒有停止條件的遞迴函式會持續不斷呼叫它自己，永不停止。忘記做這件事的程式員會製造討厭的 bug，電腦會不斷呼叫這個函式，直到耗盡記憶體，讓程式當掉為止，你會看到 "stack overflow" 或類似的訊息，稍後我們會解釋原因。

希望你已經瞭解遞迴了（如果還沒，就再複習一遍）。注意，深度優先搜尋演算法可從任何一個節點開始。之前的範例使用節點 0 只是因為它在最上面。在圖 2.23 中，我們可以從節點 7 或節點 3 開始演算法，節點旁邊的數字代表它被造訪的順序。即使我們用不同的順序來造訪節點仍然可以完全探索這張圖。

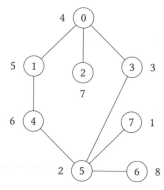

(a) 從節點 7 開始做深度優先搜尋。　　(b) 從節點 3 開始做深度優先搜尋。

圖 2.23
從不同的節點開始做深度優先探索。

如果圖是無向的與不相連的，或如果它是有向的，但不是強相連的話，就不是如此了。在這種圖中，我們必須依次對每一個未被造訪的節點呼叫演算法 2.1。如此一來，從其他的節點無法到達的節點也有成為起始節點的時候。

遞迴是如何在電腦中運作的？電腦如何安排資源、保留函式、呼叫其他函式，並且知道該返回哪裡？電腦使用一種內部堆疊來記得要從函式返回何處，這種堆疊稱為**呼叫堆疊**（*call stack*）。這個堆疊會將目前的函式放在最上面。在它下面的是呼叫它的函式，以及回到當時離開的地方繼續執行程式需要的資訊。在它下面是呼叫它的函式，如果有的話，以此類推。這就是遞迴在出錯時會造成當機的原因：我們不可能擁有無限大的堆疊。圖 2.24 是執行演算法 2.1 時的堆疊快照。圖中展示演算法造訪底下的灰色圓圈所指的節點時堆疊的內容。當演算法碰到死路，也就是該節點已經沒有未造訪的鄰居時，函式就會返回，或回溯至呼叫它的函式；往回走的程序稱為*回溯*（*backtracking*）。pop 堆疊最上面的元素稱為**解開**（*unwinding*）

（不過這在探索迷宮的例子中相當於將線收回）。所以我們從節點 3 跳到節點 5 時，用黑色圓圈代表我們曾經造訪它。在這張圖的第二列有一系列的解開動作，從節點 7 一路跳到節點 0，到造訪節點 2。

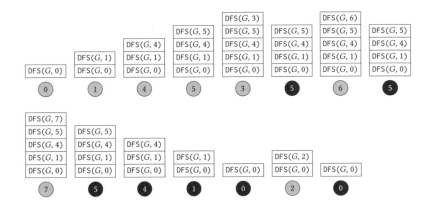

圖 2.24
圖 2.20 的深度優先搜尋堆疊演變。

這些堆疊動作都是自動發生的，但是你當然也可以自行施展相同的魔法。你可以直接使用堆疊，完全不採用遞迴來執行深度優先搜尋，而非藉由遞迴來私下使用堆疊。我們的做法是在每一個節點將未造訪的節點放入堆疊，當我們要尋找接下來要造訪的節點時，就直接從堆疊 pop 元素。演算法 2.3 是以堆疊來製作深度優先搜尋的演算法。你可以在圖 2.25b 看到堆疊的內容；限於篇幅，我們只展示造訪節點的堆疊快照，不展示回溯的情況。

這個演算法的效果與演算法 2.1 一樣，但是它直接使用堆疊，而不是遞迴。我們在第 1 行建立堆疊。這一次，我們不使用外部提供的陣列來記錄進度，而是在第 2 行自行建立陣列 *visited*；接著在第 3–4 行將它初始化，讓它的所有值都是 FALSE。

為了模擬遞迴，我們將還沒有造訪的節點 push 入堆疊，當我們想要知道接下來要造訪的節點時，就拿出堆疊最上面的那一個。我們在第 5 行將起始節點 push 入堆疊來啟動整個程序。接著，只要堆疊有東西（第 6 行），我們就 pop 它（第 7 行），將它標為已造訪（第 8 行），接著將它的相鄰串列中，我們尚未造訪的所有節點 push 入堆疊（第 9-11 行）。完成之後，我們回傳陣列 *visited*，來回報我們可以前往哪些節點。

演算法 2.3：使用堆疊來對圖做深度優先搜尋。

StackDFS(*G, node*) → *visited*

    輸入：$G = (V, E)$，圖

          node，G 的起始節點

    輸出：*visited*，大小為 $|V|$ 的陣列，如果我們已經造訪節點 i，
          則 *visited*[i] 為 TRUE，否則 FALSE

1 $S \leftarrow$ CreateStack()
2 *visited* $\leftarrow$ CreateArray($|V|$)
3 **for** $i \leftarrow 0$ **to** $|V|$ **do**
4   *visited*[i] $\leftarrow$ FALSE
5 Push(*S, node*)
6 **while not** IsStackEmpty(*S*) **do**
7      $c \leftarrow$ Pop(*S*)
8   *visited*[c] $\leftarrow$ TRUE
9   **foreach** v **in** AdjacencyList(*G, c*) **do**
10   **if not** *visited*[v] **then**
11   Push(*S, v*)
12 **return** *visited*

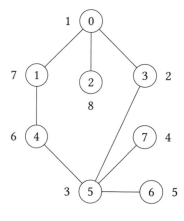

(a) 造訪房間的順序。

```
            7
          6 6
      3 5 4 4 4 4 1
      2 2 2 2 2 2 2
    0 1 1 1 1 1 1 1 1
```

(b) 堆疊的演變。

```
            7
          6 6
      3 5 4 4 4
      2 2 2 2 2 2
    0 1 1 1 1 1 1 1
```

(c) 不重複堆疊的演變。

圖 2.25
演算法 2.3 與 2.4 的遍歷情況與堆疊內容。

由於在堆疊內放入節點的順序，圖的遍歷採取深度優先，只不過是從編號較高的節點到編號較低的節點。遞迴演算法是以逆時針來遍歷迷宮，這個演算法則是順時針。

你可以在圖 2.25b 的右邊算來第三行看到，節點 1 被加入堆疊兩次。這不會讓演算法出錯，不過我們可以修正它。我們需要一個**不重複堆疊**，你只能在裡面加入尚未在堆疊內的項目。為了製作它，我們再使用一個陣列。如果陣列內的元素目前在堆疊裡面，它就是 true，否則它是 false。演算法 2.4 是新的成果。這個演算法與演算法 2.3 很像，但是它使用額外的陣列 *instack* 來記錄已經在堆疊中的節點。圖 2.25c 是堆疊內的情況。

演算法 2.4：使用不重複堆疊來做深度優先搜尋。

NoDuplicatesStackDFS(*G, node*) → *visited*

　　輸入：$G = (V, E)$，圖

　　　　　node，G 的起始節點

　　輸出：*visited*，大小為 $|V|$ 的陣列，當我們已經造訪節點 i 時，

　　　　　visited[i] 是 TRUE，否則 FALSE

```
1   S ← CreateStack()
2   visited ← CreateArray(|V|)
3   instack ← CreateArray(|V|)
4   for i ← 0 to |V| do
5       visited[i] ← FALSE
6       instack[i] ← FALSE
7   Push(S, node)
8   instack[node] ← TRUE
9   while not IsStackEmpty(S) do
10      c ← Pop(S)
11      instack[c] ← FALSE
12      visited[c] ← TRUE
13      foreach v in AdjacencyList(G, c) do
14          if not visited[v] and not instack[v] then
15              Push(S, v)
16              instack[v] ← TRUE
17  return visited
```

你或許會好奇，既然已經有演算法 2.1 了，為什麼還要開發演算法 2.4？它除了有教育意義之外，也可以展示實際的遞迴動作，在遞迴時，每次的遞迴呼叫都會讓電腦將函式需要的所有記憶體狀態放入堆疊中。所以它會傳遞比圖 2.24 的堆疊內（只展示函式呼叫式）還要多的東西，而不是圖 2.25 的那些簡單的數字。直接使用堆疊的演算法可能會比使用遞迴的演算法還要經濟。

結束深度優先之前，我們要回去檢驗演算法 2.1 的複雜度。演算法 2.3 與 2.4 的複雜度與演算法 2.1 相同，因為它們的差異只是遞迴機制的實作方式，而不是整體的探索策略。第 4 行執行 $|V|$ 次，每個頂點一次。每個相鄰串列的每一個邊會呼叫第 3 行的條件一次，也就是 $|E|$ 次。。整體來說，深度優先搜尋的複雜度是 $\Theta(|V| + |E|)$。探索圖需要的時間與它的大小成正比，這是合理的結果。

2.4　橫向優先搜尋

在之前的探索中，深度優先搜尋是往深處走，而不是往橫向走。假設我們用不同的方式來探索迷宮，當我們從節點 0 開始時，先造訪節點 1、2 與 3 再造訪節點 4，也就是說，我們往橫向探索，而不是往深處。你可以猜到，這種搜尋策略稱為**橫向優先搜尋**（*breadth-first search*），簡稱 BFS。

採取橫向優先搜尋時，我們就不能用線（無論是比喻的或實際的）來帶路了。我們沒有符合真實情況的物理方法可以從節點 3 直接跳到節點 4，因為它們不直接相連，所以無法用真實世界的迷宮來比喻。為了實現橫向優先遍歷，我們必須假設可以從目前的節點跳到一個已知存在，但尚未造訪的節點。我們無法在實際的迷宮中，從節點 3 瞬間移動到節點 4，但是在演算法中，如果我們知道節點 4 的存在，這種移動不成問題。這一個迷宮探索版本可採取的移動方式，是從一個節點移往另一個已知但尚未造訪的節點。

你可以跟著圖 2.26 做橫向優先搜尋，在每一張快照下面都有已造訪的節點，你要從右往左看一很快你就會知道原因。當我們從節點 0 開始做橫向優先探索時，唯一知道存在的節點是節點 0，我們在那個節點記錄它的三個鄰居，節點 1、2 與 3，再依次造訪它們。當我們造訪節點 1 時，會記錄它的未造訪鄰居，節點 4；所以我們知道以後必須造訪節點 2、3 與 4。我們造訪節點 2，它沒有未造訪的鄰居，所以前往節點 3，在那裡記錄我們以後要前往節點 5。現在已知未造訪過的節點是 4 與 5，我們前往 4，接著 5。當我們在節點 5 時，記錄以後需要造訪節點 6 與 7，接著按照這個順序造訪它們，並完成工作。

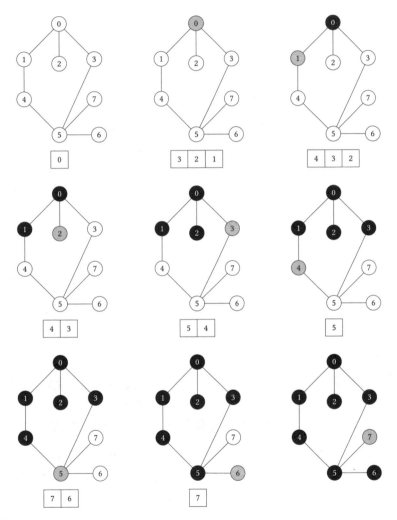

圖 2.26
橫向優先迷宮探索。

為了實作橫向優先搜尋，我們必須使用一種新的資料結構，稱為**佇列**（*queue*），以利用它的功能來追蹤圖 2.26 的每一張探索快照下面的未造訪節點。佇列是一個項目序列，我們會在佇列的後面放入項目，並且從它的前面移除項目；它的工作方式很像現實生活中的排隊，在排隊時，第一個進入的人也是第一個出去的人（除非有人插隊）。為了更清楚地表達，我們稱它為先進先出（First In First Out（FIFO））佇列。佇列的後面稱為它的**尾端**（*tail*），前面稱為**頭部**（*head*）（所以串列與佇列都有頭部）。圖 2.27 是在佇列中加入與移除項目的情形。佇列的基本操作包括：

- CreateQueue()，建立一個空佇列。

- Enqueue(Q, i) 將項目 i 加到佇列 Q 的尾端。

- Dequeue(Q) 移除一個在佇列頭部的項目。實質上，它會移除頭部，並讓它後面的元素變成新的頭部。如果佇列是空的，就不可以執行這項操作（會得到錯誤）。

- IsQueueEmpty(Q)，如果佇列 Q 是空的，它會回傳 TRUE，否則 FALSE。

圖 2.27
在佇列中加入與移除項目。

知道這些操作之後，我們可以寫出演算法 2.5 來實作圖的橫向優先搜尋。因為我們從尾部填充佇列，從頭部清空它，所以我們會從右到左讀取它的內容來造訪它儲存的節點，如圖 2.26 所示。

這個演算法很像演算法 2.4，它會回傳陣列 *visited*，指出可前往的節點。它使用陣列 *inqueue* 來追蹤目前在佇列中有哪些節點。在演算法的開頭，我們先將佇列初始化（第 1 行），接著建立並初始化 *visited* 與 *inqueue*（第 2–6 行）。

演算法 2.5：橫向優先搜尋。

BFS(*G, node*) → *visited*

> 　　**輸入**：*G* = (*V, E*)，圖
>
> 　　　　　*node*，*G* 的起始節點
>
> 　　**輸出**：*visited*，大小為 |*V*| 的陣列，如果我們已經造訪節點 *i*，
>
> 　　　　　則 *visited*[*i*] 為 TRUE，否則 FALSE

```
1    Q ← CreateQueue()
2    visited ← CreateArray(|V|)
3    inqueue ← CreateArray(|V|)
4    for i ← 0 to |V| do
5        visited[i] ← FALSE
6        inqueue[i] ← FALSE
7    Enqueue(Q, node)
8    inqueue[node] ← TRUE
9    while not IsQueueEmpty(Q) do
10       c ← Dequeue(Q)
11       inqueue[c] ← FALSE
12       visited[c] ← TRUE
13       foreach v in AdjacencyList(G, c) do
14           if not visited[v] and not inqueue[v] then
15               Enqueue(Q, v)
16               inqueue[v] ← TRUE
17   return visited
```

佇列一定會儲存我們已知存在，但尚未造訪的節點。一開始，我們只記錄起始節點，所以將它加入佇列（第 7 行），並在 *inqueue* 中追蹤它。接著只要佇列不是空的（第 9–16 行），就將佇列的頭部元素移除（第 10 行），記錄這件事（第 11 行），並將它標為已造訪（第 12行）。接著我們將它的相鄰串列（第 13–16 行）中所有未造訪且不在佇列中（第 14 行）的節點放入佇列（第 15 行），並記錄該節點已進入佇列（第 16 行）。透過這種方式，我們會在未來某次迭代演算法的主迴圈時清空佇列。圖 2.28 是圖 2.26 的濃縮版。

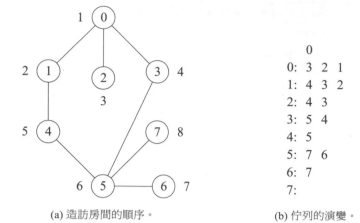

(a) 造訪房間的順序。　　　　　　　　　　(b) 佇列的演變。

圖 2.28
用演算法 2.5 來遍歷，以及佇列的內容。

我們來檢驗這個演算法的複雜度。第 9 行會被執行 $|V|$ 次。接著圖的每一個邊會讓第 13 行開始的迴圈執行一次，總共 $|E|$ 次。所以橫向優先搜尋的複雜度是 $\Theta(|V| + |E|)$，與深度優先一樣。這是令人開心的結果，代表我們有兩種圖搜尋演算法可用，它們有相同的複雜度，但是會用相異但正確的策略來探索圖。我們可以根據問題的型態來選擇較適合的方法。

參考文獻

圖的理論基礎是 Leonhard Euler 在 1736 年寫成的，他發表一篇論文，研究是否可以經過 Königsberg 的七座橋一次，且只有一次（當時 Königsberg 在普魯士，但現在它在俄羅斯，稱為 Kaliningrad，而且只剩下五座橋）。答案是否定的 [56]；因為原始論文是用拉丁文寫成的，你應該看不懂，此時可以查閱 Biggs、Lloyd 與 Wilson 的書 [19]，裡面有它的翻譯，以及其他有趣的圖理論歷史資料。

要輕鬆地瞭解圖理論，你可以閱讀 Benjamin、Chartrand 與 Zhang 的介紹書籍 [15]。如果你想要深入研究，可以閱讀 Bondy 與 Murty 的書 [25]。近年來，一些圖理論的分支會用不同的方式來看待各種網路；你可以參考 Barabási [10]、Newman [150]、David 與 Kleinberg [48]、以及 Watts [214] 的書中的範例。研究圖在網路（各種不同種類）、

web 與 Internet 上的應用可視為三門不同的學科 [203]，它們用圖來解釋大型互聯結構造成的各種現象。

深度優先搜尋有很悠久的歷史；19 世紀有位法國數學家 Charles Pierre Trémaux 發表它的一個版本；要全面瞭解這個理論與其他的圖理論，可參考 Even 的書 [57]。Hopcroft 與 Tarjan 提出電腦中的深度優先，並使用相鄰串列來說明 [197, 96]；Tarjan 有一篇較短的經典論文，說明資料結構與圖 [199]。

E. F. Moore 在 1950 年發表使用橫向優先來探索迷宮的方法 [145]。C. Y. Lee 也獨自發現它，並用它在電路板上布線 [126]。

練習

1. 所有熱門的程式語言都有很好的串列實作，但製作你自己的串列可以學到東西，而且不難。我們的基本概念是圖 2.13 與 2.15。空串列是指向 NULL 的指標。當你在串列的頭插入一個元素時，就需要調整串列，指向新的頭部，並讓新插入的頭部指向它被插入時，串列所指的位置—也就是之前的頭部，或是 NULL。要將一個元素插入既有的元素後面，你必須調整既有元素的連結，讓它指向新插入的元素，並讓新插入的元素指向既有的元素在插入前所指的元素。要在串列中搜尋一個項目，你必須從頭開始循著連結檢查每一個項目，直到找到想找的那一個或 NULL 為止。要移除一個項目，你必須先找到它，找到之後，讓指向它的指標指向下一個項目，或如果移除的是最後一個項目，則指向 NULL。

2. 佇列可以用陣列來實作，此時，你要追蹤佇列的頭部 h 與尾端 t 的索引。一開始，頭部與尾端都等於 0：

當你將一個項目插入佇列時，就要遞增尾端的索引；類似的情況，當你從佇列移除一個項目時，要增加頭部的索引。插入 5、6、2 與 9 並移除 5 之後，陣列是：

如果陣列可以保存 n 個項目，當頭部或尾端到達第 $n-1$ 個項目時，它們會繞回位置 0。所以經過多次插入與移除後，佇列可能會長得像：

用這個概念來製作一個佇列。當頭部到達尾端時，代表佇列是空的，當尾端快要踩到頭部時，佇列是滿的。

3. 使用相鄰矩陣表示法來實作深度優先搜尋（無論是否使用遞迴）與橫向優先搜尋，而非之前使用的相鄰串列。

4. 深度優先搜尋除了可以探索迷宮之外，也可以用來建立迷宮。一開始，有張在網格上的圖，它有 $n \times n$ 個節點；例如，如果 $n = 10$，我們就用節點的 (x, y) 位置來命名它們，得到：

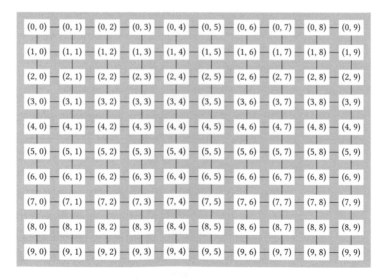

我們從圖裡面的一個節點開始，將該節點標為已造訪，並以某種隨機的方式來選取它的鄰點，如果我們尚未造訪那個鄰點，就記錄遍歷連結，並前往該節點，接著在那個節點繼續遞迴執行這個程序。也就是說，我們會執行一個深度優先遍歷，以隨機的順序造訪鄰點，並在一路上記錄連結，完成深度優先搜尋後，就會得到一個新圖：它同樣有 $n \times n$ 個節點，以及之前追隨的原始連結子集合，這就是迷宮。寫一個程式來建立這種迷宮。你可以學習一種繪圖程式庫，用它來顯示結果。

5. 在圖 2.10 中，你可以輕鬆地目視判斷一張圖是不是二分圖。不過我們要改採以下的程序。我們會遍歷圖，以兩種不同的顏色來將節點上色，當然，將節點上色並不是真的將它塗色，我們只是將它標記為那種顏色。如果使用的顏色是 "紅色" 與 "綠色"，我們會將第一個節點標為紅色，下一個標為綠色，以此類推。如果在遍歷的過程中，我們遇到一個鄰點已經被塗上與目前的節點相同的顏色，則該圖就不是二分圖。如果我們完成遍歷後沒有發現這種情形，該圖就是二分圖。用演算法來實作這個程序，來偵測二分圖。

3 壓縮

我們用一系列的 0 與 1，或位元（bits），來儲存數位資料。你看到的任何文字，包括現在看到的，都是用這種位元序列來表示的。考慮這句話 "I am seated in an office"，這句話對電腦的意義是什麼？

電腦需要將這句話的每一個字母編碼成位元模式。編碼的方法有很多種，但是對於英文，最直接的做法是使用 ASCII 編碼。ASCII 的意思是美國訊息交換標準代碼（American Standard Code for Information Interchange），它是一種編碼方式，使用 128 個字元來代表英文字母、標點符號與一些控制字元。最近它不是標準的方式，但它在 1960 年代就出現了，並且有各種版本。它很適合使用拉丁字元集的語言，不適合不使用拉丁字元集的語言，那些語言必須使用其他的編碼方式，例如可以表示 110,000 個以上各種語言的字元的 Unicode。因為 ASCII 的每一個字元都是用 7 個位元來表示的，所以它只能表示 128 個字元，即，7 個位元可以表示的字數是 $2^7 = 128$。也就是說，7 個位元可得到 2^7 個數字，我們使用每一個數字來代表一個字元。

如圖 3.1 所示，可以使用 7 個位元來表示的字元數量，等於可以用 7 個位元表示的模式（pattern）數量。每一個位元（也就是圖中的方塊）的值可以是 0 或 1，所以每一個位元都有兩種不同的模式：0 與 1。從這系列的位元的尾端開始，如果我們取出最後兩個位元，因為它們每一個都有兩種可能的模式，所以兩個有 2×2 種可能的模式（也就是 00、01、10、11）。在 3 個位元的情況下，每一個雙位元模式都會再出現兩種可能的模式，所以總共有 $2 \times 2 \times 2$ 種模式，以此類推，直到所有的七個位元。總之，n 個位元可以表示 2^n 種不同的數字。

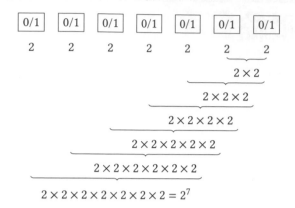

圖 3.1
用 7 個位元可表示的字元數。

表 3.1 是 ASCII 編碼，其中的每一個字元都相當於一個唯一的位元模式，也就是唯一的數字，也就是二進位系統模式的值。這張表有 8 列，每列 16 個元素，為了方便起見，每一行都採用十六進位數字系統。十六進位數字沒有什麼特別之處，它使用的不是十個數字 0、1、…、9，而是十六個數字 0、1、…、9、A、B、C、D、E、F。A 在十六進位中是 10，B 是 11，直到代表 15 的數字 F。請記得，在十進位數字中，53 這個數字是 $5 \times 10 + 3$，一般來說，以 $D_n D_{n-1} \cdots D_1 D_0$ 位數構成的數字的值是 $D_n \times 10^n + D_{n-1} \times 10^{n-1} + \cdots + D_1 \times 10^1 + D_0 \times 10^0$。十六進位的邏輯也一樣，只不過底數是 16 而不是 10。十六進位的數字 $H_n H_{n-1} \cdots H_1 H_0$ 的值是 $H_n \times 16^n + H_{n-1} \times 16^{n-1} + \cdots + H_1 \times 16^1 + H_0 \times 16^0$。例如，在十六進位中，數字 20 的值是 $2 \times 16 + 0 = 32$，數字 1B 的值是 $1 \times 16 + 11 = 27$。通常我們會在十六進位數字的前面加上 0x 來表示使用的是十六進位數字系統，以避免混淆。所以我們會用 0x20 來代表它是十六進位，而不是十進位。我們也會使用 0x1B，雖然這個數字顯然不是十進位，這只是為了一致性。

上述的邏輯也可以應用在底數非 10 與 16 的系統上；在二進位系統中，我們一樣使用數字 2 來作為計算時的底數。以位元 $B_n B_{n-1} \cdots B_1 B_0$ 組成的二進位數字的值是 $B_n \times 2^n + B_{n-1} \times 2^{n-1} + \cdots + B_1 \times 2^1 + B_0 \times 2^0$。

它們都屬於位值計數系統（*positional number systems*），這種計數系統的數值是用它的位數與底數算出來的。在底數為 *b* 的系統算值的通用規則是：

$$X_n X_{n-1} \ldots X_1 X_0 = X_n \times b^n + X_{n-1} \times b^{n-1} + \cdots + X_1 \times b^1 + X_0 \times b^0$$

當你將 *b* 換成 2、10 或 16 時，就會得到之前提過的公式。當我們使用不同的計數系統時，通常會使用 $(X)_b$ 來表示它們，例如 $(27)_{10} = (1B)_{16}$。

你可能會好奇，為什麼要煞費苦心地討論十六進位數字？電腦使用多個 bytes（位元組）來將資料存在記憶體中，一個 byte 含有 8 個位元。回去看一下圖 3.1，你會看到四個位元可以組成 $2 \times 2 \times 2 \times 2 = 2^4 = 16$ 種模式。我們可以用一個十六進位數字來表示四個位元可以組成的所有模式。當我們將一個 byte 分成兩個部分，每一個部分有四個位元時，就可以只用兩個十六進位的字元來表示它，從 0x0 到 0xFF。例如，當我們將 byte 11100110 分成一半後，會得到 1110 與 0110。我們可以將它們分別視為一個二進位數，二進位數 1010 的值是 14，因為它是 $2^3 + 2^2 + 2^1$，二進位數 0110 的值是 6，因為它是 $2^2 + 2^1$。值為 14 的十六進位數字是 0xE，值為 6 的十六進位數字是 0x6。因此，我們可以將 byte 11100110 寫成 0xE6。這比該數字的十進位表示法 230 還要優雅；此外，要在二進位得到 230，我們只能計算 $2^7 + 2^6 + 2^5 + 2^2 + 2^1$，但是使用十六進位的等效數字時，就可以立刻算出 $E \times 16 + 6 = 14 \times 16 + 6$。

如果你還不認為十六進位很實用，提醒你，你可以用它來寫一些很酷的數字，例如 0xCAFEBABE（咖啡寶貝）。或許你不知道，Java 程式語言用 0xCAFEBABE 來辨識編譯檔。使用十六進位字元來拼寫英文稱為 *Hexspeak*，當你在網路上搜尋這個單字時，會發現一些奇妙的案例。

回到 ASCII，它的前 33 個字元與第 128 個字元是控制字元，原本它們的目的是控制一些使用 ASCII 的設備，例如印表機。除了少數的幾個控制字元之外，多數都已經用不到了，所以字元 32（0x20，從 0 開始算起的第 33 個字元）是空白字元，字元 127（0x7F）是刪除，字元 27（0x1B）是逸出（escape）字元，字元 10（0xA）與 13（0xD）分別是歸位字元（carriage return）與換行字元（line feed），它們的用途是開始新的一行（依電腦的作業系統而定，可能只需要歸位字元，或兩者都需要）。其他的字元比較奇特，例如，字元 7 的用途是觸發電傳打字機的響鈴。

藉由使用表 3.1，你可在表 3.2 這份對應十六進位與二進位的表中依序看到 ASCII "I am seated in an office"。因為每一個字元都對應一個 7 個位元的二進位數字，而這個句子有 24 個字元，所以我們需要 $24 \times 7 = 168$ 位元。

表 3.1
ASCII 編碼。

	0	1	2	3	4	5	6	7	8	9	A	B	C	D	E	F
0	NUL	SOH	STX	ETX	EOT	ENQ	ACK	BEL	BS	HT	LF	VT	FF	CR	SO	SI
1	DLE	DC1	DC2	DC3	DC4	NAK	SYN	ETB	CAN	EM	SUB	ESC	FS	GS	RS	US
2	SP	!	"	#	$	%	&	'	(	)	*	+	,	-	.	/
3	0	1	2	3	4	5	6	7	8	9	:	;	<	=	>	?
4	@	A	B	C	D	E	F	G	H	I	J	K	L	M	N	O
5	P	Q	R	S	T	U	V	W	X	Y	Z	[	\	]	^	_
6	`	a	b	c	d	e	f	g	h	i	j	k	l	m	n	o
7	p	q	r	s	t	u	v	w	x	y	z	{	|	}	~	DEL

表 3.2
ASCII 編碼範例。

I		a	m		s	e	a
0x49	0x20	0x61	0x6D	0x20	0x73	0x65	0x61
1001001	100000	1100001	1101101	100000	1110011	1100101	1100001
t	e	d		i	n		a
0x74	0x65	0x64	0x20	0x69	0x6E	0x20	0x61
1110100	1100101	1100100	100000	1101001	1101110	100000	1100001
n		o	f	f	i	c	e
0x6E	0x20	0x6F	0x66	0x66	0x69	0x63	0x65
1101110	100000	1101111	1100110	1100110	1101001	1100011	1100101

3.1　壓縮

我們可以做得更好嗎？如果我們可以用更紮實的方式來表示文字，就可以節省許多儲存位元；考慮我們每天所儲存的文字資訊數量，節省的空間可能會很龐大。事實上，許多被儲存的資料都會用某種方式來壓縮，而且當它們被讀取時會被解壓縮。

更精確地說，壓縮是對一定數量的資訊進行編碼，使用比原本還要少的位元來代表它們的程序。壓縮有兩種，取決於我們如何減少需要的位元數。

如果我們藉由偵測與刪除多餘的資訊來減少位元數，這種方法就稱為無失真壓縮（*lossless compression*）。變動長度編碼（*run-length encoding*）是一種簡單的無失真壓縮。例如，考慮一張黑白影像。影像的每一行都有一系列的黑色與白色像素，例如：

□□□□■□□□□□□□□□■■□□□□□□□□□□□□□□□■■□□□□□□□□□□□□□

變動長度編碼會使用資料的連續個數，也就是用一個值與該值的個數來表示該值的連續個數。我們可用以下的序列來表示上圖：

□4■1□9■2□15■2□13

這種表示法使用的空間比原本的少，而且不會損失資訊：我們可以用它完全重建原始的那一行。

破壞性壓縮（*lossy compression*）減少資料的方式，是找出非真正必要，且移除它們不會造成明顯損失的資訊。例如，JPEG 影像是原始版的破壞性版本，MPEG4 影片、MP3 音樂檔也一樣：MP3 音訊檔的大小可能會比原始的音訊檔小很多，而且人類聽不出它們之間的差異（或對多數人而言）。

讓我們回顧一下舊的資訊編碼方式，來看看該如何繼續討論。表 3.3 是摩斯電碼，它是在 1836 年由 Samuel F. B. Morse、Joseph Henry 與 Alfred Vail 開發出來的，目的是用電報來傳遞訊息（其實這是現代版的摩斯電碼，與原始的摩斯電碼有一些差異）。摩斯電碼是用點與短線來編碼字元與數字的。你可以看到，並非所有的字元都有相同數量的點與短線。Vail 在研究各種字母表示法時，想要讓較常見的字元的編碼較少，較罕見的字元的編碼較長，如此一來，就可以減少整體的點與短線數量。為了找出英文字母的出現頻率，Vail 去他老家（New Jersey 的 Morristown）的報社，在那裡計算排字機使用的鉛字盤裡面的字元數量。在鉛字盤裡面，較常出現的字元有較多的鉛字，因為它們會在文字中出現較多次。表 3.3 是現今的英文字母出現頻率。你可以發現，Vail 與排字機幹得不錯。

表 3.3
摩斯電碼。

A .-	8.04%	J .---	0.16%	S ...	6.51%	2 ..---
B -...	1.48%	K -.-	0.54%	T -	9.28%	3 ...--
C -.-.	3.34%	L .-..	4.07%	U ..-	2.73%	4 ....-
D -..	3.82%	M --	2.51%	V ...-	1.05%	5 .....
E .	12.49%	N -.	7.23%	W .--	1.68%	6 -....
F ..-.	2.4%	O ---	7.64%	X -..-	0.23%	7 --...
G --.	1.87%	P .--.	2.14%	Y -.--	1.66%	8 ---..
H	5.05%	Q --.-	0.12%	Z --..	0.09%	9 ----.
I ..	7.57%	R .-.	6.28%	1 .----		0 -----

我們可以使用相同的概念,以更精簡的方式來表示文字:我們可以
進行測試,讓較常出現的字母的位元較少,較少出現的字母的位元
較多。

假設我們想要編碼 "effervescence",並讓較常見的字母有較短的位元
模式。表 3.4 是這個單字的字母頻率。我們想要讓字母 E 有較短的位
元模式,排名在它之後的是 F 與 C,接著是其他的字母。

表 3.4
"effervescence" 這個字的字元頻率。

| E: 5 | F: 2 | R: 1 | V: 1 | S: 1 | C: 2 | N: 1 |

在繼續找出編碼之前,我們先來看一下使用一般的 ASCII 來編碼
effervescence 需要多少空間。因為這個單字有 13 個字元,所以需要
$13 \times 7 = 91$ 位元。但是注意,這個字只有七個不同的字元,所以我們
不需要用整個 ASCII 碼來表示它,只要用三個位元來編碼,就可以表
示全部七種字元:$2^3 = 8 > 7$。因此你可以用三個位元來列出各種位元
模式,建立一個類似表 3.5 的編碼,這是一種固定長度編碼(*fixed-
length encoding*),因為所有的字元都有同一個固定的長度。在這種編
碼方式中,我們只需要用 $13 \times 3 = 39$ 位元來表示那個單字,與 ASCII
的 91 位元相較之下好多了。

表 3.5 的編碼仍然會讓所有的字元都有相同的位元數。如果我們想要
根據字元出現的頻率而使用不同的位元數呢,也就是使用**可變長度編
碼**(*variable-length encoding*)?你或許會從表 3.6 的編碼開始做起,

但這是錯的，因為編碼後，這個單字的位元的開頭是 011011，但是當我們將它解碼時，並無法知道 E（0）開頭之後究竟是兩個 F（1 與 1），還是一個 R（11）。為了確保我們可以正確地將已編碼的單字解碼，採取可變長度編碼的各個字元開頭的位元順序必須是不相同的，換句話說，任何字元的編碼都不是另一個字元的前幾碼。我們將這種編碼方式稱為 *prefix-free* 編碼。

表 3.5
單字 "effervescence" 的固定長度編碼。

E: 000	F: 001	R: 010	V: 011	S: 100	C: 101	N: 110

表 3.6
單字 "effervescence" 的可變長度編碼：錯！。

E: 0	F: 1	R: 11	V: 100	S: 101	C: 10	N: 110

表 3.7 是 effervescence 的 prefix-free 可變長度編碼，可將這個單字編碼成 01001000110011100111110110111011010，有 32 位元，同樣比原本的好。的確，有一些在使用固定長度編碼時只需要 3 個位元的字元會變成 4 個位元，但是這種位元數量的增加會被常見的字母只需要用到 1 個位元，且比它罕見一些的字母只需要 2 個位元抵消，所以整體的效果很好。我們是怎麼設計出表 3.7 的？是用一種演算法來建立 prefix-free 編碼嗎？

表 3.7
單字 "effervescence" 正確的 prefix-free 可變長度編碼。

E: 0	F: 100	R: 1100	V: 1110	S: 1111	C: 101	N: 1101

的確如此，但是在講解演算法之前，你要先瞭解一些資料結構。

3.2　樹與優先佇列

樹（*tree*）是一種無向相連圖，它沒有循環，換句話說，它是一種無向非環狀相連圖。圖 3.2 有兩張圖。左圖不是樹，右圖是樹。

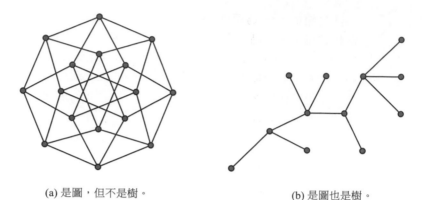

(a) 是圖，但不是樹。　　　　　　　　　(b) 是圖也是樹。

圖 3.2
圖與樹。

我們通常會參考真實世界的樹來繪製樹圖。我們會將其中一個節點視為樹的根（root），並在它的下面或上面繪製與它相連的節點，這些節點稱為它的子代（children）。沒有子代的節點稱為葉（leaves）。根的子代也採用同樣的規則。所以我們可以得到一個樹的遞迴定義：樹是一種結構，它有一個根節點，並且可能有一組與根節點相連的節點。每一個節點都是另一棵樹的根，見圖 3.3，左圖的樹往上生長，與一般的樹一樣，右圖是向下生長的同一棵樹。電腦中的樹大多是往下生長的。

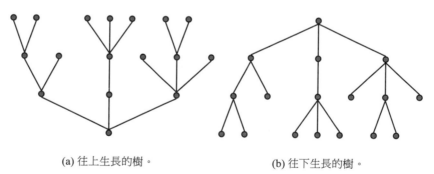

(a) 往上生長的樹。　　　　　　　　　(b) 往下生長的樹。

圖 3.3
樹，往上生長與往下生長。

節點的子節點數量稱為該節點的度數（degree）。接著我們要來討論二元樹（binary trees）。二元樹的每一個節點最多只有兩個子節點，也就是說，它的度數頂多是二。比較準確的定義是，二元樹是一種結構，它的根節點最多只連接兩個節點。每一個節點都是另一棵二元樹的根。

樹的實用性高，除了因為它的結構之外，也因為每一個節點都會附帶一些資料。資料是節點的酬載，這個資料與子節點附帶的資料有某種關係。這種關係是階層式的，反應出樹的階層結構。

樹是一種常見的資料結構，經常在許多情況下出現。它們有許多種操作方式，例如插入節點、刪除節點、尋找節點，但目前我們只需要用一種操作來用根與兩個子節點建立一棵樹：

- CreateTree(d,x,y) 會接收資料 d，與兩個節點 x 與 y，來建立一個有酬載 d 與子節點 x（左）與 y（右）的新節點；接著回傳這個新節點。x 與 y 都可以是 NULL，所以我們可建立一棵有零個、一個或兩個子節點的樹。

樹是圖，所以它們可以用橫向優先來遍歷，先造訪同一層的所有節點，再造訪下一層，或深度優先，先往葉節點走，再往回走。它們可用圖來表示，但我們通常使用其他的表示法。其中一種常見的方式是連結表示法，每一個節點都有兩個連結，會連接兩個子節點或NULL，連到 NULL 代表它只有一個子節點，或都連往 NULL。所以CreateTree 操作說穿了就是建立一個節點，並將它的連結初始化為 x與 y。

圖 3.4 是使用連結節點來表示二元樹的方式。我們由下往上來建立這種樹，從子代到父代。以下的操作會產生這棵樹左邊的子樹：

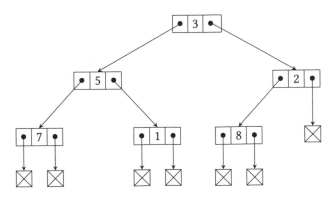

圖 3.4
以連結節點來表示的二元樹。

$n_1 \leftarrow$ CreateTree(7, NULL, NULL)

$n_2 \leftarrow$ CreateTree(1, NULL, NULL)

$n_3 \leftarrow$ CreateTree(5, n_1, n_2)

按照這種方式繼續做下去，我們就可以建構完整的樹。

下一個會在建立編碼方式時用到的資料結構是**優先佇列**（*priority queue*）。當我們移除優先佇列的項目時，會移除具有最大值或最小值的項目，取決於它是最大優先佇列（max-priority）或最小優先佇列（min-priority）。在最大優先佇列中，當你移除一個項目時，會移除有最大值，或最高優先順序的項目。當你再次移除一個項目時，會移除其餘的項目中擁有最大值的那個項目，所以它是擁有次高優先順序的項目，以此類推。反過來，在最小優先佇列中，你會移除有最小優先順序的項目，接著是次小優先順序的，以此類推。優先佇列有以下的操作方法：

- CreatePQ() 會建立一個新的、空的優先佇列。

- InsertInPQ(pq, i) 可將項目 i 插入優先佇列 pq。

- FindMinInPQ(pq) 或 FindMaxInPQ(pq) 可回傳最小優先佇列的最小項目，或最大優先佇列的最大項目。FindMinInPQ(pq) 與 FindMaxInPQ(pq) 只會回傳最小或最大值，不會修改佇列，那些值仍然會在佇列內。

- ExtractMinFromPQ(pq) 或 ExtractMaxFromPQ(pq) 會移除並回傳最小優先佇列的最小值項目，或最大優先佇列的最大值項目。

- SizePQ(pq) 會回傳優先佇列 pq 裡面的元素數量。

3.3　Huffman 編碼

當我們有一個最小優先佇列時，就可以建構一個 prefix-free 編碼二元樹。這種編碼稱為 *Huffman* **編碼**，名稱來自 David A. Huffman，他在 1951 年設計了這種方式，當時他只是一位 25 歲的研究生。你將會看到，Huffman 編碼是一種高效的無失真壓縮法，它利用的是待壓縮資訊裡面的符號頻率。

我們從一個存有二元樹元素的優先佇列開始。這些二元樹的葉節點都會保存一個字母與它在文章中出現的頻率。一開始,每一個二元樹都只有一個節點,因此它是葉節點,也是根節點。以之前的單字 "effervescence" 為例,我們從圖 3.5 第一列的優先佇列開始,它的最小值在左邊。

我們從佇列取出兩個最小元素,它們是出現頻率最小的單節點樹,屬於字母 R 與 N。接著用一個新的根節點來建立一個新的二元樹,它的子節點是從優先佇列取出的兩棵樹。新樹的根節點的出現頻率是字母 R 與 N 的頻率的總和,代表這兩個字母的結合頻率。我們將新建立的樹放入佇列,如圖 3.5 的第二列所示。接著我們在第三列對下兩個節點 V 與 S 做相同的事情,再將前兩個步驟建立的兩棵樹結合,建立一棵有四個節點 R、N、S、V 的樹。我們持續採取這種做法,直到最後將所有節點都放入同一棵樹為止。

演算法 3.1 描述的就是這個程序。我們先將一個優先佇列傳給演算法。優先佇列的每一個元素都是一棵只有一個元素的樹,存有一個字母與它的頻率。在這個演算法中,我們假設有一個函式 **GetData**(*node*) 會回傳節點內的資料,在這個範例中,每一個節點儲存的資料是它的頻率。只要優先佇列的元素超過一個(第 1 行),演算法就會從優先佇列取出兩個元素(第 2 與 3 行),將它們的頻率相加(第 4 行),以總和為根節點,兩個項目為子節點來建立一個新的二元樹(第 4 行),並將這棵樹插回佇列(第 6 行)。在演算法結束時,優先佇列會存有一個可分析編碼的二元樹,我們將它從佇列取出並回傳(第 7 行)。要找出一個字母的編碼,我們可以從根開始到該字母葉節點遍歷這棵樹。每次往左走時,就將 0 放入編碼,每次往右走時,就將 1 放入編碼,產生的序列就是該字母的 Huffman 編碼。所以在範例中,E 是 0,F 是 100,C 是 101,其餘的字母以此類推,最後可得到表 3.7;你可以在圖 3.6 中看到路徑。

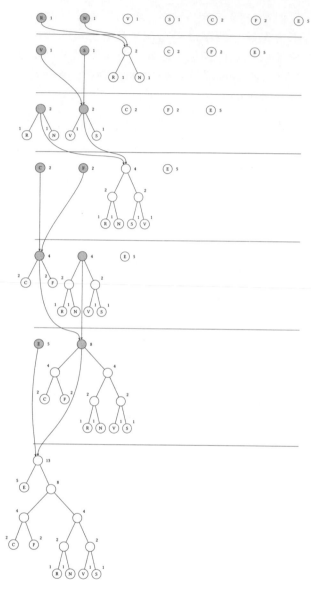

圖 3.5
建構 effervescence 的 Huffman 編碼。

演算法 3.1：建立 Huffman 編碼。

CreateHuffmanCode(*pq*) → *hc*

　　輸入：*pq*，優先佇列

　　輸出：*hc*，代表 Huffman 編碼的二元樹

1 **while** Size(*pq*) > 1 **do**
2 　　*x* ← ExtractMinFromPQ(*pq*)
3 　　*y* ← ExtractMinFromPQ(*pq*)
4 　　*sum* ← GetData(*x*) + GetData(*y*)
5 　　*z* ← CreateTree(*sum*, *x*, *y*)
6 　　InsertInPQ(*pq*, *z*)
7 **return** ExtractMinFromPQ(*pq*)

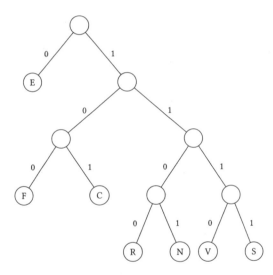

圖 3.6
effervescence 的 Huffman 編碼。

請注意，若要使用 Huffman 來將字串編碼，我們必須遍歷它兩次，所以它是個二回（*two-pass*）的方法。我們要在第一次遍歷它時找出字母出現的頻率，建構它的 Huffman 編碼，接著再遍歷一次，用 Huffman 代碼來將每一個字母編碼。產生的編碼就是壓縮過的文字。

要將以 Huffman 碼壓縮的東西解壓縮時，需要有壓縮時使用的
Huffman 代碼樹。它應該會與壓縮檔存在一起。我們要先從檔案取出
Huffman 代碼樹（它應該會被存為某種約定好的、已知的格式），接
著開始將檔案其餘的部分以一系列的位元讀出。我們要遵循從檔案讀
出的位元所指示的路徑，在 Huffman 代碼樹中往下移動，每當我們到
達一個葉節點時，就輸出一個字母，並回到 Huffman 代碼樹的根，接
著從檔案讀取另一個位元。

例如，如果我們要將二進位的位元序列 01001000110011100111111010
11011010 解壓縮，且圖 3.6 是它的樹，我們要從樹的根開始做起，先
讀取位元 0，它會帶我們到字母 E，也就是輸出的第一個字母，再回
到樹的根，讀取位元 1，它會帶我們往右走，接著位元 0，接著也是
位元 0，帶我們到字母 F，輸出的第二個字母，再回到樹的根，以此
類推，直到處理其餘所有的位元為止。

演算法 3.1 使用一個優先佇列，它的內容是個二元樹。接下
來可以說明優先佇列如何施展它的魔法，以及我們如何讓
ExtractMinFromPQ(pq) 與 InsertInPQ(pq, i) 工作了。

優先佇列可以實作為樹。為了展示，我們先考慮圖 3.7 的兩棵樹。它
們都是二元樹，而且節點數量相同，都是 11，但是左樹比右樹深，右
樹的層數就是以它的節點數可產生的最低層數。擁有最低層數的樹稱
為完整樹（*complete tree*）。我們將二元樹最底層最右邊的節點稱為它
的最末節點（*last node*）。

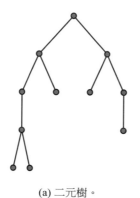

(a) 二元樹。

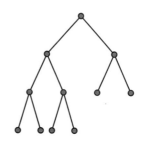

(b) 完整二元樹。

圖 3.7
二元樹與完整二元樹。

優先佇列是用**堆積**（*heaps*）來實作的。堆積是完整二元樹，其中的每一個節點都大於或等於，或小於或等於它的子節點。**最大堆積**（*maximum heap*，max-heap）是每一個節點值都大於或等於子節點值的二元樹，也就是說，這種堆積的根節點的值是該樹所有節點的最大值。反過來說，每一個節點值都小於或等於子節點值的二元樹稱為**最小堆積**（*minimum heap*，min-heap），在 min-heap 中，根節點的值是整個樹最小的。所以最小優先佇列是用最小堆積來製作的。

你可以將最小堆積視為一組浮在液體中的砝碼，砝碼就是它的節點。較重的節點會在較輕的節點下面。要在最小堆積中加入節點，我們要將它加到它的最底層，讓它成為最末節點。接下來，如果它比它的父代輕，就會往上浮，與它的父代交換位置，我們在必要時重複這個動作，直到節點浮到適當的位置為止。這個適當的位置可能是根，或者當我們發現較輕的節點時，在根下面的某處，所以較輕的節點都是它的父代。演算法 3.2 與圖 3.8 說明這種做法。在這個演算法中，我們假設有個函式 AddLast(*pq, c*) 可將節點 *c* 當成最終節點加到優先佇列 *pq*，函式 Root(*pq*) 會回傳優先佇列的根，Parent(*c*) 會回傳節點 *c* 在優先佇列中的父代，GetData(*x*) 會回傳 *x* 節點內的資料，Exchange(*pq, x, y*) 會將樹的節點 *x* 與節點 *y* 的值對調，注意重點標示：我們要交換的是節點的值，而不是節點本身。交換節點需要將該節點延伸的整棵子樹移到新的位置。在演算法的第 1 行，我們將項目加到佇列的最後；接著第 2–5 的迴圈會將它提升到適當的位置。只要項目還沒有到達樹的根，而且值小於它的父代（第 2 行），它就會上升；如果這些條件符合，我們就會將它與父代交換（第 3–5 行）。為了做這件事，我們在第 3 行使用 *p* 來指向節點 *c* 的父代，在第 4 行呼叫 Exchange(*pq, c, p*)，並且在第 5 行讓 *c* 指向 *p*（*c* 的父代）。藉由上一個操作，我們在樹中上升一層。

演算法 3.2：優先佇列，最小堆積插入。

InsertInPQ(*pq, c*)

    輸入：*pq*，優先佇列

          c，要插入佇列的項目

    結果：項目 *c* 會被加入 *pq*

1   AddLast(*pq, c*)
2   **while** $c \neq$ Root(*pq*) **and** GetData(*c*) < GetData(Parent(*c*)) **do**
3      $p \leftarrow$ Parent(*c*)
4   Exchange(*pq, c, p*)
5      $c \leftarrow p$

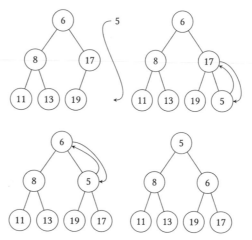

圖 3.8

在優先佇列中插入項目的情形。

我們用類似的方式來從優先佇列取出最小值。我們會取出佇列的根，根據定義，它是具有最小值的節點。接著將最末節點放在根節點，如果它小於它的子節點，我們就完工了，如果沒有，就要將它下沉一層：我們將它與最小的子節點交換，不斷重複這個程序，直到它比它的子節點小，或是到達樹的最下層為止。

演算法 3.3 展示工作的完成方式，圖 3.9 則展示演算法的的動作。我們加入一些新的函式，ExtractLastFromPQ(*pq*) 可取出優先佇列 *pq* 的最末節點，Children(*i*) 可回傳一個節點的子節點，HasChildren(*i*) 可在節點有子節點時回傳 TRUE，否則 FALSE，以及 Min(*values*) 可回傳它收到的多個值的最小值。

ExtractMinFromPQ 在一開始會將優先佇列的根放入變數 c（第 1 行）；它是我們想要從佇列取出的最小值。這個演算法會在最小值被移除之後重構佇列，讓它仍然是最小堆積。我們在第 2 行將最後一個元素放在根位置，並在第 3 行將新的、臨時的根存入變數 i。接著在第 4–9 行的迴圈將 i 移往適當的位置。當 i 有子節點時（第 4 行），它會取得它的所有子節點的最小值，j（第 5 行）。如果 j 的值不小於 i 的值，我們就完工了，完成重構，並在第 7 行回傳 c。如果不是，在第 8 行，i 的值必須與 j 的值互換位置，且在第 9 行，i 必須指向 j。如果我們因為到達樹的底部而跳出迴圈，就回傳 c（第 10 行）。

演算法 3.3：優先佇列，從最小堆積擷取最小值。

ExtractMinFromPQ(pq) → c

    輸入：pq，優先佇列

    輸出：c，佇列的最小元素

1   $c \leftarrow$ Root(pq)
2   Root(pq) $\leftarrow$ ExtractLastFromPQ(pq)
3   $i \leftarrow$ Root(pq)
4   **while** HasChildren(i) **do**
5      $j \leftarrow$ Min(Children(i))
6   **if** GetData(i) < GetData(j) **then**
7   **return** c
8   Exchange(pq, i, j)
9      $i \leftarrow j$
10 **return** c

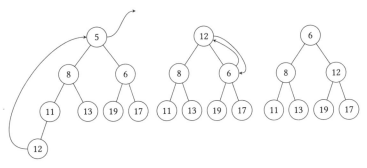

圖 3.9
從優先佇列取出最小值的情形。

關於這些演算法還有最後一件事情要說。之前談過演算法 3.2 與 3.3 的一些輔助函式。事實證明，如果我們將優先佇列寫成一個陣列，並將堆積的根節點放在位置 0 的話，這些函式都很容易編寫。按照這種做法，每一個節點 i，它的左節點會在 $2i+1$ 位置，右節點會在 $2i+2$ 位置，見圖 3.10。相反地，如果我們在節點 i，它的父節點會在 $\lfloor(i-1)/2\rfloor$ 位置，其中 $\lfloor x \rfloor$ 是數字 x 的整數部分（或它的取整（floor））。如果優先佇列有 n 個元素，若要檢查位置 i 的節點是否有子節點，我們只需要檢查 $2i+1 < n$。最後，要從有 n 個元素的優先佇列取得它的最後一個項目，我們只需要取出第 n 個元素，並將佇列的大小減一。之前提過，樹通常是用鏈結結構來表示的，但 "通常" 不代表一定，我們可以看到，用陣列來表示堆積，也就是樹，也很方便。

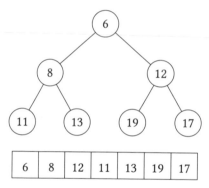

圖 3.10
優先佇列的陣列表示法。

藉由這種方法，為了建立 Huffman 編碼，我們要使用兩種不同的方法來表示樹。我們使用矩陣來表示優先佇列底層的樹，使用連結樹來表示含有 Huffman 代碼的樹。我們可以使用一個陣列，並將它的元素設為連結樹來實作圖 3.5 的上幾列。

建構 Huffman 代碼的演算法有效率嗎？回到演算法 3.1，你可以看到迴圈被執行 $n-1$ 次，n 是想編碼的字元數量。我們可以這樣推理，在每次迭代時，我們會做兩次擷取與一次插入，所以優先佇列的大小會減一。迭代會在優先佇列只有一個元素時停止。一開始，它有 n 個元素，每一個我們想要編碼的字元一個元素，所以在 $n-1$ 次迭代之後，佇列的大小會等於一，所以我們可以回傳唯一的元素。

接著我們必須考慮插入與擷取。在演算法 3.2 中，插入時需要執行的迭代次數頂多與堆積的深度一樣。因為堆積是完整二元樹，所以深度是它的大小的二進位對數，lg n，因為要從一個節點前往它的父節點，我們必須除以二，若要到達根節點，每往上一層就除以二一次。類似的情況，在演算法 3.3 中，擷取時需要執行的迭代次數頂多與堆積的深度一樣。整體來說，建立 Huffman 代碼會花費 $n - 1$ 乘以兩次擷取與一次插入，或 $O((n - 1)3 \lg n)$，等於 $O(n \lg n)$。

3.4　Lempel-Ziv-Welch 壓縮

Huffman 編碼的概念是讓較常見的項目使用較短的編碼，較罕見的項目使用較長的編碼。如果我們不更改編碼的長度，而是更改被編碼的項目的長度呢？這就是 Lempel-Ziv-Welch（LZW）壓縮法的概念，它是 Abraham Lempel、Jacob Ziv 與 Terry Welch 發明的一種高效且容易實作的演算法。

假設我們有段用 ASCII 編碼的文字。之前看過，這種編碼每個字元需要七個位元。此時，我們稍微改一下做法，使用更多位元來編碼，比如說，我們用八位元來編碼每一個項目，而不是可滿足需求底限的七位元。這種乍看之下不合常理的做法是有原因的。使用八個位元時，我們可以表示 $2^8 = 256$ 種不同的項目。我們使用 0x00 (0) 至 0x7F (127) 的數字來代表 ASCII 字元（表 3.1）；接著用 0x80 (128) 至 0xFF (255) 的數字來表示其他想要表示的東西。我們會使用這 128 個數字來表示兩個、三個或更多字元組成的序列，而不是只有一個。兩個字母組成的序列稱為 *bigrams*，三個字母組成的序列稱為 *trigrams*，更大的序列稱為它們字母個數加上 "gram"，例如 "four-gram"，通稱為 *n-grams*。只有一個項目的 n-gram 稱為 *unigram*。因此，數字 0 到 127 可用來表示 unigrams，而數字 128 到 255 會被用來表示長度大於一，非 unigrams 的 n-grams。

哪些 n-grams ？我們無法預先知道文章中會出現哪些 n-grams。對有 26 個字母的音義符號而言，會有 $26 \times 26 = 26^2 = 676$ 個可能的 bigrams，$26^3 = 17{,}576$ 個 trigrams，與對任何 n 而言，26^n 個 n-grams，我們只能選擇其中的一小部分。具體來說，我們會遍歷想要壓縮的文章來找出 n-grams。這代表我們要逐步建立編碼，我們將採取俐落的做法，一口氣建立壓縮碼與執行壓縮。

我們用一個範例來說明這種做法。假設我們想要壓縮這句話 "MELLOW YELLOW FELLOW"。如前所述，我們要先決定每一個 unigram，也就是每一個遇到的字母，我們會使用 8 位元的數字，用較低的七個位元來儲存該字元的 ASCII 編碼，最左邊的位元保持為零。我們使用一張表來儲存項目如何對應數值。

你可以在圖 3.11 的最上面看到含有這些對應的表 t。為了簡潔起見，我們只展示大寫的 ASCII 字元與空格（␣）。在它下面的圖的每一行展示如何逐字元讀取這段文字，我們用方框來代表目前讀到的字元。

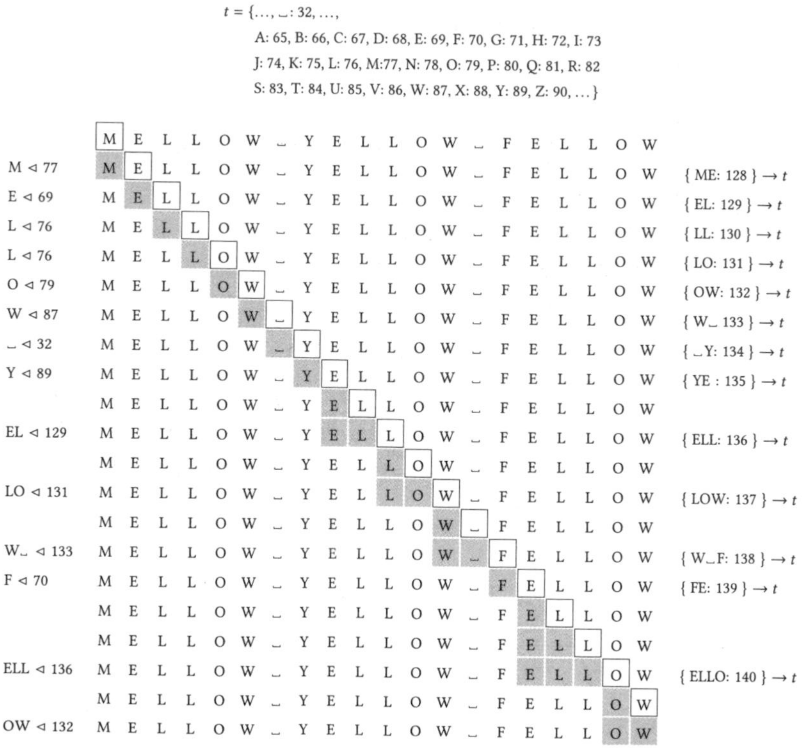

$$t = \{\ldots, \text{␣: } 32, \ldots,$$
$$\text{A: } 65, \text{B: } 66, \text{C: } 67, \text{D: } 68, \text{E: } 69, \text{F: } 70, \text{G: } 71, \text{H: } 72, \text{I: } 73$$
$$\text{J: } 74, \text{K: } 75, \text{L: } 76, \text{M:}77, \text{N: } 78, \text{O: } 79, \text{P: } 80, \text{Q: } 81, \text{R: } 82$$
$$\text{S: } 83, \text{T: } 84, \text{U: } 85, \text{V: } 86, \text{W: } 87, \text{X: } 88, \text{Y: } 89, \text{Z: } 90, \ldots\}$$

圖 3.11
LZW 壓縮。

在圖的第一行，我們讀取 unigram 字元 "M"。我們檢查 "M" 有沒有在表內。它有。我們會暫停一下，看看它是不是表中較長的 n-gram 的開頭，不會立刻輸出它的數字值。雖然現在表中沒有較長的 n-grams，但這是整體的處理邏輯，所以為了一致性，我們仍然採取這個動作。

在圖的第二行，我們讀到字元 "E"。現在我們有個 bigram "ME"；在這張圖中，我們使用灰底的字元來表示它是表中已知的 n-gram 的成分。我們檢查 "ME" 有沒有在表中—沒有。接著我們輸出已在表中的 n-gram 值，"M"，77，並將新的 bigram "ME" 插入表中，將下一個可用的數字值指派給它，這個數字是 128。我們用符號 ◁ 來代表輸出；你可以將它當成理想的擴音器。圖的左邊是壓縮後的輸出：M◁77 代表我們輸出 77 來代表 "M"。圖的右邊顯示將項目插入表中的動作：{ ME : 128 } → t 代表在 t 中插入 "ME" 的編碼 128。從現在開始，當我們在文字中遇到 "ME" 時，就會輸出 128 來代表這兩個字元。因為我們剛才輸出只有 "M" 的編碼，所以不需要那個 n-gram 了。我們只保留最後讀出的字元 "E" 來作為下一個 n-gram 的開頭來使用。與之前一樣，"E" 是有在表中的 unigram，但我們想要找到以 "E" 開頭的，較長的 n-gram。

在圖的第三行，我們讀取字元 "L"。"E" 加上它產生 bigram "EL"。它沒有在表內，所以我們輸出 "E" 的值 69，將 "EL" 與值 129 插入表中，並保留字元 "L" 來作為下一個 n-gram 的開頭。

我們用相同的方式繼續做下去，即使在 "MELLOW" 的結尾遇到空格也是如此。表中沒有 bigram "W␣"，所以我們輸出 "W" 的編碼，並將 "W␣" 的對應插入表中。我們丟掉 "W"，並從 "YELLOW" 讀取 "Y"，形成 bigram "␣Y"，表中沒有它，所以我們輸出空格的編碼，丟掉空格，並讀取 "E" 來組成新的 bigram "YE"。

注意讀取 "YELLOW" 的 "L" 時發生的事情。目前的 n-gram 是 "EL"。當我們檢查它在表中是否存在時，發現有，因為我們曾經將它插入表中。所以我們可以試著為這個 n-gram 加上一個字元，所以讀取第二個 "L"。我們得到 trigram "ELL"，它沒有在表中，所以我們連同值 136 插入它。接著輸出 bigram "EL" (129) 的值，捨棄它，並用我們最後讀取的字元 "L" 來開始一個新的 n-gram。

整體的邏輯是：讀取一個字元，用它來擴展目前的 n-gram。如果產生的 n-gram 在表內，就重複讀取下一個字元，否則將新的 n-gram 插入表中，輸出上一個 n-gram 的代碼，再使用剛才讀取的字元來開始一個新的 n-gram，並重複讀取下一個字元。簡單來說，我們會試著編碼最長的 n-grams。每當我們遇到未曾見過的 n-gram 時，就會將一個代碼指派給它，在下次看到它時使用。經過一段時間，我們就會編碼一組可望會在文章中出現多次的 n-grams，因而可以節省表示訊息所需的空間。這種概念在實務上是行得通的：我們發現的 n-grams 在文中的確有重複，所以我們的確節省了空間。

範例的那句話有 20 個字元長，所以用 ASCII 來表示時，它需要 $20 \times 7 = 140$ 位元。如果使用每個代碼 8 位元的 LZW，這句話會被編碼為 [77, 69, 76, 76, 79, 87, 32, 89, 129, 131, 133, 70, 136, 132]，裡面有 14 個數字，每一個 8 位元長，總共 $14 \times 8 = 112$ 位元。我們將這句話壓縮為原始大小的 80%。

你可能會認為這個 80% 不怎麼吸引人，因為 "YELLOW MELLOW FELLOW" 這句話是人造的，裡面重複的 n-grams 比正常的三個單字還要多。的確如此，但選擇這句話是為了用很短的文字來說明演算法的動作。最初的字母使用 7 位元，每一個編碼使用 8 位元。在實際的應用中，這些數字可能更大，所以我們可以處理更大量的字母與更多 n-grams：比如說 8 位元的符號系統與 12 位元的編碼。我們可用 0 到 255 的代碼代表各個字元，用 256 到 4095 來表示 n-grams。較長的文章比較有機會出現重複的 n-grams，而且 n-grams 會愈來愈長。如果我們用這些參數來對 James Joyce 的 *Ulysses* 執行 LZW，可將文字減少為原始大小的 53% 左右。你可以在圖 3.12 中看到在壓縮期間得到的 n-grams 分布。多數的 n-grams 都是三或四個字元長，但也有一個大小為十的 n-gram（"Stephen's␣"）與兩個大小為九的（"Stephen␣b" 與 "Stephen's"）。Stephen Dedalus 是那本書的主角之一。

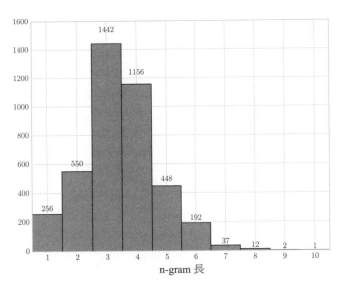

圖 3.12
James Joyce 的 *Ulysses* 的 LZW n-grams 分布。

演算法 3.4 是 LZW 演算法。這個演算法假設有一個可用之前提到的
方式來工作的表，可讓我們查看數字值與它對應的字串，並插入字串
與值的新對應。這種表是用名為 map（對應）、**字典**（*dictionary*）或
關聯陣列（*associative array*）的資料結構來製作的。它稱為 map 的原
因是它會將一些項目，稱為鍵（*keys*），對應到與它相應的值。這個
機制很像查詢字典，字典的鍵是單字，值是它的定義，但是電腦的字
典的鍵不一定是單字，值不一定是定義。它稱為關聯陣列的原因是它
的工作方式與陣列一樣，但它的值不是使用數字來索引，而是可用任
何東西來索引，例如字串。因為我們經常需要將值與某種項目一起儲
存，所以經常在程式中使用 map。第 13 章會進一步說明 map 以及它
們的工作方式。尤其重要的是，藉由 map，我們可以用常數時間 $O(1)$
來執行查詢與插入操作，所以它們的速度與一般的陣列一樣快。不
過，現在先瞭解它的基本操作就可以了。我在 LZWCompress 中使用以
下的 map 函式：

- CreateMap() 建立一個新的空 map。

- InsertInMap(t, k, v) 將值為 v 的項目 k 插入 map t。圖 3.11 裡面的
  { ME: 128 } → t 代表呼叫 InsertInMap(t, "ME", 128)。

- Lookup(t, k) 在 map t 內尋找項目 k；它會回傳 v 的值（若存在），或如果 map t 裡面沒有 k，則回傳 NULL。圖 3.11 的 OW ◁ 132 代表呼叫 Lookup(t, "OW") 後，它會回傳值 132。

演算法 3.4：LZW 壓縮。

LZWCompress(s, nb, n) $\rightarrow$ *compressed*

    輸入：s，待壓縮的字串

            nb，用來表示一個項目的位元數量

            n，字母項目數量

    輸出：*compressed*，儲存以 LZW 壓縮法來代表 s 的數字串列

  1   *compressed* $\leftarrow$ CreateList()

  2   *max_code* $\leftarrow 2^{nb} - 1$

  3   $t \leftarrow$ CreateMap()

  4   **for** $i \leftarrow 0$ **to** n **do**

  5   InsertInMap(t, Char(i), i)

  6   *code* $\leftarrow n$

  7   $w \leftarrow$ CreateString()

  8   $p \leftarrow$ NULL

  9   **foreach** c **in** s **do**

10       $wc \leftarrow w + c$

11       $v \leftarrow$ Lookup(t, wc)

12   **if** $v \neq$ NULL **then**

13          $w \leftarrow wc$

14   **else**

15          $v \leftarrow$ Lookup(t, w)

16          $p \leftarrow$ InsertInList(*compressed*, p, v)

17          $w \leftarrow c$

18   **if** *code* $\leq$ *max_code* **then**

19   InsertInMap(t, wc, *code*)

20   *code* $\leftarrow$ *code* $+ 1$

21   **if** $|w| > 0$ **then**

22   InsertInList(*compressed*, p, v)

23   **return** *compressed*

LZWCompress 處理的是字串，所以我們也需要一些關於字串的功能。
函式 CreateString 會建立一個新的空字串。如果有兩個字串 a 與 b，
我們可以用加法符號來串接它們：$a + b$。當我們取得一個字串時，就
用 **foreach** 陳述式來遍歷所有的字元。最後，字串 a 的長度以 $|a|$ 來
表示。

這個演算法會接收待壓縮的字串 s、用來編碼每一個項目的位元數
nb、待壓縮字串的字母項目數量 n。我們在第 1–6 行設定演算法的基
礎，建立一個空串列 *compressed* 來儲存壓縮結果（第 1 行）。編碼值
可能會從 0 到 $2^{nb} - 1$，我們在第 2 行將它存至 *max_code*。在這個範例
中，編碼值的範圍從 0 到 255，因為我們讓它們使用 8 位元，所以將
max_code 設為 255。接著，在第 3 行，我們建立空 map t。在第 4–6
行的迴圈中，我們用 $k: v$ 的形式來將對應關係插入 t，其中 k 是單字
母字串，i 是它對應的數字碼。我們在此使用函式 Char(i)，它會回
傳 ASCII 值為 i 的 ASCII 字元，所以 Char("A") 會回傳值 65。在第 6
行，我們在變數 *code* 中儲存接下來要插入表中的項目的編碼；開始
執行後，它的大小會等於字母表的大小。在範例中，*code* 會被設為
128。在第 6 行結束時，我們就會完成填寫這份表，如同圖 3.11 的最
上面那樣，並且將新的對應插入它裡面。

我們使用 w 來保存已經讀取且已經確定在表內的 n-gram。n-gram 是
圖 3.11 中，用灰底來表示的字元。一開始，我們完全沒有 n-gram，
所以第 7 行將它設為空字串。我們也使用一個指標 p 來指向串列
compressed 的最後一個項目；一開始它是個空串列，所以它是 NULL
（第 8 行）。接下來真正的工作要開始了，即第 9–20 行的迴圈。我們
將待壓縮的字串 s 的每一個字元 c（第 9 行）加到目前的 n-gram 後面
（第 10 行），組成一個新的 n-gram，wc，接著在 map 中尋找它（第
11 行）。如果 map 中有這個新 n-gram（第 12 行），我們會試著尋找
更長的，所以將 w 設為 wc（第 13 行），並重複執行迴圈。

如果 map 裡面沒有這個新 n-gram（第 14 行），我們會尋找目前的
n-gram w（第 15 行）—我們知道它在 map 裡面。我們是怎麼知道這
件事的？w 會變長，唯一的原因是我們已經在上一次的迭代時，確認
wc 已經在表 t 裡面，並將 wc 指派給它。

我們將 *w* 的編碼值插入 *compressed* 串列的最後面（第 16 行）。請注意，`InsertInList` 會回傳一個指向新插入的項目的指標，所以 *p* 會指向串列的新結尾，如此一來，我們就可以在下一次呼叫時，將下一個編碼值附加到這個串列的結尾，也就是在那個新插入項目的後面。

完成這件事之後，我們就將 *w* 處理完畢了，所以會捨棄它的內容，將它重設為之前讀取的最後一個字元（第 17 行），來為下一次的迴圈迭代預做準備。但是在那之前，我們會將擴展後的 n-gram *wc* 存入表中，如果可行的話。當我們尚未用盡所有可用的編碼時（第 18 行），就會將它插入 *t*（第 19 行），並將值遞增，讓下一個被編碼的 n-gram 使用（第 20 行）。

第 21–22 行處理是：我們在尋找更大的 n-gram 時，已經到達待壓縮文章的結尾的情況。這就是圖 3.11 的最後一行發生的情形。當這件事發生時，我們會直接輸出目前的 n-gram 的編碼並完工。

若要將被 LZW 壓縮的訊息解壓縮，我們要執行反向程序。我們有一系列的編碼，想要推算隱藏在編碼底下的文字。除了 unigrams 的編碼之外，我們最初不知道有哪些 n-grams 被編碼成哪些代碼，unigrams 編碼是我們在開始壓縮程序時使用的原始表的反向。

回到圖 3.11，我們可以看到，每當我們輸出某些東西時，就會用該東西與下一個讀取的字元來建立一個 n-gram。為了重建反向的編碼表，我們必須記錄輸出，讀取下一個編碼，找出對應的編碼值，並將之前的輸出與剛才找到的解碼值的第一個字元組成的 n-gram 插入表中。

圖 3.13 是解碼程序。最上面是解碼表 *dt* 的初始狀態。我們在每一行讀取一個編碼，接著在解碼表中查詢它。我們在進行這個過程時，必須小心地將遇到的 n-grams 的編碼填入解碼表。我們在第一行沒有事情可做，因為只有一個 unigram。但是從第二行開始，我們必須將之前的輸出與目前的輸出的第一個字元組成的 n-gram 輸入解壓縮表中。透過這種方式，解碼表就可以跟上我們的輸入，而且當我們讀到（舉例）129 時，就可以成功地查詢它，因為它已經被輸入至解壓縮表了。

$dt = \{\ldots, 32: \_, \ldots,$
　　　65: A, 66: B, 67: C, 68: D, 69: E, 70: F, 71: G, 72: H, 73: I
　　　74: J, 75: K, 76: L, 77: M, 78: N, 79: O, 80: P, 81: Q, 82: R
　　　83: S, 84: T, 85: U, 86: V, 87: W, 88: X, 89: Y, 90: Z, …\}

77 ◁ M	**77**	69	76	76	79	87	32	89	129	131	133	70	136	132
69 ◁ E	77	**69**	76	76	79	87	32	89	129	131	133	70	136	132	{ 128: ME } → dt
76 ◁ L	77	69	**76**	76	79	87	32	89	129	131	133	70	136	132	{ 129: EL } → dt
76 ◁ L	77	69	76	**76**	79	87	32	89	129	131	133	70	136	132	{ 130: LL } → dt
79 ◁ O	77	69	76	76	**79**	87	32	89	129	131	133	70	136	132	{ 131: LO } → dt
87 ◁ W	77	69	76	76	79	**87**	32	89	129	131	133	70	136	132	{ 132: OW } → dt
32 ◁ _	77	69	76	76	79	87	**32**	89	129	131	133	70	136	132	{ 133: W_ } → dt
89 ◁ Y	77	69	76	76	79	87	32	**89**	129	131	133	70	136	132	{ 134: _Y } → dt
129 ◁ EL	77	69	76	76	79	87	32	89	**129**	131	133	70	136	132	{ 135: YE } → dt
131 ◁ LO	77	69	76	76	79	87	32	89	129	**131**	133	70	136	132	{ 136: ELL } → dt
133 ◁ W_	77	69	76	76	79	87	32	89	129	131	**133**	70	136	132	{ 137: LOW } → dt
70 ◁ F	77	69	76	76	79	87	32	89	129	131	133	**70**	136	132	{ 138: W_F } → dt
136 ◁ ELL	77	69	76	76	79	87	32	89	129	131	133	70	**136**	132	{ 139: LOW } → dt
132 ◁ OW	77	69	76	76	79	87	32	89	129	131	133	70	136	**132**	{ 140: ELLO } → dt

圖 3.13
LZW 解壓縮。

不過，解壓縮表一定跟得上目前讀取的編碼，可讓我們在裡面找到它嗎？在範例中，我們查看的所有 n-gram 在好幾個步驟（列）之前就已經被輸入解碼表了。原因是在鏡像情況下，對應的 n-gram 的編碼會在好幾個步驟之後建立。在壓縮的過程中，當我們為一個 n-gram 建立編碼，並且在下一個步驟立刻輸出它會發生什麼事情？

這是個特例（*corner case*）。特例是演算法或電腦程式遇到的極端狀況。用特例來測試演算法是一種好方法，因為它們不是典型的案例，所以當我們檢查程式是否有 bug 時，就要特別注意特例。例如，我們的程式可能可以正常地處理一組值，但是無法正常地處理最小值或最大值，這就是個潛伏在特例中的 bug。

如前所述，LZW 解壓縮的特例是，在壓縮時，我們建立一個 n-gram，並立刻輸出它的編碼。圖 3.14a 就是這種情況。我們正在壓縮字串 "ABABABA"，先編碼 "AB"，接著 "BA"，接著 "ABA"，壓縮的結果是串列 [65, 66, 128, 130]。

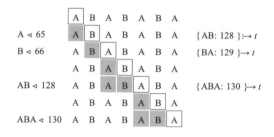

$$t = \{\ldots, \_: 32, \ldots,$$
$$\text{A: 65, B: 66, C: 67, D: 68, E: 69, F: 70, G: 71, H: 72, I: 73}$$
$$\text{J: 74, K: 75, L: 76, M:77, N: 78, O: 79, P: 80, Q: 81, R: 82}$$
$$\text{S: 83, T: 84, U: 85, V: 86, W: 87, X: 88, Y: 89, Z: 90, \ldots}\}$$

	A	B	A	B	A	B	A	
A ◁ 65	A	B	A	B	A	B	A	{AB: 128 } ↦ t
B ◁ 66	A	B	A	B	A	B	A	{BA: 129 } ↦ t
	A	B	A	B	A	B	A	
AB ◁ 128	A	B	A	B	A	B	A	{ABA: 130 } ↦ t
	A	B	A	B	A	B	A	
ABA ◁ 130	A	B	A	B	A	B	A	

(a) LZW 壓縮特例。

$$dt = \{\ldots, 32:\_, \ldots,$$
$$\text{65: A, 66: B, 67: C, 68: D, 69: E, 70: F, 71: G, 72: H, 73: I}$$
$$\text{74: J, 75: K, 76: L, 77: M, 78: N, 79: O, 80: P, 81: Q, 82: R}$$
$$\text{83: S, 84: T, 85: U, 86: V, 87: W, 88: X, 89: Y, 90: Z, \ldots}\}$$

65 ◁ A	65	66	128	130	
66 ◁ B	65	66	128	130	{AB: 128 } ↦ dt
128 ◁ AB	65	66	128	130	{BA: 129 } ↦ dt
130 ◁ ABA	65	66	128	130	{ABA: 130 } ↦ dt

(b) LZW 解壓縮特例。

圖 3.14
LZW 的壓縮與解壓縮特例。

如果我們要解壓縮串列 [65, 66, 128, 130]，就要從 65 開始，根據表 dt，它等於 "A"，見圖 3.14b。接著我們取出號碼 66，它被編碼為 "B"。我們將 bigram "AB" 加至解碼表，它的鍵是 128。接下來我們從串列取出 128，它被解壓縮之後是 "AB"。目前為止都沒問題，即使我們剛剛才將 "AB" 輸入解碼表。最後我們得到 130；現在情況不太妙，因為 130 還沒有被輸入解碼表。

為了瞭解如何處理這件事，我們必須稍微後退一步，記得這種事情只會在編碼的過程中，當我們編碼某個東西，並且立刻輸出那個編碼時發生。假設我們已經讀取字串 $x[0]$, $x[1]$, ..., $x[k]$，並且可在編碼表中找到它，接著讀取 $x[k+1]$，但無法在編碼表中找到 $x[0]$, $x[1]$, ..., $x[k]$, $x[k+1]$。我們用 $x[0]$, $x[1]$, ..., $x[k]$ 的編碼來壓縮它，接著為 $x[0]$, $x[1]$, ..., $x[k]$, $x[k+1]$ 建立一個新編碼。如果我們接下來要壓縮的東西是 $x[0]$, $x[1]$, ..., $x[k]$, $x[k+1]$，這種情況只會在輸入字串長成這樣時發生：

$$\ldots \quad x[0] \quad x[1] \quad \ldots \quad x[k] \quad x[k+1]$$
$$x[0] \qquad x[1] \quad \ldots \quad x[k] \quad x[k+1] \quad \ldots$$

也就是 $x[0] = x[k+1]$，且新建立的 n-gram 等於之前的 n-gram 並在結尾加上它的第一個字元。圖 3.14 正是這種情形。

回到解壓縮，當我們遇到尚未被輸入解碼表的編碼值時，可以在解碼表中輸入一個新項目，讓它的鍵是我們上一個輸入的 n-gram，並在它的後面附加它的第一個字元。接著我們可以輸出新建立的 n-gram。在範例中，當我們讀到 130 時，會發現它沒有在解碼表中。我們上一刻才在解碼表中輸入 "AB"，所以在 "AB" 後面附加 "A"，建立 "ABA"，將它輸入解碼表，並且一樣立刻輸出。

為了做這項工作，我們使用演算法 3.5，也就是演算法 3.4 的對應。這個演算法會接收一個輸入串列，裡面含有壓縮過的字串的編碼值、用來表示一個項目的位元數，與字母項目數量。我們在第 1 行計算最大編碼值，在第 2–4 建立初始版的解碼表。它很像編碼表，只不過是以另一種方式來對應—從整數編碼對應到字串。我們在第 5 行記住到目前為止已經用了 n 個編碼。

演算法 3.5：LZW 解壓縮。

LZWDecompress(*compressed, nb, n*) → *decompressed*

  輸入：*compressed*，代表被壓縮的字串的串列

     nb，用來代表一個項目的位元數

     n，字母項目數

  輸出：*decompressed*，原始字串

1 $max\_code \leftarrow 2^{nb} - 1$

2 $dt \leftarrow$ CreateMap()

3 **for** $i \leftarrow 0$ **to** n **do**

4   InsertInMap($dt, i,$ Char(i))

5 $code \leftarrow n$

6 $decompressed \leftarrow$ CreateString()

7 $c \leftarrow$ GetNextListNode(*compressed*, NULL)

8 RemoveListNode(*compressed*, NULL, c)

9 $v \leftarrow$ Lookup($dt,$ GetData(c))

10 $decompressed \leftarrow decompressed + v$

11 $pv \leftarrow v$

12 **foreach** c **in** *compressed* **do**

13    $v \leftarrow$ Lookup(dt, c)

14   **if** $v =$ NULL **then**

15      $v \leftarrow pv + pv[0]$

16    $decompressed \leftarrow decompressed + v$

17   **if** $code \leq max\_code$ **then**

18   InsertInMap($dt, code, pv + v[0]$)

19      $code \leftarrow code + 1$

20    $pv \leftarrow v$

21 **return** *decompressed*

我們在第 6 行建立一個空字串，它以後會變大，來容納解壓縮的結果。為了啟動解壓縮程序，我們先取得第一個編碼（第 7 行），將它移往串列（第 8 行），並在解碼表中尋找它（第 9 行）。我們當然可以找到它，因為第一個編碼一定是個單字母字元。我們將解碼後的值加到解壓縮結果（第 10 行）。在演算法其餘的部分，我們使用變數 *pv* 來保存最後一個解壓縮值；我們在第 11 行將它初始化。

第 12–20 行的迴圈會將其餘的串列解壓縮，也就是除了已經處理的第一個項目之外的整個串列。我們會在解碼表查詢每一個串列項目（第 13 行）。如果有找到它，就再次將解碼後的值加到解壓縮結果（第 16 行），如果沒有找到它（第 14 行），就執行之前提過的特例方案，所以解碼後的值就是在上一個解碼值的後面附加它的第一個字元（第 15 行）；接著在第 16 行將那個值加到解壓縮結果。

在第 17–19 行，如果解碼表還有空間（第 17 行），我們將新的對應加入表中（第 18 行），並且記下表中多了一個項目（第 19 行）。我們在下一次迴圈迭代之前，在 *pv* 中儲存新的解壓縮值（第 20 行）。最後，回傳建立的字串（第 21 行）。

LZW 演算法可以有效地實作，因為它只需要對它的輸入執行一次，它是一種單回（*single-pass*）方法。它會在讀取輸入時編碼，並在遍歷壓縮值時解碼。壓縮與解壓縮時執行的操作都很簡單；實質上，這種演算法的速度取決於編碼與解碼表的操作速度。你可以實作 map 來讓插入與尋找的動作以常數 $O(1)$ 時間來執行；因此，壓縮與解壓縮需要線性時間 $O(n)$，n 是輸入的長度。

參考文獻

要瞭解 ASCII 與相關編碼在 1980 年之前的發展，可參考 Mackenzie 寫的記述 [132]。資料壓縮在日常生活中很常見，有許多資源可讓你深入研究，你可以參考以下作者的書籍：Salomon [170]、Salomon 與 Motta [171]，以及 Sayood [172]。Lelewer 與 Hirschberg 有份較早期的研究 [128]。

Russel W. Burn 的書籍 [32, p. 68] 記載了摩斯碼的開發故事。表 3.3 的英文字母頻率是 Peter Norvig 算出的，你可在 http://norvig.com/mayzner.html 取得。記錄字母頻率本身就是個有趣的工作；我們會在第 4 章進一步說明。

麻省理工學院電子工程研究生 David A. Huffman 在 1951 年選修了資訊理論課程。當時教授讓學生選擇編寫論文或參加期末考試；論文要求他們找出數字、文字與其他符號最有效的二進位碼表示法。Huffman 編碼是他發明的解決方案。*Scientific American* 記錄了這個精采的故事 [192]。因為 Huffman 編碼很簡單，而且他從未申請專利，所以這種編碼方式被廣泛使用。Huffman 的原始論文是在 1952 年發表的 [99]。

Abraham Lempel 與 Jacob Ziv 在 1977 年發表了 LZ77 演算法，也稱為 LZ1 [228]，並且在 1978 年發表了 LZ78 壓縮演算法，也稱為 LZ2 [229]。Terry Welch 在 1984 年改善 LZ78 [215]，為我們帶來 LZW。在原始的 LZW 論文中，資料以 8 位元的字元來表示（而非之前談到的 7 位元 ASCII），並且被編碼成 12 位元碼。LZW 演算法有專利，但已過期。在那之前，擁有 LZW 專利的 Unisys 公司試著對使用 LZW 壓縮的 GIF 影像索取授權費，因而承受大眾的譴責。

練習

1. 在電影"絕地救援"中，太空人馬克·沃特尼（麥特·戴蒙飾）被遺棄在火星上。他只能用旋轉攝影機來與地球的任務控制系統通訊，所以決定採取以下的計畫。因為每一個 ASCII 字元都可以用兩個十六進位符號來編碼，他將寫有十六進位符號的板子擺成一個圓圈，藉此，當他想要傳送文字到地球時，就將文字拆成 ASCII 字元，再用攝影機來傳送兩張十六進位符號來代表一個字元。沃特尼是位植物學家，所以它需要你的幫忙。寫一個程式，讓它可接收 ASCII 訊息，並輸出一系列的相機旋轉角度。

2. 使用以下的規範來製作一個最小優先佇列與一個最大優先佇列：在位置 0 的元素是最小或最大的，而且對任何一個節點 i 而言，它的左節點在位置 $2i + 1$，右節點在位置 $2i + 2$。試著將程式設計成可供重複使用，讓最小與最大優先佇列盡可能共用程式碼。

3. 另一種使用陣列來實作優先佇列的方式是讓位置 0 的元素是空的，所以每一個節點的左節點會在位置 $2i$，右節點在 $2i + 1$。使用這項規則來做上一個練習。

4. 你已經看過 Huffman 編碼的建構方式了，但還不知道如何在電腦中編寫它。在呼叫演算法 3.1 之前，我們必須遍歷要編碼的文章，並計算字元在文章中的出現頻率。完成演算法 3.1 之後，我們可以建立一個類似表 3.7 的表，用它的 Huffman 編碼來將文章的每一個字元編碼。壓縮後的輸出，通常是個檔案，必須有兩種東西：我們建立的表，與被編碼的文字。我們需要取得這張表，否則就無法知道如何解碼文字。編碼後的文字是以一系列的位元構成的，**不是字元**。就表 3.7 而言，你不會讓 V 輸出字串 "1110"，而是四個數字 1、1、1、0。這或許不直觀，因為許多程式語言在預設情況下會輸出 bytes，所以你必須將位元包成 bytes 來輸出。瞭解以上的做法之後，請編碼自己的 Huffman 編碼與解碼程式。

5. 使用 Huffman 編碼器來編碼大量的英文文字，並檢查每一個字母的編碼長度與摩斯碼相差多少。

6. 編寫一個程式來生成隨機的字元序列，讓每一個字元在輸出中有相同的出現機率。這個程式會接收輸出的大小。對這個程式的輸出執行 Huffman 編碼器，並確認 Huffman 編碼器處理這種輸出的效果不會比固定長度編碼好。

7. 我們談過使用編碼表的 LZW 解碼。不過，這個表是將數字值對應至字串，所以我們可以改用字串陣列。改寫並實作演算法 3.5，用陣列來製作解碼表 *dt*。

4　秘密

我們該如何保密？例如，你只想要讓收件者閱讀你寫的東西，其他人都不行。比較常見的日常生活案例是在網路上購物，你必須提供信用卡資料給賣家，並且希望你和賣家之間可以保密，確保沒有人能夠攔截你們的通訊，來取得信用卡資訊。

為了保密，我們會使用加密（*cryptography*）。在加密時，我們會使用一些加密（*encryption*）機制，對初始訊息，即明文（*plaintext*）進行加密，也就是將它轉換成無法閱讀的東西，即密文（*ciphertext*）。要看得懂密文就必須將它解密（*decrypt*），這個程序稱為解密（*decryption*）。只有被允許的人才能解密，否則就代表加密被破解了。你將會看到，加密與解密都是藉由使用某種密鑰（*encryption key*）來協助隱藏與顯露想要保護的資訊。

我們會使用加密來保護隱私。密碼學先驅 Philip Zimmermann 說過：

> 它是個人的，是私有的，而且它只與你有關，無涉他人。你可能正在規劃政治活動、討論稅務、進行私密的約會，或與專制國家的異議人士聯繫。無論如何，你不希望別人閱讀私人的 e-mail 或機密文件。擁有隱私沒有過錯，隱私的重要性與憲法一樣。

每當你輸入密碼時，就會使用加密。每當你在 Internet 上做金融交易時，就會使用加密。如果你想要進行安全的語音或視訊通話，這裡的安全指的是只有進行通話的人可以參與其中，你就必須使用加密。Zimmermann 說得好：“你要設法對著千里之外的某人耳邊說悄悄話。”

要學習密碼學有一個很好的起點—先以淺顯的方式來加密訊號，這種方法幾乎每一個小孩都曾經用過，自古以來也會被用來偽裝真正的資訊。這種做法是發明一些虛擬的字母，將訊息的每一個字母換成虛擬的字母，或者將訊息內的每一個字母換成固有字母的另一個字母。這種加密方式稱為**替換式密碼**（*substitution cipher*）。最有名的替換式密碼是 *Caesar* 密碼，據說 Julius Caesar 曾經用過它。使用這種密碼時，我們會將每一個字母換成字母表中特定數量的字母之後的那個字母，必要時會繞回來從頭算起。用來尋找替代字母的字母數就是這種加密方法的密鑰。如果密鑰是 5，A 會變成 F，B 會變成 G，…，以此類推，直到 Z 變成 E。你可以檢查明文 "I am seated in an office" 可編碼成密文 N FR XJFYJI NS FS TKKNHJ。解密訊息時，你只要往回移動 5 個字元就可以了。這種密碼也稱為**移位式密碼**（*shift ciphers*）。

4.1　解密

假設你得到圖 4.1 這個乍看之下亂七八糟的加密文字，你可以理解它嗎？你可能會懷疑它代表某個英文文字。因為到目前為止，我們只提到替代式密碼，你或許懷疑這是用那種加密法來加密的文字，將英文字母換成另一種字母。

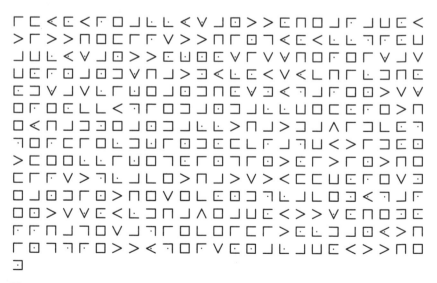

圖 4.1
解密問題。

語言與文字有個特性─它們會遵循某些規則。單字是用字元組成的，它會遵循文法（grammar）規則；句字是用單字組成的，它會遵循句法（syntax）規則。有些單字出現的頻率比較高，而且，有些字母與字母順序（比如兩個或三個字母連續出現）較常出現。如果我們有大量的文字樣本，就可以找出某種語言的字母頻率。Mark Mayzner在 1965 年發表了一份字母頻率表，他用當時的技術從 20,000 個單字的文集中收集資訊。在 2012 年 12 月 17 日，他詢問 Google 的研發主管 Peter Norvig 是否可以使用 Google 資源來更新字母頻率表，Norvig 同意了，結果也有發表。表 4.1 是在 Google 的文集中計算 3,563,505,777,820 個字母之後得到的結果。字母旁邊的數字是以十億為單位的字母數，及其百分比。

表 4.1
英文字母頻率。

E	445.2	12.49%	M	89.5	2.51%
T	330.5	9.28%	F	85.6	2.40%
A	286.5	8.04%	P	76.1	2.14%
O	272.3	7.64%	G	66.6	1.87%
I	269.7	7.57%	W	59.7	1.68%
N	257.8	7.23%	Y	59.3	1.66%
S	232.1	6.51%	B	52.9	1.48%
R	223.8	6.28%	V	37.5	1.05%
H	180.1	5.05%	K	19.3	0.54%
L	145.0	4.07%	X	8.4	0.23%
D	136.0	3.82%	J	5.7	0.16%
C	119.2	3.34%	Q	4.3	0.12%
U	97.3	2.73%	Z	3.2	0.09%

回到圖 4.1。當你計算這份加密文字各種符號的數量時，會看到最常見的是 □，出現 35 次。接著是出現 33 次的 ＞、32 次的 ⅃。當你進行替換，將加密文字的 □ → E、＞ → T、⅃ → A 之後，會得到圖 4.2 的三種文字。

我們仍然看不懂它，但你可以繼續替換更多字母。接下來的密文頻率是 28 次的 ⊏，24 次的 厂，與 22 次的 ⊡。我們再進行替換，將 ⊏ → O、厂 → I，與 ⊡ → N 之後，裡面的字元更多了，如圖 4.3a 所示。

Norvig 除了提供個別字元的出現頻率之外，也提供雙字母序列 *bigrams* 的出現頻率，見表 4.2，表中的數字是以十億為單位。在英文中，出現頻率最高的 bigram 是 TH，在密文中，出現頻率最高的 bigram 是 T⊓，所以我們可以合理推論 ⊓ 代表 H。

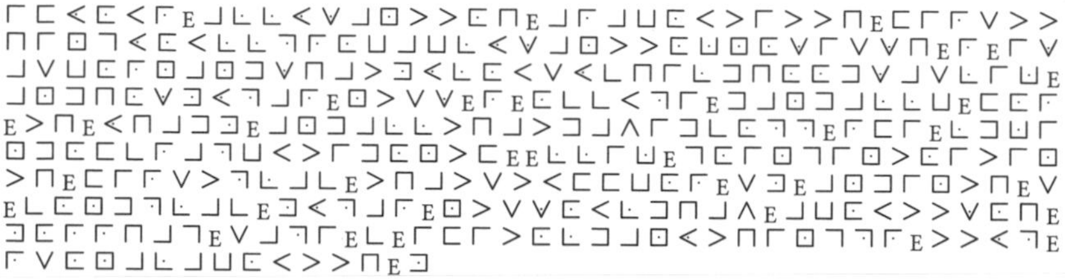

```
厂⊏<⊏<厂ㄟ⅃⊔⊔<∨⅃⊡>>⊓⊏ㄋㄟ厂⅃⊔⊏<>厂>>⊓⊏⊏厂厂∨>>
⊓厂⊏⊓<⊏<⊔⊔⅂⊓厂⊏⊔⅃⊔⊏<∨⅃⊡>>⊏⊔⊡⊏∨厂∨∨⊓⊏厂⊏厂∨
⅃∨⊔⊏厂⅃⊡⅃⊔∨⊓⅃>ㄋ<⊔⊏<∨<⅃⊓厂⊏ㄋ⊓⊏⊏ㄋ∨⅃∨⊔厂厂⊔⊏
⅃⊡ㄋ⊓⊏∨ㄋ<ㄋ⅃厂⊏⊡>∨∨⊏厂⊏⊔⊔<ㄋ厂⊏ㄋ⅃⊡ㄋ⅃⊔⊔⊔⊏⊏厂⊏
⊏>⊓⊏<⊓⅂ㄋㄋ⊏⅃⊡ㄋㄟ⊔⊔>⊓⅃>ㄋ⅃∧厂ㄋ⊏厂ㄋㄋ⊏厂⊏⊔ㄋ厂
⊡ㄋ⊏⊏⊔厂⅃ㄋ⊔<>厂ㄋ⊏⊡>⊏⊏⊔⊔厂⊔⊏ㄋ厂⊏厂⊓厂⊏>⊏厂>厂⊡
>⊓⊏⊏厂厂∨>ㄋ⊔⅂⊔⊏>⊓⅃>∨><⊏⊏⊔⊏厂⊏∨ㄋ⊏⅃⊡ㄋ厂⊡>⊓⊏∨
⊏⊔⊏⊡ㄋ⅂⊔⅂⊔⊏ㄋ<ㄟ⅃厂⊏⊡>∨∨⊏<⊔ㄋ⊓⅃∧⊏⅃⊔⊏<>>∨⊏⊓⊏
ㄋ⊏厂厂⊓⊔ㄋ厂⊏∨⅃厂⅂⊏⅂⊏厂>⊏⊔⅃⊡<>⊓厂⊏⊓厂ㄋㄋ厂⊏>><ㄋ⊏
厂∨⊏⊡⅃⅂⅃⊔⊏<>>⊓⊏ㄋ
```

(a) 解密：□ → E。

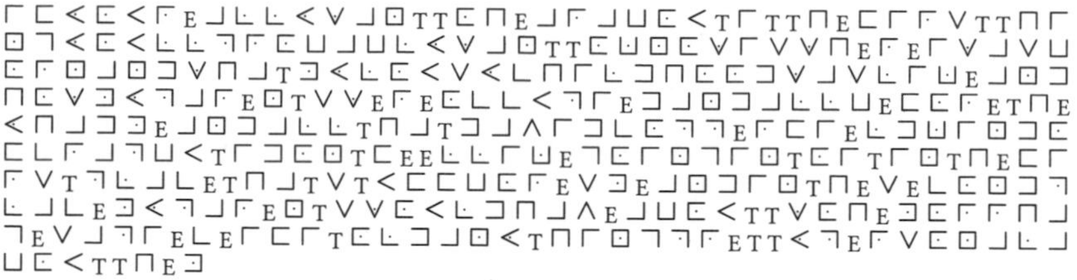

```
厂⊏<⊏<厂ㄟ⅃⊔⊔<∨⅃⊡OTT⊏⊓⊏ㄋ⅃⊔⊏<T厂TT⊓⊏厂厂∨TT⊓厂
⊡⊓<⊏<⊔⊔⅂⊓厂⊏⊔⅃⊔⊏<∨⅃OTT⊏⊔⊡⊏∨厂∨∨⊓⊏厂⊏厂∨⅃∨⊔
⊏厂⊡⅃⊡ㄋ∨⊓⅃ㄋT><⊔⊏<∨<⅃⊓厂⊏ㄋ⊓⊏⊏ㄋ∨⅃∨⊔厂厂⊔⊏ㄋ⊡ㄋ
⊓⊏∨ㄋ<ㄋ⅃厂⊏⊡T∨∨⊏厂⊏⊔⊔<ㄋ厂⊏ㄋ⅃⊡ㄋ⅃⊔⊔⊔⊏⊏厂⊏厂⊏T⊓⊏
<⊓⅂ㄋㄋ⊏⅃⊡ㄋㄟ⊔⊔T⅃Tㄋ⅃∧厂ㄋ⊏厂ㄋㄋ⊏厂⊏⊔ㄋ厂⊡ㄋ⊏⊏⊔厂
⊏⅃ㄋ⊔<T厂ㄋ⊏⊡T⊏⊏⊔⊔厂⊔⊏ㄋ厂⊏厂⊓厂⊏T⊏厂T厂⊏T⊏厂厂
厂∨T⅃⅂⊔⅂⊏Tㄋ⅃T∨T<⊏⊏⊔⊏厂⊏∨ㄋ⊏⅃⊡ㄋ厂⊡T⊓⊏∨⊏⊔⊏⊡ㄋ
⅂⊔⅂⊏⊏<ㄋ⅃厂⊏⊡T∨∨⊏<⊔ㄋ⊓⅃∧⊏⅃⊔⊏<TT∨⊏⊓⊏ㄋ⊏厂厂⊓⊔
ㄋ⊏∨⅃厂⅂⊏⅂⊏厂ㄋ厂⊏⊔⅃⊡<T⊓厂⊏⊓厂ㄋㄋ厂⊏TT<ㄋ⊏厂∨⊏⊡⅃⅂
⊔⊏<TT⊓⊏ㄋ
```

(b) 解密：> → T。

```
厂⊏<⊏<厂⊏A⊔⊔<∨A⊡OTT⊏⊓⊏A厂A⊔⊏<T厂TT⊓⊏厂厂∨TT⊓厂⊏
ㄋ<⊏<⊔⊔⅂⊓厂⊏⊔A⊔⊏<∨A⊡OTT⊏⊔⊡⊏∨厂∨∨⊓⊏厂⊏厂∨A∨⊔⊏厂
⊡A⊡ㄋ∨⊓A⊡T><⊔⊏<∨<⅃⊓厂⊏ㄋ⊓⊏⊏ㄋ∨A∨⊔厂厂⊔⊏ㄋ⊡ㄋ⊓⊏∨
ㄋ<ㄋ⅃厂⊏⊡T∨∨⊏厂⊏⊔⊔<Tㄋ厂⊏ㄋA⊡ㄋ⅃⊔⊔⊔⊏⊏厂⊏厂⊏T⊓⊏<⊓A⊡
ㄋ⊏A⊡T∨∨⊏厂⊏⊔⊔厂⊔⊏ㄋ厂⊏厂⊓厂⊏T⊏厂T厂⊏T⊏⊓⊏厂厂∨T⅃A
⅂⊏T⊓AT∨T<⊏⊏⊔⊏厂⊏∨ㄋ⊏A⊡ㄋ厂⊡T⊓⊏∨⊏⊔⊏⊡ㄋ⅃A⅂⊏ㄋ<ㄟ
A厂⊏⊡T∨∨⊏<⊔ㄋ⊓A∧⊏A⊔⊏<TT∨⊏⊓⊏ㄋ⊏厂厂⊓A⊔ㄋ⊏∨A厂⊏⊔⊏
厂⊏厂T⊏⊔⅃ㄋA⊡<T⊓厂⊏⊓厂ㄋㄋ厂⊏TT<ㄋ⊏厂∨⊏⊡A⅂A⊔⊏<TT⊓⊏ㄋ
```

(c) 解密：⊔ → A。

圖 4.2
解密。

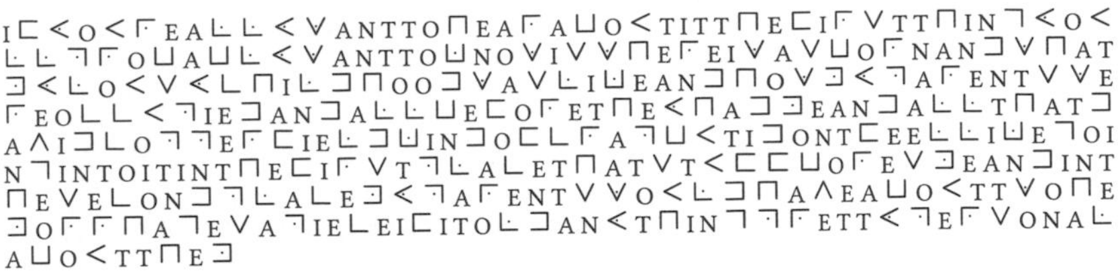

I⌐<O<ΓEALL<∨ANTTO⊓EAΓAUO<TITT⊓ECIΓ∨TT⊓IN⌐<O<
LL⌐OUAUL<∨ANTTO⊔NO∨I∨∨⊓EΓEI∧A∪⊔ΓNAN⊐∨⊓AT
⊐<L⊔O<∨<L⌐I⌐L⊐⊓OO⊐∨A∨LI⊔EAN⊐⊓O∨⊐<⌐AΓENT∨∨E
ΓEOLL<⌐⌐IE⊐A⅃LL∪EⅭOΓET⊓E<⌐A⊐⊐EAN⊐A⅃L⊓AT⊐A
A⌐ⅢLO⌐⌐⌐EΓⅭIEL⊐UIN⊐OⅭLΓA⌐U<TI⊐ONTⅭEELLI∪E⌐OI
N⌐INTOITINT⊓EⅭIΓ∨T⌐LALET⊓ATUT<ⅭⅭUOΓE∨⊐EAN⊐INT
⊓E∨ELON⊐⌐LALE⊐<⌐AΓENT∨∨O<L⊐⊐A∧EA∪O<TT∨O⌐E
⊐OΓΓΓ⌐A⌐E∨A⌐IELEIⅭITOL⊐AN<T⌐IN⌐⌐ΓETT<⌐EΓ∨ONAL
A∪O<TT⌐E⊐

(a) 解密：Ⅼ → O，Γ → I，⊡ → N。

I⌐<O<ΓEALL<∨ANTTOHEAΓA∪O<TITTHEⅭIΓ∨TTHIN⌐<O<
LL⌐O∪A∪L<∨ANTTO⊔NO∨I∨∨HEΓEI∧A∪⊔ΓNAN⊐∨HAT
⊐<L∪O<∨<LHIL⊐HOO⊐∨A∨LI⊔EAN⊐HO∨⊐<⌐AΓENT∨∨EΓE
OLL<⌐IE⊐A⅃LL∪EⅭOΓETHE<HA⊐⊐EAN⊐A⅃LTHAT⊐AⅢI
⊐LO⌐⌐EΓⅭIEL⊐∪IN⊐OⅭLΓA⌐∪<TI⊐ONTⅭEELLI∪E⌐OIⅢI
NTOITINTHEⅭIΓ∨T⌐LALETHATUT<ⅭⅭ∪OΓE∨⊐EAN⊐INTHE∨E
LON⊐⌐LALE⊐<⌐AΓENT∨∨O<L⊐HA∧EA∪O<TT∨OHE⊐OΓΓⅢH
A⌐E∨A⌐IELEIⅭITOL⊐AN<THIN⌐⌐ΓETT<⌐EΓ∨ONALA∪O<TT
HE⊐

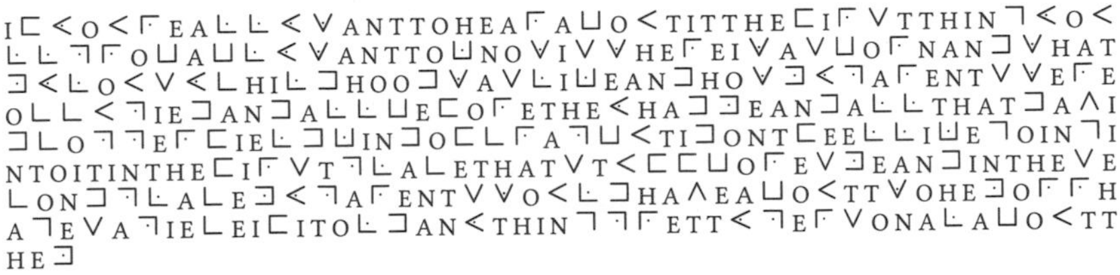

(b) 解密：⊓ → H。

圖 4.3
繼續解密。

表 4.2
前十名 bigrams。

TH	100.3	3.56%
HE	86.7	3.07%
IN	68.6	2.43%
ER	57.8	2.05%
AN	56.0	1.99%
RE	52.3	1.85%
ON	49.6	1.76%
AT	41.9	1.49%
EN	41.0	1.45%
ND	38.1	1.35%

密文看起來好多了，你可以在圖 4.3b 看到一些單字，例如 THE 與 THAT。在密文中，出現頻率次高的 bigram 是 Γ，有 8 次。在英文中，RE 是經常出現的 bigram，所以我們可以試著將 Γ 換成 R。

現在我們得到圖 4.4a，你可以在第一行看到 REALL<。它是 REALLY 嗎？執行替換之後，我們得到圖 4.4b，看來它是個好選擇，我們現在可以猜到更多字母了。前兩行有兩個 YO<，它可能是 YOU。最後一行有單字 ANYTHIN⌐，它或許是 ANYTHING。還有，⌐RETTY 可能是 PRETTY。以常識來推測之後，我們不難得到圖 4.4。

I⌐<O<REAL⌐<∨ANTTOHEARA⊔O<TITTHE⌐IR∨TTHIN⌐<O<⌐
⌐⌐ROU A⊔⌐<∨ANTTO⌐UNO∨I∨∨HEREI∨A∨⊔ORNAN⌐∨HAT⌐<
⌐O<∨<⌐HI⌐⌐HOO⌐∨A∨⌐I⊔EAN⌐HO∨⌐<⌐ARENT∨∨EREO⌐
⌐<⌐IE⌐AN⌐A⌐⌐UE⌐ORETHE<HA⌐⌐EAN⌐A⌐⌐THAT⌐A∧I⌐⌐
⌐O⌐⌐ER⌐IE⌐⌐UIN⌐O⌐⌐RA⌐U<TI⌐ONT⌐EE⌐⌐⌐IUE⌐OIN⌐INTOI
TINTHE⌐IR∨T⌐⌐ALETHAT∨T<⌐⌐UORE∨⌐EAN⌐INTHE∨E⌐ON
⌐⌐⌐ALE⌐<⌐ARENT∨∨O<⌐⌐HA∧EA⊔O<TT∨OHE⌐ORRHA⌐E∨
A⌐IE⌐EI⌐ITO⌐⌐AN<THIN⌐⌐RETT<⌐ER∨ONA⌐A⊔O<TTHE⌐

(a) 解密：⌐ → R。

I⌐YO<REALLY∨ANTTOHEARA⊔O<TITTHE⌐IR∨TTHIN⌐YO<LL⌐RO
⊔A⌐LY∨ANTTO⌐UNO∨I∨∨HEREI∨A∨⊔ORNAN⌐∨HAT⌐YLO<∨Y⌐
HI⌐⌐HOO⌐∨A∨⌐I⊔EAN⌐HO∨⌐Y⌐ARENT∨∨EREO⌐⌐<⌐IE⌐AN⌐
ALL⊔E⌐ORETHEYHA⌐⌐EAN⌐ALLTHAT⌐A∧I⌐⌐O⌐⌐ER⌐IE⌐⌐UIN
ETHAT∨T<⌐⌐UORE∨⌐EAN⌐INTHE∨E⌐ON⌐⌐LAL E⌐Y⌐ARENT∨
∨O<⌐⌐HA∧EA⊔O<TT∨OHE⌐ORRHA⌐E∨A⌐IE⌐EI⌐ITO⌐⌐ANYTH
IN⌐⌐RETTY⌐ER∨ONALA⊔O<TTHE⌐

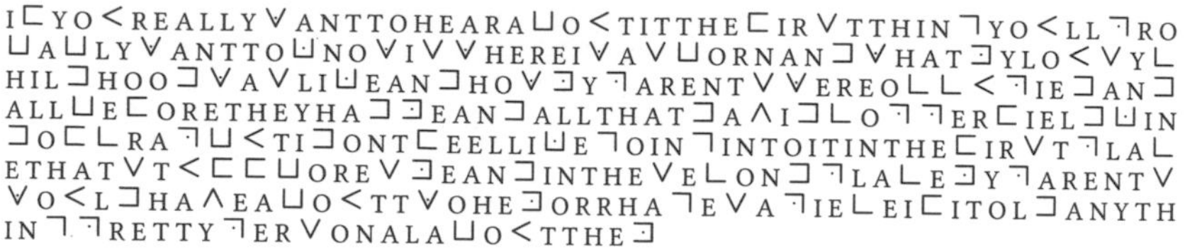

(b) 解密：⌐ → L、< → Y。

圖 4.4
繼續解密。

接下來，因為我們看到更多合理的單字，所以猜起來更簡單，最後得到圖 4.5，也就是原始的明文，它看起來有點奇怪，原因是它沒有標點符號與小寫，這是為了簡化我們的討論而採取的方便做法。加入標點符號後，這段文字是：

> If you really want to hear about it, the first thing you'll probably want to know is where I was born, and what my lousy childhood was like, and how my parents were occupied and all before they had me, and all that David Copperfield kind of crap, but I don't feel like going into it. In the first place, that stuff bores me, and in the second place, my parents would have about two hemorrhages apiece if I told anything pretty personal about them.

IFYOUREALLYWANTTOHEARABOUTITTHEFIRSTTHINGYOULLPROBABL
YWANTTOKNOWISWHEREIWASBORNANDWHATMYLOUSYCHILDHOOD
WASLIKEANDHOWMYPARENTSWEREOCCUPIEDANDALLBEFORETHEYH
ADMEANDALLTHATDAVIDCOPPERFIELDKINDOFCRAPBUTIDONTFEELL
IKEGOINGINTOITINTHEFIRSTPLACETHATSTUFFBORESMEANDINTHESE
CONDPLACEMYPARENTSWOULDHAVEABOUTTWOHEMORRHAGESAPIE
CEIFITOLDANYTHINGPRETTYPERSONALABOUTTHEM

圖 4.5
解密完成。

它是 J. D. Salinger 的"麥田捕手"的開頭。這是個有趣的練習，但有一些教育意義。如果我們只要透過一些猜測與勞力就可以破解它們，它就是個完全沒有用途的加密方法，絕對不是電腦的對手，因為電腦可以利用查詢字典來快速猜測答案。如果我們想要保密，就要付出更多努力。

附帶一提，這種替代式加密使用的符號稱為"豬圈密碼（pigpen cipher）"，它的歷史可追溯到 18 世紀。我們仍然可以在流行文化與小孩的拼圖中找到它。如果你好奇這些符號的由來，它們是在字母周圍畫上格子、直線，並上一些點得到的。見圖 4.6，每一個字母都可以用它周圍的直線與點來取代。

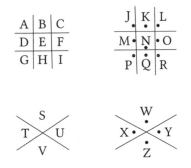

圖 4.6
豬圈密碼。

我們用加密文字的規律性來破解密碼，因為它的規律性反映了語言的規律性。任何破解密碼的方法都會採取這種做法：偵測並利用加密文字的規律性。因此，如果我們想要讓密碼無法被破解，就必須在加密的過程中移除所有的規律性。換句話說，我們必須盡量讓加密文字是隨機的。理想情況下，它應該要完全隨機。偵測規律性的做法無法將完全隨機的符號序列解密成明文，因為它無法找到任何規律。

4.2　一次性密碼本

有一種加密方法可讓密文變成隨機的，它也是唯一保證無法被破解的加密方式，做法是指派一個數字給每一個字母，從 A 與 0 開始，接著是 B 與 1，直到 Z 與 25，接著會一次取出原始訊息的一個字母，我們也會使用一個完全隨機的字母序列，它就是密鑰。我們會遍歷這個隨機序列，一次一個字母，與明文同步。在每一步，我們會取得一個明文字母與一個密文字母。例如取得明文字母 W 與密文字母 G，也就是數字 22 與 6。我們將它們加在一起：22 + 6 = 28。因為 Z 是 25，所以要繞回最前面，並計數三個字元，到達 C，它就是成為密文的字元。

這種繞回來從頭算起的加法是加密法經常採用的做法，稱為**模加**（*modular addition*），因為它就是將兩個數字相加，並用算出的數字來找出除法的**餘數**。我們稱它為**模除**（*modulo*）運算。這也是我們將分鐘數加為小時的做法：如果我們到達 60，就取分鐘數除以 60 的餘數，這種算法稱為分鐘模除 60；範例見圖 4.7。模除的符號是 mod，所以 23 mod 5 = 3。在範例中，(22 + 6) mod 26 = 28 mod 26 = 2，而 2 對應字元 C。

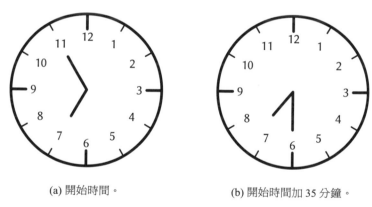

(a) 開始時間。　　　　　　　　(b) 開始時間加 35 分鐘。

圖 4.7
加上分鐘數就是模除 60。

$x \bmod y$ 的數學定義是讓 $x = qy + r$ 的餘數 $r \geq 0$，其中 q 是 x/y 的 floor，$\lfloor x/y \rfloor$。因此，我們會得到 $r = x - y \lfloor x/y \rfloor$。這個定義包括負數除法的模數。事實上 $-6 \bmod 10 = 4$，因為 $\lfloor -6/10 \rfloor = -1$，且 $r = -6 - 10(-1) = -6 + 10 = 4$。

解密的方式類似加密，不過它使用減法而非加法。它會使用密文與用來加密的同一組密鑰，逐字元遍歷它們。如果我們在明文中看到 C，在密鑰中看到 G，就會得到 $(2 - 6) \bmod 26 = -4 \bmod 26 = 22$，也就是字母 W。

這種加密法稱為**一次性密碼本**（*one-time pad*），如圖 4.8 所示。之前提過，它是保證安全的，因為它是完全隨機的密文。在明文中的每一個字母 $m[i]$ 都會被加上模 26，如果訊息只有英文字母，使用一次性密碼本對應的隨機字母 $t[i]$ 來產生密文 $c[i]$ 時，可得到 $c[i] = (m[i] + t[i]) \bmod 26$。如果 $t[i]$ 是隨機的，$c[i]$ 也會是隨機的，你就無法在密文中找到任何模式。同樣的字母在密文中會被加密為不同的字母，所以你無法利用任何規律性來做頻率分析。如果我們有一次性密碼本，解密就很簡單，如果加密是 $c[i] = (m[i] + t[i]) \bmod 26$，解密就是 $m[i] = (c[i] - t[i]) \bmod 26$。但是如果你沒有拿到一次性密碼本，就無法猜測它。更壞的情況是，你可能會誤用其他訊息的一次性密碼本：因為一次性密碼本的每一個字元都是隨機的，所以它們都長得很像。我們可能會往錯誤的方向猜測而鎩羽而歸，如圖 4.9 所示。在圖 4.9a，我們使用密文與正確的一次性密碼本，所以能夠產生原始的明文。在圖 4.9b，用長得很像的一次性密碼本來破解密碼，可能會產生看起來很合理的錯誤結果。

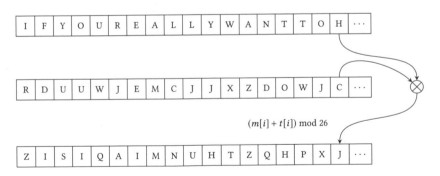

圖 4.8
一次性密碼本。

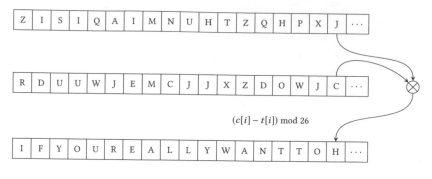

(a) 正確解密。

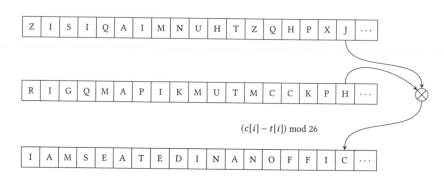

(b) 錯誤解密。

圖 4.9

一次性密碼本，正確與錯誤的解密。

我們可以使用二進位互斥或（XOR）運算來取代模加，以簡化一次性密碼本的運算。這種運算的符號通常是 $\oplus$，它可以接收兩個二進位位數的輸入。如果它們是相同的數字，也就是都是 1 或都是 0，它會輸出 0。如果它們是不同的，就會輸出 1。也就是說，$1 \oplus 1 = 0$、$0 \oplus 0 = 0$、$1 \oplus 0 = 1$、$0 \oplus 1 = 1$。所以它是 "非此則彼"，或 "互斥或"，如表 4.3 所示。在使用 XOR 時，我們要將明文變成二進位位數序列。這是一定是可以做到的，因為每一個字元都是用二進位數字來表示，例如，使用 ASCII 編碼時，A 通常會被表示為 1100001。一次性密碼本是隨機的二進位序列，例如 1101011…。我們用明文與一次性密碼本來做 XOR，一次一個位元，產生的結果就是密文，在例子中，它是 0001010。有趣的是，它除了很簡單之外，也可以立即逆向運算。若 $c = a \oplus b$，則 $c \oplus b = a$。所以若要解密，我們只要再用一次性密碼本與密文做 XOR 即可。你可以檢查：0001010 $\oplus$ 1101011 = 1100001。XOR 比模運算子常見，因為它可以用在二進位字串上，而非只是一些特定的字母編碼，此外，這種運算子的速度很快。

表 4.3

互斥或（XOR）運算。

		x	
		0	1
y	0	0	1
	1	1	0

不幸的是，一次性密碼本不實用。字母的隨機順序必須是安全隨機的，製作大量真正隨機的字母很難。有一些電腦方法的確可產生看起來隨機的序列，但它們只是偽隨機。仔細想想，你不可能採取一種定義良好的程序來產生隨機的東西，因為電腦的專長就是按照程序來做事。你必須使用具備某種程度的混亂、某種不可預知性的東西。這是 16.1 的主題。

此外，一次性密碼本只能使用一次。如果我們重複使用那個序列，在經歷了該序列的長度之後，我們就會替換出相同的結果，它會劣化成移位式加密。此外，一次性密碼本必須與訊息一樣長，否則也會做出重複的替換。

這些缺點代表，除了特殊情況外，實務上不會使用一次性密碼本。通常大型的隨機序列會被儲存在某種可攜的媒介上，送給接收者。寄送者與接收者會開始使用這個隨機序列，到達序列的結尾之後，他們會使用新的密碼本。所以這種做法的後勤很複雜，每隔一段時間就需要傳遞大量的隨機序列，更不用說還要先產生它們。

4.3　AES 加密

現代的加密都是用特定的數學方法來產生密文。這些方法使用比較小的密鑰,可能只有幾百或幾千位元長。它們會接收明文與密鑰,並使用複雜方式來轉換明文,除非你有密鑰,否則無法轉換回去。我們要來說明一種幾乎無處不在的方法,進階加密標準(Advanced Encryption Standard,AES)。每當你使用瀏覽器來傳遞加密資訊時,可能私下就在使用 AES。AES 是一種標準,美國國家標準技術研究所(NIST)在 2001 年開始使用它,讓它成為一種開放的程序,取代了舊有的標準,即 1997 到 2000 的 Data Encryption Standard (DES)。當時 NIST 徵求加密社群的提案,經過仔細地分析之後,NIST 在 2000 年 10 月 2 日宣布比利時密碼學家 Joan Daemen 與 Vincent Rijmen 的提案,稱為 Rijndael,雀屏中選了。

AES 是一種複雜的演算法。新手在第一次遇到它時感到絕望是正常的反應。讀者不需要記得 AES 的每一個步驟。不過,希望讀者可以欣賞作者在設計可靠的加密法時付出的努力,以及瞭解在電腦時代,我們必須在加密中加入什麼要素,才可以防禦電腦的破解,如此一來,讀者就會對市面上發售的、沒有受到密碼學家與電腦科學家密切監督的任何魔法隱私保護技術或工具保持警惕。親愛的讀者,我們開始這趟顛簸的旅程吧。

AES 會對明文執行一系列的操作。首先,它會將明文拆成 128 位元,或 16 bytes 的區塊。AES 處理的是位元區塊,所以它是一種 *區塊編碼器*(*block cipher*)。相較之下,*串流編碼器*(*stream cipher*)處理的是個別的 bytes 或位元。它可能會使用有 128、192 或 256 位元長的密鑰。AES 會依照行順序(column-order)來將 bytes 放入一個矩陣中,也就是說,它會逐行填充矩陣。這個矩陣稱為 *state*。如果區塊是以 bytes p_0、p_1、$\cdots$、p_{15} 組成的,則 byte p_i 會被放在 state 矩陣的 byte $b_{j,k}$,其中 $j = i \bmod 4$,且 $k = i/4$。圖 4.10 展示這種轉換;我們假設它是用一種稱為 CreateState 的操作來完成的,這種操作會接收區塊 b,並回傳 state 矩陣 s。

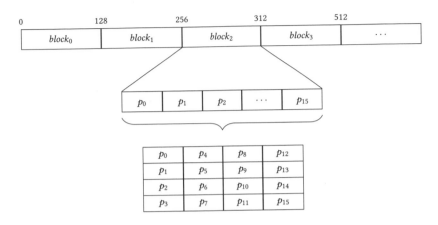

圖 4.10
AES `CreateState` 操作。

接著我們用密鑰來衍生一系列額外的 bytes 密鑰,並以行順序來排列它們,類似 state 的做法。這些密鑰稱為回合密鑰(*round keys*),因為你將會看到,我們會在 AES 核心演算法的每一個回合(或迭代)使用一個密鑰。事實上,我們使用的密鑰數會比回合數多一,因為在回合開始之前也需要一個密鑰。生成的額外密鑰稱為 `KeyExpansion`。更改密鑰,讓加密法抵抗各種攻擊的能力更強稱為 **密鑰白化**(*key whitening*)。`KeyExpansion` 本身就是個精巧的演算法,我們不會深入討論它。

假設我們已經擴展密鑰,並取得第一回合的密鑰了。我們會用回合密鑰的每一個 byte 與它在 state 對應的 byte 做 XOR,這項操作稱為 `AddRoundKey`。我們會得到一個新 state,其元素為 $x_{i,j} = p_{i,j} \oplus k_{i,j}$,如圖 4.11 所示。

現在我們要對 `AddRoundKey` 的結果執行好幾回合的操作。回合數取決於密鑰的長度。我們會對 128 位元的密鑰做 10 回合,192 位元的密鑰做 12 回合,256 位元的密鑰做 14 回合。

p_0	p_4	p_8	p_{12}
p_1	p_5	p_9	p_{13}
p_2	p_6	p_{10}	p_{14}
p_3	p_7	p_{11}	p_{15}

k_0	k_4	k_8	k_{12}
k_1	k_5	k_9	k_{13}
k_2	k_6	k_{10}	k_{14}
k_3	k_7	k_{11}	k_{15}

$\oplus$

x_0	x_4	x_8	x_{12}
x_1	x_5	x_9	x_{13}
x_2	x_6	x_{10}	x_{14}
x_3	x_7	x_{11}	x_{15}

圖 4.11

AES AddRoundKey 操作。

每一個回合的第一項操作稱為 SubBytes，它會將目前的 state 裡面的每一個 byte 換成另一個矩陣（稱為 *S-box*）裡面的 byte。S-box 是 16×16 矩陣，它的內容是用特定加密屬性的函數來計算的。表 4.4 是這個矩陣。如果 state 的項目 $x_{i,j}$ 等於數字 X，因為 X 是個 byte，所以它可以用兩個十六進位數字 $h_1 h_2$ 來表示。用 SubBytes 來運算 $x_{i,j}$ 會產生 S-box 的 (h_1, h_2) 元素，或 s_{h_1, h_2}。圖 4.12 是這個程序。

表 4.4

AES S-box。

	0	1	2	3	4	5	6	7	8	9	A	B	C	D	E	F
0	63	7C	77	7B	F2	6B	6F	C5	30	01	67	2B	FE	D7	AB	76
1	CA	82	C9	7D	FA	59	47	F0	AD	D4	A2	AF	9C	A4	72	C0
2	B7	FD	93	26	36	3F	F7	CC	34	A5	E5	F1	71	D8	31	15
3	04	C7	23	C3	18	96	05	9A	07	12	80	E2	EB	27	B2	75
4	09	83	2C	1A	1B	6E	5A	A0	52	3B	D6	B3	29	E3	2F	84
5	53	D1	00	ED	20	FC	B1	5B	6A	CB	BE	39	4A	4C	58	CF
6	D0	EF	AA	FB	43	4D	33	85	45	F9	02	7F	50	3C	9F	A8
7	51	A3	40	8F	92	9D	38	F5	BC	B6	DA	21	10	FF	F3	D2
8	CD	0C	13	EC	5F	97	44	17	C4	A7	7E	3D	64	5D	19	73
9	60	81	4F	DC	22	2A	90	88	46	EE	B8	14	DE	5E	0B	DB
A	E0	32	3A	0A	49	06	24	5C	C2	D3	AC	62	91	95	E4	79
B	E7	C8	37	6D	8D	D5	4E	A9	6C	56	F4	EA	65	7A	AE	08
C	BA	78	25	2E	1C	A6	B4	C6	E8	DD	74	1F	4B	BD	8B	8A
D	70	3E	B5	66	48	03	F6	0E	61	35	57	B9	86	C1	1D	9E
E	E1	F8	98	11	69	D9	8E	94	9B	1E	87	E9	CE	55	28	DF
F	8C	A1	89	0D	BF	E6	42	68	41	99	2D	0F	B0	54	BB	16

x_0	x_4	x_8	x_{12}
x_1	x_5	x_9	x_{13}
x_2	x_6	x_{10}	x_{14}
x_3	x_7	x_{11}	x_{15}

$s_{0,0}$	$s_{0,1}$	$\cdots$	$s_{0,F}$
$s_{1,0}$	$s_{1,1}$	$\cdots$	$s_{1,F}$
$\cdots$	$\cdots$	$\cdots$	$\cdots$
$s_{F,0}$	$s_{F,1}$	$\cdots$	$s_{F,F}$

$$x_i = h_1 h_2 \rightarrow sb_i = s_{h_1, h_2}$$

sb_0	sb_4	sb_8	sb_{12}
sb_1	sb_5	sb_9	sb_{13}
sb_2	sb_6	sb_{10}	sb_{14}
sb_3	sb_7	sb_{11}	sb_{15}

圖 4.12
AES SubBytes 操作。

它其實沒有表面上那麼複雜。假設在圖 4.12 中，$x_4 = 168$；十進位的 168 等於十六進位的 A8。我們尋找表 4.4 的 A 列 8 行，看到十六進位的數字 C2，也就是十進位的 194。這代表 $sb_4 = 194$。我們也對 state 的所有數字做同樣的事情。

每一個回合在 SubBytes 之後的第二項操作是將產生的 state 位移幾列。不意外地，這稱為 ShiftRows 操作。它會將 state 的每一列往左移動遞增的位置數。第 2 列往左移動 1 個位置，第 3 列往左移動 2 個位置，第 4 列往左移動 3 個位置，必要時會繞到後面，如圖 4.13 所示。

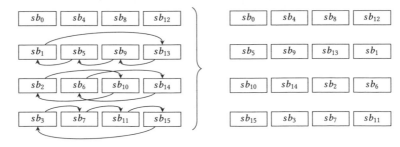

圖 4.13
AES ShiftRows 操作。

每一個回合的第三項操作稱為 `MixColumns`，它會處理行，取得每一行目前的狀態，將它轉換到新行。這個轉換的做法是將每一行乘以一個固定的矩陣，如圖 4.14 所示。圖中展示的是第二行的操作，所有行都用同樣的矩陣。你可以看到，我們使用 ⊕ 與 • 來分別取代一般的加法與乘法，因為我們做的不是一般的算術運算，這裡的加法與乘法是對一個多項式模除一個有限域 $GF(2^8)$ 內的 8 階不可約多項式的結果執行的，說起來滿口術語。幸運的是，你不需要瞭解它確切的意思，就可以知道 AES 在做什麼。加法只是底層的位元處理模式。乘法比較複雜，但本質上也很簡單。

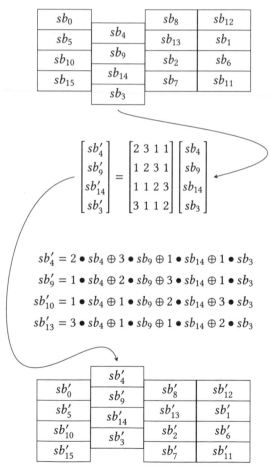

$$\begin{bmatrix} sb'_4 \\ sb'_9 \\ sb'_{14} \\ sb'_3 \end{bmatrix} = \begin{bmatrix} 2\ 3\ 1\ 1 \\ 1\ 2\ 3\ 1 \\ 1\ 1\ 2\ 3 \\ 3\ 1\ 1\ 2 \end{bmatrix} \begin{bmatrix} sb_4 \\ sb_9 \\ sb_{14} \\ sb_3 \end{bmatrix}$$

$$sb'_4 = 2 \bullet sb_4 \oplus 3 \bullet sb_9 \oplus 1 \bullet sb_{14} \oplus 1 \bullet sb_3$$
$$sb'_9 = 1 \bullet sb_4 \oplus 2 \bullet sb_9 \oplus 3 \bullet sb_{14} \oplus 1 \bullet sb_3$$
$$sb'_{10} = 1 \bullet sb_4 \oplus 1 \bullet sb_9 \oplus 2 \bullet sb_{14} \oplus 3 \bullet sb_3$$
$$sb'_{13} = 3 \bullet sb_4 \oplus 1 \bullet sb_9 \oplus 1 \bullet sb_{14} \oplus 2 \bullet sb_3$$

圖 4.14
AES `MixColumns` 操作。

事實上，雖然底層的理論對初學者來說比較複雜，但實際的乘法運算很簡單。設 a 代表其中一個 sb_i 值，從圖 4.14 可知，我們只需要定義乘以 1、2 或 3。我們觀察到：

$$1 \bullet a = a$$
$$3 \bullet a = 2 \bullet a \oplus a$$

也就是說，我們只需要知道如何計算 $2 \bullet a$。考慮 a 的二進位表示法，也就是 $a = (a_7, a_6, ..., a_0)$，其中每一個 a_i 都是個別的位元。我們可以得到：

$$2 \bullet a = \begin{cases} (a_6, \ldots, a_0, 0) & \text{若 } a_7 = 0 \\ (a_6, \ldots, a_0, 0) \oplus (0,0,0,1,1,0,1,1) & \text{若 } a_7 = 1 \end{cases}$$

對實作 AES 的人而言，整個 MixColumns 操作可寫成幾行最佳化的電腦程式。MixColumns 講起來很複雜，但這種複雜性不會讓它變成笨重的程式。

每回合的最後一項操作是再次將 state 加上回合密鑰，也就是對目前的 state 執行 AddRoundKey 操作。

除了最後一個回合之外，我們會對所有回合執行同一系列的操作，最後一個回合不執行 MixColumns 操作。總之，演算法 4.1 就是 AES 的動作。我們在第 1 行建立 state，接著在第 2 行擴展密鑰。密鑰會被儲存在陣列 rk，其大小為 $n + 1$，其中的 n 是回合數。第 3 行會將第一個回合的密鑰加至 state。第 4–8 行會執行前 $n - 1$ 回合，第 9–11 行執行最後一個回合。

演算法 4.1：AES 加密演算法。

AESCipher(b, k, n) → s

　　輸入：b，有 16 bytes 的區塊

　　　　　　k，密鑰

　　　　　　n，回合數

　　輸出：s，b 的密文

1　　$s \leftarrow$ CreateState(b)

2　　$rk \leftarrow$ ExpandKey(k)

3　　$s \leftarrow$ AddRoundKey($s, rk[0]$)

4　　**for** $i \leftarrow 1$ **to** n **do**

5　　　　$s \leftarrow$ SubBytes(s)

6　　　　$s \leftarrow$ ShiftRows(s)

7　　　　$s \leftarrow$ MixColumns(s)

8　　　　$s \leftarrow$ AddRoundKey($s, rk[i]$)

9　　$s \leftarrow$ SubBytes(s)

10　　$s \leftarrow$ ShiftRows(s)

11　　$s \leftarrow$ AddRoundKey($s, rk[n]$)

12　　**return** s

當然，如果沒有對應的解密演算法，任何加密演算法都是毫無用處的。AES 的解密很簡單。演算法 4.1 的所有步驟都是可逆的，因為在 **SubBytes** 操作中，我們用了特殊的反向 S-box，如表 4.5 所示。演算法 4.2 是 AES 解密。裡面的操作名稱都加上 **Inv** 來代表它們是原始加密操作的修改版。除了稍微改變操作的順序之外，它們的邏輯相當類似；請注意，這個演算法使用回合密鑰的順序與加密的順序相反。

總之，如果你想要安全地加密訊息，可使用 AES。你只要選擇一個密鑰，將它傳給演算法程式，並將產生的密文傳給收件者即可。收件者要使用相同的密鑰，並執行 AES 解密來還原訊息。

演算法 4.2：AES 解密演算法。

AESDecipher(*b*, *k*, *n*) → *s*

　　　輸入：*b*，有 16 bytes 的區塊

　　　　　　k，密鑰

　　　　　　n，回合數

　　　輸出：*s*，對應 *b* 的明文

1　*s* ← CreateState(*b*)

2　*rk* ← ExpandKey(*k*)

3　*s* ← AddRoundKey(*s*, *rk*[*n*])

4　**for** *i* ← 1 **to** *n* **do**

5　　　*s* ← InvShiftRows(*s*)

6　　　*s* ← InvSubBytes(*s*)

7　　　*s* ← AddRoundKey(*s*, *rk*[*n* − *i*])

8　　　*s* ← InvMixColumns(*s*)

9　*s* ← InvShiftRows(*s*)

10　*s* ← InvSubBytes(*s*)

11　*s* ← AddRoundKey(*s*, *rk*[0])

12　**return** *s*

表 4.5

反向 AES S-box。

	0	1	2	3	4	5	6	7	8	9	A	B	C	D	E	F
0	52	09	6A	D5	30	36	A5	38	BF	40	A3	9E	81	F3	D7	FB
1	7C	E3	39	82	9B	2F	FF	87	34	8E	43	44	C4	DE	E9	CB
2	54	7B	94	32	A6	C2	23	3D	EE	4C	95	0B	42	FA	C3	4E
3	08	2E	A1	66	28	D9	24	B2	76	5B	A2	49	6D	8B	D1	25
4	72	F8	F6	64	86	68	98	16	D4	A4	5C	CC	5D	65	B6	92
5	6C	70	48	50	FD	ED	B9	DA	5E	15	46	57	A7	8D	9D	84
6	90	D8	AB	00	8C	BC	D3	0A	F7	E4	58	05	B8	B3	45	06
7	D0	2C	1E	8F	CA	3F	0F	02	C1	AF	BD	03	01	13	8A	6B
8	3A	91	11	41	4F	67	DC	EA	97	F2	CF	CE	F0	B4	E6	73
9	96	AC	74	22	E7	AD	35	85	E2	F9	37	E8	1C	75	DF	6E
A	47	F1	1A	71	1D	29	C5	89	6F	B7	62	0E	AA	18	BE	1B
B	FC	56	3E	4B	C6	D2	79	20	9A	DB	C0	FE	78	CD	5A	F4
C	1F	DD	A8	33	88	07	C7	31	B1	12	10	59	27	80	EC	5F
D	60	51	7F	A9	19	B5	4A	0D	2D	E5	7A	9F	93	C9	9C	EF
E	A0	E0	3B	4D	AE	2A	F5	B0	C8	EB	BB	3C	83	53	99	61
F	17	2B	04	7E	BA	77	D6	26	E1	69	14	63	55	21	0C	7D

AES 已被使用多年了，在實務上，還沒有人發現它的任何弱點。這意味著除非你有密鑰，否則目前沒有任何方法可以將密文回復成明文。AES 是一種*對稱式加密*（*symmetric cipher*），它會使用相同的密鑰來做加密與解密。如果加密法在加密時使用一種密鑰，在解密時要使用另一種，就稱為*非對稱式加密*（*asymmetric cipher*）。

所有的安全性都取決於安全密鑰，也就是秘密的安全性與密鑰一樣，如果密鑰被洩露，AES 就會被破解，但這不是 AES 的缺陷，所有的加密方法都會使用某種密鑰，這是一種特性，而不是 bug。 AES 與任何其他優秀的加密法的安全性都取決於金鑰的保密性，也只取決於金鑰的保密性。早在 1883 年，在巴黎 HEC 商學院任教的荷蘭語言與密碼學家 August Kerckhoffs 就提到，加密的方法不應該被視為一種秘密，就算它落入敵人手中，也不應該產生問題。按照現今的說法，加密法的秘密只在密鑰本身，而不是加密法本身。

它是一種健全的工程原則，也是對想要*用隱匿來實現安全*（*security by obscurity*）人提出的警告。"用隱匿來實現安全"認為當對手不知道系統如何動作時，就無法破解它，這是錯的；如果你將它當成你的最佳防衛機制，你要知道，對手擁有最好的頭腦，他們一定可以發現你的系統如何運作，他們也可能乾脆直接買通你的內部人員。將安全性限制在密鑰本身的話，只要保護密鑰，我們就可以保證安全，這比試圖保密整個設計還要容易多了。

除了 AES 之外還有其他的對稱式加密法，它們的安全性都建構在保護密鑰上，它們也會要求通訊的雙方都使用相同的密鑰。問題來了，如果你想要將傳給某人的某項訊息加密，就必須用某種方法來協議大家使用的密鑰。如果你們剛好距離很近，做法很簡單，你只要跟他碰面並交換密鑰就可以了，但如果距離很遠，就無法與收件者直接碰面，給他密鑰，因為密鑰沒有被加密，它可能會在傳輸時被攔截，讓你們失去所有的防衛。

4.4 Diffie-Hellman 密鑰交換

密鑰交換問題的解決方案促成了安全數位通訊。乍看之下,它的工作方式很像在變魔術:Alice 與 Bob(在密碼學中,當事人通常會按照字母順序來命名)想要交換用來加密與解密的密鑰,他們在做這件事之前已交換許多其他的訊息,那些訊息都是明文,裡面沒有它們想要共用的密鑰,但是當 Alice 與 Bob 傳遞那些訊息之後,雙方的手中都會握有相同的密鑰。因為他們都沒有傳送密鑰給另一方,所以沒有人可以攔截它。

我們來看一下這是怎麼做到的。Alice 與 Bob 都會執行以下的步驟。Alice 與 Bob 先協議兩個數字,其中一個數字是質數 p,另一個數字不一定得是質數 g,且 $2 \leq g \leq p-2$(如果你看不懂這個限制,等一下你就會瞭解)。因為他們將要做的計算都會做 mod p,所以 p 是這個計畫的模數;稱為底數(base)。假設 Alice 與 Bob 選擇 $p = 23$ 且 $g = 14$。他們不需要保密這兩個數字,所以會公開指定這兩個數字,並將它們四處公開。

接著 Alice 要選擇一個秘密數字 a,且 $1 \leq a \leq p-1$。假設她選擇 $a = 3$,她會計算

$$A = g^a \bmod p = 14^3 \bmod 23 = 2744 \bmod 23 = 7$$

因為這個計算是取 p 的模數,所以 Alice 不會選擇不合理的 $a \geq p$。Alice 將數字 A,也就是 7,送給 Bob。現在 Bob 也選擇一個秘密數字 b,同樣的,$1 \leq b \leq p-1$。假設他選擇 $b = 4$,並對這個數字執行與 Alice 相同的運算。也就是計算數字

$$B = g^b \bmod p = 14^4 \bmod 23 = 38\,416 \bmod 23 = 6$$

Bob 將數字 B,也就是 6,送給 Alice。Alice 計算數字

$$B^a \bmod p = 6^3 \bmod 23 = 216 \bmod 23 = 9$$

Bob 計算數字

$$A^b \bmod p = 7^4 \bmod 23 = 2401 \bmod 23 = 9$$

9 就是 Alice 與 Bob 之間的秘密。請注意，他們從來沒有交換過這個數字，但他們在計算後會得到相同的結果。此外，任何人都無法在攔截他們的通訊之後用任何方式找出他們的秘密。換句話說，沒有方法可在知道 p、g、A 與 B 之後找出秘密。你可以在圖 4.15 確認實際的秘密沒有被互相傳送。

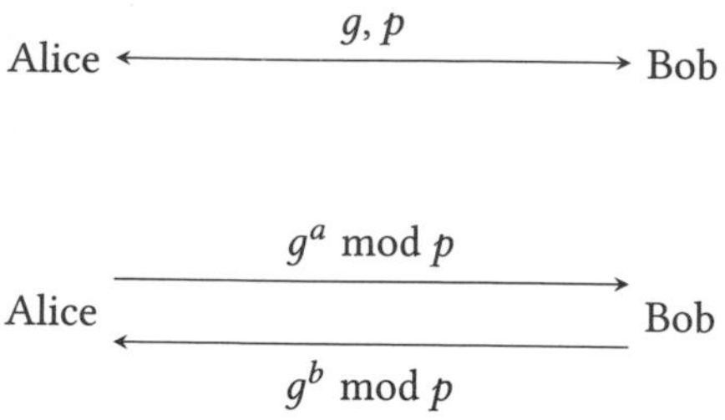

Alice $\longleftrightarrow$ g, p $\longrightarrow$ Bob

Alice $\xrightarrow{\quad g^a \bmod p \quad}$ Bob
$\xleftarrow{\quad g^b \bmod p \quad}$

圖 4.15
Diffie-Hellman 通訊。

這種交換密鑰的方法稱為 *Diffie-Hellman 密鑰交換*（*Diffie-Hellman key exchange*），名稱來自 1976 年發表它的 Whitfield Diffie 與 Martin Hellman。在他們發表這種方法的幾年前，政府通訊總部（GCHQ，負責通訊情報的英國政府機構）的員工 Malcolm Williamson 已經發明這個方法了，但這種方法被列為機密，所以 Diffie、Hellman 與幾乎所有其他人都不知道這件事。表 4.6 是 Diffie-Hellman 密鑰交換方法。你可以看到它的原理：Alice 與 Bob 都會算出相同的數字，因為 $g^{ba} \bmod p = g^{ab} \bmod p$。為了得到這個結果，我們必須知道模數算術的基本定律有：

$$(u \bmod n)(v \bmod n) \bmod n = uv \bmod n$$

因此可以得到：

$$(u \bmod n)^k \bmod n = u^k \bmod n$$

所以：

$$(g^b \bmod p)^a \bmod p = g^{ba} \bmod p$$

且

$$(g^a \bmod p)^b \bmod p = g^{ab} \bmod p$$

表 4.6

Diffie-Hellman 密鑰交換。

Alice	Bob
Alice 與 Bob 商定使用 p 與 g	
選擇 a 計算 $A = g^a \bmod p$ 將 A 送給 Bob 計算 $s = B^a \bmod p$ 　$= (g^b \bmod p)^a \bmod p$ 　$= g^{ba} \bmod p$	選擇 b 計算 $B = g^b \bmod p$ 將 B 送給 Alice 計算 $s = A^b \bmod p$ 　$= (g^a \bmod p)^b \bmod p$ 　$= g^{ab} \bmod p$

只要 Alice 與 Bob 保守 a 與 b 秘密，Diffie-Hellman 密鑰交換就是安全的，他們也沒有理由不保守秘密。事實上，他們可以在交換之後丟掉 a 與 b，因為它們已經沒有用處了。

它之所以安全，是因為以下這個問題很難解決。如果我們有個質數 p，一個數字 g，且 $y = g^x \bmod p$，找出這個方程式中的整數 x，且 $1 \le x \le p - 1$ 的問題，就是*離散對數問題*。整數 x 稱為底數為 g 的 y 的*離散對數*，我們可以寫成 $x = \log_g y \bmod p$。這個問題是難解的，因為 $y = g^x \bmod p$ 是一種*單向函數*（*one-way function*）。如果你有 g、x 與 p，算出 y 很簡單（我們等一下就會談到有效的計算方法），但沒有一種有效的方法可用 y、g 與 p 來計算 x。我們可以做的，就是嘗試各種不同的 x 值，直到找到正確的那一個。

事實上，雖然次方函數的行為是可預測的，因為增加數字的次方可以產生更大的值，但將一個次方之後的值模除一個質數的行為看起來是沒有規律可循的，見表 4.7。你可以輕鬆地藉由取對數，從 g^x 取得 x。但**無法**藉由取對數或使用任何其他已知的公式來從 $g^x \bmod p$ 取得 x。

表 4.7

計算次方，並算出 $g = 2$，$p = 13$ 的餘數。

x	1	2	3	4	5	6	7	8	9	10	11	12
g^x	2	4	8	16	32	64	128	256	512	1024	2048	4096
$g^x \bmod p$	2	4	8	3	6	12	11	9	5	10	7	1

在表 4.7 中，雖然 2 的次方是用連續的乘以 2 產生的，但 2 的次方模 13 的結果包含從 1 到 12 的所有數字，沒有明顯的模式。不過從那之後，它們會開始進入相同的循環。事實上，從等式 $2^{12} \bmod 13 = 1$，我們得到 $2^{13} \bmod 13 = (2^{12} \times 2) \bmod 13 = ((2^{12} \bmod 13) \times (2 \bmod 13)) \bmod 13 = (1 \times 2) \bmod 13 = 2$；我們再次使用模數算數的特性，來將模運算移入與移出乘法。通常你可以看到，函數 $2^x \bmod 13$ 是以 12 為週期，因為 $2^{12+k} \bmod 13 = ((2^{12} \bmod 13) \times (2^k \bmod 13)) \bmod 13 = (1 \times 2^k) \bmod 13 = 2^k \bmod 13$。此外，12 是基本週期，沒有比它小的週期。

請注意，並非所有情況都是如此。表 4.8 是連續取 3 的次方模 13 的情況。這一次次方取模的結果不是從 1 到 12 的所有值，而是只有其中的部分，$3^x \bmod 13$ 的基本週期是 3。如果我們選擇這些 g 與 p，只要嘗試 3 種不同的值就可以找到離散對數問題的答案，而不是 12 種值。

表 4.8

計算次方並取餘數，$g = 3$，$p = 13$。

x	1	2	3	4	5	6	7	8	9	10	11
g^x	3	9	27	81	243	729	2187	6561	19683	59049	177147
$g^x \bmod p$	3	9	1	3	9	1	3	9	1	3	9

如果 $g^x \bmod p$ 的連續值涵蓋從 1 到 $p-1$ 的所有數字，我們就稱那個 g 是 *generator* 或 *primitive element*。更精準的稱呼是 *group generator* 或 *group primitive element*，當 p 是一個**乘法群**（*multiplicative group*）之中的質數時，我們會得到數字 1、2、⋯、$p-1$，這是一個重要的代數與數論概念。因此我們必須選擇 g 來作為 generator。事實上，如果 $g^x \bmod p$ 的連續值是 1、2、⋯、$p-1$ 夠大的子集合，讓人不可能找到離散對數問題的答案時，我們也可以不使用 generator。

當 g^x mod p 變成 1 時，值就會開始重複。如果 $g = p - 1$，則 g^1 mod $p = (p - 1)$ mod $p = p - 1$；g^2 mod $p = (p - 1)^2$ mod $p = 1$；因為 $(p - 1)^2 = p(p - 2) + 1$，所以所有的次方會在 $p - 1$ 與 1 之間交替。如果 $g = 1$，則所有的次方都會等於 1。這就是我們要求 Alice 與 Bob 選擇的 g 要 $2 \le g \le p - 2$ 的原因。

回到 Diffie-Hellman，為了確保密鑰交換無法被破解，我們必須確保人們無法用 g^x mod p 來猜到 x，也就是說，p 必須相當大。我們可以選擇二進位表示法為 4096 位元長的質數，也就是至少有 1233 個十進位位數的數字。我們不需要盲目地尋找這種質數，市面上有一些好方法可找到它們，16.4 節會研究一種尋找質數的熱門方法。我們也應該選擇合適的 g。相較於 p，你不需要選擇大 g 值來作為 generator（或某種近似 generator 的東西）；你甚至只要用 2 就可以了。接著我們就可以開始交換密鑰了。

總之，如果 Alice 想要與 Bob 做秘密通訊，他們要先使用 Diffie-Hellman 來建立只有他們兩人知道的密鑰。他們會使用這個密鑰來使用 AES 加密訊息，完成通訊之後，他們就可丟掉密鑰，因為未來他們可以隨時再次執行整個程序。

但是要注意一件事，我們剛才討論的內容只能防範目前的電腦。有一種專為量子電腦設計的演算法可以在多項式時間內解出離散對數問題。如果量子電腦問世，它就會對 Diffie-Hellman 與其他的加密方法造成嚴重的衝擊。所以，研究人員已經開始尋找防範量子電腦的加密演算法了。

4.5　快速算法與模冪

Diffie-Hellman 密鑰交換需要計算一個數字的次方，並模除一個質數；這種計算稱為模冪（*modular exponentiation*）。要計算 g^x mod p，我們當然可以算出 g 的 x 次方再除以 p 來得到模數。但是，稍微想一下，我們就可以知道這種做法很浪費資源。像 g^x 這種數字可能會很大，但最終的結果一定會小於 p。我們或許可以找出一種算法來避免只為了在最後將次方模除 p 而計算非常大的次方。藉由模數算術的特性，我們得到：

$$g^2 \bmod p = g \cdot g \bmod p = ((g \bmod p)(g \bmod p)) \bmod p$$
$$g^3 \bmod p = g^2 \cdot g \bmod p = ((g^2 \bmod p)(g \bmod p)) \bmod p$$
$$\vdots$$
$$g^x \bmod p = g^{x-1} \cdot g \bmod p = ((g^{x-1} \bmod p)(g \bmod p)) \bmod p$$

因此我們可以先從平方的模 p 開始算起，接著使用它的結果來計算三次方的模 p，以此類推，直到 x 次方，來避免計算大的次方的模 p。

此外還有一種更有效率的方法，它是計算模冪的標準方式，我們要用一種快速的方式來做次方（不是模）。這是一種計算大次方的通用工具，我們會用它來計算大的模冪。

為了講解它的原理，我們先用二進位表示法來寫出次方：

$$x = b_{n-1}2^{n-1} + b_{n-2}2^{n-2} + \cdots + b_0 2^0$$

其中的每一個 b_i 都是 x 的二進位表示法的單一位元。我們可以用它來計算 g^x 如下：

$$g^x = g^{b_{n-1}2^{n-1}+b_{n-2}2^{n-2}+\cdots+b_0 2^0}$$

最後一個等式相當於：

$$g^x = (g^{2^{n-1}})^{b_{n-1}} \times (g^{2^{n-2}})^{b_{n-2}} \times \cdots \times (g^{2^0})^{b_0}$$

從右到左，我們先計算 $(g^{2^0})^{b_0}$。接著計算 $(g^{2^1})^{b_1}$、$(g^{2^2})^{b_2}$、$(g^{2^3})^{b_3}$ 等等。但是 $g^{2^0} = g^1 = g$，g^{2^1} 是 g 的平方，g^{2^2} 是 g^{2^1} 的平方，g^{2^3} 是 g^{2^2} 的平方，整體來說，$g^{2^k} = (g^{2^{k-1}})^2$，因為 $(g^{2^{k-1}})^2 = g^{2 \cdot 2^{k-1}}$。這代表我們可以從右到左計算前一個係數的底數的平方來計算每一個係數的次方底數 g^{2^i}，其中 $i = 1$、2、$\cdots$、$n-1$。演算法 4.3 就是藉由重複的平方來算出次方。

這個演算法會接收輸入 g 與 x，並回傳 g^x。它會從右到左執行我們剛才談過的計算。在第 1 行，我們設定底數 c 等於 g，它等於 g^{2^0}。我們使用變數 d，先在第 2 行將它設為 x，來取得 x 的二進位表示法。計算出來的結果會被放在 r，第 3 行將它設為初始值 1。第 4–8 行的迴圈執行的次數與 x 的二進位表示法的位元數一樣。如果 d 的最右邊的位元是 1，也就是我們在第 5 行檢查的事項，我們會將目前的結果

乘以已算得的係數 c。接著我們在 x 的二進位表示法中往左移動一個位元，做法是將 d 除以 2，這會砍掉最右邊的位元，在第 7 行。在每個迴圈迭代的最後，第 8 行，我們算出目前的 c 的平方。透過這種方式，我們開始執行 c 等於 $g^{2^{k-1}}$ 的第 k 次迭代，這涵蓋了我們看過的 $g^{2^0} = g^1 = g$ 的第一次迭代。

演算法 4.3：藉由重複的平方來計算次方。

ExpRepeatedSquaring(g, x) $\rightarrow r$

  輸入：g，整數底數

    x，整數次方

  輸出：r，等於 g^x

```
1   c ← g
2   d ← x
3   r ← 1
4   while d > 0 do
5       if d mod 2 = 1 then
6           r ← r × c
7       d ← ⌊d/2⌋
8       c ← c × c
9   return r
```

第 5 行的 mod 2 運算不需要使用真正的除法。如果一個數字的最後一個位元是 0，它就可以被 2 整除，否則不行。所以我們只要檢查 d 的最後一個位數是不是 0，這是很容易做到的，只要使用一種稱為**位元 AND** 的運算，它會接收兩個數字的每一個位元，並回傳一個數字，這個數字的第 i 個位元會在那兩個數字的第 i 個位元都是 1 時才會是 1，否則是 0。在這個例子中，我們必須拿 d 與一個有相同位元數的數字做位元 AND，該數字除了最後一個位元之外都是 0。我們會在第 13.7 節再次討論位元運算。你可以看一下表 13.4 來瞭解它如何動作。

類似的情況，第 7 行的整數除以 2 其實不需要使用除法。我們只要將最右邊的位元移除就可以了，這相當於將所有位元右移一個位置（所以最右的位元邊會被移除）。這是用所謂的**右移**（*shift right*）操作來實現的。我們會在第 16.1 節更詳細說明位元右移操作；此時，你可以查閱圖 16.1。

表 4.9 是這個演算法的操作示範,我們用它來計算 13^{13}。除了最後一列之外,每一列都有演算法的第 5 行迴圈內的 c、r 與 d 值。最後一列是離開迴圈時的結果。你可以驗證,當 d 的最後一個位數是 1 時,下一列的 r 值是當前這一列的 c 與 r 的積;否則它會保持不變。完整的計算需要四次迭代,遠比用傳統的方式來計算 13^{13} 所需的 13 次乘法還要少。

表 4.9
用重複的平方來計算次方:13^{13}。

$c = g^{2^i} = 13^{2^i}$	r	d
13	1	1101
169	13	110
28561	13	11
815730721	371293	1
	302875106592253	

我們可以用迴圈迭代次數來推論演算法的效能。如前所述,它們相當於指數 x 的二進位表示法的位元數量,也就是 $\lg x$。因此,以重複的平方來計算次方需要 $O(\lg x)$ 次迭代。

接下的問題是,每次迭代需要花多少時間。取模數與除以 2 都不需要太多的時間,因為它們只是用簡單的位元操作來執行的。第 6 行的乘法與第 8 行的平方需要花費相同的時間。通常電腦會使用固定的位元數量來代表整數,例如 32 或 64 位元,這種數字的運算速度都很快,稱為**單精度運算**(*single-precision operations*);使用這些運算的算術稱為**單精度算術**(*arithmetic*)。如果電腦提供的位元數無法容納我們的數字,它就必須使用**多精度算術**(*multiple-precision arithmetic*),也稱為**任意精度算術**(*arbitrary-precision arithmetic*)或 *bignum* 算術。多精度算術需要的計算比單精度算術多。我們可以用人類計算乘法的方式來比擬。在就學時,我們都背過乘法表,所以我們可以瞬間算出單位數的乘法。但是,若要計算多位數乘法,我們就要採用長乘法,需要花費很多的時間(稍微想一下,n 位數的數字需要 n^2 次乘法,還要加上計算加法的時間)。機器也一樣。使用適當的演算法(用學校教的傳統長乘法來改編)來計算兩個數字 a 與 b(分別有 n 與 m 位元)的多精度乘法需要 nm 次單精度乘法,所以它是 $O(nm) = O(\lg a \lg b)$。平方的速度可達乘法的兩倍,就 n 位元的數字而言,複雜度為 $O((n^2 + n)/2)$。雖然在應用程式中,將時間減半可能會有明顯的效果，但複雜度仍然是 $O(n^2)$，且不會改變演算法 4.3 的整體複雜度。

我們假設在每次迭代時，得到的數字的位元數都是前一次迭代的兩倍。第 6 行執行的次數比第 8 行少，且 r 小於 c，所以我們只需要處理第 8 行。第一次迭代處理大小為 g 的數字的乘法，需要 $O((\lg g)^2)$ 時間。第二次迭代處理大小為 g^2 的數字的乘法，需要 $O((\lg g^2)^2) = O((2 \lg g)^2)$ 時間。最後一次迭代處理大小為 $g^{x/2}$ 的數字的乘法，需要 $O((\lg g^{x/2})^2) = O((x/2 \lg g)^2)$。將它們總和，可得到 $O((\lg g)^2) + O((2 \lg g)^2) + \cdots + O((x/2 \lg g)^2)$。在這個總和裡面，每一項的形式是 $O((2^{i-1} \lg g)^2)$，$i = 1$、2、$\cdots$、$\lg x$（我們有 $\lg x$ 次迭代），這個算式有很多項都貢獻了整體的計算複雜度，但複雜度函數的成長是最大項來主宰的，所以整體複雜度是 $O((x/2 \lg g)^2) = O((x \lg g)^2)$。

我們在這裡面臨一種困境：我們有兩種不同的複雜度度量，哪一種是正確的？是複雜度 $O(\lg x)$ 還是 $O((x \lg g)^2)$？答案取決於我們在估計時要納入哪些因素。$O(\lg x)$ 是迭代次數，如果我們關心的是多精度算術需要執行的乘法的複雜度，就使用 $O((x \lg g)^2)$。

還記得嗎？我們想要用有效率的方式來計算模冪；這只是演算法 4.3 的一個小步驟而已。由於模運算子的算術特性，我們可以在每次計算 c 與 r 時取模。因此，我們可以得到演算法 4.4，用重複的平方來計算模冪。這個演算法與之前的相同，但是我們用 "mod 除數 p" 來執行所有的乘法。表 4.10 是這個演算法的運作範例。令人印象深刻的是，它只要使用一些乘法就可以計算 155^{235} mod 391 這種數字，不需要在任何地方處理任何大數字。第 4–8 行的迴圈會執行 $\lg x$ 次；如果我們不在乎第 6 行的乘法與第 8 行的平方花費的時間，這個演算法的複雜度是 $O(\lg x)$。但是我們可能在乎它們花費的時間，因為它們可能涉及多精度算術。同樣的，因為第 6 行的執行次數少於第 8 行，而且 r 小於 c，我們只需要檢查第 8 行。此外，因為模運算子，$c < p$。之前看過，$\lg p$ 位數的數字的平方的執行時間是 $O((\lg p)^2)$。所以整體的複雜度是 $O(\lg x(\lg p)^2)$。如果我們假設 $x \le p$，就會得到 $O((\lg p)^3)$。

演算法 4.4：用重複平方來計算模冪。

ModExpRepeatedSquaring(g, x, p) → r

　　　輸入：g，整數底數

　　　　　　x，整數次方

　　　　　　p，除數

　　　輸出：r，等於 $g^x \bmod p$

1　$c \leftarrow g \bmod p$

2　$d \leftarrow x$

3　$r \leftarrow 1$

4　**while** $d > 0$ **do**

5　　**if** $d \bmod 2 = 1$ **then**

6　　　　$r \leftarrow (r \times c) \bmod p$

7　　$d \leftarrow \lfloor d/2 \rfloor$

8　　$c \leftarrow (c \times c) \bmod p$

9　**return** r

表 4.10

用重複的平方來計算模冪：$155^{235} \bmod 391$。

$c = g^{2^i} = 155^{2^i} \bmod 391$	r	d
155	1	11101011
174	155	1110101
169	382	111010
18	382	11101
324	292	1110
188	229	111
154	42	11
256	232	1
	314	

參考文獻

密碼學有悠久且迷人的歷史。David Kahn 寫了一本傑出的記述 [104]。Simon Singh 則寫了另一本熱門的編碼與破解密碼的歷史書籍 [187]。Philip Zimmermann 的引言來自他寫的 PGP User's Guide [224]；PGP (Pretty Good Privacy) 是第一種公開且強大的加密應用程式。他的第二個引言來自與 *The Guardian* 的語音訪談 [225]。

Peter Norvig 的字母頻率結果公布在 `http://norvig.com/mayzner.htm`。

要進一步瞭解 AES 的設計的相關資訊，你可以查看它的作者編寫的 Rijndael 的設計 [46]。你可以在 [74] 找到用特定的架構來實作 AES 的細節。美國國家標準技術研究所已將 AES 公開發表了 [206]。世人是藉由 Whitfield Diffie 與 Martin Hellman 的開創性論文 [50] 認識公鑰加密法的。

Bruce Schneier 寫了許多關於密碼學與保密的書籍。他的 *Applied Cryptography* 是這個領域的經典 [174]；你也可以參考更進階的 [63]。Katz 與 Lindell 的教科書介紹許多關於密碼學的知識，結合理論與實務考量 [105]。《*Handbook of Applied Cryptography*》[137] 是值得密碼與電腦科學家信賴的夥伴，你可以在網路上免費取得它。

如果你想要瞭解密碼學背後的數學概念，可參考 [153]。Oded Goldreich 的雙冊著作詳細介紹理論基礎 [79, 80]。若要深度瞭解密碼學，你要對數論有很好的認識；Silverman 的介紹是很好的起點 [186]。

根據 Knuth [113, pp. 461–462] 的說法，在西元前 200 年之前的印度，古人就會使用反覆的平方來計算次方了。我們使用的模冪演算法是 1427 年的波斯人發表的。

在 1994 年，Peter Shor 提出一種可以用多項式時間來解決離散對數問題的演算法（這種演算法在 1997 年被發表在期刊上）[185]。[151] 是量子計算的介紹。

練習

1. 寫程式來解密替換式加密密文。使用可從 Internet 上拿到的頻率表。猜測單字時，你可以使用單字串列（word lists）。作業系統會用它來當成拼寫詞典，你可以在作業系統裡面與網路上找到它。

2. 寫一個一次性密碼本加密與解密程式。讓它可在兩種不同的模式下運作：一種是使用算術模運算來加密與解密，一種是使用 XOR來加密與解密。測量這兩種模式的運作效能。

3. 為了瞭解 AES 如何運作，有一個很好的做法是瞭解它是如何在僅僅一個回合中修改訊息的。觀察輸入的位元都是零時，AES state在一個回合中的演變。將輸入位元的最後一個位元設為零，其餘設為一，再做一次相同的事情。

4. 寫一個程式，讓它接收質數 p 之後，找出它的乘法群的 primitive element。你可以從 2、3、…、$p-1$ 隨機選出一個數字，並檢查它是不是 generator。generator 並不罕見，你應該可以遇到它。

5. 以兩種反覆平方的方法來實作次方。首先，使用你選擇的語言提供的標準除法與模運算子。接著，使用位元與右移運算子。測量每一種做法的效能。

5　拆分秘密

想像你經營一家名為 Super Trustworthy Boxes（STB）的公司。你的公司開發了一種新穎的保險箱。一般的保險箱都有一個鎖與一把鑰匙，但是 STB 保險箱有一個鎖與兩把鑰匙，鑰匙的設計是：當你用其中一把鑰匙來上鎖時，就只能用另一把來開鎖。

你的產品比傳統的保險箱好在哪裡？如果有人，姑且稱之為 Alice，想要送一個東西給別人，稱之為 Bob，她可以把東西放在傳統的保險箱送給 Bob。在過程中，沒有人可以破壞保險箱，如果 Bob 可以拿到拷貝的鑰匙，就只有他可以打開它。問題在於，你無法同時傳遞保險箱與鑰匙，因為負責傳遞的人，稱之為 Eve（代表 eavesdropper（竊聽者）），可以用鑰匙打開保險箱。你必須設法在不讓別人接觸鑰匙的情況下將鑰匙送給 Bob。

回到 STB 保險箱。Alice 可以將第二把鑰匙與保險箱一起送給 Bob。她會保留第一把鑰匙，不讓別人拿到。Bob 會將他的訊息放入保險箱並鎖上，再把保險箱送回去給 Alice。第一把鑰匙只有 Alice 有，而且她從來都沒有把它拿給別人，也沒有拿給 Bob，所以只有 Alice 可以打開保險箱，取回 Bob 的訊息。

STB 保險箱也有其他的功能。Alice 可以將訊息放入保險箱，並用第一把鑰匙上鎖，將保險箱與第二把鑰匙一起送給 Bob。Bob 在打開它的時候，心裡明白只有持有第一把鑰匙的人可以鎖上它，如果他知道第一把鑰匙在 Alice 那裡，就可以確定 Alice 是把這個保險箱送過來的人，不可能是別人。

5.1　公鑰加密

我們從類比世界移往數位世界，把焦點放在加密上。當你想要保密一個訊息時，就要用一把密鑰來加密訊息，訊息的收件者要用一把密鑰來解密訊息。注意，我用 "一把密鑰"，而不是 "密鑰"。如果加密與解密的密鑰是相同的，這種加密方式就是對稱的。但情況不一定要如此。例如 STB 的情況：使用不同的鑰匙。這是*非對稱加密*（*asymmetric cryptography*）。它使用兩把密鑰，一把用來加密，一把用來解密。為了讓這種設計奏效，其中一把密鑰是**公開**的，另一把是**私有**的。Alice 會一直保護她的私鑰，但她可以將公鑰給別人。任何人都可以使用 Alice 的公鑰來加密訊息。但是只有 Alice 可以解密訊息，因為只有她有對應的私有密鑰。因為有一把密鑰是公開的，所以整個方法稱為**公鑰加密**（*public key cryptography*）。

公鑰加密可解決密鑰發送問題，也就是 Alice 與 Bob 該如何交換密鑰來加密他們的訊息的問題。簡單地說，他們根本不需要做那件事。Bob 可以使用 Alice 的公鑰來將訊息加密送給 Alice，Alice 可以用她的私鑰來解密。Alice 可以使用 Bob 的公鑰來將訊息加密送給 Bob，Bob 可以使用他的私鑰來解密。密鑰是成對的，所以我們將一對密鑰 A 的公鑰稱為 $P(A)$，私鑰稱為 $S(A)$。一把私鑰只對應一把公鑰，所以每一對鑰匙都是唯一的。如果 M 是原始的明文訊息，則用公鑰 $P(A)$ 來將訊息加密的操作是

$$C = E_{P(A)}(M)$$

反過來，使用私鑰 $S(A)$ 來將被公鑰 $P(A)$ 加密的訊息解密是

$$M = D_{S(A)}(C)$$

加密的過程遵循上述的步驟。

1. Bob 生成一對密鑰，$B = (P(B), S(B))$。

2. Alice 取得 Bob 的公鑰 $P(B)$。取得的方式有好幾種。例如，Bob 可能會將它發布在某些公開的伺服器，或直接用 e-mail 寄給 Alice。

3. Alice 使用 $P(B)$ 來加密她的訊息 M：
   $C = E_{P(B)}(M)$。

4. Alice 將 C 送給 Bob。

5. Bob 使用他的密鑰來解密 C：
$M = D_{S(B)}(C)$。

一把私鑰只能搭配一把公鑰的意思是，如同 Alice 可將保險箱上鎖，我們也可以使用秘密的私鑰來加密訊息。

$$C = E_{S(A)}(M)$$

產生的加密訊息只能用搭配的公鑰來解密：

$$M = D_{P(A)}(C)$$

為什麼要這麼做？因為一把公鑰只搭配一把私鑰，Bob 可以確保收到的訊息是被擁有私鑰的人加密的。所以如果他知道擁有者是 Alice，就可以知道收到的訊息是 Alice 送來的。因此，使用私鑰來加密，並使用公鑰來解密，是一種證明訊息來源的方式。它就相當於簽署文件。因為我們的簽名是唯一的，認得簽名的人都可以確定簽署文件的人是我們。因此使用私鑰來加密稱為**簽署訊息**（*signing the message*），而使用私鑰加密的訊息是**數位簽章**（*digital signature*）。所以整體來看，簽署文件的過程相當於加密。

1. Alice 生成一對密鑰 $A = (P(A), S(A))$，以任何一種方便的手段來將 $P(A)$ 送給 Bob。

2. Alice 使用她的私鑰 $S(A)$ 來簽署訊息 M：
$C = E_{S(A)}(M)$。

3. Alice 將 (M,C) 送給 Bob。

4. Bob 使用 Alice 的公鑰 $P(A)$ 來驗證 C：
$M \overset{?}{=} D_{P(A)}(C)$。

總之，在公鑰加密中，每一位參與者都有一對密鑰，不是只有一把。其中一把密鑰是所有人共有的，或被放在一個公開的存放區。另一把密鑰必須秘密保存。所有人都可以使用公鑰來加密訊息，但你只能用私鑰來解密它。如果有竊聽者，假設是 Eve，偷聽 Alice 與 Bob 的通訊，她就只能拿到公鑰與加密訊息，所以無法解密底層的明文，如圖 5.1 所示。此外，我們可以使用私鑰來加密訊息，也就是簽署訊息。

可以取得公鑰的任何人都可以確認該訊息是用私鑰來簽署的。如果他
們知道私鑰的擁有者,就可以知道這個訊息是被該擁有者簽署的。

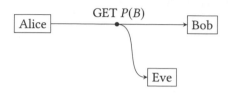

(a) Alice 請 Bob 傳送他的公鑰。

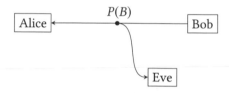

(b) Bob 傳送他的公鑰給 Alice。

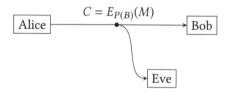

(c) Alice 將加密的訊息傳給 Bob。

圖 5.1
Alice 與 Bob 之間的公鑰加密。

你可以結合加密與簽署這兩項操作來加密訊息並簽署它。首先,你用
你的私鑰來簽署訊息,接著用收件者的公鑰來加密與簽署訊息。收件
者要先使用私鑰來將加密訊息解密,取得明文訊息與簽署,接著使用
你的公鑰來解密簽章訊息,並驗證它吻合解密後的明文訊息。Alice
與 Bob 要執行以下的步驟:

1.   Alice 生成一對密鑰 $A = (P(A), S(A))$,以任何一種方便的手段來將
     $P(A)$ 送給 Bob。

2. Bob 生成一對密鑰，$B = (P(B), S(B))$，以任何一種方便的手段來將 $P(B)$ 送給 Alice。

3. Alice 使用她的私鑰 $S(A)$ 來簽署訊息 M：
$C_1 = E_{S(A)}(M)$。

4. Alice 使用 Bob 的公鑰 $P(B)$ 來加密她的訊息與她算出的簽章，也就是 (M, C_1)：
$C_2 = E_{P(B)}(M, C_1)$。

5. Alice 將 $C2$ 送給 Bob。

6. Bob 使用他的密鑰來解密 C_2：
$(M, C_1) = D_{S(B)}(C_2)$。

7. Bob 使用 Alice 的公鑰 $P(A)$ 來驗證 C_1：
$M \stackrel{?}{=} D_{P(A)}(C_1)$。

接著要來看這些加密、解密與簽署究竟是如何產生的，它們利用數論的結果來執行很簡單的程序。

5.2　RSA 加密系統

RSA 加密系統是最早實際使用的公鑰加密系統之一，且目前仍然被廣泛使用。它的名稱來自它的發明者，Ron Rivest、Adi Shamir 與 Leonard Adleman，他們在 1977 年初次發表這個系統，雖然在更早之前，已經有別人發現它了—1973 年在英國政府通訊總部（GCHQ）任職的 Clifford Cocks；但是 Cocks 的成果被列為機密，直到 1997 年才解密。我們在第 4.4 節的 Diffie-Hellman 密鑰交換機制也看過同樣的情形—GCHQ 的 Malcolm Williamson 在 Diffie 與 Hellman 之前就已經發現它了。事實上，Cocks 是先發現的人。當時 Williamson 是他的朋友，在知道他的發現之後，促使他繼續開發 Diffie-Hellman 密鑰交換。

RSA 提供一種產生成對的公私鑰的方法。在我們說明方法的步驟之前，要先定義一個東西。如果兩個數字的最大公因數是 1，它們就稱為互質（*relatively prime* 或 *coprime*）。知道這個定義之後，RSA 的步驟如下。

1. 選擇兩個大質數，假設是 p 與 q，且 $p \neq q$。

2. 計算它們的積，$n = pq$。

3. 選擇一個與 $(p-1)(q-1)$ 互質的整數 e。

4. 找到一個數字 d，$1 \leq d < (p-1)(q-1)$，讓：

$$(e \cdot d) \bmod [(p-1)(q-1)] = 1$$

5. 公私鑰配對是 $A = (P(A), S(A)) = ((e, n), (d, n))$。

6. tuple $P(A) = (e, n)$ 是 RSA 公鑰。

7. tuple $S(A) = (d, n)$ 是 RSA 私鑰。

我們稍後會解釋第 4 步驟的 d 是如何選擇的，不過現在要先來看一下 RSA 的實際的操作。

我們說過，p 與 q 必須是大數字，愈大愈好，不過數字愈大，加密與解密的計算成本就愈大。但是沒有理由不讓它們都使用 2048 位元，能用到 4096 更好。

e 就沒有這種關於大小的要求了；它甚至可以等於 3。比較流行的選擇是 $e = 2^{16} + 1 = 65537$；這個數字有一些優良的特性，可製作難以破解的 RSA 加密訊息。

加密與解密使用的是同一個函數：

$$f(m, k, n) = m^k \bmod n$$

但是我們在加密與解密時傳給函數的引數是不同的。在加密時，m 是明文訊息，k 等於參與者的公鑰 e。在解密時，m 是密文，k 等於參與者的密鑰 d。

換句話說，在這種設計中，訊息 M 的加密會用以下方式來計算 M 的密文 C：

$$C = E_{P(A)}(M) = M^e \bmod n$$

解密密文 C 是這樣計算的：

$$M = D_{S(A)}(C) = C^d \bmod n$$

簽署訊息是

$$C = E_{S(A)}(M) = M^d \bmod n$$

驗證簽章是

$$D_{P(A)}(C) = C^e \bmod n$$

因為對任何整數 u、v 而言，以下都成立：

$$(u \bmod n)(v \bmod n) \bmod n = uv \bmod n$$

解密是：

$$M = D_{S(A)}(C) = C^d \bmod n = (M^e \bmod n)^d \bmod n = M^{ed} \bmod n$$

類似的情況，驗證簽章是：

$$D_{P(A)}(C) = C^e \bmod n = (M^d \bmod n)^e \bmod n = M^{de} \bmod n$$

你可以看到，事實上，它們計算的是同樣的東西，事實也應該如此。當你將加密的訊息解密時，會取回明文。當你驗證簽章時，也會取回原始的訊息。唯一不同的事情是密鑰的使用順序。加密與解密時，會先使用公鑰再使用私鑰。簽署與驗證時，會先使用私鑰再使用公鑰。

假設 Alice 想要加密訊息 M。若 p 與 q 各有 2048 位元，則 $p-1$ 與 $q-1$ 分別是 2047 位元，n 是 $2047 + 2047 = 4094$。因此，M 必須少於 4094 位元長。如果比它長，Alice 必須將 M 分解為全部少於 4094 位元的區塊。Alice 知道 Bob 的公鑰 $P = (e, n)$。為了將 M 送給 Bob，Alice 會用上述的方法來算出 C，Bob 會收到 C 並將它解密。

為了有效地計算，明文訊息 M 必須是整數數字。這不會限制 RSA 的實用性。在電腦中，文字訊息其實是一系列的位元，我們會用適當的編碼來將文字編碼，例如 ASCII，接著按照所需的長度，將文字拆成位元區塊。區塊的十進位值是數字 M。

你可以在例子中檢查 RSA 的實際動作。在此，Bob 想要將訊息 $M = 314$ 加密，並傳給 Alice。

1. Alice 選擇 $p = 17$ 與 $q = 23$。

2. Alice 計算 $n = pq = 17 \times 23 = 391$。

3. 她選擇 $e = 3$。你可以檢查 e 與以下這個數字是互質的

$$(p - 1)(q - 1) = (17 - 1)(23 - 1) = 16 \times 22 = 352$$

4. Alice 算出 $d = 235$，它滿足 $1 \le d < 352$ 與
$(e \cdot d) \bmod [(p - 1)(q - 1)] = 1$，
也就是 $(3 \times 235) \bmod 352 = 1$。

5. 公私鑰配對是 $A = ((3, 391), (235, 391))$。
tuple $P(A) = (3, 391)$ 是 RSA 公鑰。
tuple $S(A) = (235, 391)$ 是 RSA 私鑰。

6. Bob 從 Alice 拿到 $P(A)$，並用以下的算法來加密 M：

$$C = M^e \bmod n = 314^3 \bmod 391 = 155$$

7. Bob 將 C 送給 Alice。

8. Alice 用以下的算法來解密 C：

$$C^d \bmod n = 155^{235} \bmod 391 = 314$$

它就是原始的明文訊息。

如果你認為 $155^{235} \bmod 391 = 314$ 這種運算式看起來很恐怖，可以回去看第 4.5 節的表 4.10 來瞭解快速計算的方式。

但是你還不瞭解第 4 步驟。為了瞭解 d 是如何找到的，我們要先認識一些數論的基礎知識。我們知道，數字 x 的乘法反元素（*multiplicative inverse*）或倒數（*reciprocal*）是數字 $1/x$ 或 x^{-1}，可讓 $xx^{-1} = 1$。在模算術中，整數 $x \bmod n$（$n > 0$）的模倒數（*modular multiplicative inverse*）是整數 x^{-1}，$1 \le x^{-1} \le n - 1$，可讓 $xx^{-1} \bmod n = 1$。這相當於 $xx^{-1} = kn + 1$，或 $1 = xx^{-1} - kn$，k 為某個整數。在步驟 4 中，我們找到的數字 d，$1 \le d < (p - 1)(q - 1)$，讓 $(e \cdot d) \bmod [(p - 1)(q - 1)] = 1$，其實找到的是 $e \bmod (p - 1)(q - 1)$ 的倒數，可產生：

$$1 = ed + k(p - 1)(q - 1)$$

k 為某個整數。這是直接來自 $1 = xx^{-1} - kn$，k 前面的正負符號是無關緊要的，因為 k 只是個整數，所以我們可以取它的負數。在實數的領域中，我們一定可以找到任何非 0 數字的倒數。但如何找到模倒數？而且，模倒數一定存在嗎？

若且唯若 x 與 n 互質，x 模 n 的模倒數才存在。這就是我們在選擇 e 時，堅持它要與 $(p-1)(q-1)$ 互質的原因。使用這種 e 時，我們知道會有一個 d 具備我們想要的特性。接著來說明如何找到它。

兩個整數的**最大公因數**（*greatest common divisor*，gcd）是可將兩者整除的最大整數。為了尋找兩個正整數的 gcd，我們要使用一種古老的演算法，來自歐幾里得的**幾何原本**（*Elements*），見演算法 5.1。歐幾里得的演算法是立基於這個事實：兩個整數 $a > 0$ 與 $b > 0$ 的 gcd 就是 b 與 a 除以 b 的餘數的 gcd，除非 b 可將 a 整除，根據定義，此時 gcd 是 b 本身。演算法 5.1 採用遞迴呼叫，每次呼叫時會將 a 與 b 換成 b 與 $a \bmod b$（第 4 行）。遞迴會在 $b = 0$ 時停止（第 1–2 行），其中 b 是上一次遞迴呼叫時 $a \bmod b$ 的結果。

演算法 5.1：歐幾里得演算法。

Euclid(a, b) $\rightarrow d$

　　輸入：a、b，正整數
　　輸出：d，a 與 b 的最大公因數

1　if $b = 0$ then
2　　　return a
3　else
4　　　return Euclid(b, $a \bmod b$)

使用除法的基本特性就可以證明 a 與 $a \bmod b$ 有相同的 gcd。若 d 是 a 與 b 的公約數，則 $a = k_1 d$ 且 $b = k_2 d$，k_1 與 k_2 是某個正整數。此外，若 $r = a \bmod b$，我們可以得到 $r = a - k_3 b$，k_3 是某個正整數。將 a 與 b 的值換掉，我們可以得到 $r = k_1 d - k_3 k_2 d = (k_1 - k_3 k_2)d$，所以 d 可將 r 整除，也就是說，a 與 b 的所有因數都是 b 與 $a \bmod b$ 的因數。

反過來說，若 d 是 b 與 $r = a \bmod b$ 的公因數，則 $b = z_1 d$ 且 $r = z_2 d$，z_1 與 z_2 為正整數。同時，我們得到 $a = z_3 b + r$，z_3 為正整數。將 r 與 b 的值替換，得到 $a = z_3 z_1 d + z_2 d = (z_3 z_1 + z_2) d$，所以 d 可將 a 整除，也就是說，b 與 $a \bmod b$ 的所有因數也都是 a 與 b 的因數。因此，a 與 b 的因數和 b 與 $a \bmod b$ 完全相同，所以它們一定有相同的最大公因數。

表 5.1 是用歐幾里得的演算法求出 160 與 144 的 gcd 的範例，你可以看到它是 16。表中的每一列代表每次遞迴呼叫時發生的事情。從中可知，當 $a > b$ 時，演算法需要的遞迴呼叫數是 $O(\lg b)$。如果 $b > a$，它是 $O(\lg a)$。這是因為第一次呼叫只是將 a 與 b 互換，你可以追蹤演算法的操作，找出 144 與 160 的 gcd 來觀察這件事。

表 5.1
歐幾里得演算法執行範例。

a	b	$a \bmod b$
160	144	16
144	16	0
16	0	

歐幾里得演算法除了可以尋找兩個正整數的 gcd 之外，經過擴展之後，也可以使用乘法與加法來結合那些數字，來找到它們的 gcd。具體來說，當 $r = \gcd(a, b)$ 時，我們可以找到整數 x 與 y，滿足：

$$r = \gcd(a, b) = xa + yb$$

演算法 5.2 是擴展後的歐幾里得演算法，它是尋找模倒數的關鍵。它的遞迴呼叫次數一樣是 $O(\lg b)$，當 $a > b$ 時，或 $O(\lg a)$，當 $a < b$ 時。證明可得：

$$|x| \le \frac{b}{\gcd(a, b)} \quad \text{且} \quad |y| \le \frac{a}{\gcd(a, b)}$$

演算法 5.2：擴展後的歐幾里得演算法。

ExtendedEuclid(a, b) → (r, x, y)

    輸入：a、b，正整數

    輸出：r、x、y，讓 $r = \gcd(a, b) = xa + yb$

1   **if** $b = 0$ **then**
2   **return** $(a, 1, 0)$
3   **else**
4   (r, x, y) = ExtendedEuclid($b, a \bmod b$)
5   **return** $(r, y, x - \lfloor a/b \rfloor \cdot y)$

其中的等號會在 a 是 b 的倍數，或 b 是 a 的倍數時成立。如果 a 與 b 互質，我們可得到 $\gcd(a,b) = 1$。也就是說，我們可以使用擴展後的歐幾里得演算法來找到兩個滿足以下算式的整數：

$$1 = xa + yb \quad \text{其中 } |x| < b \text{ 且 } |y| < a$$

這代表當 $0 < x < b$ 時，x 就是 a 模 b 的倒數。若 $x < 0$，我們在上式加上與減去 ab 之後，可得到 $1 = xa + ab + yb - ab = (x + b)a + (y - a)b$，其中 $0 < x + b < b$。所以當 $x < 0$，$a \bmod b$ 的倒數就是 $x + b$。

演算法 5.3 以演算法的形式來展示尋找模倒數的過程。你可以發現，當擴展的歐幾里得演算法回傳非 1 的 gcd 時，就不存在模倒數，所以我們回傳零，代表無效值。

演算法 5.3：模倒數演算法。

ModularInverse(a, n) → r

    輸入：a、n，正整數，n 是模數

    輸出：r，$r = a^{-1} \bmod n$，若它存在，否則 0

1   (r, x, y) = ExtendedEuclid(a, n)
2   **if** $r \neq 1$ **then**
3   **return** 0
4   **else if** $x < 0$ **then**
5   **return** $x + n$
6   **else**
7   **return** x

圖 5.2 是用互質的數字 3 與 352 來執行擴展歐幾里得演算法的範例。在看這張表時，你要從上到下觀看欄位 a、b 以及 $a \bmod b$，再從下到上查看最後一欄，因為這是每次遞迴呼叫建立 triplet (r, x, y) 的方式。在演算法結束時，我們得到：

$$1 = 3 \times (-117) + 352 \times 1$$

a	b	$a \bmod b$	$(r, y, x - \lfloor a/b \rfloor \cdot y)$
3	352	3	$(1, -117, 1 - \lfloor 3/352 \rfloor \times (-117)) = (1, -117, 1)$
352	3	1	$(1, 1, 0 - \lfloor 352/3 \rfloor \times 1) = (1, 1, -117)$
3	1	0	$(1, 0, 1 - \lfloor 3/1 \rfloor \times 0) = (1, 0, 1)$
1	0		$(1, 1, 0)$

圖 5.2
擴展的歐幾里得演算法的執行範例。

你可以驗證這是對的。因此，3 mod 352 的倒數是 $-117 + 352 = 235$。這就是我們在上述的 RSA 範例使用的 d 值。

總之，找出 RSA 密鑰的數字 d 的方式，就是找出 $e \bmod (p-1)(q-1)$ 的倒數。為此，我們使用擴展歐幾里得演算法，輸入 e 與 $(p-1)(q-1)$。它的輸出是 triplet $(1, x, y)$。當 $x > 0$ 時，x 就是我們要的數字，當 $x < 0$ 時，$x + (p-1)(q-1)$ 就是我們要的數字。

知道實作 RSA 的各種步驟之後；接下來的問題是，RSA 為何是有效的，我們還需要一些數論基礎。對任何正整數 n 而言，與 n 互質的整數 k（$1 \le k \le n$）的數量就是所謂的歐拉總計函數（Euler's totient function）或歐拉 phi 函數（Euler's phi function）的值，這種函數的符號是 $\varphi(n)$。如果 n 是質數，它就會與比它小的所有自然整數互質，所以對 n 質數而言，我們可得到 $\varphi(n) = n - 1$。

在 RSA 中，我們使用 $p - 1 = \varphi(p)$ 與 $q - 1 = \varphi(q)$。當兩個數字 p 與 q 互質時，$\varphi(pq) = \varphi(p)\varphi(q) = (p-1)(q-1)$。因為 p 與 q 都是質數，因而也會互質，這代表在第 3 個步驟中，我們選擇一個與 $\varphi(pq) = \varphi(n)$ 互質的整數 e。事實上，我們也可以在表達式中，將 $\varphi(n)$ 換成比較複雜的 $(p-1)(q-1)$。

歐拉 phi 函數出現在歐拉定理中,這個定理指的是,對任何正整數 n 與任何 $0 < a < n$ 而言,$a^{\varphi(n)} \bmod n = 1$。當 n 是質數時,歐拉定理的特例就會出現。如果我們用 p 來代表這種 n,可得到 $a^{p-1} \bmod p = 1$。它稱為費馬小定理(Fermat's Little Theorem)。取這個名稱是為了與費馬的另一個定理,也就是困惑了數學家好幾個世紀的費馬最後定理(Fermat's Last Theorem)區別。

回到 RSA,為了展示它的確可行,我們必須驗證解密的結果的確是原始訊息。因為簽署與驗證和加密與解密是相同的,我們只需要證明加密與解密即可。因為我們有:

$$D_{S(A)}(C) = C^d \bmod n = (M^e \bmod n)^d \bmod n = M^{ed} \bmod n$$

我們必須證明:

$$M^{ed} \bmod n = M \bmod n = M$$

首先,考慮 $M = 0$ 的案例,我們可以得到:

$$M^{ed} \bmod n = 0^{ed} \bmod n = 0 \bmod p = 0 = M$$

證明完畢;但我們也要證明 M 不等於 0 時,它也成立。如果 $M \neq 0$,且 p 是質數,根據費馬小定理,$M^{p-1} \bmod p = 1$:

$$1 = ed + k(p-1)(q-1)$$

之前提過,對於任何整數 k:

$$ed = 1 + k'(p-1)(q-1)$$

或使用 $k' = -k$ 時,可得到等效的:

$$
\begin{aligned}
M^{ed} \bmod p &= M^{1+k'(p-1)(q-1)} \bmod p \\
&= MM^{k'(n-1)(p-1)} \bmod p \\
&= [(M \bmod p)((M^{p-1})^{k'(q-1)} \bmod p)] \bmod p \\
&= [(M \bmod p)((M^{p-1} \bmod p)^{k'(q-1)} \bmod p)] \bmod p \\
&= [(M \bmod p)((1 \bmod p)^{k'(q-1)} \bmod p)] \bmod p \\
&= [(M \bmod p)(1^{k'(q-1)} \bmod p)] \bmod p \\
&= M \bmod p
\end{aligned}
$$

採用完全相同的方式，根據費馬小定理 $M^{q-1} \bmod q = 1$，我們得到：

$$M^{ed} \bmod q = M \bmod q$$

這就是我們使用 $(p-1)(q-1)$ 乘積的原因：我們藉由 $p-1$ 與 $q-1$ 來應用費馬小定理。接著我們要使用另一個數論定理，從中國數學家孫子在西元前三世紀到五世紀提出的中國剩餘定理（Chinese Remainder Theorem）可以發現：

$$M^{ed} \bmod p = M \bmod p$$

且：

$$M^{ed} \bmod q = M \bmod q$$

我們可以得到：

$$M^{ed} \bmod pq = M \bmod pq$$

但是 $pq = n$，所以：

$$M^{ed} \bmod n = M \bmod n = M$$

這就是我們想要的結果。

RSA 解決了密鑰發布問題，而且多年來已經有許多人分析過它，它之所以安全，是因為質因數分解（*prime factorization*）很困難。數字的因數（*factor*）是可以將那個數字整除，不會產生餘數的整數，質因數（*prime factor*），也是質數的因數。質因數分解是找出一個數字的質因數，並且用它們的積來表示該數字。目前處理這個問題的演算法都需要龐大的資源，所以分解大的整數需要花費大量的時間。在我們的例子中，就算有人取得 n，也很難找到數字 p 與 q。如果你手上有一種很有效率的質因數分解方法，就可以用它來找出數字 p 與 q；因為 e 是公開的，你可以在 RSA 的第 4 步驟計算你自己的 d，並取得私鑰。

當然，有人會直接檢查小於 n 的所有正數，希望找出它的因數，這就是我們必須選擇很大的 p 與 q 的原因。與 Diffie-Hellman 一樣，我們可以使用演算法來找到想要的質數，而不需要盲目地尋找它。第 16.4 節會展示一種高效的質數尋找方法。

量子計算極有可能破解 RSA，因為量子電腦應該可以用多項式時間來計算質因數分解。不過目前的 RSA 是安全的。

只要 RSA 還是安全的，並且可解決密鑰發布問題，你就可能會懷疑：既然 RSA 可用來加密任何訊息，為何還要使用對稱式加密？答案是，RSA 比 AES 這種對稱式加密慢多了。所以通常大家會以混合的方式來使用 RSA。在這種系統中，參與者會使用 RSA 來商定要在 AES 使用的密鑰，而不是採取 Diffie-Hellman 密鑰交換：

1. Alice 想要將一個長訊息 M 送給 Bob，此時 RSA 太慢了，所以選擇一個準備在 AES 這種對稱加密法使用的隨機密鑰 K。

2. Alice 使用 Bob 的公鑰來加密 K：
   $C_K = E_{P(B)}(K)$。

3. Alice 使用 K 與 AES 來加密 M：
   $C_M = E_{AES(K)}(M)$。

4. Alice 將 (C_K, C_M) 送給 Bob。

5. Bob 使用他的私鑰來解密訊息 C_K，這個訊息裡面有 AES 密鑰：
   $K = D_{S(B)}(C_K)$。

6. Bob 使用密鑰 K 來解密訊息 M：
   $M = D_{AES(K)}(C_M)$。

我們用這種方式來結合雙方的優點：用 RSA 來取得通訊用的安全密鑰，接著用 AES 來加密大量資料。我們也可以使用 Diffie-Hellman 密鑰交換來取代 RSA，這兩種做法都很流行。但是如果我們想要用同一種方法來同時做簽署與加密，就必須選擇 RSA。

5.3　訊息雜湊

數位簽章也需要考慮速度。如果訊息很長，簽署整個訊息 M 的速度可能會很慢。Alice 可以簽署訊息的數位指紋（*digital fingerprint*），或簡稱指紋（*fingerprint*），它是對訊息執行一個特別的快速函數 $h(M)$ 得到的小段識別資料，它也稱為訊息摘要（*message digest*），這個函數會用接收到的任何訊息來產生一系列位元，它們很小，而且有固定的大小，例如 256 位元，這個函數稱為雜湊函數（*hash function*）；

因此，指紋也可以稱為訊息雜湊（*message hash*）。我們希望任何兩個訊息不會隨便就出現相同的指紋，也就是 M 與 M' 產生 $h(M) = h(M')$ 的情況。我們將具備這種特性的雜湊函數稱為抗衝突雜湊函數（*collision-resistant hash functions*）。因為用別的訊息很難做成同一個指紋，所以我們可以藉由指紋來辨識訊息。Alice 可透過以下的步驟來簽署 M。

1.　Alice 計算 M 的指紋：

$H = h(M)$。

2.　Alice 簽署 M 的指紋：

$C = E_{S(A)}(H)$。

3.　Alice 將 $(M, C = E_{S(A)}(H))$ 送給 Bob。

4.　Bob 自行計算 $H = h(M)$。

5.　Bob 驗證收到的簽章的確來自 Alice：

$H \overset{?}{=} D_{P(A)}(C)$。

6.　Bob 確認他在第 4 個步驟算出來的指紋與他在第 5 個步驟驗證的簽章一樣。

當然，衝突（也就是不同的訊息有相同的指紋）不可能不會發生。例如，如果訊息有 10 Kbytes 長，就會有 2^{80000} 種訊息，因為 10 Kbytes 有 10,000 bytes 或 80,000 位元。雜湊函數會將這 2^{80000} 種訊息對應到少很多的指紋，如果它產生的是 256 位元長的摘要，代表可能產生的指紋數量是 2^{256} 個，因此，理論上，衝突的次數很多：$2^{80000}/2^{256} = 2^{79744}$。但是在實務上，我們只會遇到理論上的 2^{80000} 種訊息的一小部分，我們也只會簽署這一小部分的訊息。我們希望 $h(M)$ 可將兩個訊息對應到同一個指紋的機率降到最低，事實上也有這種函式可用，但我們必須謹慎從中選擇已被社群認為足以對抗衝突的函數。

要注意的是，雜湊（*hash*）這個字已被過度使用，它會被用來代表許多相關但不同的東西；雜湊化（*hashing*）是一種儲存與取回資料的重要技術。我們會在第 13 章討論這種雜湊化。通常雜湊函數的功能是將任意大小的資料對應到固定大小的資料。良好的雜湊函數是抗衝突的。我們在數位簽章與指紋中使用的雜湊函數有額外的特性，它們是單向函數：你無法用雜湊函數的輸出來找回雜湊函數收到的資料，這種雜湊函數稱為**加密雜湊函數**（*cryptographic hash function*）。SHA-2（Secure Hash Algorithm-2）是一種被廣泛使用而且有優良安全紀錄的加密雜湊函數。

5.4　匿名 Internet 交流

對稱式加密與公鑰加密的組合也可以處理其他的問題。舉個例子，我們可以結合 RSA、AES 與 Diffie-Hellman 密鑰交換來做匿名的 Internet 交流。這是比較常見的問題，它不只要加密資料，也要加密**詮釋資料**（*metadata*）。詮釋資料指的不是資料本身，而是與該資料有關的資料。在電話通訊中，詮釋資料包括通話者的身分，與那一通電話的日期與時間。在 Internet 中，交流的詮釋資料不是被傳遞的實際資料，而是參與通訊的各方的資訊。如果 Alice 寄一封 e-mail 給 Bob，e-mail 內容本身是資料，e-mail 的日期與時間，以及 Alice 寄信給 Bob 這些事實就是詮釋資料。如果 Alice 造訪一個網站，那麼網站內容就是資料，Alice 在特定日期造訪該網站這個事實就是詮釋資料。

我們可以使用 Diffie-Hellman 或 RSA 來以安全私鑰加密通訊內容。任何**竊聽者**都無法知道 Alice 告訴 Bob 什麼。但是**竊聽者**可以知道 Alice 告訴 Bob 一些事情，這件事本身可能很重要。即使不重要，它也可能只與 Alice 與 Bob 有關，無涉他人。

當 Alice 造訪 Bob 的網站時，Alice 與 Bob 之間的資訊是以封包來流通的，會在 Alice 與 Bob 的電腦之間來回從一台電腦跳到另一台電腦。在沿路引導交通的電腦稱為**路由器**（*router*），它們都知道自己正在運送從 Alice 到 Bob 的資料。就算他們兩人之間的通訊是加密的，加密也只限於通訊的內容，也就是資料本身，在傳遞加密資料的封包裡面，Alice 與 Bob 的位址仍然是明文，可被窺探兩者之間的電腦的人截獲。在圖 5.3 的範例中，Alice 與 Bob 之間的訊息是透過三個路由器來傳遞的。

你也可以結合使用所謂的**洋蔥路由**（*onion routing*）與加密法在 Internet 做匿名通訊。它的原理是將封包裝在好幾層的封包內，就像洋蔥一樣，如圖 5.4 所示。第一個從 Alice 拿到封包的路由器只能讀取最外層來得知接下來要將這個封包轉傳給哪一個位址的路由器。第二個路由器會拿到沒有最外層的封包，並且只能讀取新的最外層（也就是原本的封包的第二層）。第二個路由器用從第二層得知的第三個路由器的位址，將這個封包轉傳給它。第三個路由器會做同樣的事情，剝掉另一層，以此類推，直到封包被送給 Bob 為止。

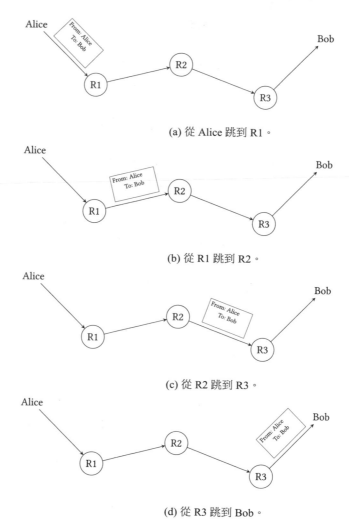

(a) 從 Alice 跳到 R1。

(b) 從 R1 跳到 R2。

(c) 從 R2 跳到 R3。

(d) 從 R3 跳到 Bob。

圖 5.3
Alice 將訊息送給 Bob 的過程。

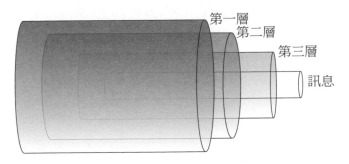

第一層
第二層
第三層
訊息

圖 5.4
洋蔥路由的層狀封包。

請注意，第一個路由器只知道它從 Alice 拿到封包，接下來要送給第二個路由器。第二個路由器只知道它從第一個路由器拿到一個封包，接下來要送給第三個路由器。Bob 只知道他從某個路由器拿到一個封包。除了 Alice 之外，沒有人知道封包最初是 Alice 送給 Bob 的。

Alice 如何建立洋蔥階層封包，她又如何建立前往 Bob 的路由，且不讓中間的路由器知道？ Tor 是一種著名的洋蔥路由器（The onion router 的縮寫），它的做法大致如下。

Tor 是一些可供 Alice 使用的中間路由器組成的。首先，Alice 會選擇一組她要使用的中間路由器，稱之為洋蔥路由器（Onion Routers，ORs）。假設她選擇三個 ORs：OR_1、OR_2、OR_3。Alice 希望她的訊息用路線 Alice $\rightarrow OR_1 \rightarrow OR_2 \rightarrow OR_3 \rightarrow$ Bob 來傳遞，只有 Alice 知道這條路徑。訊息會從一個路由器傳到另一個路由器，每一個路由器都會剝掉一個加密層。在圖 5.5 中，我們假設 Tor 有 OR_{n3} 個洋蔥路由器，它們排出一個漂亮的矩陣；當然，真正的 Tor 拓撲不是長成這樣，而且會在過程中隨著洋蔥路由器的加入或移除而改變。她可以在下次與 Bob 通訊時選擇不同的路由器，所以你無法監聽一段時間來追蹤她的通訊。

Alice 先用 RSA 與 OR_1 通訊，並傳送關於如何設定通訊路由的指令。因為 Alice 用這個封包來命令 OR_1 做某些事情，我們可以將它當成命令封包（*command packet*）。它裡面有她與 OR_1 做 Diffie-Hellman 密鑰交換的部分，此外，它也有一些命令，用來告訴 OR_1 她會挑選一個特別的 ID 來標記封包，稱為 *circuit id*，假設是 C_1。我們將這個命令封包稱為 CreateHop(C_1，g^{x1}) 封包，在文章中，我們用 Diffie-Hellman 的縮寫來表示。OR_1 會回覆它的 Diffie-Hellman 密鑰交換部分。Alice 送給 OR_1 的所有訊息都會用他們建立的密鑰來加密，假設是 DH_1。

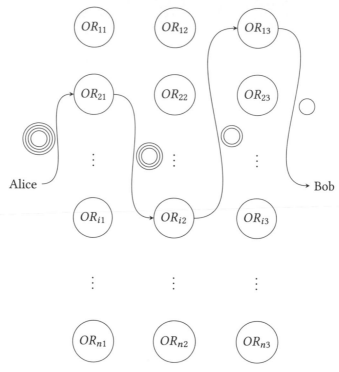

圖 5.5
Alice 透過洋蔥路由器傳送訊息給 Bob。

接下來 Alice 再次與 OR_1 溝通，告訴它從現在開始，她希望 OR_1 將她傳遞的所有訊息轉傳給 OR_2。為此，她傳送一個命令封包給 OR_1，裡面有擴展路由的命令，以及新的 Diffie-Hellman 密鑰交換部分。這個 Diffie-Hellman 部分會用 OR_2 的 RSA 公鑰來加密。整個封包會用 DH_1 來加密。我們將這個命令封包稱為 ExtendRoute(OR_2，g^{x2}) 封包。當 OR_1 取得封包時，會將它解密，接著建立一個新的 CreateHop(C_2，g^{x2}) 封包來傳送給 OR_2。這個命令封包含有 Alice 送給 OR_2 的 Diffie-Hellman 部分，告訴 OR_2 它會用另一個 circuit ID 來標記封包，假設是 C_2。它將這件事告訴 OR_2，但不會告訴它訊息是來自 Alice。

OR_1 會記錄 "用 C_1 來標記的封包必須送給 OR_2",以及 "從 OR_2 收到而且標記為 C_2 的封包必須送回去給 Alice" 這些事情。OR_1 會將它從 OR_2 收到的 Diffie-Hellman 回應傳回去給 Alice,所以 Alice 與 OR_2 會共用一種 Diffie-Hellman 密鑰,DH_2。

為了建立到達 OR_3 的路由,Alice 建立一個 ExtendRoute(OR_3,g^{x3}) 命令封包,來將路由從 OR_2 延伸到 OR_3。這個封包含有她想要與 OR_3 一起建立的 Diffie-Hellman 密鑰的部分。這個 Diffie-Hellman 部分會用 OR_3 的 RSA 公鑰來加密。整個封包會用 DH_2 來加密,接著在它上面用 DH_1 來加密。Alice 將這個封包傳給 OR_1,當 OR_1 取得封包時,它只能解密第一層。OR_1 知道要將標記為 C_1 的封包轉傳給與 C_2 有關的目的地,OR_2,但不知道它的內容。它會將封包標記為 C_2,並且將封包剝掉一層再轉傳給 OR_2。

OR_2 從 OR_1 收到封包,並使用 DH_2 來解密它,取回 ExtendRoute(OR_3,g^{x3})。它採取 OR_1 之前做過的同樣步驟,因為 OR_2 已經收到命令封包來擴展路由,而且它裡面也有 Alice 與 OR_3 做 Diffie-Hellman 密鑰交換的部分。它會建立並傳送新的命令封包 CreateHop(C_3,g^{x3}) 給 OR_3。這個命令封包含有 Alice 送給 OR_3 的 Diffie-Hellman 部分,並告訴它,它會用另一個 circuit ID 來標記,假設是 C_3。OR_2 記住被標記為 C_2 的封包要送給 OR_3,以及從 OR_3 收到,並且被標記為 C3 的封包要送回去給 OR_1。OR_2 將來自 OR_3 的 Diffie-Hellman 回應透過 OR_1 回傳給 Alice,所以 Alice 與 OR_3 會共用一個 Diffie-Hellman 密鑰,DH_3。

現在 Alice 可以將她的訊息傳給 Bob 了,她知道除了內容之外,路由也會保密。為了傳送訊息給 Bob,Alice 建立一個封包,裡面有要送給 Bob 的訊息,並使用 DH_3 來加密,再用 DH_2 來加密,再用 DH_1 來加密,並用 C_1 來標記。這個封包會先被送到 OR_1。因為這個封包被標記為 C_1,所以 OR_1 知道它必須將它轉傳給 OR_2。OR_1 剝除使用 DH_1 的第一層,並將它標記為 C_2,轉傳給 OR_2。OR_2 剝除使用 DH_2 的第二層。它知道被標記為 C_2 的封包要轉傳給 OR_3,所以將它標為 C_3,並傳給 OR_3。

OR_3 從 OR_2 收到封包，並用 DH_3 來解密。它看到這是要送給 Bob 的訊息，所以直接轉傳給他。Bob 的回應會使用完全相反的路由，Bob → OR_3 → OR_2 → OR_1 → Alice，同樣使用 DH_1 加密，接著 DH_2，接著 DH_3，並且使用 C_3、C_2、C_1 來走同樣的路徑。圖 5.6 是整個互動情形，閱讀方式是由上而下，由左而右。每一個箭頭都是一個訊息，在箭頭上面的標籤是訊息內容，下面的標籤是它使用的加密，可能是 Diffie-Hellman 或與接收者共用公鑰的 RSA。Alice 要求 Bob 的網頁伺服器傳送它的首頁給她，Bob 回覆她該網頁。為了要求首頁，她必須使用超文字傳輸通訊協定（HTTP）來發出一個 GET 請求給 Bob 的伺服器，在此不討論細節。

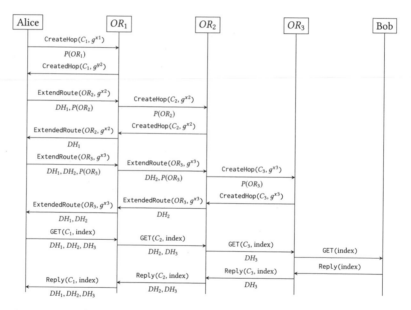

圖 5.6
Tor 交換。

Tor 也可以使用新的、非 RSA 的協定來建立 Diffie-Hellman 密鑰；新協定比較快也比較好，但比較難以說明。此外，Tor 的兩點之間（Alice、洋蔥路由器與 Bob）的所有通訊都會使用身分驗證與加密協定。整體來說，Tor 很穩健，是維持 Internet 匿名性的主要技術。

參考文獻

要尋找關於加密的資料，請參考上一章的參考文獻。RSA 演算法是 Ron Rivest、Adi Shamir 與 Leonard Adleman 在 1977 年發表的，並成為美國專利 4,405,829 號。Martin Gardner 在 1977 年 8 月號 [75] 的 *Scientific American* 的 "Mathematical Games" 專欄發表他們的演算法。一年之後，他們以論文來發表 RSA [165]。如果量子電腦出現的話，可以執行 Shor 的演算法 [185] 來破解 RSA。

數位簽章的概念是 Whitfield Diffie 與 Martin Hellman 在他們的論文中提出的，該論文也提到密鑰交換設計 [50]，但他們並未提出實際的簽章方法。RSA 演算法可進行簽章。自此之後，其他的簽章設計相繼問世。以 Ralph Merkle 為名的 Merkle 簽章 [138] 可抵抗量子電腦的攻擊，有些程式會在檔案系統中使用它來保證完整性與對等協定，例如 BitTorrent。

SHA-2（Secure Hash Algorithm 2）是美國國家安全局（NSA）設計的雜湊函數家族，美國國家標準技術研究所（NIST）將它當成標準來發表 [207]。SHA-2 家族包含一些可產生文摘的雜湊函數，也就是產生 224、256、384 或 512 bits 的雜湊值，這些函數稱為 SHA-224、SHA-256、SHA-384 與 SHA-512。其中 SHA-512 是最流行的。NIST 在 2015 年 8 月發表一種新的加密雜湊函數，SHA-3 [208]，目的不是為了取代 SHA-2（因為它還沒有被破解），而是作為另一種選擇。NIST 選出來的演算法是它舉辦的雜湊函數競賽的贏家。要瞭解更嚴謹的加密雜湊函數介紹，可參考 [167]。

要瞭解 Tor 的技術說明，可參考 [52]。早期的底層原理說明在 [81]。洋蔥路由原本是美國海軍研究實驗室在 1990 年代中期開發的，並由美國國防高等研究計畫署（DARPA）接手。Naval Research Laboratory 以免權利費用的型式發表 Tor 代碼；Tor 專案在 2006 年變成非營利機構，以進一步支援與開發 Tor。

練習

1. 公鑰加密不會取代對稱式加密，因為它比較慢。找出一種實作 RSA 的程式庫，與一種實作 AES 的程式庫，並比較它們處理各種大小的訊息時的效能。確保這兩種軟體程式庫是用同樣的程式語言來實作的。腳本語言有使用腳本語言來編寫的單純作品，以及使用較快速、編譯過的語言寫成，用來與程式庫接口的作品，比較這兩者不是公平的做法。

2. 有時 SHA-2 這種加密雜湊函數會被用來檢查部分的資料是否已經被儲存在某處。例如，我們可將檔案拆成固定大小的區塊來儲存，而不是將它存為單一個體。我們會在儲存與取回區塊時使用它們的 SHA-2 雜湊值。如果有另一個待儲存的檔案與第一個檔案相同，或比較小，那麼所有區塊，或許多區塊都會有相同的 SHA-2 雜湊值，所以我們只要儲存具有沒看過的雜湊值的區塊即可。這是一種儲存技術，因為它會移除重複的區塊，所以稱為**重複數據刪除**（*deduplication*）。寫一個程式來接收一個檔案與一個區塊大小，將檔案拆成區塊，並計算它的 SHA-2 雜湊。

6 依序工作

當你有一堆工作需要完成時，通常不能以任意的順序完成它們。這些工作可能會彼此相關，有的工作必須等待其他的一或多個工作完成之後才能開始進行。就個人工作而言，我們從小就知道，要燒一壺開水，必須先把水放入水壺，再把插頭插入插座。我們可能會在做這項工作的同時（或讓水壺為我們工作），讓烤麵包機烤幾片麵包，但是必須等水壺完成它的工作之後才能泡咖啡。

工作不一定是個人的，它們可能是專案的一部分，需要用特定的順序來完成，因為它們有特定的依賴關係。工作也可能是求學，為了取得學位，你必須完成一定數量的學分，通常有一些學分是你必須先修完其他學分之後才能修習的。一般來說，你可以將工作視為彼此間有順序限制的作業，所以有些工作必須在其他工作之前進行，而且必須先完成後，才能開始其他的工作。

典型的例子就是穿衣服問題。多數人在很小的時候就學會這種能力了（不過知道怎麼穿衣服不代表可以穿得*體面*），所以我們將它視為很自然的事情。但仔細想想，它有大量的步驟。在冬天時，你要穿上內衣、襪子、好幾層衣服、夾克、帽子、手套，與靴子，因為有特定的限制，所以你不能在穿襪子之前穿鞋。不過這些限制也有一些空間，例如你可以先穿左鞋再穿右鞋，然後穿上夾克；或可以先穿右鞋，接著穿上夾克，再穿左鞋。當我們學會穿衣服時，也學會如何排序這些工作。

舉另一個例子，考慮一種行銷活動。我們想要接觸一些人並報價，或想要詢問他們某些事情：我們可能會提供優惠券或免費的試用服務，或者募捐。若要影響一個人，公認的最佳做法是讓他們知道別人的決定，尤其是他們認識或尊敬的人。因此，如果我們知道當 Alice 認同我們的活動時，Bob 就有可能會認同，合理的做法是先接觸 Alice 再接觸 Bob。想像在活動中，我們已經鎖定一群人，並且已經得知並描繪他們的關係，圖 6.1 是繪製出來的圖表。

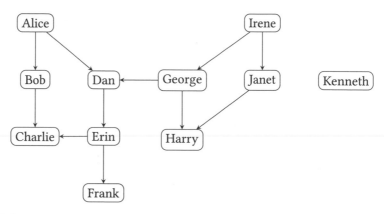

圖 6.1
鎖定對象圖表。

接下來的問題是，我們該如何接觸這些人？我們不想先接觸 Charlie，再接觸 Bob 與 Erin，也不想先接觸 Bob 再接觸 Alice。Kenneth 離群索居，所以我們可以隨時與他碰面。這個問題的答案不是只有一個。在圖 6.2 中，藉由重新安排全體對象圖表，我們可以看到兩個不同的、有效的順序。這兩張圖的關係順序並不衝突，因為沒有逆向的箭頭。

6.1　拓撲排序

我們想要找到一種通用的方式來取得這種順序。我們想要找到有向非環狀圖（或 dags）的排序方式。有向非環狀圖 $G = (V, E)$ 的拓撲排序（*topological ordering* 或 *topological sort*）就是排序圖的節點 V，讓 E 的每一個邊 (u, v) 連接的節點 u 的順序都在 v 之前。

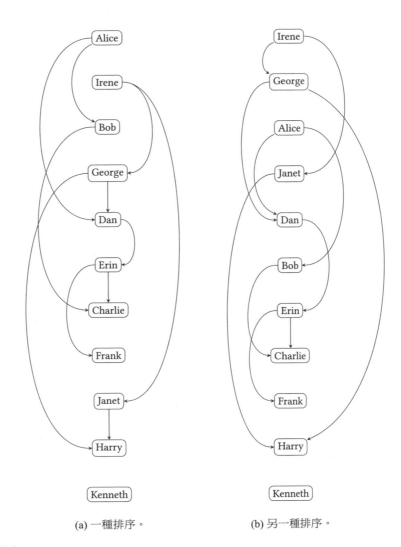

(a) 一種排序。　　(b) 另一種排序。

圖 6.2
接觸對象的順序；由上而下排序。

如圖 6.2 所示，一張圖可能會有多種拓撲順序，不過也會有相反的情況，那張圖可能沒有任何拓撲順序。具體來說，考慮有向環狀圖的情形。在範例中，我們想要先接觸 Alice 再接觸 Bob，再接觸 Charlie，所以 Alice 在 Charlie 之前。如果從 Charlie 到 Alice 有一條線，我們也會想要在 Alice 之前接觸 Charlie，所以會造成死結。有向環狀圖沒有拓撲排序，因為根本沒有意義，所以要找出圖的拓撲排序，要先確定它是非環狀的，也就是說，它是個 dag。

回到範例，因為它是個 dag，所以我們可以處理它。我們想要取得該圖的拓撲排序，這個順序就是訪問對象的排序，讓你可以在造訪某人之前，先造訪他前面的所有人。用相反的方式來解決問題比較容易：誰是最後一個造訪的人？顯然，我們最後聯繫的人，就是無法幫我們牽線的人，也就是沒有向外線條、不連接別人的人。在我們的例子中，Frank、Harry、Kenneth 或 Charlie 都是這種最後聯繫的候選者。找到最後聯繫的人之後，在他之前，你要找誰？同樣的，你可以採用相同的規則，聯繫不會為你牽線的人。如果你選擇 Frank 是最後一個人，現在就要從 Charlie、Harry 與 Kenneth 之中選擇。假設你選擇 Charlie，那麼 Frank 是你最後聯繫的人，在 Frank 前面是 Charlie。誰是你在 Charlie 之前要找的人？你可以選擇 Harry 或 Kenneth，但也可以選擇 Bob，因為只有他與 Charlie 連接，你已經在拓撲排序中，將它放在倒數第二個了。

從最後一個人開始反向選擇聯繫對象，相當於盡可能往深處探索圖：從起點出發，先前往最深的節點，再往回走到起點。盡可能往圖的深處探索，就是深度優先搜尋做的事情；實際上，對 dag 採用深度優先搜尋會產生它的拓撲排序。

演算法 6.1 是以深度優先搜尋修改而得的，它的做法很像一般的深度優先搜尋，但是它也使用了其他的資料：*sorted* 是一個串列，當我們在深度優先搜尋時遇到死路，需要往回走時，會在它的頭（head）加入每一個元素。演算法 6.1 的概念是，當我們在深度優先搜尋時遇到死路，並開始往回走的時候，會在第 5 行的位置。藉由在串列的頭加入目前的節點，也就是它所屬的遞迴呼叫的死路，我們就可以從後往前填寫串列。這代表我們會將遇到的每一個死路由後往前填入串列。

得到演算法 6.1 之後，我們就可以在演算法 6.2 中實作拓撲排序了。演算法 6.2 會先初始化 *visited* 與 *sorted*，接著在第 5–7 行的迴圈中呼叫 DFSTopologicalSort，直到所有節點都被造訪為止。如果我們從節點 0 開始之後可以造訪所有節點，這個迴圈就只會執行一次。如果不行，這個迴圈會為其餘未造訪的節點重新執行，以此類推。

演算法 6.1：做拓撲排序的 DFS。

DFSTopologicalSort(*G, node*)

  輸入：$G = (V, E)$，dag
     node，G 的節點

  資料：*visited*，大小為 $|V|$ 的陣列
     sorted，串列

  結果：*visited*[*i*]，如果從 *node* 可以到達節點 *i*，它就是 TRUE
     sorted，以反向的順序儲存我們從 *node* 開始使用深度優先
     搜尋法找到的死路

1 *visited*[*node*] ← TRUE
2 **foreach** *v* **in** AdjacencyList(*G, node*) **do**
3 **if not** *visited*[*v*] **then**
4   DFSTopologicalSort(*G, v*)
5 InsertInList(*sorted*, NULL, *node*)

演算法 6.2：對 dag 做拓撲排序。

TopologicalSort(*G*) → *sorted*

  輸入：$G = (V, E)$，dag

  輸出：*sorted*，大小為 $|V|$ 的串列，裡面有按照拓撲順序排序的
     節點

1 *visited* ← CreateArray($|V|$)
2 *sorted* ← CreateList()
3 **for** *i* ← 0 **to** $|V|$ **do**
4 *visited*[*i*] ← FALSE
5 **for** *i* ← 0 **to** $|V|$ **do**
6 **if not** *visited*[*i*] **then**
7   DFSTopologicalSort(*G, i*)
8 **return** *sorted*

在效能方面，因為這個演算法事實上就是對圖做深度優先遍歷，而且因為深度優先遍歷需要 $\Theta(|V| + |E|)$ 時間，所以拓撲排序也需要 $\Theta(|V| + |E|)$。

我們來看一下這個演算法的動作。如前所述,我們在執行演算法之前
要先指派唯一的索引給節點。如果我們按照字母順序來指派索引,
則 Alice 會變成 0,Bob 會變成 1,以此類推。那麼,圖 6.1 的圖會變
成等效的圖 6.3a。你可以在圖 6.3b 看到圖的深度優先遍歷。在節點
旁邊的號碼是我們造訪它們的順序。圖中的虛線方框代表每次呼叫
DFSTopoloticalSort 時,圖會被如何遍歷。

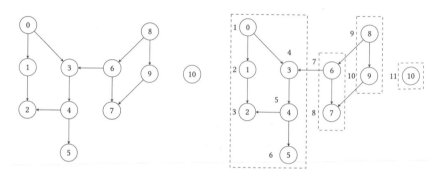

(a) 將字元圖轉換成數字索引。   (b) 對圖做深度優先遍歷。

圖 6.3
將字元圖轉換成數字,與對它做深度優先遍歷。

因為這張圖沒有強相連,所以遍歷時,會先造訪從 0 可以到達的節
點。接著造訪從 6 可以到達的節點,除了節點 3,因為我們已經找過
它了,所以它只會造訪節點 7。接著它會前往節點 8,並造訪唯一未
造訪的鄰居,節點 9。最後造訪節點 10,所以演算法 6.2 的迴圈會執
行四次。我們在演算法的第 5 行以遞增的編號順序來查看未造訪的節
點與每個節點的鄰居,不過你不一定要這樣做。無論我們用哪一種順
序來查看節點,這個演算法都可以正確執行。

我們來觀察演算法 6.2 的每次迴圈迭代做了什麼事情。在第一次迭代
時,我們對節點 0 呼叫 DFSTopoloticalSort。之前提過,當我們造訪
節點的每一個鄰點之後,就可以知道目前的節點是剩下的節點中最後
需要聯繫的對象。所以當我們從節點 0 開始時,會透過節點 1 到達節
點 2,我們看到節點 2 沒有引線,因此在 *sorted*(空)串列的開頭插
入 2,接著回到節點 1,看到沒有尚未造訪的引線,所以將節點 1 插
入 *sorted* 的開頭。節點 0 還有節點 3 未造訪,所以我們造訪 3,並且
從那裡到達 4 與 5。節點 5 沒有引線,所以我們將它插入 *sorted* 的開

頭。接著我們在 *sorted* 的開頭插入節點 4、3 最後節點 0。在第一次迭
代結束時,我們得到 *sorted* = [0, 3, 4, 5, 1, 2],我們在那裡對節點 6 呼
叫 `DFSTopoloticalSort`,得到 *sorted* = [6, 7, 0, 3, 4, 5, 1, 2],接著對
節點 8 呼叫 `DFSTopoloticalSort`,得到 *sorted* = [8, 9, 6, 7, 0, 3, 4, 5, 1,
2],最後對節點 10 呼叫 `DFSTopoloticalSort`,得到 *sorted* = [10, 8, 9,
6, 7, 0, 3, 4, 5, 1, 2]。

你可以在圖 6.4 看到每一個節點的造訪順序與它的拓撲順序。這張圖
的拓撲順序是 10 → 8 → 9 → 6 → 7 → 0 → 3 → 4 → 5 → 1 → 2。用名
字來取代索引,可得到Kenneth → Irene → Janet → George → Harry → Alice
→ Dan → Erin → Frank → Bob → Charlie。你可以檢查圖 6.5,裡面沒有往
上的箭頭,所以這是正確的解答。此外,這個解答與圖 6.2 的兩種解
答不同。

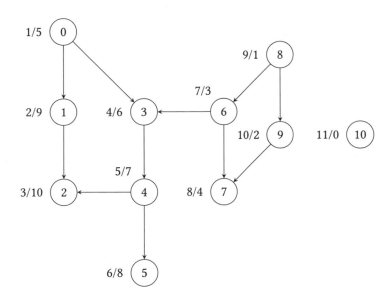

圖 6.4
使用拓撲排序來深度優先遍歷字元轉換圖;節點旁的 *i*/*j* 標籤代表該節點是深度
優先遍歷時第 *i* 個造訪的節點,與拓撲順序的第 *j* 個節點。

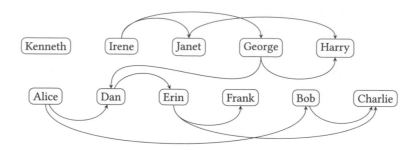

圖 6.5
字元轉換圖的拓撲排序；順序是由左至右，由上而下。

在演算法 6.2 中，我們假設圖 G 是 dag。如果它不是呢？此時做拓撲排序就沒有意義了。圖中的循環代表我們會得到 $u_k \rightarrow \cdots \rightarrow u_K$ 這種優先關係序列；換句話說，會有節點在它自己的前面。在我們轉換字元的範例中，如果從 Charlie 到 Alice 有一個連結，我們就無法指出應該先聯繫 Alice 還是 Charlie。

當我們想要找出完成工作需要的順序時，就可以使用拓撲排序。在這個範例中，我們想要與人聯繫，但它們也可以是任何工作。例如，它們可能是必須在某些限制下執行的程序，所以有些程序必須優先執行。有些書籍會有導覽圖來指引讀者閱讀章節的順序。術語表可能會用字母順序來排列，也有可能將需要參考別的術語的定義放在後面。

6.2　加權圖

截至目前為止，我們的圖都用節點來表示實體，用邊來表示它們的連結。我們可以延伸這種圖，將權重（*weight*）數字指派給每一個邊，這種圖稱為**加權圖**（*weighted graphs*）。它們是非加權圖的普遍化（generalization）版本，因為非加權圖可視為加權圖，它的所有邊都有相同的權重，比如是一，所以我們將這些權重省略。我們將邊 (u, v) 的權重標記成 $w(u, v)$。加權圖很實用，因為它可以表達更多資訊。如果圖代表路網，權重可能代表距離，或在兩點之間移動的時間。

圖 6.6 是一張有向的加權圖。你或許會覺得它很眼熟,因為你已經在第 2 章的圖 2.3 看過它的無權重、無向版本了。雖然這張圖的所有權重都是非負整數,但不一定要如此,我們可以使用正與負權重:節點可能代表成果,權重可能是獎勵或懲罰。權重也可以是實數,取決於用法的需求。在加權圖中,當我們談到兩個節點之間的路徑長度時,指的不是兩個節點之間的邊數,而是這些邊的權重總和。因此,在圖 6.6 中,從 0 到 2 的路徑長度不是 2,而是 17。

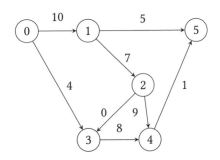

圖 6.6
加權圖。

我們可以用類似非加權圖的方式來表示加權圖。加權圖的相鄰矩陣的項目是邊的權重,如果項目未連接,則是一個特殊值。表 6.1 是圖 6.6 的圖的相鄰矩陣。我們用 ∞ 來當成沒有連接時的特殊值,但是你也可以使用不會被當成權重的其他值。如果我們的模重是非負數,就可以使用 −1,或使用 NULL,或其他東西,這同樣取決於我們的用法的需求。

表 6.1
圖 6.6 的相鄰矩陣。

	0	1	2	3	4	5
0	∞	10	∞	4	∞	∞
1	∞	∞	7	∞	∞	5
2	∞	∞	∞	0	9	∞
3	∞	∞	∞	∞	8	∞
4	∞	∞	∞	∞	∞	∞
5	∞	∞	∞	∞	∞	∞

或者，我們可以使用相鄰串列表示法。在串列的每一個節點中，我們
會儲存節點的名稱，也會儲存對應邊的權重。圖 6.7 是圖 6.6 的加權
圖的相鄰串列表示法。

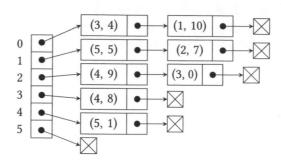

圖 6.7
圖 6.6 的加權圖的相鄰串列表示法。

6.3　關鍵路徑

有一種把焦點放在工作排程，很像拓撲排序的問題，就是在 dag 中尋
找代表程序執行步驟的**關鍵路徑**（*critical path*）。這種問題是用圖來
表示待完成的程序，它的節點是工作，連結代表工作之間的排序限
制。我們會指派權重 $w(u, v)$ 給每一個邊 (u, v)，這個權重是完成工作
u 來讓工作 v 可以開始進行的時間。圖 6.8 是這種**排程圖**（*scheduling
graph*）。裡面的節點代表各個工作（從零開始編號），權重代表從一
個工作到另一個工作的時間單位量，例如週。

在圖 6.8 中，我們需要 17 週才能從工作 0 到工作 1。我們的問題是，
完成整個程序最少需要多少時間？

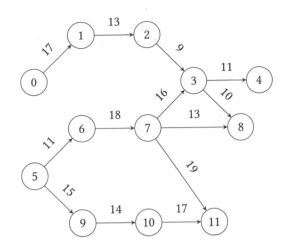

圖 6.8
工作排程圖。

有些工作是可以同時執行的，例如，我們可以同時開始執行工作 0 與 5。完成工作 0 與 5 之後，同樣的，工作 1、6 與 9 也可以在不需互相等待的情況下執行，但是，並非所有的工作都可以同時執行：工作 3 只能在工作 2 與 7 完成之後執行。考慮同時執行工作的可能性，完成全部的工作最少需要多少時間？

我們用以下的方法來找出答案。首先，我們在圖中加入兩個額外的節點。一個是起始節點 s，我們假設它是整個程序的起點，將它稱為**起源節點**（*source node*）。我們將 s 連接到圖中前面沒有別的節點的節點，來展示我們可在程序開始時執行的工作，並加入權重為零的邊。我們也加入另一個節點 t，並假設它是整個程序的終點。我們將節點 t 稱為**匯集節點**（*sink node*），將後面沒有別的節點的節點連接到 t，它們的邊的權重同樣是零。所以我們可以得到圖 6.9。

加入起源與匯集節點之後，我們的問題變成：從節點 s 到節點 t **最長的路徑**是哪一條？因為我們必須造訪圖的所有節點，所以得遍歷從 s 到 t 的每一條路徑。我們或許可以同時處理一些路徑，但是必須完成耗時最久的路徑，才可以完成整個程序。在程序中最長的路徑稱為該程序的關鍵路徑，舉一個小例子，考慮圖 6.10。

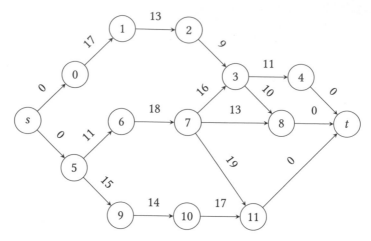

圖 6.9
有起源與匯集節點的工作排程圖。

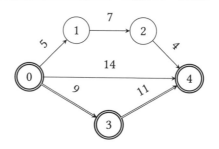

圖 6.10
關鍵路徑範例。

路徑 $0 \rightarrow 1 \rightarrow 2 \rightarrow 4$ 的長度是 16；路徑 $0 \rightarrow 4$ 的長度是 14，路徑 $0 \rightarrow 3 \rightarrow 4$ 的長度是 20。如果長度的單位是週，我們無法在 20 週之前開始執行工作 4，所以關鍵路徑是 $0 \rightarrow 3 \rightarrow 4$；我們用雙線與雙圓來表示這條路徑與上面的節點。採用同一種方法，在圖 6.9 中，我們必須在 s 到 t 的最長路徑所需的時間之後，才可以開始執行工作 t，t 只是代表程序結尾的節點。

如何找出最長路徑？我們得用有序的方式來遍歷這張圖。具體來說，我們想要從 s 開始造訪每一個節點，並在每一個節點計算從 s 到該節點的路徑長度。一開始，我們只知道到 s 的長度，它是零。我們會造訪這些節點，並在過程中更新到它們為止的長度。假設我們正在造訪節點 u，並且已經發現從 s 到 u 的最長路徑，且 u 與節點 v 相連。如果我們之前發現的從 s 到 v 的最長路徑比從 s 到 u 的路徑加上邊 (u, v) 的權重還要長，就不需要做任何事情。但是如果之前找到的從 s 到 v 的最長路徑比從 s 到 u 的路徑加上邊 (u, v) 的權重還要短或相等，就必須記錄前往 v 的最長路徑會經過 u，並更新算出來的長度。因為每當我們找到最長路徑時就更新長度，我們會在一開始將未知的長度（也就是除了到 s 之外的所有長度）設為我們認為的最低值，也就是 $-\infty$。見圖 6.11a，在這張圖中，從 s 到 v 有兩條路徑；我們使用 $l(u)$ 來代表從 s 到節點 u 的路徑長度。

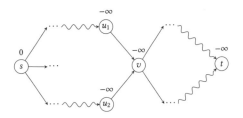

(a) 這張圖有兩個前往 v 的路徑。

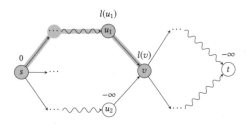

(b) 第一次造訪 v。

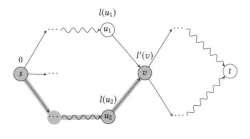

(c) 第二次造訪 v。

圖 6.11
最長路徑更新版。

我們遍歷這張圖並造訪節點 u_1。它是我們遍歷時，遇到的第一個連接 v 的節點，我們記錄迄今為止，我們發現前往 v 的最長路徑會經過 u_1 這個事實，取得長度 $l(v) = l(u_1) + w(u_1，v)$，見圖 6.11b。接著，我會在某個時間造訪節點 u_2，檢查從 s 開始經過 u_2 的路徑，$l'(v) = l(u_2) + w(u_2，v)$，比較它與之前找到的路徑的長度，如果它比較長，我們就記錄最長的路徑是經過 u_2 的那一個，如圖 6.11c 所示。如果還有節點 u_3 與 v 連接，我們也會在造訪節點 u_3 時視情況做相同的比較並更新。"檢查，並在必要時以更精確的量值來更新原本的估計值" 這個程序經常在圖演算法中出現，所以它有一個名稱：*relaxation*。在這裡，我們最初預估的路徑長度相當極端，是 $-\infty$，接著開始將它 relax 成一個較不極端且較準確的值，我們每一次都會更新路徑長度。

我們必須在第一次檢查前往 v 的路徑，並發現它有最低值 $-\infty$ 之後，才可以將它更新為經過 u_1 的路徑的長度。這可以解釋為何最初我們要將所有路徑都設為 $-\infty$（除了前往 s 的路徑之外（設為 0））來確保一切都可正常運作，如圖 6.11a 所示。此外，我們在造訪 v 之前，必須先造訪指向 v 的所有節點，這很容易達成，只要按照拓撲順序來遍歷就可以了。演算法 6.3 將所有的過程整合在一起。一如往常，我們假設已經將唯一的索引指派給節點，所以當你看到 s 時，應該將它當成與其他節點索引不同的整數。

我們使用兩個資料結構：一個陣列 *pred* 與一個陣列 *dist*。在 *pred* 中的元素 i，也就是 *pred*[i]，代表在我們找到的前往 i 節點的關鍵路徑中，i 前面的那一個節點。在 *dist* 裡面的元素 i，也就是 *dist*[i]，含有我們已找到的前往 i 節點的關鍵路徑的長度。我們也會使用函式 Weight(G, u, v)，它會回傳圖 G 中的節點 u 與 v 之間的權重。注意，演算法 6.3 不需要輸入 t。我們只要知道它是哪個節點，接著用 *dist*[t] 來取得關鍵路徑的長度，再從 *pred*[t] 開始追蹤 *pred* 就可以了。

演算法 6.3：關鍵路徑。

CriticalPath(G) $\rightarrow$ *pred, dist*

    輸入：$G = (V, E, s)$，起源節點為 s 的加權 dag

    輸出：*pred*，大小為 $|V|$ 的陣列，*pred*[i] 是從 s 到 i 的關鍵路徑
             上，節點 i 前面的節點

             dist，大小為 $|V|$ 的陣列，*dist*[i] 是從 s 到 i 的關鍵路徑長度

1   *pred* $\leftarrow$ CreateArray($|V|$)

2   *dist* $\leftarrow$ CreateArray($|V|$)

3   **for** $i \leftarrow 0$ **to** $|V|$ **do**

4   *pred*[i] $\leftarrow -1$

5   *dist*[i] $\leftarrow -\infty$

6   *dist*[s] $\leftarrow 0$

7   *sorted* $\leftarrow$ TopologicalSort(V, E)

8   **foreach** u **in** *sorted* **do**

9   **foreach** v **in** AdjacencyList(G, u) **do**

10   **if** *dist*[v] < *dist*[u] + Weight(G, u, v) **then**

11   *dist*[v] $\leftarrow$ *dist*[u] + Weight(G, u, v)

12   *pred*[v] $\leftarrow u$

13 **return** (*pred, dist*)

我們在第 1–6 行建立並初始化資料結構 *pred* 與 *dist*，並將 *pred* 的每一個元素設為一個不正確的、不存在的節點 -1，將前往每一個節點的長度，也就是 *dist* 的每一個元素，設為 $-\infty$，除了將起源節點 s 設為 0 之外。接著我們對圖執行拓撲排序，在第 8–12 行按照拓撲順序來處理每一個節點。我們會依序迭代每一個節點的鄰居，做法是遍歷它的相鄰串列。我們在第 10–12 行檢查每一條通過目前節點前往每一個鄰居的路徑長度是否大於截至目前為止算得的值。若是，我們就更新長度，並將這個最長路徑上的鄰居的前一個節點改為目前的節點。這就是 relaxation 的實際做法。在演算法 6.3 中，當我們第一次造訪一個節點時，會先將 $-\infty$ relax 成一個長度，接著每當我們發現一個長度時，就將它 relax 成更長的長度。

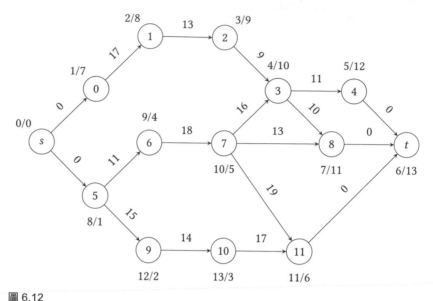

圖 6.12

有拓撲順序的工作排程圖。如同圖 6.4，節點旁的標記 i/j 代表該節點是深度優先遍歷時第 i 個造訪的節點，與拓撲順序的第 j 個節點。

這個演算法很有效率。拓撲排序會花費 $\Theta(|V| + |E|)$ 時間。第 3–5 行的迴圈會花費 $\Theta(|V|)$ 時間。接著第 8–12 行的迴圈會在遇到每一個邊時經過 11–12 一次：每次 relax 一個邊，因此整個迴圈需要花費 $\Theta(|E|)$ 時間。總和起來，整個演算法需要 $\Theta(|V| + |E| + |V| + |E|) = \Theta(|V| + |E|)$ 時間。

圖 6.13 與 6.14 是對圖 6.9 執行這個演算法的範例。我們將節點塗上灰色來代表依照拓撲順序造訪的當前節點。當我們造訪節點 7 時，會將之前算出來的，到節點 11 的長度更新。同樣的事情也會在我們造訪節點 3、8 與 4 時 relax 結果來改變之前算出來的路徑長度時發生。每一張圖下面的矩陣是 *pred* 陣列的內容。之前解釋過，s 與 t 實際上是節點索引，所以我們可以使用 $s = 12$ 與 $t = 13$，但是畫一個 s 在左邊，t 在右邊的表格比較好。在演算法執行結束時，我們可以取得關鍵路徑，做法是前往 *pred*[t]，得到 4；接著前往 *pred*[4]，得到 3，以此類推。所以關鍵路徑是

$$s \rightarrow 5 \rightarrow 6 \rightarrow 7 \rightarrow 3 \rightarrow 4 \rightarrow t$$

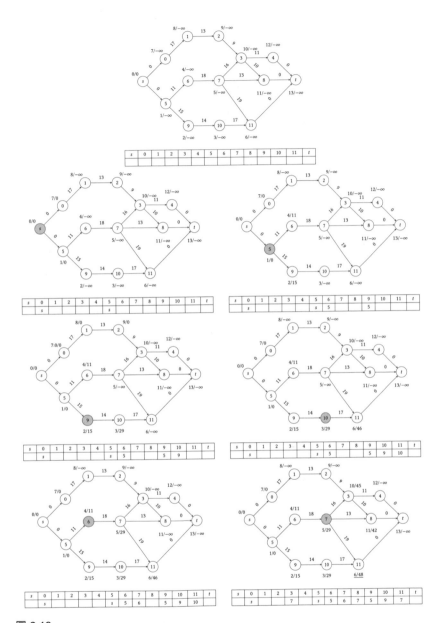

圖 6.13

找出關鍵路徑。節點旁的 i/j 代表該節點有拓撲順序 i 與距離 j。在每一個小圖下面的表格是 *pred*，我們用空格來取代 −1，來讓畫面較簡潔。

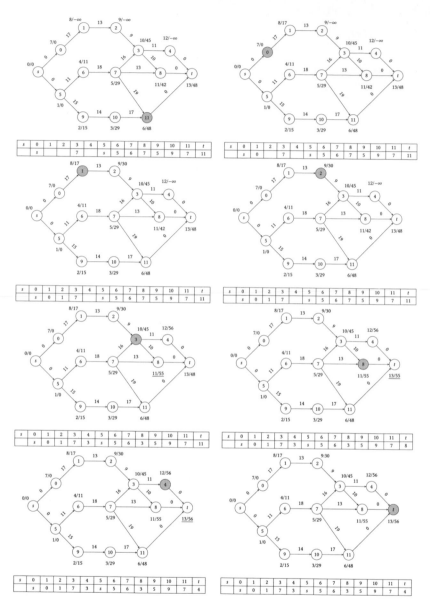

圖 6.14

尋找關鍵路徑（續上圖）。

參考文獻

Donald Knuth [112] 提出一種與本章討論的做法不同的拓撲排序演算法。本章討論的演算法是 Cormen、Leiserson、Rivest 與 Stein 提出的 [42]；它的前身是 Robert Tarjan [198] 提出的。使用關鍵路徑來建立專案模型的做法也稱為 Critical Path Method（CPM），Program Evaluation and Review Technique（PERT）也會使用它。以圖的術語而言，尋找關鍵路徑相當於尋找最長路徑。

練習

1. 深度優先搜尋與拓撲排序不要求我們用特定的順序來查看圖的節點。實作拓撲排序演算法，來以遞增或遞減順序查看節點，並檢查結果。驗證它們是正確的，雖然不一定相同。

2. 拓撲排序無法用在有循環的圖，因為在這種圖中找到的拓撲排序沒有任何意義。當我們不確定圖是不是非環狀時，能在執行拓撲排序演算法的同時偵測循環並回報問題是很方便的功能。其實這種功能不難做。在深度優先搜尋中，我們會盡可能地沿著邊往前走。如果我們保存遞迴呼叫堆疊內的節點，當我們可在目前的遞迴呼叫堆疊內找到將要造訪的節點，就代表這張圖有個循環。例如，在圖 6.4 中，當我們在節點 2 時，遞迴呼叫堆疊含有節點 0、1 與 2，依此順序。如果有個邊是從 2 到 0 或從 2 到 1，就有一個循環。我們可以立刻藉由在遞迴呼叫堆疊中發現 0 或 1 來發現這件事。修改 `DFSTopologicalSort`，讓它可以偵測循環，並在發現時回報。

3. 為了找出圖 G 的關鍵路徑，我們必須加入起源節點 s 與匯集節點 t。本章並未談到怎麼做這件事，但做法不難。如果原本圖中有 $|V|$ 個節點，編號是 0 到 $|V| - 1$，我們就在這張圖中加入兩個節點，讓 s 的編號是 $|V|$，t 的編號是 $|V| + 1$，接著找出前面沒有其他節點的節點：將它們與 s 連接。接著找出後面沒有其他節點的節點，將它們與 t 連接。寫個程式，以這種做法執行整個偵測關鍵路徑的程序。

7 行、段落、路徑

你現在閱讀的文章是以字母、單字、行、段落組成的。當你在筆記本寫字時，會先寫一行字，那一行字快到盡頭時，會調整最後一個單字，讓它成為該行的最後一個字，或使用連字符號。

同樣的，當你在文書處理器中打字時，程式會在你正在打的那一行不斷加上單字，直到到達該行的結尾，接著當你打出來的字無法被完整放在那一行時，文書處理器就要決定該怎麼做，它可以縮短前面的單字之間的空格，將最後一個單字留在該行，如此一來，那一行會比較擠，以便容納最後一個單字，也可以將整個單字放在下一行，並將之前的單字的間隔放寬。如果這些方法都無法產生良好的結果，因為那一行太擠了，或是太鬆散了，文書處理器會試著斷字，將字的一部分留在當前一行，其餘的部分放在下一行的開頭。

將文字拆成兩行稱為**換行**（*line breaking*）；這件事在你手寫時可以輕鬆地做到，但文書處理器必須在使用者打字的每一行做出決定。圖7.1a 是對格林兄弟的**青蛙王子**的開頭執行換行的結果。這種方法會在各行的長度接近 30 個字元（包括空格與標點符號）時換行，那一段文字看起來不差，但看一下圖 7.1b，它們是同一個段落，但採用另一種換行方法。新的段落少兩行，而且整體來說，因為它更明智且審慎地使用空格，所以看起來比較精緻。

你可以發現剛才提出的方法是單獨考慮每一行。但是，從圖中可以看到，如果我們同時考慮段落的每一行來拆分它們，將會得到更好的結果。這種方式會考慮所有元素，而不是倉促執行換行，所以可產生更好看的段落。

In olden times when wishing
still helped one, there lived
a king whose daughters were
all beautiful, but the youn-
gest was so beautiful that
the sun itself, which has seen
so much, was astonished
whenever it shone in her face.
Close by the king's castle lay
a great dark forest, and under
an old lime-tree in the forest
was a well, and when the day
was very warm, the king's
child went out into the forest
and sat down by the side of
the cool fountain, and when
she was bored she took a
golden ball, and threw it up
on high and caught it, and
this ball was her favorite
plaything.

In olden times when wishing still
helped one, there lived a king
whose daughters were all beauti-
ful, but the youngest was so beau-
tiful that the sun itself, which
has seen so much, was astonished
whenever it shone in her face.
Close by the king's castle lay a
great dark forest, and under an old
lime-tree in the forest was a well,
and when the day was very warm,
the king's child went out into the
forest and sat down by the side of
the cool fountain, and when she
was bored she took a golden ball,
and threw it up on high and caught
it, and this ball was her favorite
plaything.

(a) 拆成好幾行的段落。

(b) 同樣拆成好幾行的段落，比較漂亮。

圖 7.1
將段落拆成好幾行。

我們的做法是考慮各種將段落拆成好幾行的方法，並將一個數字值指派給每一行，這個數字代表那一種換行令人滿意的程度。這個值愈低代表我們愈想要使用那個換行方式，值愈高代表我們愈不想要使用它，希望換一種換行方式。

你可以在圖 7.3 看到這一種程序，圖 7.2 就是它產生的結果。在這張圖的左邊的數字是行號。我們會在每一行考慮可能的換行點，讓段落不超過某個寬度。第一行可在兩個地方換行，"lived" 與 "a"，邊的號碼代表每一個換行點的不良程度，所以第二個換行點比第一個好。第三行只有一個可行的換行點。最後一行之前的第 8 行與第 9 行有四個可行的換行點。最後一行當然只有一個。

In olden times when wishing still helped one, there lived a king whose daughters were all beautiful, but the youngest was so beautiful that the sun itself, which has seen so much, was astonished whenever it shone in her face. Close by the king's castle lay a great dark forest, and under an old lime-tree in the forest was a well, and when the day was very warm, the king's child went out into the forest and sat down by the side of the cool fountain, and when she was bored she took a golden ball, and threw it up on high and caught it, and this ball was her favorite plaything.

圖 7.2
拆成好幾行的段落，用圖 7.3 來追蹤。

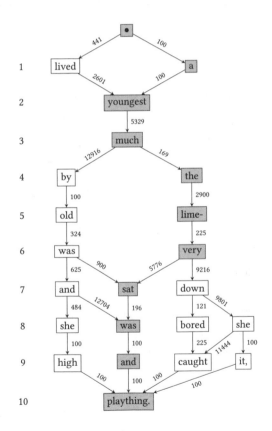

圖 7.3
換行最佳化。

圖 7.3 其實是一張圖，其節點代表可能的換行點。每一個邊都有權
重，代表那一個換行點有多麼不良，這些權重是用特殊的演算法算出
來的，在此不予討論。我們只要知道，這個演算法會為每一行產生一
個數字來指出它有多不良；愈不良分數愈高，我們希望段落的 "不良
度" 是最低的。接著，"以美觀的方式來排列段落" 這個問題就可以
簡化成 "在這張圖尋找最短的由上而下路徑"，路徑的定義是沿路的
邊的權重總和。我們舉個例子來說明不良度的意思，見圖 7.4，圖中
的第一行文字相當於選擇圖 7.3 的第三行的節點 "much" 的左分支，
而第二行文字相當於選擇該節點的右分支。

| was | astonished | whenever | it | shone | in | her | face. | | Close | by |
| was | astonished | whenever | it | shone | in | her | face. | Close | by | the |

圖 7.4
不良度範例。

或許你認為它們的差異很小，但如果你關心出版物的品質，這個差
異至關重要。剛才談到的方法是 Donald Knuth 與 Michael Plass 發明
的，有一種科學出版界流行的排版程式採用這種方法，這個排版程式
稱為 TEX，來自希臘詞根 τεχ，代表藝術與技術，TEX 不是唸成 x，而
是希臘語的 chi。我們使用名為 LATEX 的文件排版系統來編排這篇文
章，它是 TEX 的分支，同樣的，它讀成希臘語的 chi。搜尋引擎似乎
已經知道當有人搜尋 LATEX 時，它是與乳膠無關的。

7.1　最短路徑

文字換行（*word wrapping*），或將段落拆成好幾行，只是最短路徑
（*shortest path*）問題的其中一種用法。這種問題就是試著找出從圖
的開始節點到目的節點之間的最短路徑。最短路徑問題是演算法最常
見的問題之一，其實許多真實世界的問題都是最短路徑問題，坊間有
許多演算法都是這種問題的各種變化。當然，在路網中導航也是一種
最短路徑問題，在這問題中，你希望可以走最短的路徑，從出發點經
過一些城市到達目的地。最短路徑可以用我們已經找到的總距離來定
義，也可以用時間來定義，如果你可以算出在路途中經過某些城市所
需的時間，而非距離的話。

為了更深入研究這個問題，想像你要在一個網格上導航，它的交叉點是十字路口，估算的單位是從一個交叉點到另一個交叉點所需的時間，這個網格可以是勻稱的，或許它也剛好代表某個城市的幾何佈局；勻稱性不是必要的，但它可以讓我們更容易說明，圖 7.5 是這種網格。為了讓這張圖看起來更簡潔，我們不在網格節點上放置名稱。圖中的數字代表節點之間的權重，它是從一個節點到另一個節點所需的分鐘數。當我們想要指出特定的節點時，會以節點 (i, j) 來代表第 i 列、第 j 行的節點，列與行都是從零開始算起的。

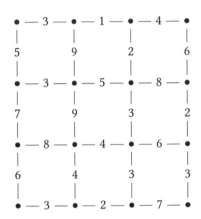

圖 7.5
交通網格。

為了處理 "從起點到終點" 的導航問題，我們要考慮比較一般性的問題：尋找從網格起點到任何其他節點的所有最短路徑，也就是**單源最短路徑問題**（*single source shortest paths problem*）。為了解決這個問題，我們必須採用一種 relaxation 技術。最初，唯一已知的距離是到達起點的距離，也就是零，接著我們將所有其他距離的估計初始化，給它最大值，也就是 ∞，再選出估計值最低的節點，一開始，我們選出剛才估計為零的起始節點，接下來檢查它所有的鄰點，找出從目前的節點到每一個鄰點的連結的權重，如果權重小於目前的估計值，就更改估計值，並記住 "我們所在的節點，就是最短路徑上的鄰點的前一個節點"。接著再次選擇有最小值的節點，並 relax 它的鄰點，最後在沒有節點可以查看時結束。你可以追蹤圖 7.6 與 7.7 的程序，這個程序會找出從圖的左上角到每一個其他節點的最短路徑。

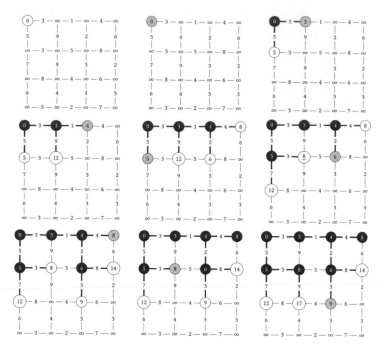

圖 7.6
從左上角開始的最短路徑。

我們先估計前往左上角節點的路徑的成本，它是零。接著選擇估計在最短路徑上的節點，它是左上角的節點，節點 (0, 0)。我們造訪那個節點，將它標為黑色，並估計前往它的鄰點的成本，得到節點 (0, 1) 的三，以及它下面的節點 (1, 0) 的五。我們使用粗線來描繪前往這些節點的最短路徑。目前，我們估計節點 (0, 1) 的路徑是最小的，所以它是下一個造訪的節點。我們將 (0, 1) 標成灰色，造訪它，並估計它的鄰點。接下來繼續執行這個程序，直到沒有任何節點需要估計鄰點與更新鄰點的估計為止。

注意在圖 7.6 的第五張小圖中，當我們造訪 (1, 1) 時發生的事情。我們已經估計從節點 (0, 1) 到節點 (1, 1) 是 12 了，但是如果從節點 (1, 0) 前往節點 (1, 1)，我們可以得到比較短的路徑，長度是 8，所以我們將節點 (1, 2) 畫上底線來指出這種情況，並更新路徑線。

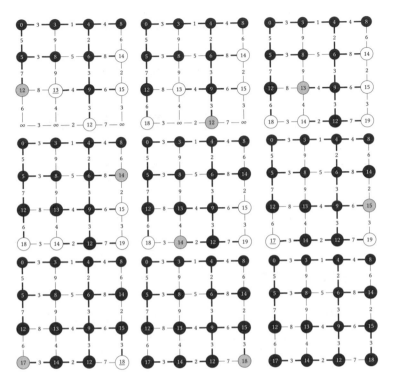

圖 7.7
從左上角開始的最短路徑（續上圖）。

在圖 7.7，當我們更新節點 (3, 0) 與 (3, 3) 的路徑時，也出現同樣的情況。在演算法結束時，從 (0, 0) 到 (3, 3) 的長度是 18，路徑是 (0, 0) → (1, 0) → (2, 0) → (2, 1) → (2, 2) → (3, 2) → (3, 3)。

在圖中，從起點到任何其他節點的最短路徑會形成一棵樹，如圖 7.8 所示，這棵樹稱為**生成樹**（*spanning tree*），它的節點是圖的節點，邊是圖的邊的子集合。在一些應用中，生成樹非常重要，尤其是具有最小權重的生成樹，也就是這種樹的邊的加權總和，比使用其他方式選擇邊來形成的生成樹的邊加權總和還要小，這種生成樹稱為**最小生成樹**（*minimum spanning trees*）。剛才介紹的最短路徑方法可產生生成樹，但它不一定是最小生成樹。

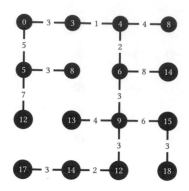

圖 7.8
交通網路的生成樹。

7.2　Dijkstra 演算法

剛才計算最短路徑的方法稱為 *Dijkstra 演算法*，名稱來自荷蘭電腦科學家 Edsger Dijkstra，他在 1956 年發現它，並在 1959 年發表。演算法 7.1 是這種方法的演算法，它會接收一張圖與一個該圖的起始節點，並回傳兩個陣列。

這個演算法使用一個最小優先佇列來持續追蹤接下來要造訪的節點。這個優先佇列必須支援 3.2 節談過的操作，但也需要做一些修改，來滿足 Dijkstra 演算法的需求。我們會在優先佇列中插入節點與距離，也需要就地更新它所儲存的節點的距離。我們需要的操作包括：

- CreatePQ() 會建立一個新的、空的優先佇列。

- InsertInPQ(pq, n, d) 將含有距離 d 的節點 n 插入優先佇列。

- ExtractMinFromPQ(pq) 會將擁有最小距離的節點從佇列移除並回傳。

- SizePQ(pq) 會回傳優先佇列 pq 裡面的元素數量。

- UpdatePQ(pq, n, d) 更新優先佇列，將 n 的距離改為距離 d。

演算法 **7.1**：Dijkstra 演算法。

Dijkstra(G, s) → (*pred, dist*)

    輸入：$G = (V, E)$，圖

           s，起始節點

    輸出：*pred*，大小為 $|V|$ 的陣列，*pred*[i] 代表在從 s 開始的最短

           路徑上，節點 i 的前一個節點

           dist：大小為 $|V|$ 的陣列，*dist*[i] 是從 s 到 i 的最短路徑長度

1   *pred* ← CreateArray($|V|$)

2   *dist* ← CreateArray($|V|$)

3   *pq* ← CreatePQ()

4   **foreach** v **in** V **do**

5   *pred*[v] ← −1

6   **if** $v \neq s$ **then**

7   *dist*[v] ← ∞

8   **else**

9   *dist*[v] ← 0

10   InsertInPQ(*pq*, v, *dist*[v])

11   **while** SizePQ(*pq*) $\neq 0$ **do**

12   u ← ExtractMinFromPQ(*pq*)

13   **foreach** v **in** AdjacencyList(G, u) **do**

14   **if** *dist*[v] > *dist*[u] + Weight(G, u, v) **then**

15   *dist*[v] ← *dist*[u] + Weight(G, u, v)

16   *pred*[v] ← u

17   UpdatePQ(*pq*, v, *dist*[v])

18   **return** (*pred, dist*)

這個演算法也使用兩種資料結構：陣列 *pred* 與陣列 *dist*。在 *pred* 裡面的元素 i，也就是 *pred*[i]，代表在我們目前找到的節點 s 至節點 i 的最短路徑中，i 前面的那個節點。在 *dist* 裡面的 i 元素，也就是 *dist*[i]，代表我們目前找到的，到達 i 節點的最短路徑長度。演算法的第 1–10 行會將資料結構初始化，讓所有節點都沒有前一個節點（−1 代表沒有節點）。此外，我們目前唯一知道的最短路徑是到達起始節點的那一個，它等於零；所以第 7 行會將到達所有其他節點的距離都設為初始值 ∞，第 9 行將起始節點的距離設為 0。接著，第 10 行會將迴圈目前的節點加入優先佇列。只要優先佇列不是空的（第 11 行），在第 11–17 行的迴圈就會重複執行。它會從佇列中取出最小元素（第 12

行），並且在第 13–17 行的內部迴圈中，對取得最佳路徑估計值的鄰點 relax 路徑估計。具體來說，它會在第 14 行檢查從起點到目前的節點 u 的鄰點 v 的距離會不會比 "最終會經過連結 (u, v) 的路徑" 還要大。若是，它會將距離更新為該路徑的距離（第 15 行），並且將 v 在路徑上的前一個節點更新為 u（第 16 行）。在第 17 行，當我們估計鄰點的路徑之後，也必須更新優先佇列。最後，演算法會回傳兩個陣列：$pred$ 與 $dist$（第 18 行）。

注意，我們只會將每一個節點從優先佇列移出一次。這是因為當我們從優先佇列取出它時，它的所有鄰點得到的最短路徑估計都會至少與抵達我們取出的節點的路徑一樣長。事實上，從那個節點開始到演算法結束為止，所有節點的最短路徑至少都會與我們取出的路徑一樣長。所以我們不需要將節點重新放入優先佇列，因為如此一來，第 14 行的條件就會失敗。

演算法 7.1 有一些小細節。我們在第 14 行將路徑估計加上邊的權重。如果路徑估計是 ∞ 會發生什麼事情？這會在我們無法從起源節點到達某個節點時發生，此時，當我們從優先佇列將它取出時，它的路徑估計仍然是初始值。我們會對無限大加上某個值。在數學中，這不是問題，對無限大加上任何值都會產生無限大。但是許多電腦語言都沒有無限大，最常見的做法是用最大的數字來代表無限大，將那個數字加上某個值不會產生無限大，在多數情況下，會產生溢位，並得到將某個值加上最小負數的結果。因此在第 14 行的測試會用某個負數來測試 $dist[v]$，結果成功，讓演算法繼續執行，產生垃圾。所以要將第 14 行從理想的數學狀況轉換成實際的程式，可能需要先確定 $dist[u]$ 不是 ∞，才能對它執行加法。我們會在第 11.7 節進一步說明這些關於電腦算術的細節。

我們有沒有可能錯過某個節點的最小路徑？假設我們從優先佇列取出有最短路徑估計 $dist[v]$ 的節點 v。如果那個估計是不正確的，代表有條比目前找到的路徑還要短的路徑沒有被發現。如前所述，使用不是從優先佇列取出的節點來計算的路徑都不是最短路徑，所以一定會有一條到達節點 v 的路徑使用我們已經取出的節點，並且比我們已經找到的路徑還要短。這條路徑會在節點 v 結束。如果 u 是 v 在那條路徑上的前一個節點，那麼當我們取出 u 時，也會發現那條最短路徑，因為我們會計算 $dist[u] + \text{Weight}(G, u, v) < dist[v]$。所以我們不會錯過最

短路徑；因為，每當我們從優先佇列取出一個節點，就代表已經發現
到達它的最短路徑。在執行這個演算法時，從優先佇列取出的節點集
合就是找到的正確最短路徑的節點集合。

這代表 Dijkstra 演算法可用來尋找到達單一節點的最短路徑。只要我
們從優先佇列取出一個節點，就代表已經找到抵達它的最短路徑，所
以如果我們只在乎這件事，就可以直接停止演算法並回傳結果。

假設我們要用簡單的陣列來實作優先佇列。InsertInPQ(pq, n, d) 等於
設定 $pq[n] \leftarrow d$，它會花費常數時間，也就是 $O(1)$。因為陣列被建立
之後，項目數量就是固定的，我們必須在每次呼叫 InsertInPQ 時遞
增一個計數器，來追蹤我們插入優先佇列的元素數量。UpdatePQ(pq,
n, d) 也等於 $pq[n] \leftarrow d$，因此花費 $O(1)$ 時間。ExtractMinFromPQ(pq)
需要搜尋整個陣列，這不是任何一種排序，而且我們必須一路查看
到它的結尾，以找出最小元素。若優先佇列有 n 個元素，這需要時
間 $O(n)$。因為我們不能真正從陣列取出項目，所以可以將它的值設為
∞，並遞減記錄佇列項目數量的計數器。就算這不是真正的擷取，它
的行為也是相同的，且不會影響演算法的正確性。我們曾經在第 3.3
節看過，你也可以用堆積來實作優先佇列。這不是必要的，如果我們
不需要讓優先佇列有最佳效能，就可以用簡單的陣列來實作它，只不
過這種做法的缺點是尋找最小項目的時間會比堆積還要長。

演算法的初始化部分（在第 1–10 行）會執行 $|V|$ 次，它的所有
操作都花費常數時間，需要時間 $O(|V|)$。這個演算法會將每一
個節點當成最小元素擷取一次（在第 12 行），所以我們有 $|V|$ 次
ExtractMinFromPQ(pq) 操作，每次費時 $O(|V|)$，總共費時 $O(|V|^2)$。第
14–17 行的 relaxation 程序最多執行 $|E|$ 次，每一個邊一次，所以最多
有 $|E|$ 次 UpdatePQ(pq, n, d) 操作，費時 $O(|E|)$。整體來說，Dijkstra 演
算法費時 $O(|V| + |V|^2 + |E|) = O(|V|^2)$。你也可以使用更有效率的優先
佇列來將時間減少為 $O((|V| + |E|) \lg |V|)$。若圖的起始節點可到達所有
節點，則節點數減去來源不會比邊數多，所以在這種圖中，Dijkstra
演算法費時 $O(|E| \lg |V|)$。

Dijkstra 演算法可處理有向與無向圖。迴圈不會影響結果，因為迴
圈只會增加路徑長度，所以那種路徑不會是最短路徑，但是負數權
重會影響結果；如果權重代表的不是實際的距離，而是某些會同時
使用正值與負值的度量，你可能就會使用負的權重。若要正確執行

演算法，你必須找出長度遞增的路徑。如果有負的權重存在，當我們從優先佇列取出節點時，就無法保證未來算出的路徑都不會比已算出的路徑短。簡單來說，如果你的圖可能會有負權重，就不能使用 Dijkstra 演算法。考慮圖 7.9 的圖，從節點 0 到 3 的最短路徑是 $0 \rightarrow 1 \rightarrow 2 \rightarrow 3$，總長是 $5 - 4 + 1 = 2$。但是，看一下圖 7.10 的 Dijkstra 演算法執行過程，這個過程顯示，因為我們之前已經從優先佇列取出節點 2 了，所以無法在更新來自節點 1 的最短路徑時重新取出它。因此，到達節點 3 的最短路徑永遠都不會被更新或發現。

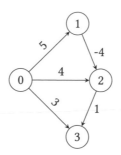

圖 7.9
有負權重的圖。

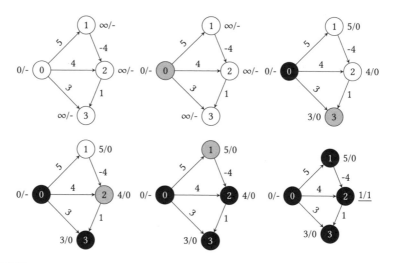

圖 7.10
對有負權重的圖執行 Dijkstra 演算法。在節點旁的 d/p 中，d 是估計路徑，p 是它的前一個節點。

你可能認為解決方法很簡單，只要將每個邊的權重加上一個常數，讓所有邊都有正權重就好了。但這是無效的。圖 7.11 是調整圖的權重之後的結果，現在從節點 0 到節點 3 的最短路徑變成 0 → 3 了，所以我們無法使用這個轉換來取得相同的結果。原因在於，我們不但會將從節點 0 到節點 3 的路徑上的邊加上四，也會將從節點 0 開始經過節點 1 與 2 到節點 3 的路徑上的三個邊加上四，這會打亂路徑與長度的關係。

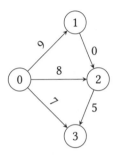

圖 7.11
調整權重之後的圖。

除了那個限制之外，你也可以使用 Dijkstra 演算法來從圖取得其他類型的資訊。計算從任何節點到任何其他節點的最短路徑很簡單，這種問題稱為**任意兩點最短路徑問題**（*all pairs shortest paths problem*）。你只需要執行 Dijkstra 演算法 $|V|$ 次，每次從不同的節點即可，如演算法 7.2 所示。為了儲存結果，我們使用兩個有 $|V|$ 個元素的陣列，*preds* 與 *dists*，它們的元素會指向 Dijkstra 產生的結果陣列；所以每當我們呼叫 Dijkstra 來處理節點 u 時，就會將 *preds*[u] 與 *dists*[u] 設為 Dijkstra 回傳的 *pred* 與 *dist* 陣列。

演算法 7.2：任意兩點最短路徑。

```
AllPairsShortestPaths(G) → (preds, dists)
```

  輸入：$G = (V, E)$，圖

  輸出：*preds*，大小為 $|V|$ 的陣列，*pred*[*u*] 是對節點 *u* 呼叫
　　　　Dijkstra 所產生的前面節點組成的陣列

　　　　dists，大小為 $|V|$ 的陣列，*dist*[*u*] 是對節點 *u* 呼叫
　　　　Dijkstra 所產生的距離結果陣列

  1　*preds* ← CreateArray($|V|$)

  2　*dists* ← CreateArray($|V|$)

  3　**foreach** *u* **in** *V* **do**

  4　　(*preds*[*u*], *dists*[*u*]) ← Dijkstra(*G*, *u*)

  5　**return** (*preds*, *dists*)

計算圖的任何一對節點之間的最短路徑之後，你可以計算整張圖的一種拓撲度量。在所有的雙節點最短路徑中最長的那一個就是**圖的直徑**（*diameter of a graph*）。如果在一張圖中，兩個節點 *v* 與 *u* 之間的最短路徑長度是 *d*，且任何其他兩個節點之間的最短路徑長度都小於 *d*，那麼遍歷這張圖的最長的最短路徑就是沿著從 *v* 到 *u* 的路徑。因為大家都認為一個形狀的直徑就是那個形狀最長的兩點之間的距離，如果我們將圖視為形狀，節點視為點，那麼從 *v* 到 *u* 的路徑就相當於形狀的直徑，這就是名稱的由來。要計算圖的直徑，你要先執行任意兩點最短路徑演算法，接著從結果找出最長的路徑，那就是圖的直徑。

圖的直徑代表跨越圖的任意兩個節點來遍歷一張圖所需的最大連結數量。因此，它與所謂的"六度分隔"理論有關，這個理論認為每一個人只要透過不超過六位他人就可以和世界上的另一個人建立關係，它也稱為"小世界問題"。這個理論也許違反直覺，但已經有人發現，平均而言，在大型網路中的節點比我們認為的還要靠近許多。

參考文獻

本章談到的，並且在 TEX 與 LATEX 中使用的換行演算法來自 Knuth 與 Plass [117]。The TEXbook [111] 用獨特的方式來介紹 TEX。LATEX 是 Leslie Lamport 創造的，他在 [120] 提供說明。

Edsger Dijksra 在 1956 年發明以他為名的最短路徑演算法，並在 1959 年發表它 [51]。在一次採訪中，Dijkstra 談到他發明時的狀況：" 從 Rotterdam 到 Groningen 哪一條路距離最短？我想用演算法來找出最短路徑，所以花了大約 20 分鐘來設計它。有一天早上，我與未婚妻在 Amsterdam 購物，我們累了，坐在咖啡廳陽台上喝一杯咖非，當時，我想到好像可以這樣做，就設計出計算最短路徑的演算法了。照我所說的，它是一項只花了 20 分鐘的發明 " [141]。

如果我們使用合適的優先佇列實作，就可以改善 Dijkstra 演算法的效能 [71]。有些人使用其他資料結構取代堆積來實作優先佇列，以進一步改善 Dijkstra 演算法，你可以參考 Ahuja、Melhorn 與 Tarjan [1]、Thorup [201] 以及 Raman [163] 提出的演算法。

Dijkstra 演算法可視為一種較通用的演算法—最佳優先搜尋（*best-first search*）—的特例，這種演算法其實比較有效率 [60]。Dijkstra 演算法的另一種普遍化版本是 Hart、Nilsson 與 Raphael 在 1968 年發明的 A* 演算法 [87]（在 1972 [88] 中證明強化它）；A* 受到廣泛地使用，電腦遊戲經常用它來選擇路徑。

因為 Dijkstra 演算法可用來尋找路網中的城市與城市之間的最短路線，有些網路路由協定也會用它在網路的節點之間移動資料封包。這些協定包括 Open Shortest Path First（OSPF）協定 [147] 與 Intermediate System to Intermediate System（IS-IS）協定 [34]。

關於小世界問題，最有名的研究是 Stanley Milgram 在 1960 年代發表的 [139, 204]；John Guare 的劇本 *Six Degrees of Separation* [84] 與一部採用這個劇本的電影將這種想法普及化。

練習

1. 在演算法 7.1 中，我們在演算法的初始化步驟將圖的所有節點插入優先佇列。如果優先佇列有一種功能可讓你檢查它裡面有沒有某個項目，上述的步驟就沒必要了。當我們將 v 視為節點 u 的鄰點，並在 relaxation 步驟中，發現有一條比較好的路徑會經過 v 時，就可以檢查 v 是否已在優先佇列內，若是，我們可以像演算法 7.1 一樣更新它，否則可將它插入優先佇列。修改 `Dijkstra`，讓它用這項改變來運作。

2. 編寫兩個 Dijkstra 演算法程式，一個使用陣列來作為優先佇列，採取書中談到的方式，另一種用堆積來作為優先佇列。測量這兩種做法的效能。

3. 現今我們很容易就可以檢查真實世界的圖的直徑，因為你可以公開取得各種網路的轉存（dumps）；請取得一個網路，檢查它的直徑有多大，並用它來驗證六度分隔理論。如果那張圖很大，你必須確保程式可以有效率地處理它。

8 路由與套利

當你造訪網頁時，私底下會發生很多事情。瀏覽器會傳送命令給你造訪的伺服器，那個命令會要求伺服器將你想要觀看的網頁內容傳給瀏覽器。以上是用人話來說明的情況，但它不是電腦瞭解的情況。電腦不會直接送出命令或互相交談，它們是用精心安排的方式來溝通的，溝通的各方只能用精心編排的方式來傳達特定的事項。

溝通的方式是用**協定**（*protocols*）來架構的。你可以將通訊協定當成一組指令，就像劇本一樣，指出誰要在什麼時候說什麼話。通訊協定不是只在電腦中出現。以日常的講電話為例，當 Alice 打給 Bob，Bob 接起電話時，Alice 會期望 Bob 說 "Hello" 或 "我是 Bob" 或其他類似的話，來讓她知道他已接起電話。如果 Bob 那一端沒有傳來任何聲音，Alice 可能會再詢問 "Hello？請問您是？" 來引出回應，儘管這不是正常的電話對話模式。接著，當兩方開始交談時，他們可能會無意識地認同彼此的談話，當 Bob 開始長篇大論時，Alice 偶爾會發出類似 "嗯"、"對"，或 "I see" 之類的聲音，當然，她不會 "看到"（see）任何東西，但如果 Bob 講了一段很長的時間，而且沒有得到類似的回饋，他會試著詢問 "喂？" 或 "你在嗎？" 來要求回應。

我們認為這些事都是理所當然的，因為它每天都會發生很多次，但這些事情並非小事，因為你可以隨時用它來確認線路是否不良或斷線，尤其是打行動電話時。

當你的瀏覽器與網頁伺服器溝通來取得網頁時，它也會遵循一種定義良好的協定，稱為 HTTP，也就是**超文件傳輸協定**（*Hypertext Transfer Protocol*），這個協定相當簡單，只有一些可讓瀏覽器送給伺服器的命令，以及一組可讓伺服器送回去給瀏覽器的回應。在 HTTP 通訊過程中，瀏覽器與伺服器只能互相傳送這些命令與回應。

這些命令最簡單的一種是 GET。瀏覽器會將 GET 命令與它想要取得的網頁的位址一起傳給伺服器。以下是這個命令的範例：

```
GET http://www.w3.org/pub/WWW/TheProject.htm HTTP/1.1
```

這個命令會要求名為 www.w3.org 的伺服器使用 1.1 版的 HTTP 協定來將標識為 /pub/WWW/TheProject.htm 的網頁傳給瀏覽器。伺服器會取出這個網頁，並將它傳回去給瀏覽器。

當我們談到 "瀏覽器要求伺服器做某件事情" 時，其實省略許多細節。瀏覽器會藉由與伺服器的連結來傳送這個命令給它。瀏覽器不會在乎連結如何設定，或它如何動作。它會假設它與伺服器有個可靠的連結，並且可以透過這個與伺服器的連結來傳送東西。同樣的，伺服器可以透過與瀏覽器的同一個連結來傳送東西回去，它也不在乎連結如何設定，以及如何動作。你可以將連結當成瀏覽器與伺服器之間的管道，資料會在裡面往兩個方向流動。

因為瀏覽器與伺服器都不在乎連結如何建立，以及資料如何在裡面流動，所以必定會有某些其他的機制負責這些事項。這是另一種協定負責的，稱為傳輸控制通訊協定（Transmission Control Protocol（TCP））。TCP 協定負責提供一個連結給它的使用者，在這裡是 HTTP 協定，讓資料可在這個連結內往兩個方向移動。TCP 協定不知道這個連結將要傳輸的命令，它不知道什麼是 HTTP，也不知道什麼是 GET，它只知道要接收某些資料，或許是個 GET 命令，並確保讓它到達連結的末端，等待那一端的回應，並確保可將回應送回去給 GET 命令的傳送者。它會將 HTTP 命令與回應放入一種稱為 *segments* 的區塊之中，在連結上面傳遞。如果資料過大，它可能會將資料拆成好幾個有固定最大大小（size）的區塊。HTTP 協定不會處理以上的那些事情；TCP 會結合所有的區塊，來建立一個完整的請求或回應，交給 HTTP。

TCP 要負責設定連結，以及透過它來連接的兩台電腦之間的資料流動，但它不需要負責在兩台電腦間實際移動資料。它要負責建立一個假想的可靠連結，雖然這種連結沒有實際的物理線路，例如管道或電纜，它甚至不知道資料如何到達它的目的地。這就好像它正在使用一個連結，但不知道連結是如何建立的。想像有一個以許多組件組成的管道。TCP 知道如何將東西放在管道內，將它們推進去，將它們取出，也知道有沒有東西被放入管道，但是在另一端卻沒有被取出，但它不知道管道本身是如何建構的、使用哪些組件，甚至有多少組件。在這種操作下，如果東西在半路被塞住，管道也有可能會改變，將某些組件加入或移除。管道也可能會有漏洞，造成資料的遺失。TCP 會發現這件事，並要求重新傳遞遺失的資料，但它不知道資料被送入管道之後發生了什麼事。這是另一種協定負責的工作：Internet 通訊協定（Internet Protocol（IP））。

IP 會從 TCP 接收區段（segments）形式的資料，並將它們封裝成**封包**（*packets*），每一個封包裡面都有來源與目的的位址。這些封包可能會有某個最大大小，取決於傳送它們的實體網路，所以每一個 segment 可能都會被分割成好幾個封包。傳送方會取得每一個 IP 封包，並透過一個網路介面來將資料放在底層的實體網路，來將它轉傳給目標，接著忘了這件事。有時目標是與來源直接連接的電腦，但大部分的情況都不是如此。電腦都是彼此相連的，從來源到目的地的路由可能會橫跨許多彼此相連的電腦，這種情況很像路網可能會直接連接兩個城市，但從出發點到目的地的旅途通常會經過好幾個城市。IP 協定不保證可成功傳遞封包，也不會追蹤封包。它不保證封包可以依序傳遞。它不保證所有的封包都可以用相同的方式傳到它們的目的地。它只會將封包轉傳給它們的目的地。它只知道該把收到的封包傳到哪裡，或是當它與目的地直接接觸時，直接傳遞它。當封包到達目的地時，它會用 segments 的形式來將封包送給 TCP，必要時會重組被拆開的封包。TCP 要負責接收這些 segments 並將它們依序恢復成原狀，也會偵測遺缺的 segments，發現有遺缺時會要求通訊的另一端重新傳送它們。總之，TCP 會用必要的手段，在不可靠的傳輸層上面建立一個假想的可靠連結，再轉傳封包，並忘了它們。

有一個比喻或許可以協助你瞭解 TCP 與 IP 的互動：一座有虛構水管的城市。想像一下，在那座城市中，水龍頭會以你以為的方式來運作：水可以從它的開口傾瀉而下。但是當你仔細研究水究竟如何流到家裡的水龍頭的時候，會突然發現你家沒有水管與水庫相連。有一些水販會在水庫用水桶裝滿水，並帶著桶子來到你家外面的水箱，將水箱裝滿，當你打開水龍頭時，會誤以為水是從水庫源源不絕地流到水龍頭。但這是人們帶著許多水桶在城市中四處移動產生的結果。此外，每一位水販都可以選擇到達你家的方式，他不一定走相同的路線。但是，如果他們的行動夠快，就會讓你誤以為自己住在一個水道

完整的城市。那些水販就是 IP 協定，你看到的水流就是 TCP 協定，
它會負責避免讓你看到底層的真相。

圖 8.1 是整個程序。每一層的協定在操作時都會認為它們在與另一端
進行通訊。實際上，所有的東西都會從上層的協定往下傳到實體網
路，必要時它們會被分解，接著從另一端的實體網路上傳到上層的協
定，在必要時重組。

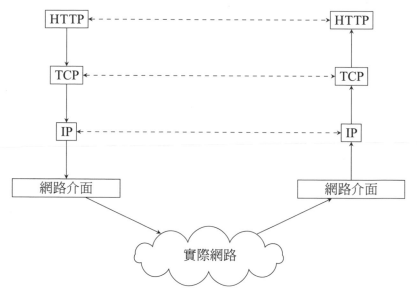

圖 8.1
HTTP 與 TCP/IP 協定堆疊。

另一種瞭解發生什麼事情的方式是由下往上看。在圖 8.1 的底層有個
實體網路，如果那個實體網路是用光纖來架構的話，它會用光波來傳
輸位元。電腦會藉由它的網路介面來與這個實體網路通訊。這個網路
介面會將資料送入網路，也會從它那裡接收資料。資料必須知道要去
哪裡，這是 IP 協定的責任，負責資料在電腦組成的 Internet 上的路
由。IP 協定不保證資料的傳遞，它是一種射後不理協定。保證傳遞
與在不可靠的資料移動機制上建立可靠的連結是 TCP 協定的責任。
TCP 協定可以發現它要求 IP 傳送的某些資料實際上沒有被傳遞，並
要求它的 TCP 夥伴重新傳送它們。HTTP 或任何其他應用層級的協
定都可以透過這種方式來發送命令並取得回應，而不需要理會底層的
事情。

令人驚訝的是，整個 Internet 都建構在不可靠的傳輸機制之上，但因為 TCP 與 IP 協定的組合，讓它變得可靠。它們通常會被綁在一起，稱為 TCP/IP 協定組合。有一種 Internet 的定義是：透過 TCP/IP 協定來連結的電腦集合。

8.1　Internet 路由

如前所述，除非兩台電腦是直接相連的，也就是它們都在同一個實體網路上，否則 IP 無法直接從來源將封包送到目的地，而是必須將它送給中介物。我們將這些中介物稱為**路由器**（*routers*），因為它們會安排資料在網路上的路線。它們有效的原因在於 IP 可從封包內的位址知道要將該封包送給哪個路由器，期望那個路由器比較知道如何處理封包，以及路由器比較接近目的地。為了瞭解這件事，我們可以想像在各個城鎮中有一群的信差，如果有位信差從另一位信差收到一個訊息，他會檢查目的地是不是在當地，如果是，他會直接傳遞它，如果不是，而且目的地是與目前的城鎮直接相連的城鎮，他就知道這個訊息必須送到那裡。否則，他會檢查紀錄，並發現：“有這種形式的地址的所有封包都必須轉送給這個城鎮，這就是據我所知，處理它們的最佳方式。”例如，他可能知道目的地在“北方”的所有東西都必須送往他的北方鄰居，而鄰居知道該如何處理那些封包。

IP 如何知道要將封包轉送給誰？Internet 不是採取中央集權的管理方式，沒有中央網路地圖。Internet 是以很大的次級網路組成的，這種網路稱為**自治系統**（*autonomous system*）。自治系統可能是一個校園範圍的網路，或大型的 Internet 服務提供者（ISP）網路。有一種複雜的協定，稱為邊界閘道器協定（BGP），負責安排各個自治系統的路由器之間的路由。另一種協定，稱為路由資訊協定（RIP），負責安排各個自治系統內的路由器之間的路由。

為了解釋 RIP 的動作，我們回到信差比喻。想像每一個信差都是真正的官僚。當信差上班時，除了知道他們的城鎮與某些其他的城鎮直接相連之外，不知道任何其他事情。他們唯一的工作，就是將封包送給鄰鎮，以及去那裡接收封包。他們也有一個筆記，記載轉發封包的方法。一開始，筆記幾乎是空的，只有傳遞封包給鄰鎮的說明。

信差會互相傳遞一些特殊的訊息，描述他們與哪些城鎮相連，以及與那些城鎮的距離。這些訊息是非常重要的。當信差從與它相連的城鎮收到一個訊息時，他可以從訊息看到那個城鎮與更遠的城鎮相連。從現在起，信差就可以知道目的地是鄰鎮或鄰鎮的任何鄰鎮的訊息都會被送到鄰鎮，因為那裡的信差知道該怎麼處理。

鄰鎮也會收到這種訊息，所以它們也知道如何將訊息傳到更遠的地方。它也會定期更新關於第一個信差的知識。透過這種方式，經過一段時間之後，所有的信差都可以很好地瞭解他們收到的訊息應該轉傳到哪裡。此外，有時信差可能會收到一個訊息指明有條經過鄰鎮的路徑比他本來知道的路徑還要短，此時，他也會更新筆記。

如果你覺得上面的故事看起來不真實，我們用一個範例來解釋。圖8.2 的自治系統有五個路由。圖 8.3 是 RIP 的操作。

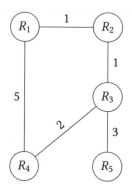

圖 8.2
有五個路由的自治系統。

雖然圖 8.3 用一張表格來展示從路由器到路由器的所有路由，事實上沒有這種表格。每一個路由器都有它自己的表，它就像圖中的表格中的一列，只不過它裡面沒有空的格子。因為每一個路由器都不知道有多少其他的路由器，所以路由器的表格大小，只會與它在每個時間點知道的路由器數量一樣大。所以 R_1 的表格在一開始有三個項目，接著有四個，最後有五個。在圖中，格子 $(R_i，R_j)$ 的內容是從 R_i 到 R_j 的距離，以及接下來要將封包轉傳給哪一個路由器。所以如果格子 $(R_5，R_2)$ 的值是 $4/R_3$，代表從 R_5 到 R_2 的距離是 4，以及要送到 R_2 的封包應先轉傳給 R_3。我們用 D 來代表有直接的連結。

	R_1	R_2	R_3	R_4	R_5
R_1	0	1/D	-	5/D	-
R_2	1/D	0	1/D	-	-
R_3	-	1/D	0	2/D	3/D
R_4	5/D	-	2/D	0	-
R_5	-	-	3/D	-	0

(a) 初始狀態。

	R_1	R_2	R_3	R_4	R_5
R_1	0	1/D	2/R_2	5/D	-
R_2	1/D	0	1/D	-	-
R_3	-	1/D	0	2/D	3/D
R_4	5/D	-	2/D	0	-
R_5	-	-	3/D	-	0

(b) $R_2 \rightarrow R_1$

	R_1	R_2	R_3	R_4	R_5
R_1	0	1/D	2/R_2	5/D	-
R_2	1/R_1	0	1/D	3/R_3	4/R_3
R_3	-	1/D	0	2/D	3/D
R_4	5/D	-	2/D	0	-
R_5	-	-	3/D	-	0

(c) $R_3 \rightarrow R_2$

	R_1	R_2	R_3	R_4	R_5
R_1	0	1/D	2/R_2	4/R_2	5/R_2
R_2	1/R_1	0	1/D	3/R_3	4/R_3
R_3	-	1/D	0	2/D	3/D
R_4	5/D	-	2/D	0	-
R_5	-	-	3/D	-	0

(d) $R_2 \rightarrow R_1$

	R_1	R_2	R_3	R_4	R_5
R_1	0	1/D	2/R_2	4/R_2	5/R_2
R_2	1/R_1	0	1/D	3/R_3	4/R_3
R_3	-	1/D	0	2/D	3/D
R_4	5/D	3/R_3	2/D	0	5/R_3
R_5	-	-	3/D	-	0

(e) $R_3 \rightarrow R_4$

	R_1	R_2	R_3	R_4	R_5
R_1	0	1/D	2/R_2	4/R_2	5/R_2
R_2	1/R_1	0	1/D	3/R_3	4/R_3
R_3	-	1/D	0	2/D	3/D
R_4	5/D	3/R_3	2/D	0	5/R_3
R_5	-	4/R_3	3/D	5/R_3	0

(f) $R_3 \rightarrow R_5$

	R_1	R_2	R_3	R_4	R_5
R_1	0	1/D	2/R_2	4/R_2	5/R_2
R_2	1/R_1	0	1/D	3/R_3	4/R_3
R_3	2/R_2	1/D	0	2/D	3/D
R_4	5/D	3/R_3	2/D	0	5/R_3
R_5	-	4/R_3	3/D	5/R_3	0

(g) $R_2 \rightarrow R_3$

	R_1	R_2	R_3	R_4	R_5
R_1	0	1/D	2/R_2	4/R_2	5/R_2
R_2	1/R_1	0	1/D	3/R_3	4/R_3
R_3	2/R_2	1/D	0	2/D	3/D
R_4	5/D	3/R_3	2/D	0	5/R_3
R_5	5/R_3	4/R_3	3/D	5/R_3	0

(h) $R_3 \rightarrow R_5$

圖 8.3
在圖 8.2 執行 RIP 協定的過程。

圖 8.3a 的表格項目都是 x/D，因為我們只知道直接連結。圖 8.3b 是 R_1 收到 R_2 送來的訊息之後發生的事情。現在 R_1 知道它可以透過 R_2 將訊息傳給 R_3；因為 R_2 可以將訊息轉傳給與它相距 1 的 R_3，所以從 R_1 經過 R_2 到 R_3 的總距離是 2，我們用底線來標示更新過的項目。接著在圖 8.3c，R_2 從 R_3 收到訊息。現在 R_2 知道可透過 R_3 將訊息傳給 R_4 與 R_5，所以相關的項目都會被更新。

當我們結束圖 8.3 的 RIP 追蹤時，R_4 知道一條直接連到 R_1 的路徑，而不是經過 R_3 那條比較好的路徑。這是因為當 R_3 從 R_2 收到訊息之後，R_4 沒有從 R_3 收到訊息。如果有的話，R_4 就會知道前往 R_1 的最佳路徑，並更新它的表格項目。在某個時間點，路由器之間就會交換所有必要的訊息，所以所有路由器都可以知道前往所有其他路由器的最佳、最短路徑。

用單一路由器發生的事情來說明 RIP 的動作比較容易瞭解。在一開始，它只知道通往直接相連的路由器的路徑。接著它會從這種路由器收到封包。假設第二個路由器本身還沒有從任何其他路由器收到任何封包。接著第二個路由器送給第一個路由器的封包只會告訴它第二個路由器的直接連結。於是，第一個路由器知道從它開始算起兩個連結之外，從第二個路由器出發的路徑。如果第二個路由器收到第三個路由器送來的封包，而且第三個路由器還沒有收過其他路由器送來的封包，第二個路由器會知道從它開始兩個連結之外的路徑。當第二個路由器傳送新封包給第一個路由器時，第一個路由器就會知道從它開始，經過第二個路由器的三個連結之外的路徑。

這看起就像 relaxation 程序，在這種程序中，每當我們拿到封包時，或許就可以 relax 出連結數量漸增的路徑。實際的情況也是如此，我們會對著連結數量遞增的路徑重複執行 relaxation。為了讓你相信 RIP 是有效的，我來看一下這種 relaxation 如何在圖中找到最短路徑。

我們要在圖中找出從起始節點開始的最短路徑，而不是讓所有路由器彼此交談。我們一開始將這張圖的每一個最短路徑估計設為 ∞，但將起始節點設為零。

接下來我們會處理圖的每一個邊，並 relax 到達它的目的地的路徑估計。換句話說，我們會檢查圖的每一個邊，看看是否可以在經過它的情況下，用比之前找到的最短路徑還要短的路徑到達它的目的地。在第一次做這件事情時，我們會找到直接連接起點的節點的最短路徑估計，所以它們是只有一個邊的最短路徑。這就是剛開始執行 RIP，在單一節點發生的情況。

我們重複執行這個程序,再次沿著圖的所有邊進行 relax。在第二次,我們會找出與起點直接相連的節點,或與起點直接相連的節點的最短路徑估計。也就是說,我們會找出從起點算起兩個邊之內的節點的最短路徑估計。於是,當我們重複這個程序 |V| − 1 次時,就可以找到從起點算起 |V| − 1 個邊之內的節點的最短路徑估計。在圖中,從一個節點到另一個節點的路徑之中不可能會有超過 |V| − 1 個節點,除非這張圖有循環。如果循環裡面有正長度的路徑,它就不可能會在任何最短路徑裡面,如果循環裡面有負長度的路徑,這張圖就完全沒有最短路徑的概念,因為我們可以將路徑長度減少為 −∞ 來繞過它們。無論如何,在對所有邊做 |V| − 1 次 relaxation 程序迭代之後,我們就會找到從起點到圖的每一個其他節點的最短路徑。

8.2 Bellman-Ford(-Moore) 演算法

以上的程序是用高階的方式來描述 Bellman-Ford 演算法,見演算法 8.1。它的名稱來自發表這個演算法的 Richard Bellman 與 Lester Ford, Jr.。這個演算法也稱為 Bellman-Ford-Moore,因為 Edward F. Moore 與他們同時發表這個演算法。RIP 協定是 Bellman-Ford 演算法的分散(distributed)版本,它除了可以找到從起點開始的最短路徑之外,也會找到任何一對節點之間的最短路徑。換句話說,它會用分散的方式來解決任意兩點最短路徑問題。

回到基本的 Bellman-Ford 演算法版本,也就是非分散的版本。它會使用陣列 *pred* 來保存抵達某個節點的最短路徑的前一個節點,與使用 *dist* 來保存最短路徑的長度。

Bellman-Ford 演算法一開始會先初始化資料結構,在第 1–8 行,讓它們反應出除了到達起點的路徑之外,我們不知道其他的最短路徑。因此,任何節點都沒有前面的節點,且所有最短路徑的長度被設為 ∞,除了從起點到起點的路徑等於零之外。在初始化之後,它會檢查遞增數量的邊的最短路徑。一開始,路徑只有一個邊,接著兩個,直到我們到達路徑的最大邊數為止。如果一條路徑含有最大數量的邊,這條路徑就會有圖的每一個節點,因此有 |V| − 1 個邊。這些事情都是在第 9–13 行發生的。這個迴圈的工作方式如下:

- 在第一次迭代之後，我們找到含有不超過一個連結的最短路徑。

- 在第二次迭代之後，我們找到含有不超過兩個連結的最短路徑。

- 在第 k 次迭代之後，我們找到含有不超過 k 個連結的最短路徑。

- 在第 $|V| - 1$ 次迭代之後，我們找到含有不超過 $|V| - 1$ 個連結的最短路徑。

演算法 8.1：Bellman-Ford。

BellmanFord(G, s) $\rightarrow$ (*pred, dist*)

    輸入：$G = (V, E)$，圖

           s，起始節點

    輸出：*pred*，大小為 $|V|$ 的陣列，*pred*[i] 是從 s 開始的最短路徑上，節點 i 的前一個節點

           dist，大小為 $|V|$ 的陣列，*dist*[i] 是從節點 s 到 i 的最短路徑長度

```
 1   pred ← CreateArray(|V|)
 2   dist ← CreateArray(|V|)
 3   foreach v in V do
 4       pred[v] ← −1
 5       if v ≠ s then
 6           dist[v] ← ∞
 7       else
 8           dist[v] ← 0
 9   for i ← 0 to |V| do
10       foreach (u, v) in E do
11           if dist[v] > dist[u] + Weight(G, u, v) then
12               dist[v] ← dist[u] + Weight(G, u, v)
13               pred[v] ← u
14   return (pred, dist)
```

因為最短路徑都不會有 $|V| - 1$ 個以上的連結，否則就代表有循環，所以工作完成。

如同 Dijkstra 演算法，當你實作演算法 8.1 時，要小心第 11 行。如果你的程式語言不知道無限大而讓你改用大數字，請確保你不會因為對大數字做加法而產生溢位，反而得到小數字。

圖 8.5 是對著圖 8.4 的交通網格圖執行 Bellman-Ford 演算法的過程。我們用網格節點的座標來代表它們，座標是從 0 開始算起的，所以 (0, 0) 是左上角的節點，(3, 3) 是右下角的節點，以此類推。

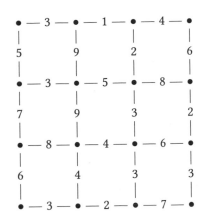

圖 8.4
交通網格。

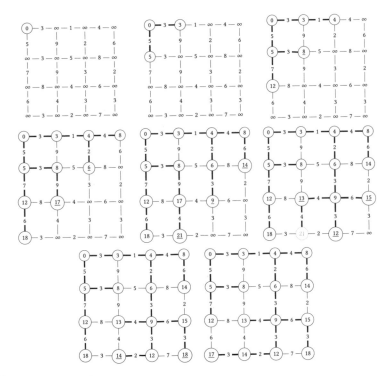

圖 8.5
使用 Bellman-Ford 演算法找出最短路徑。

圖中的每張小圖代表對所有邊執行 relaxation 程序的一次迭代。第一張小圖的路徑有零個邊，第二張小圖的路徑有一個邊，直到最後一張小圖，它的路徑有多達七個邊。當 relaxation 程序需要選擇路徑時，也就是在那一次迭代時，需要在前往節點的兩個邊之間做出選擇時，我們會在那個節點加上底線。所以，在第二次迭代時，有兩條雙邊路徑可到達位置 (1, 1) 的節點，我們選擇最好的一個。在第五次迭代，如果位置 (2, 1) 的節點選擇經過位置 (3, 2) 的節點，而不是位置 (1, 1) 的節點，就可得到更好的路徑。一般來說，我們無法知道有哪些節點的估計是不會改變的，一個節點的最短路徑會因為將來的變化而改變，直到演算法結束為止。此外，就算我們似乎已經檢視所有節點了，如同第六次迭代，也有可能會有更好的、含有更多邊的路徑。這就是在第八次迭代發生的事情，此時節點 (3, 0) 透過節點 (3, 1) 得到更好的路徑，新路徑有七個邊，經過 (0, 0) → (0, 1) → (0, 2) → (1, 2) → (2, 2) → (3, 2) → (3, 1) → (3, 0)，而不是只有三個邊，經過 (0, 0) → (1, 0) → (2, 0) → (3, 0) 的舊路徑。

我們在第五次迭代將 (3, 1) 的數字改為灰色，將線條改為虛線，來指出它目前正處於中間（limbo）狀態。前往節點 (2, 1) 的路徑已被更新了，從第四次迭代時的三邊路徑，變成較短的五邊路徑。在第 i 次迭代時，演算法會找出最多有 i 個邊的最短路徑，且不會更長。所以第五次迭代其實不會發現 "從到達節點 (2, 1) 的更新路徑到節點 (3, 1) 的路徑"，因為它有六個邊。如果我們在 relax 邊 (2, 2) → (2, 1) 之後 relax (2, 1) → (3, 1)，可能會意外地發現它，但是演算法沒有指定邊的 relax 順序的機制。但是，不需要擔心，因為節點 (3, 1) 會在下一次迭代時取得正確的路徑，該路徑甚至不是來自 (2, 1) 的那一條。

關於執行時間，**Bellman-Ford** 演算法會在初始化階段執行 $|V|$ 次迭代。初始化的過程會設定陣列值，這會花費常數時間 $O(1)$，所以會花費 $O(|V|)$ 時間。第 9–13 行的迴圈會重複 $|V| - 1$ 次，每一次都會檢查圖的所有邊，所以會花費 $O((|V| - 1)|E|) = O(|V||E|)$ 時間。整個演算法會花費 $O(|V| + |V||E|)$ 時間，也就是 $O(|V||E|)$ 時間。

注意，我們剛才談到的演算法不會在第七次迭代時結束。它會繼續試著找出有更多邊的最短路徑，直到到達 15 次迭代為止。但是，在這張圖中，其餘的迭代無法找到更短的路徑，所以我們省略那些步驟，以縮短篇幅。不過，整體來說，這也顯示一種改善演算法 8.1 的機會。假設我們正處於演算法的第 i 次迭代，我們做 relax，因而將最短路徑更新成 m 個節點，我們將這些節點稱為 i_1、i_2、$\cdots$、i_m。前往這些節點的最短路徑的邊都不會超過 i 個。在演算法的第 $i+1$ 次迭代時，我們真正需要檢查的邊只有節點 i_1、i_2、$\cdots$、i_m 旁邊的邊。為什麼？因為在演算法的第 $i+1$ 次迭代時，我們尋找的是不超過 $i+1$ 個邊的最短路徑，因為我們已經發現有不超過 i 個邊的路徑了。但是這些 i 邊路徑的最後一個邊是在節點 i_1、i_2、$\cdots$、i_m 之一結束的。因此，在演算法每一次迭代時，我們不需要檢查所有的邊，只要檢查前一次迭代時更新估計的節點的邊就可以了。

在繼續利用這個最佳化之前，你可能在想，這個演算法為什麼可行。這種質疑有點像之前討論最佳化的情形，我們可以以用歸納法來說明。剛開始，在第一次迭代之前，$dist$ 陣列含有從起點 s 到每一個節點的最短路徑長度，邊數不會比零個多，實際上，$dist[s] = 0$，且對所有不等於 s 的 u 而言，$dist[u] = \infty$。假設在第 i 次迭代的情況與之前相同，那麼對每一個節點 u 而言，$dist[u]$ 含有從 s 到 u，且擁有不超過 i 個邊的最短路徑長度。接著考慮在第 $i+1$ 次迭代發生的事情。在這次迭代中，從 s 到任何節點 u 的路徑可能都不超過 $i+1$ 個邊。如果所有這種路徑的邊都不超過 i 個，我們在之前的迭代就會發現它們，所以 $dist[u]$ 在目前的迭代中不會改變。如果路徑有 $i+1$ 個邊，我們用以下的方式來理解這種路徑。這種路徑有兩個部分。它會從節點 s 開始，經過 i 個邊之後到達某個節點 w；之後會有一個從節點 w 到節點 u 的邊：$s \overset{i}{\rightsquigarrow} w \to v$。第一個部分 $s \overset{i}{\rightsquigarrow} w$ 有 i 個邊，所以我們必定在第 i 次迭代就已經發現它了。也就是說，它不會比從 s 到 w 的最短路徑還要長。在第 $i+1$ 迭代時，我們發現邊 $w \to v$ 有可以加至路徑 $s \overset{i}{\rightsquigarrow} w$ 的權重的最小可能權重，所以路徑 $s \overset{i}{\rightsquigarrow} w \to v$ 是擁有 $i+1$ 個以下的連結的最短路徑。

回到如何將演算法最佳化，我們可以將每次迭代時更新估計的節點放入先進先出（FIFO）佇列來保存它們。我們也需要知道某個項目有沒有在佇列內。比較簡單的做法是使用布林陣列 $inqueue$，如果 i 在 q 內，則 $inqueue[i]$ 為 true，否則 false。我們將 Bellman-Ford 改寫為演算法 8.2。我們回到圖 8.5 來追蹤演算法 8.2 的執行。圖 8.6 是追蹤的過程，每一張小圖底下有佇列的內容。你也可以在小圖中看到它們：目前在佇列內的節點會被塗上灰色。

演算法 8.2：佇列式 Bellman-Ford。

BellmanFordQueue(G, s) $\rightarrow$ (*pred, dist*)

     輸入：$G = (V, E)$，圖

           s，起始節點

     輸出：*pred*，大小為 $|V|$ 的陣列，*pred*[i] 是從 s 開始的最短路徑

           上，節點 i 的前一個節點

           dist，大小為 $|V|$ 的陣列，*dist*[i] 是從節點 s 到 i 的最短路

           徑長度

1   *inqueue* ← CreateArray($|V|$)

2   Q ← CreateQueue()

3   **foreach** v in V **do**

4   *pred*[v] ← −1

5   **if** $v \neq s$ **then**

6   *dist*[v] ← ∞

7   *inqueue*[v] ← FALSE

8   **else**

9   *dist*[v] ← 0

10 Enqueue(Q, s)

11 *inqueue*[s] ← TRUE

12 **while** Size(Q) $\neq$ 0 **do**

13   u ← Dequeue(Q)

14   *inqueue*[u] ← FALSE

15   **foreach** v in AdjacencyList(G, u) **do**

16   **if** $dist[v] > dist[u] + $ Weight(G, u, v) **then**

17           $dist[v] \leftarrow dist[u] + $ Weight(G, u, v)

18   *pred*[v] ← u

19   **if not** *inqueue*[v] **then**

20   Enqueue(Q, v)

21   *inqueue*[v] ← TRUE

22 **return** (*pred, dist*)

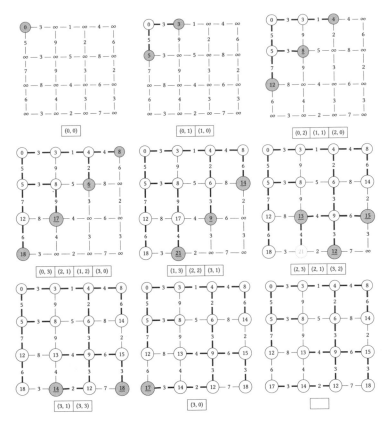

圖 8.6
用佇列式 Bellman-Ford 演算法來尋找最短路徑。

這一次演算法不是在第九次迭代停止,這是它比之前的做法好的地方。請注意在第六、七與八次迭代時發生的事情:有節點曾經進入佇列,後來又再次進入佇列,因為它們被發現有更多邊的更短路徑。我們在第四次迭代時發現一條前往節點 (2, 1) 的路徑,接著在第六次迭代時,發現前往更好的路徑。我們也在第四次迭代時發現一條前往節點 (3, 0) 的路徑,接著在第八次迭代時發現更好的路徑。同樣的,我們在第五次迭代時發現前往節點 (3, 1) 的路徑,並在第七次迭代時,將它改成更好的路徑。

Bellman-Ford 演算法的執行時間 $O(|V||E|)$ 整體來說比 Dijkstra 演算法的執行時間還要差，Dijkstra 可以低至 $O(|E| \ \lg \ |V|)$。圖 8.5 與 8.6 隱瞞一些事實，因為它們只展示每次迭代的快照，每一張快照都有許多事情發生。就採用佇列的版本而言，在兩張快照之間，我們會檢查佇列裡面的節點旁邊的每一邊。在較簡單的版本，每次轉換快照時，我們都會重新檢查圖的所有邊。多數情況下，佇列式演算法可改善演算法 8.1 的執行時間，但事實不一定都是如此。我們可能會在每次迭代時更新所有節點的路徑估計，所以必須在每次迭代時再次檢查所有的邊。不過，在實務上，Bellman-Ford 是有效率的。

8.3   負數權重與循環

我們不一定都可以幸運地在 Dijkstra 與 Bellman-Ford 之間做選擇。Bellman-Ford 演算法可以妥善地處理負數權重，但 Dijkstra 演算法會產生錯誤的結果。事實上，使用 Bellman-Ford 演算法來執行圖 8.7 可產生正確的結果，如圖 8.8 所示。

接下來，我們來看一下比較壞的情況：如果圖裡面有負權重與負循環，如圖 8.9 所示，會發生什麼情形？

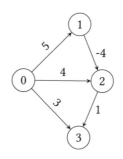

圖 8.7
有負數權重的圖。

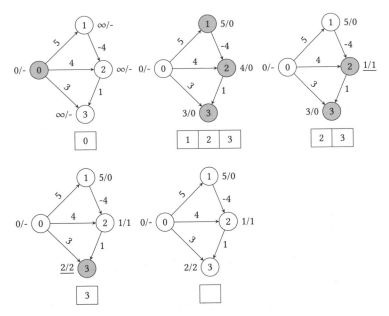

圖 8.8
對有負數邊的圖執行 Bellman-Ford 演算法。

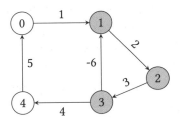

圖 8.9
有負循環的圖。

演算法 8.1 會在 $|V|$ 次迭代之後停止並輸出它的結果，但這個結果是不合理的，因為之前談過，沿著有負數權重的循環的最短路徑，就是會不斷繞著它跑的路徑，權重為 $-\infty$。演算法 8.2 更糟糕，因為它永遠不會停止，當它遇到循環時，會永遠陷在一個迴圈中，不斷在它使用的佇列中插入與取出循環的節點，如圖 8.10 所示。

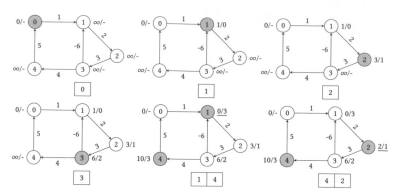

圖 8.10
對負循環圖執行 Bellman-Ford 演算法的過程。

這代表我們必須多做一些事情，來讓佇列式演算法確定究竟有沒有負數循環。當我們發現一個擁有超過 $|V| - 1$ 個邊的路徑時，就可以偵測循環，因為在有 $|V|$ 個節點的圖裡面的最長路徑會包含所有節點，並且有 $|V| - 1$ 個邊。有更多邊的路徑會再次路過它們已經造訪過的節點。

之前談過，Bellman-Ford 的基本概念是以遞增的邊數來查訪路徑。一開始，當我們從起源節點 s 開始時，有個零邊路徑。當我們將 s 的鄰點加入佇列時，就會得到單邊路徑。當我們將 s 的鄰點的鄰點加入時，就會有雙邊路徑，以此類推。問題在於，我們該如何知道何時該停止處理一組鄰點，改處理另一組鄰點。當這件事發生 $|V| - 1$ 次時，我們就知道演算法必須終止了。

我們可以在佇列中使用特殊的哨符（*sentinel*）值來處理這個問題。一般來說，哨符值是提示發生某些特殊事件的無效（invalid）值。在範例中，我們使用數字 $|V|$ 來作為哨符值，因為節點是從 0 到 $|V| - 1$，不會有那一個節點。具體來說，我們會在佇列中使用數字 $|V|$ 來標定與 s 相距同樣的連結數量的鄰點。你可以在圖 8.11 看到它的作用。

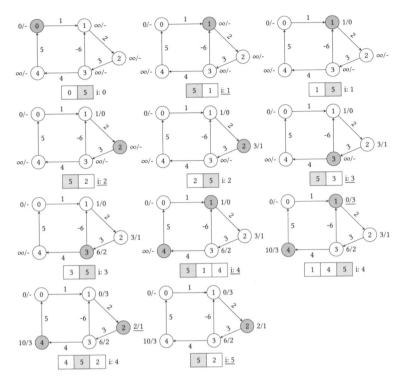

圖 8.11
對有負循環的圖執行修改後的 Bellman-Ford 演算法的過程。

在一開始,我們將起源節點 0 與哨符 5 放入佇列。我們用一個計數器 i 來指出路徑的邊數。一開始它是零。每當 5 抵達佇列的頭部時,我們就遞增 i,並將 5 放回佇列的尾端。看一下當節點 3 在佇列的頭部時發生什麼事情。我們將 3 從頭部移除,並在佇列的尾端加入 3 的兩個鄰點,節點 1 與 4。現在 5 來到佇列的頭部,所以我們遞增 i。我們再次將 5 放回佇列的尾部,以指出節點 1 與 4 從節點 0 算起的連結數量是相同的。當哨符再次來到佇列的頭部,且 i 變成 5,我們就知道開始進入循環,並且可以停止了。演算法 8.3 是執行以上動作的 Bellman-Ford 修改版。除了陣列 *pred* 與 *dist* 之外,演算法 8.3 也會回傳一個布林值,當它沒有偵測到負循環時,該值為 true,有找到負循環時,該值為 false。它會在第 10 行將哨符初始化,並在第 16–17 行處理計數器 i。我們在第 14 行檢查 i 的值;注意,現在我們不預期佇列會是空的,因為裡面一定有哨符。

演算法 8.3：可處理負循環的佇列式 Bellman-Ford。

BellmanFordQueueNC(G, s) $\rightarrow$ (*pred, dist, ncc*)

　　　輸入：$G = (V, E)$，圖

　　　　　s，起始節點

　　　輸出：*pred*，大小為 $|V|$ 的陣列，*pred*[i] 是從 s 開始的最短路徑
　　　　　上，節點 i 的前一個節點

　　　　　dist，大小為 $|V|$ 的陣列，*dist*[i] 是從節點 s 到 i 的最短路
　　　　　徑長度

　　　　　nnc，若無負循環為 TRUE，否則 FALSE

1　　　*inqueue* ← CreateArray($|V|$)
2　　　Q ← CreateQueue()
3　　　**foreach** v **in** V **do**
4　　　　　*pred*[v] ← $|V|$
5　　　　　**if** $v \neq s$ **then**
6　　　　　　　*dist*[v] ← ∞
7　　　　　　　*inqueue*[v] ← FALSE
8　　　　　**else**
9　　　　　　　*dist*[v] ← 0
10　　　Enqueue(Q, s)
11　　　*inqueue*[s] ← TRUE
12　　　Enqueue($Q, |V|$)

13　　　$i \leftarrow 0$
14　　　**while** Size(Q) $\neq 1$ **and** $i < |V|$ **do**
15　　　　　u ← Dequeue(Q)
16　　　　　**if** $u = |V|$ **then**
17　　　　　　　$i \leftarrow i + 1$
18　　　　　　　Enqueue($Q, |V|$)
19　　　　　**else**
20　　　　　　　*inqueue*[u] ← FALSE
21　　　　　　　**foreach** v **in** AdjacencyList(G, u) **do**
22　　　　　　　　　**if** *dist*[v] > *dist*[u] + Weight(G, u, v) **then**
23　　　　　　　　　　　*dist*[v] ← *dist*[u] + Weight(G, u, v)
24　　　　　　　　　　　*pred*[v] ← u
25　　　　　　　　　　　**if not** *inqueue*[v] **then**
26　　　　　　　　　　　　　Enqueue(Q, v)
27　　　　　　　　　　　　　*inqueue*[v] ← TRUE
28　　　**return** (*pred, dist*, $i < |V|$)

8.4 套利

請勿將跨越負循環視為罕見的特殊現象。負數權重循環的確會在真實世界的問題中出現。在真實世界中，有一種應用與偵測負數權重循環有關，就是偵測**套利機會**。套利就像免費的午餐，它與一組可互相交換、購買與販售的商品有關，這種商品可能與工業金屬，例如銅、鉛、鋅，以及貨幣，例如歐元與美元，或可在市場上交易的任何東西有關。套利就是利用不同市場的價格差異來獲利。舉個簡單的例子，假設在倫敦，歐元與美元的匯率是 €1 = \$1.37，但是在紐約，美元與歐元的匯率是 \$1 = €0.74。交易者可以在倫敦用 €1,000,000 購買 \$1,370,000，並且電匯到紐約，在那裡買回歐元，最後那位交易者可以得到 \$1,370,000 × 0.74 = €1,013,800，無風險地憑空獲利 €13,800。

這種情況不常發生的原因在於，一旦有套利的機會出現，交易者就會發現它，所以市場就會做出調整，讓它消失。所以，繼續我們的例子，經過幾次套利交易之後，在紐約的匯率就會下跌，或是在倫敦的匯率就會上升，其中一方應該正好是另一方的相反：在倫敦的匯率 x 會在紐約快速造成匯率 $1/x$。

不過，有時會出現短時間的套利機會，此時可以賺到大錢，而套利機會通常不容易藉由單純查看兩種貨幣之間的匯率來發現。表 8.1 是 2013 年 4 月的前十大交易貨幣的價值排名。貨幣交易會牽涉兩方，所以所有貨幣的百分比總和會是 200%（包括前十名之外的貨幣）。

表 8.1
2013 年 4 月的前十大交易貨幣的價值排名。

名次	貨幣	代碼	% 當日百分比
1	U.S. dollar	USD	87.0%
2	European Union euro	EUR	33.4%
3	Japanese yen	JPY	23.0%
4	United Kingdom pound sterling	GBP	11.8%
5	Australian dollar	AUD	8.6%
6	Swiss franc	CHF	5.2%
7	Canadian dollar	CAD	4.6%
8	Mexican peso	MXN	2.5%
9	Chinese yuan	CNY	2.2%
10	New Zealand dollar	NZD	2.0%

當我們轉換表中的任何兩種貨幣時，可能會在圖 8.12 的任何路徑上發現套利機會，在那張圖下面的表格是圖中的貨幣的交叉匯率，它們是邊的權重，但我們無法將它們放入圖中。

假設你手上有 U.S. dollar，且將它們換成 Australian dollars 再換成 Canadian dollars 再換回 U.S. dollars 有機會套利。整個轉換程序是：

$$1 \times (USD \rightarrow AUD) \times (AUD \rightarrow CAD) \times (CAD \rightarrow USD)$$

如果這個計算式的積大於 1，你就發大財了。一般而言，若 c_1、c_2、$\cdots$、c_n 是貨幣，則當我們滿足以下運算式時，套利 a 就存在：

$$a = 1 \times (c_1 \rightarrow c_2) \times (c_2 \rightarrow c_3) \times \cdots \times (c_n \rightarrow c_1)$$

讓：

$$a > 1$$

看一下圖 8.12，以上的轉換順序相當於在圖中經過那些貨幣節點的循環。任何一種套利機會的圖中都會以循環來呈現，在這種循環中，權重的積應該大於一。

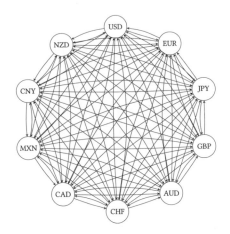

(a) 交叉貨幣匯率圖。

	USD	EUR	JPY	GBP	AUD	CHF	CAD	MXN	CNY	NZD
USD	1	1.3744	0.009766	1.6625	0.9262	1.1275	0.9066	0.07652	0.1623	0.8676
EUR	0.7276	1	0.007106	1.2097	0.6739	0.8204	0.6596	0.05568	0.1181	0.6313
JPY	102.405	140.743	1	170.248	94.8421	115.455	92.8369	7.836	16.6178	88.8463
GBP	0.6016	0.8268	0.005875	1	0.5572	0.6782	0.5454	0.04603	0.09762	0.5219
AUD	1.0799	1.4842	0.010546	1.7953	1	1.2176	0.979	0.08263	0.1752	0.9369
CHF	0.8871	1.2192	0.008663	1.4748	0.8216	1	0.8042	0.06788	0.144	0.7696
CAD	1.1033	1.5163	0.010775	1.8342	1.0218	1.2439	1	0.08442	0.179	0.9572
MXN	13.0763	17.9724	0.1277	21.7397	12.1111	14.7435	11.8545	1	2.122	11.345
CNY	6.167	8.4761	0.06023	10.2528	5.7118	6.9533	5.5908	0.4719	1	5.3505
NZD	1.153	1.5846	0.01126	1.9168	1.0678	1.2999	1.0452	0.08822	0.1871	1

(b) 交叉貨幣圖相鄰矩陣。

圖 8.12
交叉貨幣匯率圖與相鄰矩陣。

我們沒有演算法可以找出這種循環，但是有一種數學技巧可讓我們使用既有的工具。我們可以使用匯率的負對數來作為圖的權重，而非貨幣匯率，也就是說，如果連接 u 與 v 的邊的權重是 $w(u, v)$，我們將它轉換成 $w'(u,v) = -\log w(u,v)$。有些對數是正值，有些是負值，當 $w(u, v) > 1$ 時，$w'(u, v) \geq 0$。我們對圖執行 Bellman-Ford 演算法來尋找負數權重循環，看它是否回報有負數權重循環存在，如果有，我們就找到循環了。假設那個循環有 n 個邊，那麼繞著它一次的總和是 $w'_1 + w'_2 + \cdots + w'_n < 0$，其中 w'_1、w'_2、$\cdots$、w'_n 是構成循環的兩個節點之間的 n 個邊的權重。我們得到：

$$w_1' + w_2' + \cdots + w_n' = -\log w_1 - \log w_2 - \cdots - \log w_n$$

所以沿著負數權重循環的路徑的總和是：

$$-\log w_1 - \log w_2 - \cdots - \log w_n < 0$$

對數有一種基本特性在於，對任何數字 x 與 y 而言，它們的對數乘積 $\log(xy)$ 相當於它們的對數的總和 $\log x + \log y$，類似的情況，$\log(1/x \ 1/y)$ 相當於 $\log(1/x) + \log(1/y) = -\log x - \log y$。所以上述的最後一個不等式相當於：

$$\log(\frac{1}{w_1} \times \frac{1}{w_2} \times \cdots \times \frac{1}{w_n}) < 0$$

用次方來移除對數，它會變成：

$$\frac{1}{w_1} \times \frac{1}{w_2} \times \cdots \times \frac{1}{w_n} < 10^0 = 1$$

但是它相當於：

$$w_1 w_2 \cdots w_n > 1$$

這就是我們想要尋找的東西：權重的乘積大於一的循環路徑。當你在圖中發現負數權重循環時，就代表你發現一個套利機會。快去賺錢吧！

參考文獻

有許多書籍討論 TCP/IP 與 internet 如何運作；Stevens 的書（由 Fall 校正）是經典的參考書 [58]；你也可以參考 Comer 的教科書 [38]。要瞭解如何將一般概念轉換成網路協定，可參考 Perlman 的書 [157]。一般性的網路介紹可參考 Kurose 與 Ross 的教科書 [119] 以及 Tanenbaum 與 Wetherall 的著作 [196]。

Lester Ford 在 1956 年發表演算法 [69]；接著 Richard Bellman 在 1958 年發表它 [13]，而 Edward Moore 在 1957 年提出它 [145]。如果圖沒有負數權重循環，我們可以改善它，見 Yen 的文獻 [221]。最近 Bannister 與 Eppstein 也提出一種可在圖沒有負數權重循環時改善它的方式 [8]。

9 什麼是最重要的

網路時時刻刻都有 *web 爬蟲* 在四處搜羅資訊，爬蟲是一種程式，可從一個網頁跳到另一個網頁，取得各個網頁並檢索它們。它們會將網頁拆成單字、句子與短語，並從網頁裡面取得前往其他網頁的連結。爬蟲會取得網頁的衍生內容，並將它們存在一個大型的資料結構，稱為 *反向索引*（*inverted index*）。它類似本書結尾的索引，裡面有許多術語，以及它們曾經出現的頁碼。稱為 "反向"，是因為它的目的是要讓人可用網頁的某個部分，也就是網頁內的字詞，來取回網頁的原始內容。通常我們閱讀網頁時，是從網頁中取得網頁的內容；用內容來取得網頁是相反的做法，所以稱為反向。

除了索引之外，爬蟲也會使用網頁內的連結來尋找其他的網頁，造訪它們，並執行索引建立程序；它們也會使用連結來建立一個大型的網路地圖，存有哪些網頁連到哪些其他網頁的資訊。

因為以上的機制，當你在搜尋引擎中尋找某個東西時，搜尋引擎就可提供你所尋找的東西。搜尋引擎使用反向索引來尋找含有你搜尋的東西的網頁。但是如同書中的索引，網路上可能會有多個網頁符合你的搜尋。在書中，這不成問題，因為書的頁數不多，而且通常你想找的是那個字詞第一次出現頁數。但是網路沒有第一頁，而且符合你的搜尋的網頁數量可能是以十億為單位，你肯定不會逐一查閱它們，而是希望找到最有關係的網頁。

例如，當你在網路上搜尋 White House 時，絕對有無數網頁裡面有 "White House"。只將符合的網頁都列出來是沒有什麼幫助的。有些網頁與你的查詢可能有比較密切的關係；例如 White House 自己的網頁較有可能是你要尋找的目標，而不是用獨特的觀點來討論白宮政策，且鮮為人知的部落格網頁—除非你其實想要找到它。

要取得可提供你要的搜尋結果的網頁，其中一種方式是以重要性來排序它們。問題來了，如何在網頁領域中定義哪些東西是重要的？

9.1   PageRank 概念

有一種已被證實相當成功的做法是 Google 的創辦人 Sergey Brin 與 Larry Page 發明的。這種方法是在 1998 年發表，稱為 PageRank，它會將一個數字指派給每一個網頁，這個數字稱為網頁的 PageRank。網頁的 PageRank 愈高，它就愈重要。PageRank 的基本概念是，網頁的重要性，也就是它的 PageRank，取決於連結它的網頁的重要性。

每一個網頁都有可能往外連接一些其他的網頁，其他的網頁也可能透過朝內的連結來連接特定的網頁。我們將網頁 i 定義為 P_i。如果網頁 P_j 有 m 個往外的連結，我們就用 $|P_j|$ 來代表數字 m；換句話說，$|P_j|$ 是網頁 P_j 的往外連結數量。接著我們假設網頁 P_j 的重要性會平均貢獻給它連接的網頁。例如，當 P_j 連接三個網頁時，它會將 1/3 的重要性貢獻給每一個連接的網頁。我們使用 $r(P_j)$ 來代表網頁 P_j 的 PageRank。因此，當 P_j 連接 P_i，而且有 $|P_j|$ 個往外的連結時，它會貢獻 $r(P_j)/|P_j|$ 的 PageRank 給 P_i。網頁的 PageRank 是它從連接它的所有網頁取得的 PageRank 的總和。如果我們將連接到 P_i 的網頁集合稱為 B_{P_i}，也就是 $backlinks$ P_i 的網頁集合，我們可以得到：

$$r(P_i) = \sum_{P_j \in B_{P_i}} \frac{r(P_j)}{|P_j|}$$

舉例，如果我們有張圖 9.1 的圖，則：

$$r(P_1) = \frac{r(P_2)}{3} + \frac{r(P_3)}{4} + \frac{r(P_4)}{2}$$

所以，為了找出一個網頁的 PageRank，我們必須知道連接那個網頁的網頁的 PageRank；要找出那些網頁的 PageRank，我們必須找出連接它們的網頁的 PageRank，以此類推。此外，網頁可能會彼此相連，形成循環。看來我們遇到一個雞生蛋、蛋生雞的問題了，為了找到網頁的 PageRank，我們必須計算可能要用該網頁的 PageRank 來計算的某個東西。

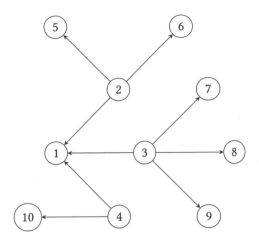

圖 9.1
小型的網路圖。

處理雞生蛋、蛋生雞問題的方式是使用一種迭代程序。在一開始,我們將一個 PageRank 指派給每一個網頁。如果網頁有 n 個,我們會指派 PageRank $1/n$ 給每一個網頁,接著使用以下的迭代:

$$r_{k+1}(P_i) = \sum_{P_j \in B_{P_i}} \frac{r_k(P_j)}{|P_j|}$$

下標 $k+1$ 與 k 分別代表 $r(P_i)$ 與 $r(P_j)$ 在第 $k+1$ 次與第 k 次迭代的值。上述公式的意思是,網頁的 PageRank 是用前一次迭代中連接它的網頁的 PageRank 來計算的。我們會迭代多次,希望經過一段時間之後,PageRank 的計算可以收斂至某個穩定且合理的值。

我們立刻需要考慮兩個問題:

- 計算 PageRank 的迭代程序可在合理的迭代次數之後收斂嗎?
- 計算 PageRank 的迭代程序可收斂為合理的結果嗎?

9.2　超連結矩陣

我們剛才談到的程序是在各個網頁中發生的事情。我們可以將它轉換成另一種形式，用矩陣來說明所有網頁發生的事情。一開始，我們先定義一個矩陣，稱為**超連結矩陣**。這個超連結矩陣是個方陣，它的列數（與行數）等於網頁的數量。每一列與每一行都代表一個網頁。矩陣的每一個元素的定義如下：

$$H[i,j] = \begin{cases} 1/|P_i|, & P_i \in P_{B_j} \\ 0, & \text{否則} \end{cases}$$

換句話說，若網頁 P_i 沒有連接到網頁 P_j，則元素 $H[i, j]$ 為零，如果網頁 P_i 有個連往網頁 P_j 的連結，則該元素是網頁 P_i 的往外連結數量的倒數。

考慮圖 9.2 的圖。該圖的 H 矩陣如下，我們加上索引來方便閱讀：

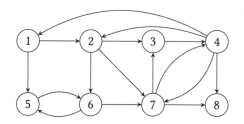

圖 9.2
另一張網頁圖。

$$
H = \begin{array}{c}
\begin{array}{cccccccc}
 & P_1 & P_2 & P_3 & P_4 & P_5 & P_6 & P_7 & P_8
\end{array} \\
\begin{array}{c}
P_1 \\ P_2 \\ P_3 \\ P_4 \\ P_5 \\ P_6 \\ P_7 \\ P_8
\end{array}
\left[
\begin{array}{cccccccc}
0 & 1/2 & 0 & 0 & 1/2 & 0 & 0 & 0 \\
0 & 0 & 1/3 & 0 & 0 & 1/3 & 1/3 & 0 \\
0 & 0 & 0 & 1 & 0 & 0 & 0 & 0 \\
1/4 & 1/4 & 0 & 0 & 0 & 0 & 1/4 & 1/4 \\
0 & 0 & 0 & 0 & 0 & 1 & 0 & 0 \\
0 & 0 & 0 & 0 & 1/2 & 0 & 1/2 & 0 \\
0 & 0 & 1/3 & 1/3 & 0 & 0 & 0 & 1/3 \\
0 & 0 & 0 & 0 & 0 & 0 & 0 & 0
\end{array}
\right]
\end{array}
$$

你可以在這個矩陣中看到一些特性。矩陣的每一列的總和都是一，因為各列的每一個元素的分母都是該列的非零元素數量，除非網頁沒有往外的連結，此時整列都是零，這個超連結矩陣的第八列就是這種情況。

我們可以將 PageRank 值放入矩陣中，或更精確地說，放入向量中。依照慣例，向量是單行矩陣。假設含有 PageRanks 的向量是 π，我們可得到一個有 n 個網頁的向量：

$$\pi = \begin{bmatrix} r(P_1) \\ r(P_2) \\ \vdots \\ r(P_n) \end{bmatrix}$$

當我們想要將行向量轉換成列向量時，會使用這種表示法：

$$\pi^T = \begin{bmatrix} r(P_1) \ r(P_2) \ \cdots \ r(P_n) \end{bmatrix}$$

它看起來不太漂亮，但很普遍，所以你必須習慣它；T 代表 transpose（轉置）。此外，請記得，在電腦中，我們使用陣列來代表矩陣，而且在多數的電腦語言中，陣列都是從零開始算起的，所以我們可以得到：

$$\pi^T = \begin{bmatrix} r(P_1) \ r(P_2) \ \cdots \ r(P_n) \end{bmatrix} = \begin{bmatrix} \pi[0] \ \pi[1] \ \cdots \ \pi[n-1] \end{bmatrix}$$

定義這些事項之後，我們來取得 π^T 與 H 的矩陣乘積，作為迭代程序的基礎：

$$\pi_{k+1}^T = \pi_k^T H$$

你很容易就可以看到，實際上，這些矩陣乘積與一開始的迭代程序完全等效。因為兩個矩陣 C（有 n 行）與 D（有 n 列）的乘積可定義為以下的矩陣 E：

$$E[i,j] = \sum_{t=0}^{n-1} C[i,t]D[t,j]$$

$\pi_{k+1}^T = \pi_k^T H$ 的第 i 個元素其實是：

$$\pi_{k+1}[i] = \sum_{t=0}^{n-1} \pi_k[t]H[t,i]$$
$$= \pi_k[0]H[0,i] + \pi_k[1]H[1,i] + \cdots + \pi_k[n-1]H[n-1,i]$$

在我們的範例中，每一次迭代會計算：

$$r_{k+1}(P_1) = \frac{r_k(P_4)}{4}$$

$$r_{k+1}(P_2) = \frac{r_k(P_1)}{2} + \frac{r_k(P_4)}{4}$$

$$r_{k+1}(P_3) = \frac{r_k(P_2)}{3} + \frac{r_k(P_7)}{3}$$

$$r_{k+1}(P_4) = r_k(P_3) + \frac{r_k(P_7)}{3}$$

$$r_{k+1}(P_5) = \frac{r_k(P_1)}{2} + \frac{r_k(P_6)}{2}$$

$$r_{k+1}(P_6) = \frac{r_k(P_2)}{3} + r_k(P_5)$$

$$r_{k+1}(P_7) = \frac{r_k(P_2)}{3} + \frac{r_k(P_4)}{4} + \frac{r_k(P_6)}{2}$$

$$r_{k+1}(P_8) = \frac{r_k(P_4)}{4} + \frac{r_k(P_7)}{3}$$

這就是它真正應執行的計算。

9.3   乘冪法

連續執行矩陣乘法需要使用乘冪法（*power method*），因為這種計算需要計算向量（在我們的案例中，是 PageRank 值的向量）的連續次方。我們要將原始的迭代程序中提到的兩個問題轉換成乘冪法的領域。本質上，我們想要知道一系列的乘法，經過多次的迭代之後，是否會收斂至一個穩定、合理的 π^T。如果乘冪法收斂，我們就將收斂的向量稱為穩定向量（*stationary vector*），因為對它繼續做乘冪法迭代計算不會改變它的值。乘冪法是否可以成功找到穩定向量？

用一個簡單的反例就可以讓你看到它不一定成功。見圖 9.3，它只有三個節點，每對節點之間有一個連結。

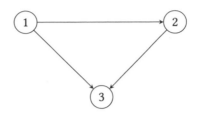

圖 9.3
消失的 PageRank。

當我們說明 PageRank 時談過，在每次迭代時，網頁會將部分的重要性送給它所連結的網頁。同時，它會從連結它的網頁接收重要性。在我們的反例中，網頁 P_1 會貢獻重要性給網頁 P_2，但不會從任何地方收到重要性。這會導致所有的 PageRanks 在三次迭代後就會耗盡：

$$\begin{bmatrix} 1/3 & 1/3 & 1/3 \end{bmatrix} \begin{bmatrix} 0 & 1/2 & 1/2 \\ 0 & 0 & 1 \\ 0 & 0 & 0 \end{bmatrix} = \begin{bmatrix} 0 & 1/6 & 1/2 \end{bmatrix}$$

接著

$$\begin{bmatrix} 0 & 1/6 & 1/2 \end{bmatrix} \begin{bmatrix} 0 & 1/2 & 1/2 \\ 0 & 0 & 1 \\ 0 & 0 & 0 \end{bmatrix} = \begin{bmatrix} 0 & 0 & 1/6 \end{bmatrix}$$

最後

$$\begin{bmatrix} 0 & 0 & 1/6 \end{bmatrix} \begin{bmatrix} 0 & 1/2 & 1/2 \\ 0 & 0 & 1 \\ 0 & 0 & 0 \end{bmatrix} = \begin{bmatrix} 0 & 0 & 0 \end{bmatrix}$$

我們的反例只有三個節點，但這是一個很常見的問題。沒有往外連結的網頁會從網路圖的其他網頁拿走重要性，卻不提供任何回報。它們稱為懸吊節點（*dangling nodes*）。

為了處理懸吊節點，我們必須在模型中加入一些機率的概念。想像有一個人隨意從一個網頁跳到另一個網頁。超連結矩陣 H 提供這樣的機率：當上網者在網頁 P_i 時，他下一個造訪的網頁是 P_j 的機率等於 $H[i,j]$，其中的 j 是網頁 P_i 的那一列的非零項目數量。因此，就圖 9.2 的 H 矩陣而言，如果上網者位於網頁 6，他下一個造訪的網頁是 5 的機率有 1/2，是 7 的機率也有 1/2。問題在於，當上網者位於網頁 8 時會發生什麼事？目前沒有解答。為了打破僵局，我們決定，當上網者在一個沒有往外的連結的網頁時，他前往圖中的任何其他網頁的機率都是 $1/n$。這就像是假設隨機的上網者有一個傳送裝置，當他被困在一個沒有出口的網頁時，可隨機傳送到圖的任何一個其他節點。這個傳送裝置就相當於將元素全零的每一列都設為全部為 $1/n$。

為了用數學來計算，我們需要將 H 加上一個矩陣，在這個矩陣中，我們將對應 H 中全為零的那一列的元素全都設為 $1/n$，並將其他列都設為零。我們稱它為矩陣 A，相加的結果是矩陣 S，所以根據圖 9.3，我們可以得到：

$$S = H + A = \begin{bmatrix} 0 & 1/2 & 1/2 \\ 0 & 0 & 1 \\ 0 & 0 & 0 \end{bmatrix} + \begin{bmatrix} 0 & 0 & 0 \\ 0 & 0 & 0 \\ 1/3 & 1/3 & 1/3 \end{bmatrix} = \begin{bmatrix} 0 & 1/2 & 1/2 \\ 0 & 0 & 1 \\ 1/3 & 1/3 & 1/3 \end{bmatrix}$$

矩陣 A 可以定義成行向量 w，其元素為：

$$w[i] = \begin{cases} 1, & |P_i| = 0 \\ 0, & \text{否則} \end{cases}$$

也就是說，w 是個行向量，如果網頁 P_i 有往外的連結，它的第 i 個元素是零，否則為一。也就是說，若 H 的第 i 列的所有元素都是零，則 w 的第 i 個元素是一，否則為零。使用 w 後，A 變成：

$$A = \frac{1}{n}w\mathbf{e}^T$$

其中的 $\mathbf{e}$ 是以一組成的行向量，$\mathbf{e}^T$ 是以一組成的列向量，所以

$$S = H + A = H + \frac{1}{n}w\mathbf{e}^T$$

這個 S 矩陣相當於圖 9.4 的那張新圖。原圖的邊是用粗線畫的，而新圖加入虛線的邊。

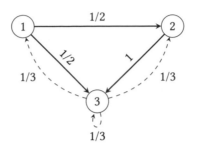

圖 9.4
防止 PageRank 消失。

矩陣 S 是個**隨機矩陣**（*stochastic matrix*），隨機矩陣的所有項目都是非負數，且每一列的總和都等於一。更精確地說，它們稱為**右隨機矩陣**（*right stochastic matrices*）；如果每一行的總和都等於一，則稱為**左隨機矩陣**（*left stochastic matrices*）。之所以如此稱呼，是因為在或然性或隨機性的程序中，它們代表從一個單元移動到另一個單元的機率。在一個指定狀態的所有機率的總和（在隨機上網者的例子中，這個狀態就是一個節點）就是 S 矩陣內的一列的總和，它會等於一，而且不會有負數的機率。

我們可以驗證圖 9.3 的節點 3 的死路在圖 9.4 已不復存在，因為乘冪法收斂至這個值：

$$\pi^T = \begin{bmatrix} 0.18 & 0.27 & 0.55 \end{bmatrix}$$

S 矩陣可處理跳脫死路的問題，所以乘冪法可收斂，但是隨機上網者可能會發生更麻煩的問題。圖 9.5 類似圖 9.2，不過它將節點 4 到節點 2 與 1 的連結移除，並將從節點 7 到節點 8 的連結換成從節點 8 到節點 7 的連結。現在如果隨機上網者到達節點 3、4、7、8 之一，他就不可能跳脫那個循環。

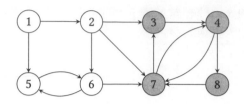

圖 9.5
有分開的循環的網路圖。

這同樣是一種常見的問題：如何處理非強相連圖中的死路？在這種圖中，當隨機上網者位於沒有與其餘部分相連的部分時，他就不可能跳脫。

我們來看一下乘冪法如何處理這種情況。圖 9.5 的矩陣 H 是：

$$H = \begin{array}{c} \\ P_1 \\ P_2 \\ P_3 \\ P_4 \\ P_5 \\ P_6 \\ P_7 \\ P_8 \end{array} \begin{array}{cccccccc} P_1 & P_2 & P_3 & P_4 & P_5 & P_6 & P_7 & P_8 \\ \begin{bmatrix} 0 & 1/2 & 0 & 0 & 1/2 & 0 & 0 & 0 \\ 0 & 0 & 1/3 & 0 & 0 & 1/3 & 1/3 & 0 \\ 0 & 0 & 0 & 1 & 0 & 0 & 0 & 0 \\ 0 & 0 & 0 & 0 & 0 & 0 & 1/2 & 1/2 \\ 0 & 0 & 0 & 0 & 0 & 1 & 0 & 0 \\ 0 & 0 & 0 & 0 & 1/2 & 0 & 1/2 & 0 \\ 0 & 0 & 1/2 & 1/2 & 0 & 0 & 0 & 0 \\ 0 & 0 & 0 & 0 & 0 & 0 & 1 & 0 \end{bmatrix} \end{array}$$

這裡沒有全零的列，所以 $S = H$。然而，當我們執行乘冪法時，會發現它收斂成以下的值：

$$\pi^T = \begin{bmatrix} 0 & 0 & 0.17 & 0.33 & 0 & 0 & 0.33 & 0.17 \end{bmatrix}$$

原因在於，包含節點 3、4、7 與 8 的死路循環會耗盡圖中的其他網頁的 PageRanks。這個死路循環同樣成為滲坑（sink）。

我們要採取一種類似處理單節點滲坑的處理方式。我們擴充傳送裝置的功能，讓隨機上網者不一定要用矩陣 S 來從一個節點跳到另一個節點；上網者可使用一個機率介於 0 與 1 的 S，或不使用 S，並且有 $1 - a$ 的機率跳到任何地方。也就是說，上網者會在零與一之間隨機選出一個數字。如果這個數字小於或等於 α，上網者會前往矩陣 S 指示的目的地。否則，傳送裝置會啟動，將隨機上網者傳送到圖中隨機的某個網頁。

傳送裝置的功能有點像人類使用者在日常生活瀏覽網路時會做的事情。有時，使用者會從一個網頁的連結跳到另一個網頁。但是在某個時間點，使用者就不會追隨連結，而是輸入一個新的 URL、使用書籤或按下朋友送來的連結，來前往完全不同的網頁。

9.4 Google 矩陣

我們可以用新的矩陣 G 來取代 S，以數學來表達這件事。矩陣 G 會有上述的機率，也就是說，它可以定義成：

$$G = \alpha S + (1 - \alpha)\frac{1}{n}J_n$$

其中的 J_n 是 $n \times n$ 方陣，它裡面的項目都等於 1。因為 $\mathbf{e}$ 是全為一的行向量，$\mathbf{e}^T$ 是全為一的列向量，我們可以得到：

$$J_n = \mathbf{e}\mathbf{e}^T$$

因此，我們可以寫成：

$$G = \alpha S + (1 - \alpha)\frac{1}{n}\mathbf{e}\mathbf{e}^T$$

原因在於，$n \times n$ 的 J_n 矩陣會佔用 n^2 的空間，而 $\mathbf{e}\mathbf{e}^T$ 是兩個分別佔用 n 空間的向量的乘積，當我們在計算過程中不需要儲存整個 $n \times n$ 矩陣時，可以使用它。這種事情的確會發生，稍後你就會看到。

根據矩陣 G 的定義，它是隨機的。我們取 S 矩陣的一列 i，這一列有一些正數的項目，假設是 k，其餘的部分是零。S 矩陣的 i 列的總和是：

$$\sum_{S_{i,j}>0} S_{i,j} + \sum_{S_{i,j}=0} S_{i,j} = k\frac{1}{k} + (n-k)0 = 1$$

同一列 i 在矩陣 G 的總和是：

$$\sum_{S_{i,j}>0} G_{i,j} + \sum_{S_{i,j}=0} G_{i,j}$$

但總和的第一項是：

$$\sum_{S_{i,j}>0} G_{i,j} = \alpha k \frac{1}{k} + (1-\alpha)k\frac{1}{n} = \alpha + (1-\alpha)k\frac{1}{n}$$

第二項是：

$$\sum_{S_{i,j}=0} G_{i,j} = (1-a)(n-k)\frac{1}{n}$$

所以整列的總和是：

$$\sum_{S_{i,j}>0} S_{i,j} + \sum_{S_{i,j}=0} S_{i,j} = \alpha + (1-\alpha)k\frac{1}{n} + (1-a)(n-k)\frac{1}{n}$$

$$= \frac{\alpha n + (1-\alpha)k + (1-\alpha)(n-k)}{n}$$

$$= \frac{\alpha n + k - \alpha k + n - k - \alpha n + \alpha k}{n}$$

$$= 1$$

G 有另一個重要的特性，它是**原始矩陣**（*primitive matrix*）。若矩陣 M 有個次方 p 可讓矩陣 M^p 的所有元素都是正數，它就是原始矩陣。這是顯然易見的。S 的所有零項目都被轉換成值為 $(1-\alpha)1/n$ 的正數字了，所以 G 在 $p=1$ 時是原始的。

圖 9.6 是 G 的圖，它與原本的圖 9.5 不同：我們再次用粗線來表示原始的邊，用虛線來表示我們加入的邊；我們可以看到，其實 G 是張完整圖。

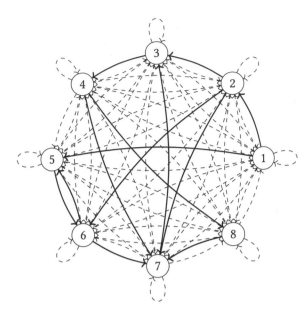

圖 9.6
圖 9.5 的 G 的圖。

現在是關鍵時刻:線性代數說,當矩陣是隨機且原始的,乘冪法會收
斂到一個正數值的唯一向量;此外,那個向量的元素總和是一,無
論最初的向量是什麼都是如此。所以,雖然我們使用的 PageRank 值
都是 $1/n$ 的初始向量,但是也可以用任何向量來取得相同的結果。因
此,如果對矩陣 G 執行 k 次乘冪法迭代之後會收斂,我們可以得到:

$$\pi^T G = 1\pi^T$$

其中

$$\pi_1 > 0, \pi_2 > 0, \cdots, \pi_n > 0$$

且

$$\pi_1 + \pi_2 + \cdots + \pi_n = 1$$

這些條件代表一組合理的 PageRank 值,因為它們都是正的。

回到我們的範例，圖 9.6 的矩陣 G 在 $\alpha = 0.85$ 時是：

$$
G = \begin{bmatrix}
\frac{3}{160} & \frac{71}{160} & \frac{3}{160} & \frac{3}{160} & \frac{71}{160} & \frac{3}{160} & \frac{3}{160} & \frac{3}{160} \\[10pt]
\frac{3}{160} & \frac{3}{160} & \frac{29}{96} & \frac{3}{160} & \frac{3}{160} & \frac{29}{96} & \frac{29}{96} & \frac{3}{160} \\[10pt]
\frac{3}{160} & \frac{3}{160} & \frac{3}{160} & \frac{139}{160} & \frac{3}{160} & \frac{3}{160} & \frac{3}{160} & \frac{3}{160} \\[10pt]
\frac{3}{160} & \frac{3}{160} & \frac{3}{160} & \frac{3}{160} & \frac{3}{160} & \frac{3}{160} & \frac{71}{160} & \frac{71}{160} \\[10pt]
\frac{3}{160} & \frac{3}{160} & \frac{3}{160} & \frac{3}{160} & \frac{3}{160} & \frac{139}{160} & \frac{3}{160} & \frac{3}{160} \\[10pt]
\frac{3}{160} & \frac{3}{160} & \frac{3}{160} & \frac{3}{160} & \frac{71}{160} & \frac{3}{160} & \frac{71}{160} & \frac{3}{160} \\[10pt]
\frac{3}{160} & \frac{3}{160} & \frac{71}{160} & \frac{71}{160} & \frac{3}{160} & \frac{3}{160} & \frac{3}{160} & \frac{3}{160} \\[10pt]
\frac{3}{160} & \frac{3}{160} & \frac{3}{160} & \frac{3}{160} & \frac{3}{160} & \frac{3}{160} & \frac{139}{160} & \frac{3}{160}
\end{bmatrix}
$$

當我們做一些迭代之後，可以發現乘冪法會收斂至 PageRank 向量：

$$
\pi^T = \begin{bmatrix} 0.02^+ & 0.03^+ & 0.15^+ & 0.26^- & 0.06^+ & 0.08^+ & 0.28^- & 0.13^- \end{bmatrix}
$$

數字旁邊的加號或減號代表當我們將結果四捨五入到小數點後兩位時，得到的數字比實際值大還是小。注意，當我們將數字加總時，因為四捨五入的關係，總和是 1.01 而不是 1；這種做法比將數字全部擠在一起還要好。

矩陣 G 稱為 *Google 矩* 陣。Google 矩陣很大；就整個全球資訊網而言，它的列數與行數可達十億之多。我們要來看一下可不可以節省一些記憶體。之前提過：

$$
G = \alpha S + (1 - \alpha)\frac{1}{n}\mathbf{e}\mathbf{e}^T
$$

所以可以得到：

$$
\pi_{k+1}^T = \pi_k^T \left(\alpha S + (1 - \alpha)\frac{1}{n}\mathbf{e}_{n \times n} \right)
$$

之前也提過：

$$S = H + A = H + \frac{1}{n}\mathbf{w}\mathbf{e}^T$$

所以可以得到：

$$
\begin{aligned}
\pi_{k+1}^T &= \pi_k^T\left(\alpha H + \alpha\frac{1}{n}\mathbf{w}\mathbf{e}^T + (1-\alpha)\frac{1}{n}\mathbf{e}\mathbf{e}^T\right)\\
&= \alpha\pi_k^T H + \pi_k^T\left(\alpha\mathbf{w}\mathbf{e}^T\frac{1}{n} + (1-\alpha)\mathbf{e}\mathbf{e}^T\frac{1}{n}\right)\\
&= \alpha\pi_k^T H + \pi_k^T\left(\alpha\mathbf{w} + (1-\alpha)\mathbf{e}\right)\mathbf{e}^T\frac{1}{n}\\
&= \alpha\pi_k^T H + \left(\pi_k^T\alpha\mathbf{w} + (1-\alpha)\pi_k^T\mathbf{e}\right)\mathbf{e}^T\frac{1}{n}\\
&= \alpha\pi_k^T H + \left(\pi_k^T\alpha\mathbf{w} + (1-\alpha)\right)\mathbf{e}T\frac{1}{n}\\
&= \alpha\pi_k^T H + \pi_k^T\alpha\mathbf{w}\mathbf{e}^T\frac{1}{n} + (1-\alpha)\mathbf{e}^T\frac{1}{n}
\end{aligned}
$$

在倒數第二個步驟，我們利用 $\pi_k^T\mathbf{e} = 1$ 這個事實，因為這個乘法等於所有 PageRank 的總和，也就是一。注意最後一行的 $\alpha\mathbf{w}\mathbf{e}^T(1/n)$ 與 $(1-\alpha)\mathbf{e}^T(1/n)$ 其實是常數值，只需要計算一次。接著在每次迭代時，我們只要將 π_k 乘上一個常數值，並對它加上另一個常數值即可。此外，矩陣 H 相當稀疏，因為每一個網頁都有大約 10 個其他網頁的連結，而矩陣 G 相當密集（是完整的）。所以我們永遠都不需要實際儲存 G，且總運算次數比只使用 G 的定義時少多了。

參考文獻

PageRank 是 Larry Page 與 Sergey Brin 發明的，他們在 1998 年發表它，並以 Larry Page 為名 [29]。Google 搜尋引擎原本使用這種演算法，但是現在 Google 使用更多演算法來產生結果，確切的機制仍未公開。不過，PageRank 仍然有影響力，因為它的概念很簡單，而且它是史上最大的公司之一的基礎之一。

要瞭解 PageRank 背後的數學，可參考 Bryan 與 Leise 的論文 [31]。
Langville 與 Meyer 的書籍用淺顯易懂的方式來介紹 PageRank 與搜尋
引擎 [121]；你也可以參考 Berry 與 Browne 的書籍 [18]。Manning、
Raghavan 與 Hinrich Schütze 的書籍更全面地探討資訊檢索，也談到
索引。Büttcher、Clarke 與 Cormack 談到資訊檢索，也會討論檢索的
效率與有效性 [33]。

PageRank 不是唯一使用連結來排名的演算法。坊間的另一種重要的
演算法是 HITS，它是 Jon Kleinberg 研發的 [108, 109]。

10 投票優勢

有一間公司想要票選提供員工餐點的餐飲公司。在做一些市場調查之後，這間公司發現有三家公司符合品質與價格需求。但是有一個問題。第一間公司稱為 "MeatLovers"，簡稱 M，提供的選項大都是肉類，也會在肉旁邊放一些意大利麵。第二間公司稱為 "BitOfEverything"，簡稱 E，提供比較多樣性的菜單，包括肉類與蔬菜類菜餚。第三間公司稱為 "VegForLife"，簡稱 V，提供純素食。

公司的人力資源部門想要瞭解員工最喜歡哪一間餐飲公司，所以舉行投票活動。投票結果是：40% 的員工喜歡 M，30% 的員工喜歡 E，而 30% 的員工喜歡 V。所以公司與 M 簽約，完全按照正常的程序。

你有沒有看到問題？公司的素食者應該不會認同這項決定，更確切地說，他們會被迫每天自己準備食物。

仔細觀察，你會發現這個問題是選舉的方式造成的。雖然 30% 的員工選擇 V，這是相對少數，但他們也可能比較喜歡 E 而非 M。另一方面，喜歡 M 的員工大多比較喜歡 E 而非 V。最後，選擇 E 的人可能比較喜歡 V 而非 M。我們來列出這些偏好：

   40%: $[M, E, V]$

   30%: $[V, E, M]$

   30%: $[E, V, M]$

接著我們來計算**配對偏好**，也就是說，將選項配對，看看有多少投票者比較喜歡其中一對？我們先審查上述三組投票者的 M 與 E：40% 的投票者在 M 與 E 之間比較喜歡 M，首選是 M。同時，30% 的投票者在 E 與 M 之間比較喜歡 E，首選是 V，而另外 30% 的投票者在 E 與 M 之間比較喜歡 E，首選是 E。因此，60% 的投票者在 E 與 M 之間比較喜歡 E，所以 E 勝過 M，比率為 60% 比 40%。

接著處理 M 與 V。我們用這種方式來推理：40% 的投票者喜歡 M 勝過 V，M 是他們的首選。但是有 30% 的投票者喜歡 V 勝過任何其他選項，而且首選為 E 的 30% 的投票者也喜歡 V 勝過 M，所以 V 勝過 M，它們的比率是 60% 比 40%。

最後比較 E 與 V，40% 的投票者將 M 視為他們的首選，且喜歡 E 勝過 V，且 30% 的投票者將 V 視為他們的首選，也喜歡 V 勝過 E。30% 的投票者將 E 視為他們的首選，顯然，E 勝過 V。因此 E 勝過 V，它們的比率是 70% 比 30%。

整體來看，E 在配對比較中打敗另兩個對手，以 60% 比 40% 打敗 M，以 70% 比 30% 打敗 V，而 V 打敗一個對手，M 沒有勝出過。因此我們宣布選舉的當選者是 E。

10.1 投票系統

上述範例顯示一種眾所周知而且很普遍的選舉制度的問題，**最高票制**（*plurality voting*）。在最高票制中，選民會在選票上標記他們最喜歡的人。擁有最高票數的候選人可贏得選戰。最高票制的問題在於，選民不會寫下他們的所有偏好，他們只會標記最喜歡的那一位。所以，很有可能有位候選人比其他候選人更受到選民的喜愛，但是如果他不是多數選民的首選，他就無法贏得選戰。

Condorcet 制規定在選戰中，受到最多選民喜愛的候選人才能當選，這種制度的當選人稱為 *Condorcet 候選人*，或 *Condorcet 當選人*。這個名稱來自 Marie Jean Antoine Nicolas Caritat，Condorcet 侯爵，他是 18 世紀的法國數學家與政治家，在 1785 年提出這種情況。

為了避免你將 Condorcet 制視為烹飪話題中的神秘概念，或 18 世紀的法國舊式概念，我們來考慮兩個近代的範例。

在 2000 年的美國總統大選，候選人有 George W. Bush、Al Gore 與 Ralph Nader。在美國，總統是選舉人團選出的。選舉人團會以美國各州的選舉結果來投票。戲劇性的是，Florida 州決定了 2000 年大選的結果。候選人得到的最終票數如下：

- George W. Bush 得到 2,912,790 票,等於 48.847% 的票數。

- Al Gore 得到 2,912,253 票,等於 48.838% 的票數。

- Ralph Nader 得到 97,421 票,即 1.634% 的票數。

George W. Bush 以 537 票之差,即 Florida 的 0.009% 票數贏得選戰。然而,一般認為,多數投給 Ralph Nader 的人比較喜歡 Al Gore 而非 George W. Bush。如果事實的確如此,且美國大選的投票制度改為選民可以表示他們的第二選擇,那麼 Al Gore 就會成為贏家。

我們換個洲,來到法國,Jacques Chirac、Lionel Jospin 與十四位其他的候選者在 2002 年 4 月 21 日角逐法國總統大選。候選人必須獲得 50% 以上的選票才能成為法國總統。如果沒有人達到這個條件,就由前兩位候選者進入下一輪選舉。令舉世震驚的是,Jacques Chirac 在第二輪的對手是極右派的 Jean-Marie Le Pen,而不是 Lionel Jospin。

這不代表多數的法國選民都支持極右派。在 2002 年 4 月 21 日的第一輪選舉結果是:

- Jacques Chirac 得到 5,666,440 票,等於 19.88% 的票數。

- Jean-Marie Le Pen 得到 4,805,307 票,等於 16.86% 的票數。

- Lionel Jospin 得到 4,610,749 票,等於 16.18% 的票數。

在兩週後,2002 年 5 月 5 日舉行的第二輪選舉中,Jacques Chirac 得到超過 82% 的票數,而 JeanMarie Le Pen 得到的票數少於 18%。看起來,Chirac 獲得其他 14 位被淘汰的候選人的所有選票,而 Le Pen 與第一輪的自己相較之下幾乎沒有什麼進步。

問題的原因是,選民要從一開始的 16 位候選人選出兩位進入第二輪。因為候選人有 16 位之多,票數被大幅分散,只有死忠選民支持的激進候選人很容易得到比溫和派候選人多的選票。更普遍的情況是,多數人都相當喜歡但不一定是首選的候選人,會敗給多數人都討厭卻是極少數人最喜歡的候選人。

最高票制不是唯一不如 Condorcet 制的投票制度,但是因為它很普及,所以容易遭受批評。

在同意制（*approval voting*）中，選民可以在選票上選擇任意數量的候選人，不是只有一位。當選者是得到最高票的候選人。假設在一場選舉中，候選人有 *A*、*B* 與 *C*，並且得到以下的票數（我們不在選票旁邊加上方括號，以強調順序並不重要）：

　　　60%:　　[*A*, *B*]
　　　40%:　　[*C*, *B*]

因為 100% 的選民選擇 *B*，所以 *B* 當選。假設 60% 的選民的優先順序是 *A* 優於 *B* 優於 *C*，且 40% 的選民是 *C* 優於 *B* 優於 *A*，雖然他們無法在選票上表示那些意見。換句話說，如果他們可以，選票將會是：

　　　60%:　　[*A*, *B*, *C*]
　　　40%:　　[*C*, *B*, *A*]

那麼 *A* 會以 60% 比 40% 打敗 *B*，所以雖然多數的選民比較喜歡 *A* 而非 *B*，但他們仍然沒有投給 *A*。

另一種投票法是 *Borda* 計數法（*Borda count*），名稱來自 18 世紀的法國數學家與政治學家 Jean-Charles de Borda，他在 1770 年發表它。在 Borda 計數法中，選民要為候選人評分。如果有 *n* 位候選人，選民的首選會得到 $n-1$ 分，第二選擇會得到 $n-2$ 分，一直到最後一名會得到零分。得到最多分的人是當選者。假設有三個候選人 *A*、*B* 與 *C* 參加選舉，他們的投票結果如下：

　　　60%:　　[*A*, *B*, *C*]
　　　40%:　　[*B*, *C*, *A*]

如果總共有 100*m* 位選民，則候選人 *A* 會得到 $(60 \times 2)m = 120m$ 分，候選人 *B* 會得到 $(60 + 2 \times 40)m = 140m$ 分，候選人 *C* 會得到 40*m* 分。當選者是候選人 *B*。但多數的選民比較喜歡 *A* 而不是 *B*。

回到 Condorcet 制，我們的問題是找出一個方法來選出 Condorcet 制的當選者，如果有當選者存在的話。Condorcet 制不一定有當選者。例如，假設我們有三位候選人，*A*、*B* 與 *C*，他們得到以下的票數：

　　　30:　　　[*A*, *B*, *C*]
　　　30:　　　[*B*, *C*, *A*]
　　　30:　　　[*C*, *A*, *B*]

當我們做配對比較時，可以發現 A 以 60 比 40 打敗 B，B 以 60 比 40 打敗 C，C 以 60 比 40 打敗 A。因此，每一位候選人都打敗另一位候選人，而且沒有候選人打敗的人數比別人多，所以沒有整體的贏家。

我們再來看另一場有三位候選人的選舉，它採用不同的投票方式：

$$10 \times [A, B, C]$$
$$5 \times [B, C, A]$$
$$5 \times [C, A, B]$$

A 比 B 受歡迎，票數為 15 比 5，B 比 C 受歡迎，票數為 15 比 5，C 與 A 平手，各為 10。因為 A 與 B 各自打敗一位候選人，所以無法宣布當選者。

這是有點奇怪的情形，因為並非在任何情況下選票都與上述案例一樣是等值的。顯然比較多人投下第一種選票，但因為某些原因，無法讓它成為最終的結果。因此，我們希望有一種可以遵循 Condorcet 制，但比之前談過的方法還不容易遇到平手情況的方法。

10.2　Schulze 法

Schulze 法是找出 Condorcet 當選者（如果有當選者的話）的方法之一，它是 Markus Schulze 在 1997 年開發出來的。許多技術組織都會採取這種方法，它也不容易發生平手的情況。Schulze 法的基本概念是使用投票者的配對偏好來建構一張圖，接著藉由追蹤圖中的路徑來找出候選人受到喜好的程度。

Schulze 法的第一步是準確地找出候選人的配對偏好。假設我們有 n 張選票與 m 位候選人。選票是 $B = B_1 \cdot B_2 \cdot \cdots \cdot B_n$，且候選人是 $C = c_1 \cdot c_2 \cdot \cdots \cdot c_m$。我們依序取得每張選票 B_i，$i = 1 \cdot 2 \cdot \cdots \cdot n$。每張選票都有一串候選人，按照遞減的喜好順序排列，所以當一位候選人在選票上排在其他候選人前面時，代表投下那張票的選民喜歡他的程度勝過後面的候選人。換句話說，就選票 B_i 上面的兩位候選人 c_j 與 c_k 而言，如果 c_j 在 c_k 之前，就代表選民比較喜歡 c_j。為了計算喜好，我們使用大小為 $m \times m$ 的陣列 P。為了計算陣列的內容，我們先將它全部初始化為零。接著讀取每一張選票 B_i 的每一對候選人 c_j 與 c_k，當 c_j 在 c_k 前面時，我們將陣列 P 的元素 $P[c_j，c_k]$ 加一。讀取所有選票之後，P 的每一個元素，$P[c_j，c_k]$，就代表喜歡 c_j 勝於 c_k 的選民總數。

例如，選票 $[c_1，c_3，c_4，c_2，c_5]$ 代表選民喜歡候選人 c_1 勝於所有其他候選人，喜歡候選人 c_3 勝於候選人 c_4、c_2、c_5，喜歡候選人 c_4 勝於候選人 c_2、c_5，喜歡候選人 c_2 勝於候選人 c_5。在那張選票上，候選人 c_1 在候選人 c_3、c_4、c_2 與 c_5 前面，所以我們將元素 $P[c_1，c_3]$、$P[c_1，c_4]$、$P[c_1，c_2]$ 與 $P[c_1，c_5]$ 加一。候選人 c_3 在候選人 c_4、c_2 與 c_5 前面，所以我們將元素 $P[c_3，c_4]$、$P[c_3，c_2]$ 與 $P[c_3，c_5]$ 加一，以此類推，直到候選人 c_2，我們將元素 $P[c_2，c_5]$ 加一：

$$
\begin{array}{c}
 \\
c_1 \\
c_2 \\
c_3 \\
c_4 \\
c_5
\end{array}
\begin{array}{ccccc}
c_1 & c_2 & c_3 & c_4 & c_5 \\
\left[\begin{array}{ccccc}
- & +1 & +1 & +1 & +1 \\
- & - & - & - & +1 \\
- & +1 & - & +1 & +1 \\
- & +1 & - & - & +1 \\
- & - & - & - & -
\end{array}\right]
\end{array}
$$

演算法 10.1 就是在做這件事。這個演算法會在第 1 行建立一個陣列 P，它會被用來保存配對偏好，並在第 2–4 行將所有候選人的配對偏好初始化。這需要 $\Theta(|C|^2)$ 時間。接著在第 5–11 行的迴圈中，它會取出 $|B|$ 的每一張選票。在第 7–11 行的內嵌迴圈中，它會從每一張選票依序取出每一位候選人。因為選票上的候選人是按照投票者的喜好順序來排列的，所以我們每次在進入內嵌的迴圈時選到的候選人在選票上的喜好程度都勝過之後的候選人。所以，如果候選人是 c_j，那麼對於在選票上排在 c_j 後面的所有候選人 c_k，我們會在元素 $P[c_j，c_k]$ 加一。它會依序對選票上的所有其他候選人做同一件事情。如果選票有全部的 $|C|$ 位候選人，它就會更新偏好陣列 $(|C|-1)+(|C|-2)+\cdots+1 = |C|(|C|-1)/2$ 次。在最壞的情況下，所有選票都會有全部的 $|C|$ 位候選人，所以每張選票需要的時間是 $O(|C|(|C|-1)/2) = O(|C|^2)$，且所有選票需要的時間是 $O(|B||C|^2)$。演算法 10.1 的執行時間總計是 $O(|C|^2 + |B||C|^2)$。

演算法 10.1：計算配對偏好。

CalcPairwisePreferences(*ballots, m*) → *P*

　　輸入：*ballots*，選票陣列，其中的每一張選票都是一個候選人陣列

　　　　　m，候選人數量

　　輸出：*P*，大小為 *m* × *m* 的陣列，儲存候選人的配對偏好；$P[i,j]$

　　　　　是喜歡候選人 *i* 勝於候選人 *j* 的選民數量

1　　$P \leftarrow$ CreateArray($m \cdot m$)
2　　**for** $i \leftarrow 0$ **to** m **do**
3　　　　**for** $j \leftarrow 0$ **to** m **do**
4　　　　　　$P[i,j] \leftarrow 0$
5　　**for** $i \leftarrow 0$ **to** $|ballots|$ **do**
6　　　　$ballot \leftarrow ballots[i]$
7　　　　**for** $j \leftarrow 0$ **to** $|ballot|$ **do**
8　　　　　　$c_j \leftarrow ballot[j]$
9　　　　　　**for** $k \leftarrow j+1$ **to** $|ballot|$ **do**
10　　　　　　　$c_k \leftarrow ballot[k]$
11　　　　　　　$P[c_j, c_k] \leftarrow P[c_j, c_k] + 1$
12　　**return** P

舉例，有一場四位候選人 *A*、*B*、*C* 與 *D* 參與的選舉。這場選舉有 21
位投票者。計算票數之後，我們發現結果如下：

　　　$6 \times [A, C, D, B]$
　　　$4 \times [B, A, D, C]$
　　　$3 \times [C, D, B, A]$
　　　$4 \times [D, B, A, C]$
　　　$4 \times [D, C, B, A]$

也就是說，有六張 $[A, C, D, B]$，四張 $[B, A, D, C]$，以此類推。在第一
批的六張選票中，投票者喜歡 *A* 勝於 *C*，喜歡 *C* 勝於 *D*，喜歡 *D* 勝於
B。

為了計算偏好陣列，我們發現只有第一批選票喜歡候選人 A 勝於 B，所以配對偏好陣列中的 A 與 B 配對項目將會是 6。類似的情況，我們發現第一、第二與第四組選票喜歡候選人 A 勝於 C，所以 A 與 C 的配對偏好是 14。繼續做下去，我們發現這次選舉的候選人的偏好陣列是：

$$
\begin{array}{c} A \\ B \\ C \\ D \end{array}
\begin{array}{c} A \qquad\qquad B \qquad\qquad C \qquad\qquad D \end{array}
\left[\begin{array}{cccc}
0 & 6 & (6+4+4) & (6+4) \\
(4+3+4+4) & 0 & (4+4) & 4 \\
(3+4) & (6+3+4) & 0 & (6+3) \\
(3+4+4) & (6+3+4+5) & (4+4+4) & 0
\end{array}\right]
$$

也就是：

$$
\begin{array}{c} A \\ B \\ C \\ D \end{array}
\begin{array}{cccc} A & B & C & D \end{array}
\left[\begin{array}{cccc}
0 & 6 & 14 & 10 \\
15 & 0 & 8 & 4 \\
7 & 13 & 0 & 9 \\
11 & 17 & 12 & 0
\end{array}\right]
$$

Schulze 法的第二步是建構一張圖，裡面的節點是候選人，一位候選人相對於另一位候選人的偏好程度是連結的權重。如果有兩位候選人 c_i 與 c_j，且喜歡 c_i 勝於 c_j 的投票者數量 $P[c_i, c_j]$ 大於喜歡 c_j 勝於 c_i 的投票者數量 $P[c_j, c_i]$，我們就加上連結 $c_i \rightarrow c_j$，並將數字 $P[c_i, c_j] - P[c_j, c_i]$ 設為連結 $c_i \rightarrow c_j$ 的權重。我們在其他的配對使用 $-\infty$ 來代表它們沒有對應的連結。為此，我們先做必要的比較與計算：

$$
\begin{array}{c} A \\ B \\ C \\ D \end{array}
\begin{array}{c} A \qquad\qquad B \qquad\qquad C \qquad\qquad D \end{array}
\left[\begin{array}{cccc}
0 & (6<15) & (14-7) & (10<11) \\
(15-6)=9 & 0 & (8<13) & (4<17) \\
(7<14) & (13-8) & 0 & (9<12) \\
(11-10)=1 & (17-4) & (12-9) & 0
\end{array}\right]
$$

接著將負數與零的項目換成 $-\infty$：

$$
\begin{array}{c@{\quad}cccc}
 & A & B & C & D \\
\begin{array}{c} A \\ B \\ C \\ D \end{array} &
\left[\begin{array}{cccc}
-\infty & -\infty & 7 & -\infty \\
9 & -\infty & -\infty & -\infty \\
-\infty & 5 & -\infty & -\infty \\
1 & 13 & 3 & -\infty
\end{array}\right]
\end{array}
$$

圖 10.1 是它對應的圖。如前所述，這張圖的節點是候選人，邊是每對候選人受喜好的程度的正差距。

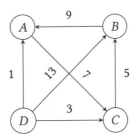

圖 10.1
選舉圖。

畫出圖之後，我們繼續計算這張偏好圖的所有節點之間的**最強路徑**（*strongest paths*）。我們將**路徑的強度**（*strength of a path*）定義為組成路徑的連結的最小權重，也可稱為**路徑的寬度**。如果你將一條路徑想成一系列介於節點之間的橋，那麼路徑的強度就是它的最弱連結或橋。在偏好圖中可能會有多條介於兩個節點之間的路徑，每一條都有不同的強度。其中最強的路徑就是最強路徑。回到橋的比喻，最強路徑就是我們可以用最重的車輛在兩個節點之間運輸的那條路。圖 10.2 這張圖有兩條最強路徑。介於節點 0 與 4 的最強路徑會穿越節點 2，且強度為 5；同樣的，介於節點 4 與 1 的最強路徑會穿越節點 3，且強度為 7。在其他領域也有尋找最強路徑的問題，在電腦網路中，它就相當於當 Internet 的任何兩台電腦或路由器之間的線路頻寬有限時，尋找兩台電腦之間的最大頻寬。它也稱為**最寬路徑問題**，因為強度與寬度的意思相同，以及**最大容量路徑問題**，因為它的意思是要尋找圖中容量最大的路徑。路徑的最大容量受限於它的最弱連結；兩個節點之間的最大容量路徑是兩個節點之間的路徑容量中最大的容量。

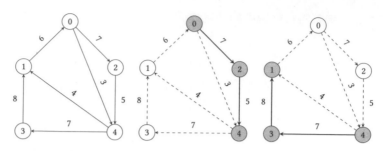

圖 10.2
最強路徑範例。

為了尋找圖中每一對節點之間的最強路徑，我們用以下的方式來推理。我們將圖的所有節點依序取出，c_1、c_2、……、c_n 在序列 c_1、c_2、……、c_n 中，使用零個中間節點來找出每一對節點 c_i 與 c_j 之間的最強路徑。如果 c_i 與 c_j 有直接的連結，這兩個節點之間的最強路徑就不會使用中間節點；否則最強路徑根本不存在。

我們接著使用序列的第一個節點 c_1 來作為中間節點，再次尋找任何一對節點 c_i 與 c_j 之間的最強路徑。如果我們已經在上一個步驟找出 c_i 與 c_j 之間的最強路徑，那麼如果路徑 $c_i \rightarrow c_1$ 與 $c_1 \rightarrow c_j$ 存在，我們就比較路徑 $c_i \rightarrow c_j$ 與路徑 $c_i \rightarrow c_1 \rightarrow c_j$ 的強度，並且取兩者之間最強的那一個來作為 c_i 與 c_j 之間的最強路徑的新估計結果。

我們繼續做相同的程序，直到已經使用序列的全部 n 個節點為止。假設我們已經使用序列的前 k 個節點來作為中間節點，找到圖中的每一對節點 c_i 與 c_j 之間的最強路徑了。接下來我們要試著使用序列的前 $k + 1$ 個節點來找出兩個節點 c_i 與 c_j 之間的最強路徑。如果我們使用第 $(k + 1)$ 個節點找到一條從 c_i 到 c_j 的路徑，它會有兩個部分。第一個部分是從 c_i 到 c_{k+1}，使用序列的前 k 個節點來作為中間節點的路徑，第二個部分是從 c_{k+1} 到 c_j，同樣使用序列的前 k 個節點來作為中間節點的路徑。我們已經在之前的步驟中發現這兩個路徑的強度了。如果我們將從 c_i 到 c_j，使用前 k 個節點的路徑的強度稱為 $s_{i,j}(k)$，使用節點 $k + 1$ 的兩個路徑是 $s_{i,k}+1(k)$ 與 $s_{k+1,j}(k)$。根據定義，從 c_i 經過 c_{k+1} 到 c_j 的路徑的強度，就是路徑 $s_{i,k+1}(k)$ 與 $s_{k+1,j}(k)$ 強度最小的那一個，且我們之前已經找到這兩者了，所以：

$$s_{i,j}(k+1) = max\Big(s_{i,j}(k), min\big(s_{i,k+1}(k), s_{k+1,j}(k)\big)\Big)$$

最後，使用序列中全部的 n 個節點之後，我們就會找出圖中的任何兩對節點之間的最強路徑。演算法 10.2 展示詳細的程序。

我們在演算法的 1–2 行建立兩個輸出陣列，接著在第 2–10 行將兩個節點之間的路徑的初始強度設為它們之間的直接連結，如果有的話。它們相當於使用零個中間節點來尋找最強路徑。接著我們在第 11–18 行使用愈來愈多中間節點來計算最強路徑。外部迴圈使用變數 k，它相當於我們在中間節點集合中加入的中間節點。在第 14–16 行，每當我們遞增 k 時，就會檢查每一對節點，以 i 與 j 來指定，並視需要調整它們的最強路徑估計。我們也使用陣列 *pred* 來追蹤路徑，這個陣列在每一個位置 (i, j) 會提供從節點 i 到節點 j 的最強路徑上的前一個節點。

這個演算法很有效率。第 2–10 行的第一個迴圈會執行 n^2 次，在第 11–18 行的第二個迴圈會執行 n^3 次，n 是圖的節點數量。因為圖是以相鄰矩陣來表示的，圖的所有操作都會花費常數時間，所以它總共花費 $\Theta(n^3)$ 時間。如果我們談的是選舉，那麼 n 就是候選人的數量。以我們的符號來表示，所需的時間是 $\Theta(|C|^3)$。

你可以在圖 10.3 看到以這個演算法來執行範例的過程。在每一張小圖中，我們將每一個步驟用來形成新路徑的中間節點塗上灰色。注意在最後一個步驟，當我們將節點 D 加入中間節點集合時，發現沒有路徑比之前發現的強。這件事情可能會發生，但我們無法事前知道這件事。它也可能會在之前的步驟中發生，雖然這個案例沒有這種情況。話雖如此，我們仍必須將演算法執行完畢，將圖的所有節點當成中間節點依序檢查。

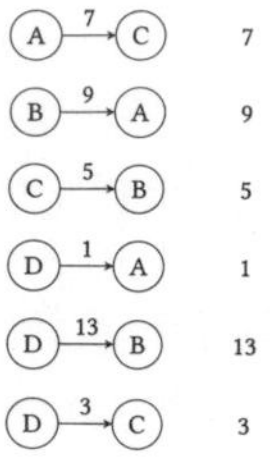

(a) 沒有中間節點。

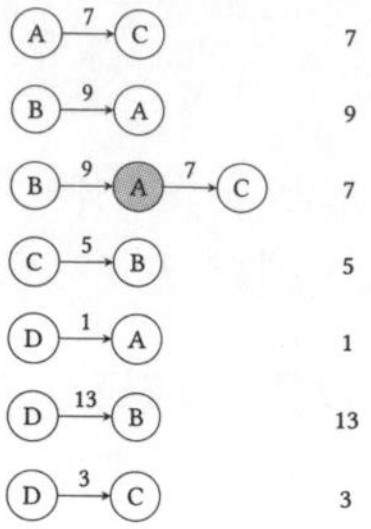

(b) 以 A 為中間節點。

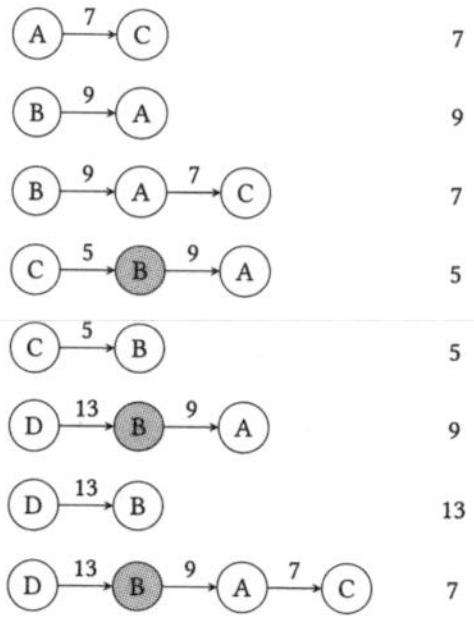

(c) 以 A、B 為中間節點。.

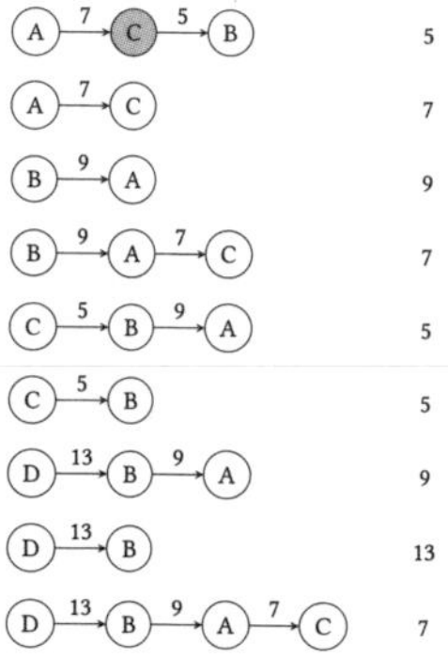

(d) 以 A、B、C 為中間節點。

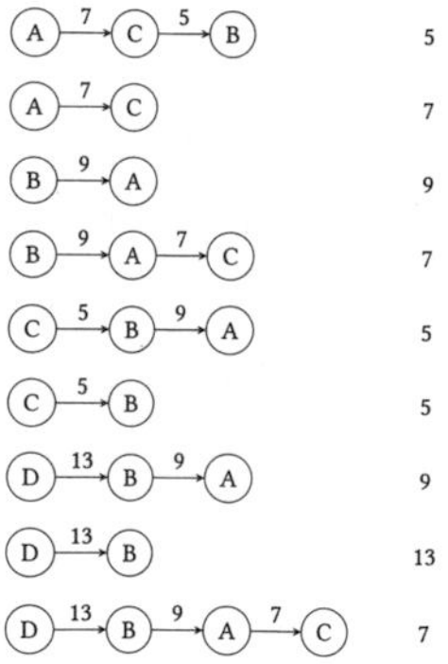

(e) 以 A、B、C、D 為中間節點。

圖 10.3
計算最強路徑。

演算法 10.2 是用陣列 *pred* 來回傳路徑的。如果你想要查看圖中的路徑，可以在圖 10.4 看到它們。你可以確認，從節點 *D* 到節點 *C* 的最強路徑會經過節點 *B* 與 *A*，而不是從 *D* 到 *C* 的直接路徑；在第三張小圖，我們使用節點 *B* 來作為中間節點之後，將之前的估計改寫為更好的估計。相較之下，當我們加入 *A* 來作為中間節點時，可以取得強度為 1 的路徑 $D \rightarrow A \rightarrow B$；但是我們已經有一條強度為 1 的路徑 $D \rightarrow A$ 了，所以不需要更新 *A* 與 *D* 之間的最強路徑。同樣的道理，我們可以得到強度為 1 的路徑 $D \rightarrow A \rightarrow C$，但是我們已經有強度為 3 的路徑 $D \rightarrow C$ 了，所以 *D* 與 *C* 之間的最強路徑保持不變。

演算法 10.2：計算最強路徑。

CalcStrongestPaths(W, n) $\rightarrow$ ($S, pred$)

  輸入：*W*，大小為 $n \times n$ 的陣列，代表圖的相鄰矩陣；$W[i,j]$ 是節點 *i* 與節點 *j* 之間的邊的權重

  n，*W* 的各維大小

  輸出：*S*：大小為 $n \times n$ 的陣列，$S[i,j]$ 是節點 *i* 與 *j* 之間的最強路徑

  pred，大小為 $n \times n$ 的陣列，$pred[i,j]$ 是節點 *i* 在前往節點 *j* 的最強路徑上的前一個節點

```
1   S ← CreateArray(n · n)
2   pred ← CreateArray(n · n)
3   for i ← 0 to n do
4       for j ← 0 to n do
5           if W[i, j] > W[j, i] then
6               S[i, j] ← W[i, j] – W[j, i]
7               pred[i, j] ← i
8           else
9               S[i, j] ← –∞
10              pred[i, j] ← –1
11  for k ← 0 to n do
12      for i ← 0 to n do
13          if i ≠ k then
14              for j ← 0 to n do
15                  if j ≠ i then
16                      if S[i, j] < Min(S[i, k], S[k, j]) then
17                          S[i, j] ← Min(S[i, k], S[k, j])
18                          pred[i, j] ← pred[k, j]
19  return (S, pred)
```

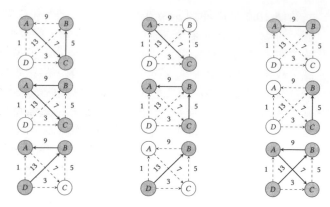

圖 10.4
選舉圖的最強路徑。

這個演算法做的事情，其實是計算問題的部分解答，並逐步合併它們，來得到整體的解答。它會找出較短的最強路徑，並且如果可能的話，產生更長的最強路徑。這種解決部分問題並結合已解決的部分來產生最終解答的方式，稱為**動態規劃**（*dynamic programming*），許多有趣的演算法背後都有它的影子。

在我們的範例中，演算法 10.2 會產生一個陣列 S，裡面存有每一對節點之間的最強路徑的強度：

$$
\begin{array}{c}
\quad\ \ A \quad\ B \quad\ C \quad\ D \\
\begin{array}{c} A \\ B \\ C \\ D \end{array}
\left[
\begin{array}{cccc}
-\infty & 5 & 7 & -\infty \\
9 & -\infty & 7 & -\infty \\
5 & 5 & -\infty & -\infty \\
9 & 13 & 7 & -\infty
\end{array}
\right]
\end{array}
$$

有了它們之後，我們就可以繼續執行 Schultze 法的第三個步驟了。對任何兩位候選人 c_i 與 c_j 而言，我們已經取得支持 c_i 勝於 c_j 的人數有多少，以及支持 c_j 勝於 c_i 的人數有多少。它們分別是從 c_i 到 c_j 與從 c_j 到 c_i 的路徑強度。如果從 c_i 到 c_j 的路徑強度大於從 c_j 到 c_i 的路徑強度，我們就可以說候選人 c_i 勝過候選人 c_j。接著我們希望可以找到每一位候選人 c_i 贏過多少其他的候選人。做法很簡單，只要遍歷演算法 10.2 算出的路徑強度陣列，並加總 c_i 受喜愛程度勝過 c_j 的次數即可。我們用演算法 10.3 來做這件事，它會回傳陣

列 *wins*，陣列 *wins* 的項目 *i* 是含有輸給候選人 *i* 的其他候選人的串列。

演算法 10.3：計算結果。

CalcResults(*S, n*) → *wins*

  輸入：*S*，大小為 $n \times n$ 的陣列，存有節點間最強路徑的強度；
    $s[i, j]$ 是節點 *i* 與 *j* 之間最強路徑的強度
    n，*S* 的各維大小

  輸出：*wins*，大小為 *n* 的陣列，*wins* 的項目 *i* 是含有 *m* 個整數項
    目 j_1、j_2、⋯、j_m 的串列，其中 $S[i, j_k] > S[j_k, i]$

1　*wins* ← CreateArray(*n*)
2　**for** *i* ← 0 **to** *n* **do**
3　 *list* ← CreateList()
4　 *wins*[*i*] ← *list*
5　 **for** *j* ← 0 **to** *n* **do**
6　 **if** *i* ≠ *j* **then**
7　 **if** $S[i, j] > S[j, i]$ **then**
8　 InsertInList(*list*, NULL, *j*)
9　**return** *wins*

在範例中，我們發現 *A* 擊敗 *C*，*B* 擊敗 *A* 與 *C*，*C* 被其他人擊敗，且 *D* 擊敗 *A*、*B* 與 *C*。或者，*wins* = [[2], [2, 0], [], [2, 1, 0]]。因為每位候選人贏過其他候選人的次數是 *A* = 1，*B* = 2，*C* = 0 且 *D* = 3，*D* 是最受喜歡的候選人。演算法 10.3 需要 $O(n^2)$ 時間，其中 *n* 是候選人的數量，或者如果使用之前的表示法 $|C|$ 的話，需要的時間是 $O(|C|^2)$。因此演算法 10.1 的執行時間是 $O(|C|^2 + |B||C|^2)$，演算法 10.2 的執行時間是 $\Theta(|C|^3)$，而演算法 10.3 的執行時間是 $O(|C|^2)$，整個 Schulze 需要多項式時間，很有效率。

注意，我們除了得到選舉的贏家之外，也可以得到候選人的排名。因此，Schulze 法也可以用來選出總共 *n* 位候選人的前 *k* 位，我們只要從它產生的排序中選擇前 *k* 位即可。

我們的範例沒有平手的情況，候選人的排名很明確。但結果不一定都會如此。Schulze 法會產生 Condorcet 當選者，如果只有一位的話，不過，如果沒有當選者，它當然不會發明一位。此外，在排序的後面可能會有平手，得到一位第一名與兩位平手的第二名。例如，可能有一種選舉的情況是 D 打敗 B 與 C，而 A 打敗 C，B 打敗 C，C 沒有打敗任何人。D 是贏家，而 A 與 B 都是第二名。

接著我們回到剛開始討論 Schulze 法的範例。當時，三位候選人 A、B 與 C 得到的選票是：

$$10 \times [A, B, C]$$
$$5 \times [B, C, A]$$
$$5 \times [C, A, B]$$

不使用 Schulze 法，而是經過簡單的比較之後，我們發現 A 比 B 受歡迎，比數為 15 比 5，B 比 C 受歡迎，比數為 15 比 5，且 C 與 A 平手，都得到 10 票。因為 A 與 B 在配對比較時都有獲勝，我們最後得到平手的結果。Schulze 方法如何評比？候選人的偏好陣列是：

$$
\begin{array}{c c c c}
 & A & B & C \\
A & \begin{bmatrix} 0 & 15 & 10 \\ B & 5 & 0 & 15 \\ C & 10 & 5 & 0 \end{bmatrix}
\end{array}
$$

我們從它得到選舉圖的相鄰矩陣：

$$
\begin{array}{c c c c}
 & A & B & C \\
A & \begin{bmatrix} -\infty & 10 & -\infty \\ B & -\infty & -\infty & 10 \\ C & -\infty & -\infty & -\infty \end{bmatrix}
\end{array}
$$

圖 10.5 是它的圖。你很容易就可以看到，裡面有兩條從 A 開始的（最強）路徑，路徑 $A \rightarrow B$ 與路徑 $A \rightarrow B \rightarrow C$，但只有一條從 B 開始的最強路徑，$B \rightarrow C$。因為沒有反向的路徑可以比較，Schulze 法提供的結果是 A 贏 B 與 C，B 贏 C，而 C 沒有贏任何人。因此它會宣布 A 是當選人，解決之前的平手局面。Schulze 法產生平手的機率通常比單純的配對比較還要少。這可以證明它符合**可解決性**（*resolvability*）標準，代表得到平手結果的機率很低。

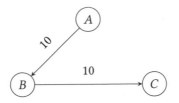

圖 10.5
另一張選舉圖。

買者自慎。我們已經展示 Condorcet 制，以及它是合理的選舉制度了，我們也提出 Schulze 法，它是合理的投票方法，符合 Condorcet制。但這不代表 Schulze 法是最好的投票方法，或者 Condorcet 制是政治選舉應該遵守的準則。根據諾貝爾獎得主 Kenneth Joseph Arrow在他的博士論文中的證明，世上沒有完美的選舉制度可讓選民在選票上表達他們的偏好，它稱為阿羅不可能定理（Arrow's Impossibility Theorem）。重點在於，投票制度必須可讓選民明智選擇，而非不假思索地投票，甚至讓他們被自己的習慣左右。選民必須明智地投票。儘管如此，Schulze 法的確是個介紹圖演算法的好範例，這也是我們在此選擇它的原因。

10.3　**Floyd-Warshall 演算法**

計算最強路徑的演算法 10.2 是可敬的 Floyd-Warshall 演算法的變體，這種演算法的目的是計算圖中每一對節點間的最短路徑。它是 Robert Floyd 發表的，但是在那之前，Bernard Roy 與 Stephen Warshall 已經發表過類似的演算法了。它就是演算法 10.4，如同演算法 10.2，它也是以時間 $\Theta(n^3)$ 執行的，所以它通常比 Dijkstra 演算法還要慢，但是它處理密集圖的效能很好。因為它不需要任何特殊的資料結構，所以也很容易實作。它也可以處理有負數權重的圖。在第 16 行，當你使用沒有無限大表示法的電腦語言時，要小心用大數字來取代它造成的溢位。此時，你必須檢查 $dist[i, k]$ 與 $dist[k, j]$ 是否不等於你用來表示 ∞ 的東西，如果是，就代表不需要加入它們，所以從 i 到 j 的最短路徑不可能經過它們。

演算法 10.4：Floyd-Warshall 任意兩點最短路徑。

FloydWarshall(W, n) → ($dist$, $pred$)

　　　輸入：W，大小為 $n \times n$ 的陣列，代表圖的相鄰矩陣；$W[i,j]$ 是節
　　　　　　點 i 與 j 之間的邊的權重
　　　　　　n，W 的各維大小

　　　輸出：$dist$，大小為 $n \times n$ 的陣列，$dist[i,j]$ 是節點 i 與 j 之間的最
　　　　　　短路徑
　　　　　　$pred$，大小為 $n \times n$ 的陣列，$pred[i,j]$ 是節點 i 在前往節點
　　　　　　j 的最短路徑上的前一個節點

1　$dist \leftarrow$ CreateArray($n \cdot n$)
2　$pred \leftarrow$ CreateArray($n \cdot n$)
3　**for** $i \leftarrow 0$ **to** n **do**
4　　　**for** $j \leftarrow 0$ **to** n **do**
5　　　　　**if** $W[i,j] \neq 0$ **then**
6　　　　　　　$dist[i,j] \leftarrow W[i,j]$
7　　　　　　　$pred[i,j] \leftarrow i$
8　　　　　**else**
9　　　　　　　$dist[i,j] \leftarrow +\infty$
10　　　　　　$pred[i,j] \leftarrow -1$

11　**for** $k \leftarrow 0$ **to** n **do**
12　　　**for** $i \leftarrow 0$ **to** n **do**
13　　　　　**if** $i \neq k$ **then**
14　　　　　　　**for** $j \leftarrow 0$ **to** n **do**
15　　　　　　　　　**if** $j \neq i$ **then**
16　　　　　　　　　　　**if** $dist[i,j] > dist[i,k] + dist[k,j]$ **then**
17　　　　　　　　　　　　　$dist[i,j] \leftarrow dist[i,k] + dist[k,j]$
18　　　　　　　　　　　　　$pred[i,j] \leftarrow pred[k,j]$
19　**return** ($dist, pred$)

參考文獻

Condorcet 在他的書《*Essay on the Application of Analysis to the Probability of Majority Decisions*》中說明了他的規則 [39]。Schulze 方法的說明可在 [175] 找到。

投票理論是個吸引人的主題，有素養的公民應該瞭解它的主要結果。見 Saari [169]、Brams [27]、Szpiro [195] 與 Taylor 和 Pacelli [200] 的書籍。

Robert Floyd 在 [67] 發表第一版的 Floyd-Warshall 演算法；Stephen Warshall 也在 1962 年發表他的版本 [213]，而 Bernard Roy 在更早之前發表他的成果，在 1959 年 [168]。有三個嵌套迴圈的版本是 Ingerman 提出的 [101]。

11 蠻力法、祕書問題與二分法

你喜歡尋找鑰匙、襪子、眼鏡嗎？雖然翻遍所有的東西很煩人，但你很幸運，因為你只要尋找不見的東西就可以了，不需要尋找朋友的電話號碼、歌單之中的一首歌、或待繳資料夾內的銀行繳款單。現代的電腦會處理這些事情，它們會幫我們安排事情，應我們的要求尋找它們，而且我們通常不知道它們做這些事情很有效率。電腦經常做搜尋，實用的電腦程式幾乎都會用某種形式的搜尋來完成工作。

電腦天生適合搜尋。它們比人類擅長做重複的事情，而且不會累，也不會抱怨。它們不會失去注意力，即使在檢查一百萬個項目之後。

我們使用電腦來搜尋儲存在其中的任何東西。坊間有專門討論搜尋演算法的書籍，關於搜尋的研究仍然十分活躍。我們會將愈來愈多資料存在電腦裡，除非你可以及時找到想要尋找的東西，否則那些資料是毫無用處的，"及時" 代表幾分之一秒。搜尋的方式很多種，取決於資料的性質與搜尋的性質，可能會有某種演算法比較適合使用，但其他的可能會效率十分低落。不過，搜尋的優點在於它的基本概念很容易掌握，甚至類似我們的日常經驗。搜索演算法的另外一個好處是，它可以提供一個很棒的窗口，可以讓我們透過這個窗口觀察抽象的演算法與它們的基本運作元素之間的關係，你會發現，它比你最初的想像還要複雜得多。

11.1 循序搜尋

當我們談到搜尋時，需要先瞭解一種基本差異：待搜尋的資料是經過排序的，還是以其他方式處理過的。搜尋無序的資料就像在一副完全洗亂的撲克牌中尋找某張牌，搜尋有序的資料就像在字典查字。

我們先從無序的資料開始。你要如何在牌堆中找出一張牌？最簡單的方式是從牌堆中拿出第一張牌，看看它是不是你要找的，如果不是，就查看第二張，接著第三張，以此類推，直到找到你要的牌為止。或者，你可以從最後一張牌開始，接著查看它的前一張，以此類推。第三種方式是隨機拿出一張牌，如果它不是正確的，就隨機拿另外一張，接著再另外一張……。或者，你可以查看每兩張牌或每五張牌，將它們移出牌堆，直到找到正確的為止。

這些做法都是對的，它們之中沒有比較好的做法。它們共同的做法是用特定的方式來查看卡牌或資料，確保至少查看每張卡牌一次。因為卡牌不是用已知的順序來排列的，代表它沒有任何模式可供利用，我們唯一能做的是盤腿坐下，逐一檢查資料。這種解決問題的方法沒有什麼高明之處，我們只能採取**蠻力**（*brute force*），也就是詳盡地搜尋素材，我們唯一的資源就是翻牌的速度，這種方法沒有任何謀略或創意的空間。

最簡單的蠻力搜尋法就是直接使用本書開頭談過的循序搜尋，先前往第一筆資料，開始查看每一筆資料，直到找到符合想要的那一筆資料為止。這種做法可能有兩種結果，你不是找到它，就是看完資料後，發現你要找的東西不在裡面。演算法 11.1 描述的是循序搜尋，這個演算法假設我們要尋找陣列內的一個元素。我們會遍歷陣列的每一個元素（第 1 行），並使用函式 Matches(x, y) 來查看它是不是我們要的（第 2 行），這個函式會在稍後進一步說明。如果是，我們就讓演算法回傳該元素在陣列中的索引。如果我們沒有找到它，就會到達陣列的結尾且不回傳任何索引，所以回傳值 − 1，它不是有效的索引，代表我們無法在陣列的任何地方找到項目。你可以在圖 11.1 看到成功與不成功的循序搜尋案例。

(a) 成功以循序搜尋找到 437。

| 114 | 480 | 149 | 903 | 777 | 65 | 680 | 437 | 4 | 181 | 613 | 551 | 10 | 31 | 782 | 507 |

(b) 無法以循序搜尋找到 583。

圖 11.1
循序搜尋。

演算法 11.1：循序搜尋。

SequentialSearch(A, s) → i

    輸入：A，項目組成的陣列

          s，我們想尋找的元素

    輸出：i，若 A 含有 s 則為 s 的位置，否則 -1

1 **for** $i \leftarrow 0$ **to** $|A|$ **do**
2   **if** Matches($A[i], s$) **then**
3   **return** i
4 **return** -1

如果陣列 A 有 n 個元素，也就是 $|A| = n$，那麼循序搜尋的預期效能為何？如果 A 的元素的順序是完全隨機的，那麼 s 在 A 的任何位置的機率都是相同的：s 在第一個位置的機率是 $1/n$，在第二個位置的機率也是 $1/n$，直到最後一個位置，它的機率也是 $1/n$。如果 s 是 A 的第一個項目，那麼第 1–3 行的迴圈只會執行一次，如果 s 是 A 的第二個項目，迴圈只會執行兩次，如果 s 是 A 的最後一個項目，或完全無法找到，迴圈會執行 n 次。因為這些案例的機率都是 $1/n$，迴圈的平均執行次數是：

$$\frac{1}{n} \times 1 + \frac{1}{n} \times 2 + \cdots + \frac{1}{n} \times n = \frac{1 + 2 + \cdots + n}{n} = \frac{n+1}{2}$$

等式的最後一個部分是這樣得到的：

$$1 + 2 + \cdots + n = \frac{n(n+1)}{2}$$

因此，成功的循序搜尋的平均效能是 $O((n+1)/2) = O(n)$。對 n 個項目做循序搜尋平均花費的時間與 n 成正比。如果你要搜尋的項目不存在，就需要遍歷陣列的所有項目才能發現它不存在，所以不成功的循序搜尋的時間是 $\Theta(n)$。

11.2　匹配、比較、紀錄、鍵

在這個演算法中,我們使用函式 Matches(*x*, *y*)。這個函式會檢查兩個元素是否相同,若相同則回傳 TRUE,否則 FALSE。稍後我們也會使用另一個函式 Compare(*x*, *y*),它會比較兩個項目,若 *x* 比 *y* 好則回傳 +1,若 *y* 比 *x* 好則回傳 −1,若它們被視為相等的,則回傳 0。這種會產生三種值的比較函式在程式中很常見,你只要做一次呼叫,就可以取得三種可能的結果。這兩種函式如何動作?以及為何要用 Matches,而不是直接檢查 *x* 是否等於 *y* 就好了?原因是 "等於" 的運作方式可能不是我們要的,為了瞭解這件事,我們要花一點時間來解析我們真正要的是什麼。

我們想要從中進行搜尋的資料通常稱為紀錄(*records*)。一筆紀錄可能有多個欄位(*fields*),或屬性(*attributes*),很像人的屬性。紀錄內的每一個屬性都有一個值(*value*)。標示一筆紀錄的一個或一組屬性稱為鍵(*key*)。通常當我們搜尋一筆紀錄時,會用特定的鍵來搜尋它。例如,要尋找一個人,我們會用護照號碼來尋找他,因為護照號碼是唯一的。圖 11.2a 是代表一個人的紀錄範例。

first name: John
surname: Doe
passport no: AI892495
age: 36
occupation: teacher

real: 3.14
imaginary: 1.62

(a) 個人紀錄。　　　　　　　　　　　　　(b) 複數紀錄。

圖 11.2
紀錄範例。

當然我們也會用鍵之外的屬性來尋找一個人,例如姓氏。此時,有吻合不代表只有一個吻合的人。當我們用一個姓氏,以循序搜尋來找人時,找到第一個人之後可能還有其他人。鍵可能是用多個屬性構成的。若是如此,我們稱它為複合鍵(*composite* 或 *compound key*)。圖 11.2b 是一筆複數紀錄。這筆紀錄的鍵是實數與虛數的結合。

一筆紀錄可能會有多個鍵，例如一個護照號碼與一個社會安全號碼。它可能也會有簡單與複合鍵。例如，學生的紀錄可能會以學號為鍵，以姓名、出生年、學系，與註冊年份的組合作為複合鍵。我們假設這些屬性的組合是唯一的。如果有多個鍵，我們通常會指定其中一個來當成大部分的時間使用的鍵。我們稱它為**主鍵**（*primary key*），其他的鍵稱為**副鍵**（*secondary key*）。

為了簡化說明，我們採取簡單的說法"搜尋一個東西、一個項目或一筆紀錄"，而不是準確地說"用某個鍵搜尋某個東西"。我們也使用 Matches(x, y) 來代表這件事。圖 11.1 只展示待搜尋的紀錄的鍵，這才是真正重要的東西。接下來的圖也會採用相同的表示方式。

$x = y$ 呢？它代表不一樣的事情。所有的紀錄、項目都會被存在電腦記憶體的特定位置，它們有一個特定的位址。比較兩筆紀錄的 $x = y$ 代表"告訴我 x 與 y 是不是被存在同一個記憶體位置，它們的位址是不是相同。"類似的情況，$x \neq y$ 代表"檢查 x 與 y 是否被存在不同的記憶體位置，它們的位址是否不同。"

圖 11.3 比較這兩種情況。在圖 11.3a 中，兩個變數 x 與 y 指向兩個不同的儲存紀錄的記憶體位置。這兩個位置有相同的內容，但它們標示的記憶體位址不同。x 與 y 所指的紀錄是相等（equal）但不一樣（the same）的。圖 11.3b 有兩個變數 x 與 y，它們指向記憶體的同一個位置。這兩個變數是彼此的別名。

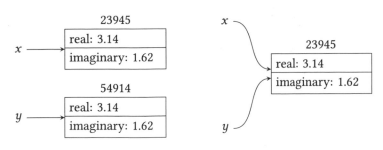

(a) 相同的內容，但是 $x \neq y$。　　　　　(b) 相同的紀錄，$x = y$。

圖 11.3
兩種等式。

檢查兩筆紀錄的 $x = y$ 或 $x \neq y$ 比檢查它們的鍵還要快，因為我們比較的只是它們的位址，位址只是個整數。比較式 $x = y$ 稱為嚴格比較（*strict comparison*）。所以如果我們的情況適合使用嚴格比較，就可以得到較快的速度。因此，在演算法 11.1 中，如果我們不是用內容或鍵來尋找一筆紀錄，而是試著確認 s 是不是 $A[i]$ 內的一筆紀錄的別名時，就可以在第 2 行使用 $A[i] = s$。搜尋時通常不會使用嚴格比較。

11.3　馬太效應與冪次法則

如果你很幸運，想從陣列 $|A|$ 尋找的項目很快就出現了，循序搜尋的效能就會好很多。這暗示了一個機會，當你有一組項目不是用它們的某種屬性（例如姓或名）來排序，而是用它們出現的頻率來排序時，你可以使用循序搜尋。如果你將最常見的物件放在陣列最前面，將第二常見的物件放在第二個位置，直到最不常見的物件，循序搜尋對你是有利的。

如果你有大量的項目不但沒有均勻分布，而且相當不均勻，這種做法就有趣了。財富就是這種東西，全球的財富有很大的比例只屬於少數人。語言的單字頻率也是這種東西，有些單字比其他單字還要常見。我們可以在城市的大小看到同樣的模式：多數城市的人口不到百萬人，但有些城市的人口有百萬人之多。在數位領域，多數的網站都只有少量的訪客，但是少數的網站有巨量的訪客。就文學作品而言，多數的書籍都沒人閱讀，但少數的書籍會成為暢銷書。這些情況讓我們想起 "富者愈富，窮者愈窮"，也稱為馬太效應（Matthew Effect），出自馬太福音 25:29："凡有的，還要加給他；沒有的，連他所有的也要奪去。"

在語言學中，這種現象稱為齊夫定律（Zipf's law），名稱來自哈佛大學語言學家 George Kingsley Zipf，他觀察到，在一種語言中，最常出現的第 i 名單字的出現頻率與 $1/i$ 成正比。齊夫定律指出，在有 n 個單字的語料庫中遇到第 i 名最常見單字的機率是：

$$P(i) = \frac{1}{i} \frac{1}{H_n}$$

其中

$$H_n = 1 + \frac{1}{2} + \frac{1}{3} + \cdots + \frac{1}{n}$$

因為數字 H_n 經常在數學中出現，所以它有個名稱：**第 n 調和數**（*harmonic number*）。這個名字的源由是什麼？它來自音樂的泛音或諧波。弦是以基本波長來振動的，也會以基本波的 1/2、1/3、1/4 來振動，也就是諧波：這相當於 $n = \infty$ 時的無窮總和，稱為**調和級數**（*harmonic series*）。

齊夫定律指的是事件的機率，它是機率分布的代名詞。你可以在表 11.1 看到英語語料庫（Brown 語料庫，裡面有 981,716 個單字，其中的 40,234 個是不同的），它們的經驗（empirical）機率是用它們在語料庫中出現的次數並且根據齊夫定律或分布得到的理論機率來計算的。簡單來說，我們在此展示了排名、單字、經驗與理論分布。

表 11.1
Brown 英語語料庫的 20 個最常見單字及其相關機率與齊夫定律的機率。

名次	單字	經驗機率	齊夫定律
1	THE	0.0712741770532	0.0894478722533
2	OF	0.03709015642	0.0447239361267
3	AND	0.0293903735907	0.0298159574178
4	TO	0.0266451804799	0.0223619680633
5	A	0.0236269959948	0.0178895744507
6	IN	0.0217343916163	0.0149079787089
7	THAT	0.0107913082806	0.0127782674648
8	IS	0.0102972753831	0.0111809840317
9	WAS	0.00999779977101	0.00993865247259
10	HE	0.00972582702126	0.00894478722533
11	FOR	0.00966572817393	0.0081316247503
12	IT	0.00892315089089	0.00745398935445
13	WITH	0.0074247542059	0.00688060555795
14	AS	0.00738808372279	0.00638913373238
15	HIS	0.00712629721834	0.00596319148356
16	ON	0.00686654796295	0.00559049201583
17	BE	0.0064957686337	0.00526163954431
18	AT	0.00547205098012	0.0049693262363
19	BY	0.00540482176108	0.00470778275018
20	I	0.00526017707769	0.00447239361267

圖 11.4 是根據表 11.1 繪出的。注意，裡面的分布只有整數值，我們在值之間加上一條線來顯示整體的趨勢。也注意，理論與經驗機率沒有完全重疊。這是我們將數學模型用在真實世界時必然會出現的現象。

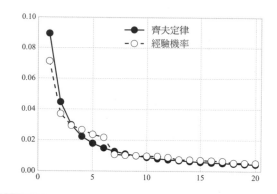

圖 11.4
Brown 語料庫最常見的 20 個單字的齊夫分布。

當我們看到一個快速下降的趨勢，像圖 11.4 這一種時，可以檢查一下，如果我們用對數軸來取代熟悉的 x 與 y 軸時會發生什麼事情。使用對數軸時，我們將所有值轉換成它們的對數來畫出結果。圖 11.5 是對應圖 11.4 的對數圖：我們為每一個 y 取 $\log y$，為每一個 x 取 $\log x$。你可以看到，現在理論分布的趨勢變成直線；經驗分布看起來在理論預測上方一點點的位置。在多數情況下，我們實際觀察到的結果與理論分布會有一些誤差。此外，這兩張圖只展示前 20 個最常見的單字而已，所以我們無法根據它們來判斷符合程度。真正發生的事情見圖 11.6 與 11.7，它們是 Brown 語料庫所有的 40,234 種單字的完整分布。你可以明顯看到兩件事。第一，除非我們使用對數刻度，否則畫出來的圖一點用途都沒有，這個鮮明的案例展示了機率分布的不均勻性，我們必須取值的對數才能清楚看出任何趨勢。第二，當我們取對數值之後，理論值與經驗觀察的結果比較吻合。

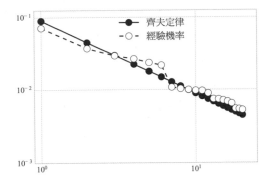

圖 11.5
Brown 語料庫最常見的 20 個單字在對數軸上的齊夫分布。

我們可以在對數刻度清楚看到一切現象的原因是齊夫定律是**冪次法則**（*power law*）的具體實例。冪次法則會在一個值的機率與該值的負次方成正比時發生，以數學來表示，就是：

$$P(X = x) \propto cx^{-k} \quad \text{其中} \ c > 0, k > 0$$

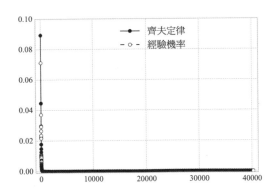

圖 11.6
Brown 語料庫的經驗與齊夫分布。

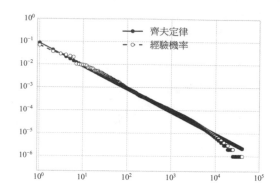

圖 11.7
Brown 語料庫在對數座標上的經驗與齊夫分布。

在以上的公式中，符號 ∝ 代表"與之成正比"。我們來解釋為什麼對數圖是一條直線。如果 $y = cx^{-k}$，我們可以得到 $\log y = \log(cx^{-k}) = \log c - k \log x$。最後的部分是一條與 y 軸在 $\log c$ 相交，且斜率等於 $-k$ 的直線。所以當資料在對數圖上呈現直線時，就象徵它們的理論分布可能符合冪次法則。

冪次法則在經濟學的案例是帕累托（Pareto）法則，這條法則指出，20% 的原因會造成 80% 的影響。在管理學與民間傳說中，這通常代表 80% 的工作是由 20% 的人完成的。就帕累托法則而言，我們可以證明 $P(X = x) = c/x^{1-\theta}$，其中 $\theta = \log.80/\log.20$。

在過去的二十年左右，無處不在的冪次法則催生了許多相關現象的研究，彷彿我們看到的任何現象背後都有冪次法則的存在。除了介紹馬太效應時提到的例子之外，我們也可以在科學論文的參考文獻、地震的大小，與月球隕石坑的直徑中發現冪次法則。我們也可以在生物物種隨著時間的增加、碎形（fractals）、掠食者的覓食模式，與太陽閃焰的伽瑪射線強度峰值中發現它。這份清單還沒結束，此外還有一日的長途電話數量、被停電影響的人數、姓的出現機率等等。

這種規律性有時讓人覺得意外。例如與它有關的**班佛定律**，這個名稱來自物理學家 Frank Benford，也稱為 *First-Digit 定律*。它指出數字在各種資料中的頻率分布。具體來說，這個定律指出，數字的開頭是 1

的機率大約是 30%。開頭出現 2 到 9 的頻率會遞減。數學上，這條定律指出，一個數字的開頭是 $d = 1$、2、$\cdots$、9 的機率是：

$$P(d) = \log\left(1 + \frac{1}{d}\right)$$

計算每一個數字的機率之後，我們可以得到表 11.2。表中的數字告訴我們，當資料集裡面有一組數字時，大約 30% 的開頭數字是 1，大約有 17% 的數字開頭是 2，大約有 12% 的數字開頭是 3，以此類推。

表 11.2
班佛定律，指出每一個數字成為開頭數字的機率。

開頭數字	機率
1	0.301029995664
2	0.176091259056
3	0.124938736608
4	0.0969100130081
5	0.0791812460476
6	0.0669467896306
7	0.0579919469777
8	0.0511525224474
9	0.0457574905607

圖 11.8 是班佛定律的圖示，看起來與齊夫分布沒有太大的差異，讓我們不禁懷疑將它畫成對數軸會發生什麼事情。結果如圖 11.9 所示，它幾乎是條直線，指出班佛定律與冪次法則有關。

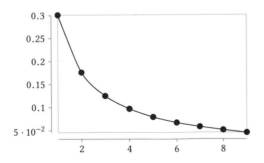

圖 11.8
班佛定律。

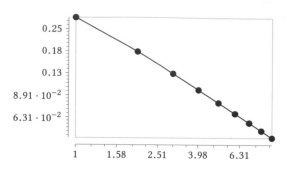

圖 11.9
在對數軸上的班佛定律。

班佛定律的廣度十分驚人。它適用於各種不同的資料集，例如物理常數、世界最高的建築物的高度、人口數、股價、地址等等。事實上，因為它太普遍了，有一種檢測假資料的方式是檢查它裡面的數字是否符合班佛定律。作假的人會改變真正的值，或將它們換成隨機值，卻沒有留意產生的數字是否遵循班佛定律。所以如果我們遇到一個可疑的資料集，看看它裡面的數字的開頭是否符合班佛定律是很好的起點。

如果我們的搜尋模式與分布模式對應，班佛定律可能會影響我們的搜尋，也就是如果紀錄的鍵符合班佛定律，且我們想要找到的鍵也符合班佛定律的話。如果事實如此，鍵的開頭為 1 的紀錄就會比較多，且搜尋這些紀錄的次數也會比較多，鍵的開頭為 2 的比較少，以此類推。

11.4　自我組織搜尋

回到搜尋，如果我們可以從搜尋紀錄證實有些搜尋比較熱門，是否應該利用這種情形？也就是說，如果我們知道多數的搜尋都是為了尋找某個項目，較少量的搜尋是為了尋找另一個項目，更少量的搜尋是為了尋找其他的項目，我們也發現搜尋的頻率遵循乘冪定律，就可以合理地利用它。具體來說，如果我們可以安排資料，讓最常出現的項目排在最前面的話，肯定可以提升許多效能。這種概念稱為*自我組織搜尋*（*self-organizing search*），因為我們使用搜尋模式來更妥善地安排資料。

演算法 11.2 使用前移法（*move-to-front method*），在搜尋項目串列時實現這種概念。我們先在第 1–9 行的迴圈遍歷串列的元素，執行迴圈時，我們會追蹤目前在串列內造訪的項目的前一個項目，所以使用變數 p 來儲存前一個項目。在第 1 行，我們將 p 設為 NULL，並且在每次執行迴圈時，在第 9 行更新它。如果我們發現吻合，就會在第 4 行檢查這個吻合項目是不是不在串列的開頭，也就是 $p \neq$ NULL，因為 p 只會第一次執行迴圈時等於 NULL。注意，與 NULL 比較是嚴格比較，因為我們只檢查變數是否不指向任何東西。如果我們的位置不是在串列的頭，就會將目前的項目放在串列的前面，接著回傳它。如果我們發現吻合，但是是在串列的前面，就直接回傳吻合的項目。如果沒有發現吻合，回傳 NULL。

演算法 11.2：採用前移法的自我組織搜尋。

MoveToFrontSearch(L, s) → s 或 NULL

> **輸入**：L，項目串列
>
> s，我們想尋找的元素
>
> **輸出**：我們想尋找的元素，或找不到的話為 NULL

1   $p \leftarrow$ NULL
2   **foreach** r **in** L **do**
3   **if** Matches(r, s) **then**
4   **if** $p \neq$ NULL **then**
5            $m \leftarrow$ RemoveListNode(L, p, r)
6   InsertListNode(L, NULL, m)
7   **return** m
8   **return** r
9      $p \leftarrow r$
10 **return** NULL

圖 11.10 是這個演算法的動作。我們搜尋項目 4，發現它，並將它
移到串列的開頭。為了將項目移到串列的開頭，我們先後使用函式
RemoveListNode 以及 **InsertListNode**。也就是說，當我們將一個串列
項目移除並將它加到串列前面時，不需要移動其他的項目；我們只需
要處理項目之間的連結即可。但是當我們使用陣列時，情況就不是如
此了。將陣列的項目刪除會留下一個洞，或是你必須將它後面的所有
元素往前移。在陣列的最前面插入一個項目需要將所有陣列元素移動
一個位置。這很沒效率，因此演算法 11.2 使用串列。

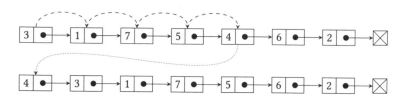

圖 11.10
自我組織搜尋：前移法。

另一種自我組織搜尋法認為不需要將吻合的項目移到最前面，只要將
它與前一個項目對調就好了。例如，當我們尋找一個項目，並且在資
料的第五個位置找到它時，會將它與前一個項目，也就是第四個元素
對調。因此，我們仍然可以將熱門的項目前移，只不過不是一次拿到
最前面，而是每當它們被找到時移動一個位置。演算法 11.3 是它的做
法；這種方法稱為**對調法**（*transposition method*）。

我們需要追蹤兩個串列元素：前一個元素 p 與 p 前面的元素，稱之為
q。一開始，在第 1–2 行，它們都被設為 NULL。在第 10 行，當我們
遍歷串列內的項目時，會將 q 指向 p，接著在第 11 行更新 p，將它指
向我們剛才造訪的項目。在對調法中，我們使用稍微不同的 Insert 版
本。我們必須將項目插入串列的某個位置，所以使用 Insert(L, p, i)，
代表將項目 i 插入項目 p 後面。如果 q = NULL，也就是當 r 是串列的
第二個項目，且 p 是串列的第一個項目時的情形，Insert 會將 m 插入
串列的開頭。圖 11.11 是當我們執行與圖 11.10 相同的搜尋的情況，
但是這次是將元素對調，而不是移到最前面。

演算法 11.3：使用對調法的自我組織搜尋。

TranspositionSearch(L, s) → s 或 NULL

    輸入：L，項目串列

            s，我們想尋找的元素

    輸出：我們想尋找的元素，或找不到的話為 NULL

1    $p ←$ NULL

2    $q ←$ NULL

3   **foreach** r **in** L **do**

4   **if** Matches(r, s) **then**

5   **if** $p ≠$ NULL **then**

6              $m ←$ RemoveListNode(L, p, r)

7   InsertListNode(L, q, m)

8   **return** m

9   **return** r

10        $q ← p$

11        $p ← r$

12   **return** NULL

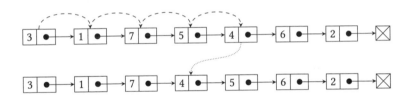

圖 11.11

自我組織搜尋：對調法。

在串列與陣列中，對調兩個元素都是很有效率的做法，所以對調法很適合兩者。演算法 11.4 使用陣列來執行對調法自我組織搜尋。我們只需要使用將 x 搬到 y，將 y 搬到 x 的函式 Swap(x, y)。在陣列中，Swap 會將一個元素複製到另一個。演算法 11.4 的邏輯類似演算法 11.3，但我們回傳的是項目的索引，而不是項目本身。當我們使用索引時，很容易就可以知道我們的位置，在第 3 行，我們直接拿索引與 0 比較，來判斷是不是在第一個項目。

演算法 11.4：在陣列中採取對調法的自我組織搜尋。

TranspositionArraySearch(A, s) → i

    輸入：A，項目陣列

        s，我們想尋找的項目

    輸出：i，若 s 在 A 裡面，則為 s 在 A 裡面的位置，否則 -1

```
1   for i ← 0 to |A| do
2       if Matches(A[i], s) then
3           if i > 0 then
4               Swap(A[i − 1], A[i])
5               return i − 1
6           else
7               return i
8   return −1
```

自我組織搜尋可節省大量的資源。如果鍵的機率符合齊佛定律，證明可得，使用前移法時，平均比較次數是 $O(n/\lg n)$，比單純的循序搜尋得到的 $O(n)$ 好得多。對調法的比較次數比前移法少，但需要經過很長的一段時間。也就是說，除非我們要長時間做搜尋，否則前移法比較好。

11.5　祕書問題

接著我們要用不同的方式來討論搜尋問題：假設我們要從一組元素中找出最好的那一個。當然，"最好"的意思依情況而定，我們可能要尋找最便宜的項目、最高品質的項目，或其他。假設我們可以拿一個項目與其他項目做比較，看看它有沒有比較好。這個問題很簡單，如果我們想要尋找最便宜的項目，只要看過整組項目，記下它們的價格，再選出最低價的那個就可以了。

但是我們要加入一些條件。假設每當我們檢視一個項目時，就必須當場決定要不要接受它。如果拒絕它，之後就不能再將它拿回來了，如果選擇它，就代表我們忽略任何後續的項目。

通常資料是從外部送來的時候會發生這種情況，我們無法控制它們的順序，必須選擇它們之間最好的那一個，且無法尋回之前拒絕過的項目。這有時稱為祕書問題（Secretary Problem），想像你要聘請一位祕書，在你面前有一堆履歷，你必須從那裡選擇祕書，問題是，當你看過一份履歷並拒絕它時，就無法反悔了，你必須當場做出決定，而且它必定是最終的決定。選新祕書最好的方法是什麼？

當你有 n 份履歷時，事實證明，最好的做法是審查並拒絕它們的前 n/e，其中 $e \approx 2.7182$，也就是歐拉數。比值 n/e 大約是全部的 37%。當你拒絕前 37% 位祕書時，記住這一組祕書裡面最好的那一位求職者。接著從其餘的候選者中選出比前 n/e 位候選者最好的候選者還要好的第一位候選者。如果你找不到那位候選者，就選擇其餘的最後一位。你可以雇用最佳候選者的機率至少是 $1/e$，大約是 37%，而且這是你能夠做到的最佳機率。

演算法 11.5 是這種搜尋機制，它必須立刻對每一個項目做出決定，無法尋回之前的項目。我們只會接受或拒絕一個項目，而且對每一個項目做的決定都是不可改變的。

演算法 11.5：祕書搜尋。

SecretarySearch(A) → i

　　輸入：A，項目陣列

　　輸出：i，我們應該選擇的 A 的元素的位置，或如果無法找到最佳元素，則為 -1

1　　$m \leftarrow \lceil |A|/e \rceil$
2　　$c \leftarrow 0$
3　　**for** $i \leftarrow 1$ **to** m **do**
4　　　　**if** Compare($A[i], A[c]$) > 0 **then**
5　　　　　　$c \leftarrow i$
6　　**for** $i \leftarrow m$ **to** $|A|$ **do**
7　　　　**if** Compare($A[i], A[c]$) > 0 **then**
8　　　　　　**return** i
9　　**return** -1

我們在第 1 行計算將要拒絕的項目數量，我們會尋找這些項目最好的那一個。因為 |A|/e 不是整數，我們取大於比值 |A|/e 的最接近整數 m。我們使用變數 c 來保存前 m 個項目的最佳項目索引。一開始，我們將它設為零，代表第一個項目。在第 3–5 行會在前 m 個項目中尋找最佳項目。我們使用 Compare(x, y) 函式來比較兩個項目，並且在 x 比 y 好時回傳 +1，y 比 x 好時回傳 –1，它們一樣好時回傳 0。這個比較是用紀錄的鍵來做的，當我們談到 "比較項目或紀錄" 時，其實指的是 "比較它們的鍵"。找到前 m 個項目最好的項目 A[c] 之後，我們繼續尋找第一個比 A[c] 好的項目。當我們找到它時會立刻回傳它；否則回傳 –1 來代表策略失敗了，因為最好的候選者是在最初的 m 個裡面。

請記住，演算法 11.5 不一定會給你 A 的最佳項目。如果最佳項目出現在前 m 個之中，很不幸，你會錯過它，落得一手空，但是這已經是最好的策略了。設法不要讓人將你的履歷放在前面，也不要將履歷寄給採取這種做法的公司。

演算法 11.5 可處理任何一種必須即時選擇或拒絕一個項目的問題。符合這種描述的問題之一，就是當我們必須等待一組輸入或事件，並且只對其中一個採取行動時。我們知道會得到多少事件，但是無法預知哪一個是最佳選擇。假設有人報價給我們，當我們依序打開每一個報價時，就要接受或拒絕它，而且只能接受一個報價。被拒絕的報價會失效。這種情況屬於**最佳停止**的理論，它負責選擇何時該採取行動，來將獎勵最大化，或將成本最小化。就某種意義上而言，我們要尋找的並非只是個項目，而是 "知道何時該停止搜尋" 的方式。所謂的**線上演算法**（*online algorithms*）也很像祕書問題，這種演算法的輸入是循序接收與處理的，一個接著一個，我們無法在一開始取得全部的輸入。**串流演算法**（*streaming algorithms*）的輸入是項目序列，演算法可在它們抵達時做一次性的檢查，這種演算法也是線上演算法的案例之一。

至於演算法 11.5 的複雜度，在第 1–5 行，我們會遍歷前 m 個項目。第 6–8 行的結構類似演算法 11.1 的第 1–3 行，不過我們有 n − m 個項目，而不是 n 個項目。因此，整體的複雜度是 $O(m + (n − m + 1)/2) = O(m/2 + (n + 1)/2) = O(n/2e + (n − 1)/2) = O(n)$。

祕書問題假設你想要尋找絕對最佳的候選者，而且你只重視那位候選者，你只想要得到理想的祕書，但其他的人都一文不值。你有大約 37% 的機率可以得到*第一名*，但最後也可能一無所有。假設現在你將標準降低一些，當你搜尋時，不是只想要得到最好的候選者，或最好的項目，並將其他的視為一文不值，而是決定根據項目的價值來評估每一個對象。因此，你認為所有的選擇都有價值，它就是你用來做比較的值。例如，假設你想要買車，而且你的標準是速度，那麼毫不妥協的立場就是只想要跑最快的車，將其他的車視為垃圾。帶點妥協的立場是你會將最快的車視為最好的，但仍然會評估其他的車。對你而言，第二快的車的價值比最快的車的價值還要低，但它不是一文不值，第三快的車與其餘的車也一樣。你不會將所有不是最快的車視為毫無價值。如果你採取這種做法，就可以證明你不應該審查並捨棄前 n/e 個候選者，而是前 $\sqrt{n}$ 個。此外，隨著數字 n 的增加，你最終得到最佳候選者的機會可達到 1，而不是 $1/e$。這看起來很奇怪，當你稍微改變問題的描述之後，會得到不同的解答與不同的最佳解答獲得機率。在電腦科學與數學中有許多這種例子：看起來很微細的改變，竟然改變了問題的性質。

11.6　二分搜尋法

到目前為止，我們都假設項目出現的順序是無法控制的。接下來，我們來看一下，如果項目是以某種方式來排序的話，我們如何從中獲益。

重點在於，項目是以你用來搜尋的鍵來排序的。在圖 11.12 中，你可以看到用三種方式來排序的前十個化學元素：用它們的質子數、名稱的字母順序，以及化學符號的字母順序。

1 1.0079	2 4.0025	3 6.941	4 9.0122	5 10.811	6 12.011	7 14.007	8 15.999	9 18.998	10 20.180
H	He	Li	Be	B	C	N	O	F	Ne
Hydrogen	Helium	Lithium	Beryllium	Boron	Carbon	Nitrogen	Oxygen	Fluorine	Neon

(a) 以質子數排序的前十個化學元素。

89 227	13 26.982	95 243	51 121.76	18 39.948	33 74.922	85 210	56 137.33	97 247	4 9.0122
Ac	Al	Am	Sb	Ar	As	At	Ba	Bk	Be
Actinium	Aluminium	Americium	Antimony	Argon	Arsenic	Astatine	Barium	Berkelium	Beryllium

(b) 以字母排序的前十個化學元素。

89 227	47 107.87	13 26.982	95 243	18 39.948	33 74.922	85 210	79 196.97	5 10.811	56 137.33
Ac	Ag	Al	Am	Ar	As	At	Au	B	Ba
Actinium	Silver	Aluminium	Americium	Argon	Arsenic	Astatine	Gold	Boron	Barium

(c) 以化學符號排序的前十個化學元素。

圖 11.12
各種化學元素排序方式。每一種元素都標出它的化學符號、質子數與原子量。

你可以看到排序的結果是不同的。就連使用名稱與化學符號來排序的結果彼此間也不同，因為化學符號來自拉丁文名稱，不是英文。如果你要用質子數來搜尋化學元素，就應該用那個鍵來排序元素，如果你要用化學符號來搜尋，就應該使用圖 11.12 的第三種排序。假裝排序錯誤的項目是有序的，並對它們執行搜尋沒有什麼意義，而且在實務上，這種做法與簡單的循序搜尋沒有太大的不同。

反過來說，當我們知道項目是以正確的順序來排列時，採用循序的方式來搜尋是沒有道理的。如果你的桌上有一堆用求職者的姓來排序的履歷，當你想要尋找 "D" 開頭的姓時，會認為那些履歷會在接近上面的地方，而非下面。反過來說，當你想要尋找 "T" 開頭的姓時，會認為那些履歷會在接近下面的地方，而非上面。

這是個合理的猜測，我們可以更進一步，考慮一個簡單的猜數字遊戲。一位玩家說 "我腦海中有一個介於 0 與 100 之間的數字，你可以用最少的次數猜到它嗎？在你猜數字之後，我會告訴你已經猜到，或是我想的數字比你猜的大或是小。"除非你有特異功能，否則獲勝的策略是取中間數來猜測，也就是 50。如果你猜對，就贏了。如果 50 比對方的數字大，你就知道他的數字介於 0 與 50 之間。你再次除以二，猜 25。當持續這樣做時，保證最多七次就可以猜到對方的數字，我們會在討論如何搜尋有序項目的最後看到原因。

我們剛才提到的方法稱為**二分搜尋法**（*binary search*）。"二分"的意思是：我們會在每個決策點將搜尋空間對分。一開始，我們只知道數字介於 0 與 100 之間。接著我們知道它介於 0 與 50，或介於 50 與 100 之間；接下來是介於 0 與 25 或介於 25 與 50 之間。演算法 11.6 是演算法形式的二分搜尋法。

演算法 11.6：二分搜尋法。

BinarySearch(A, s) → i

    輸入：A，經過排序的陣列

           s，我們想要尋找的元素

    輸出：i，如果 s 在 A 裡面，就是 s 的位置，否則 -1

1    $l \leftarrow 0$

2    $h \leftarrow |A|$

3   **while** $l \leq h$ **do**

4        $m \leftarrow \lfloor (l + h)/2 \rfloor$

5        $c \leftarrow$ Compare($A[m], s$)

6   **if** $c < 0$ **then**

7           $l \leftarrow m + 1$

8   **else if** $c > 0$ **then**

9           $h \leftarrow m - 1$

10   **else**

11   **return** m

12   **return** -1

這個演算法使用兩個變數，l 與 h，分別代表搜尋空間的下限與上限。一開始，l 是待搜尋的陣列的第一個元素的索引，h 是最後一個元素的索引。我們在第 4 行取 l 與 h 的平均值，並四捨五入為最接近的整數，來計算陣列的中間點 m。如果中間點小於想要尋找的項目，我們就知道必須尋找中間點之上，並在第 7 行調整 l。如果中間點大於想要尋找的項目，我們就知道必須尋找中間點之下，這次我們在第 8 行調整 h。如果中間點是我們要尋找的對象，就直接回傳它。

只要我們還要在陣列裡面搜尋某個東西，就會重複執行這個程序。這個程序每次都將搜尋空間砍半，或大約一半：如果我們要在七個元素之中搜尋時，因為它的一半不是整數，所以取三為中間點，如果第三個元素不是我們要找的，就將搜尋空間拆為前兩個與後四個元素。這不會改變結果。有時我們沒有東西可以尋找了，此時就回傳 –1 來代表沒有找到項目。

你可以用另一種方式來思考這個機制，在第 3–11 行的每一次迴圈中，情況不是 l 增加，就是 h 減少，因此，在某個時間點，第 3 行的條件 $l \le h$ 肯定不會成立，此時我們就知道可以停止了。

你可以在圖 11.13 與 11.14 中檢查二分搜尋法的行為。我們的有序陣列的數字是 4、10、31、65、114、149、181、437、480、507、551、613、680、777、782、903。我們在圖 11.13a 成功地找到 149，圖中指出演算法 11.6 的變數 l、h 與 m。我們將被捨棄的搜尋空間淡化，讓你可以看到它已被刪除了。當我們搜尋 149 時，可以在第三次迭代，當搜尋空間的中間點在它上面時找到目標。在圖 11.13b 中，我們成功找到 181。這一次我們在搜尋空間已被精簡成一個項目時找到它，那個項目正是我們想要尋找的。

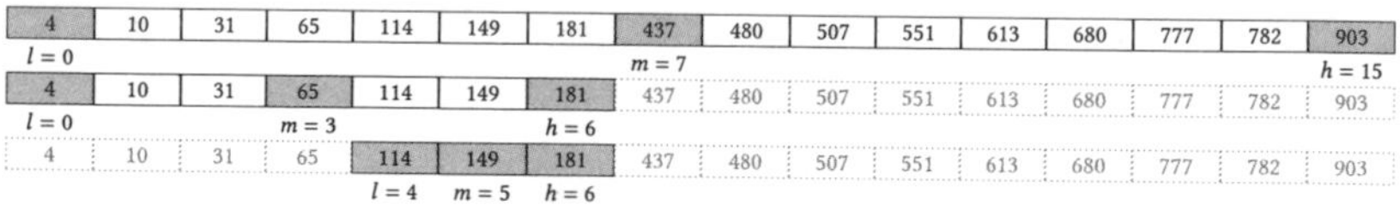

(a) 成功找到 149。

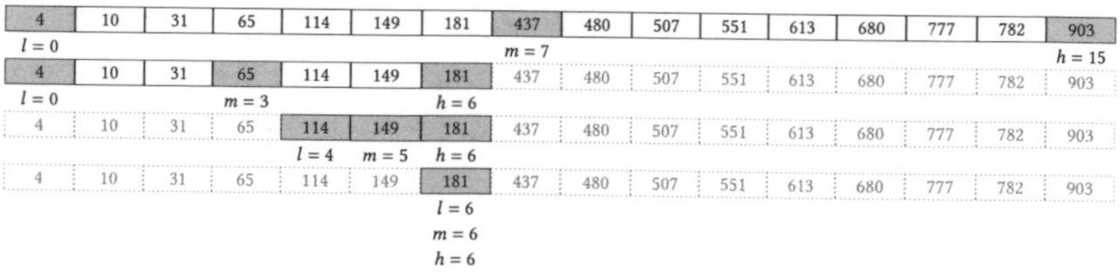

(b) 成功找到 181。

圖 11.13
二分搜尋法，成功的搜尋範例。

如圖 11.14a 與 11.14b 所示，當我們無法成功找到項目時，會持續減少搜尋空間，直到它完全消失，找不到我們想要的東西。在圖 11.14a 中，搜尋空間的左邊界移到右邊界的右邊，這並不合理，不符合演算法 11.6 的第 3 行的條件，所以演算法回傳 −1。類似的情況，在圖 11.14b 中，搜尋空間的右邊界移到左邊界的左邊，產生同樣的結果。

二分搜尋法是在電腦時代初期發明的演算法。儘管如此，二分搜尋法的實作細節仍然困擾程式員很長的一段時間。著名的程式員與研究員 Jon Bentley 在 1980 年代發現，大約 90% 的專業程式員無法正確寫出二分搜尋法，即使他們已經花了好幾個小時寫程式。另一位研究員在 1988 年發現，在 20 本教科書裡面，只有 5 本準確描述這個演算法（希望這種情況已經改善了）。在命運的捉弄下，有人發現 Jon Bentley 的程式也是錯的，它的 bug 在大約 20 年的期間從未被發現過。發現這件事的人是 Joshua Bloch，他是實作了許多 Java 程式語言功能的著名軟體工程師。事實上，Bloch 找到的 bug 也潛伏在他自己用 Java 寫的二分搜尋法裡面，也多年未被查覺。

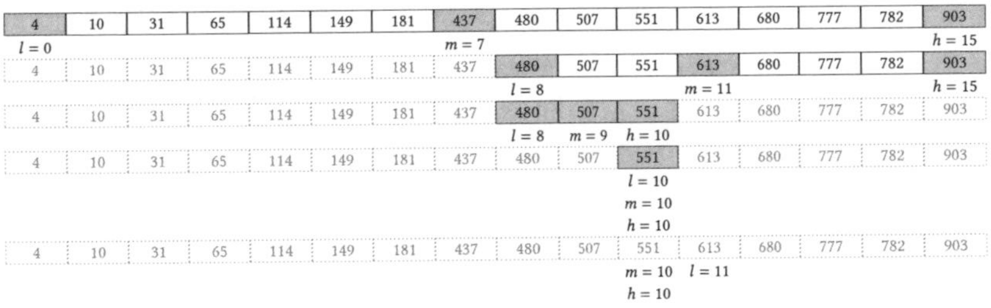

4	10	31	65	114	149	181	437	480	507	551	613	680	777	782	903
l = 0							*m = 7*								*h = 15*

4	10	31	65	114	149	181	437	480	507	551	613	680	777	782	903
								l = 8			*m = 11*				*h = 15*

4	10	31	65	114	149	181	437	480	507	551	613	680	777	782	903
								l = 8	*m = 9*	*h = 10*					

4	10	31	65	114	149	181	437	480	507	551	613	680	777	782	903
										l = 10 *m = 10* *h = 10*					

4	10	31	65	114	149	181	437	480	507	551	613	680	777	782	903
										m = 10　*l = 11* *h = 10*					

(a) 無法成功找到 583。

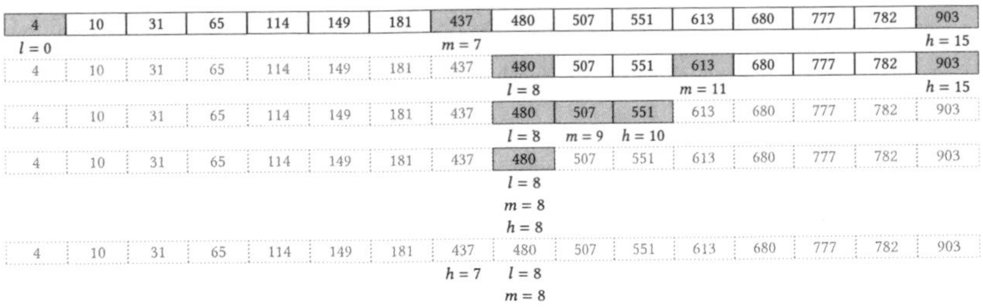

4	10	31	65	114	149	181	437	480	507	551	613	680	777	782	903
l = 0							*m = 7*								*h = 15*

4	10	31	65	114	149	181	437	480	507	551	613	680	777	782	903
								l = 8			*m = 11*				*h = 15*

4	10	31	65	114	149	181	437	480	507	551	613	680	777	782	903
								l = 8	*m = 9*	*h = 10*					

4	10	31	65	114	149	181	437	480	507	551	613	680	777	782	903
								l = 8 *m = 8* *h = 8*							

4	10	31	65	114	149	181	437	480	507	551	613	680	777	782	903
							h = 7	*l = 8* *m = 8*							

(b) 無法成功找到 450。

圖 11.14

二分搜尋法，不成功的搜尋案例。

那個 bug 是什麼？回到演算法 11.6，看一下第 4 行，它是一個簡單的數學運算式，負責計算兩個數字的均值，並四捨五入為最接近的整數。我們計算平均值的方式是將 l 與 h 相加，並將結果除以二，數學本身沒有錯，但是當我們將數學寫成程式時就會出問題。數字 l 與 h 是正整數，將它們相加一定會產生大於兩者的整數，但是在電腦中並非必然如此。

11.7　在電腦中表示整數

電腦的資源有限，電腦不會有無限大的記憶體，這代表電腦無法將任何大數字相加，因為大數字的位數可能會超出電腦記憶體容量。如果 l 與 h 可被放入記憶體，但是 $l + h$ 不行，這個加法也是無效的。

通常電腦的限制遠比可用的記憶體小，許多程式語言不允許我們使用任意大小的整數。它們不想讓我們耗盡記憶體，出於效率，會限制它們可處理的數字大小。它們會用 n 個位元的序列來以二進位數字表示整數，n 是預定的數字，代表 2 的次方，例如 32 或 64。

假設我們只想要表示無符號（unsigned）數，也就是正數。如果二進位數字是用 n 個位元組成的 $B_{n-1} \cdots B_1 B_0$，它的值就是 $B_{n-1} \times 2^{n-1} + B_{n-2} \times 2^{n-2} + \cdots + B_1 \times 2^1 + B_0 \times 2^0$，其中的每一個 B_{n-1}、Bn_{n-2}、$\cdots$、B_0 非零即一。第一個位元（B_{n-1}）有最高值，稱為**最高有效位**（*most significant bit*），最後一個位元是**最低有效位**（*least significant bit*）。

我們可以用 n 個位元來表示哪些數字？以四個位元為例。當四個位元都是零時，我們得到二進位數字 0000 = 0，當所有位元都是一時，我們得到二進位數字 1111，它是 $2^3 + 2^2 + 2^1 + 2^0$。它比二進位數字 10000 少一，10000 是 $2^4 + 0 \times 2^3 + 0 \times 2^2 + 0 \times 2^1 + 0 \times 2^0 = 2^4$。我們來介紹一些符號。為了避免讓人搞不清楚 b 是不是代表二進位，我們會寫成 $(b)_2$。所以為了清楚說明 10 是二進位的 2 而不是十進位的 10，我們會寫成 $(10)_2$。使用這種表示法的話，$(10000)_2 = (1111)_2 + 1$，也就是說，$(1111)_2 = (10000)_2 - 1 = 2^4 - 1$。使用四個位元時，我們可以表示從 0 到 $2^4 - 1$ 的所有數字，總共 2^4 個數字。

另一種實用的表示法是使用 $d\{k\}$ 來代表數字 d 重複 k 次,我們可以用這種表示法來將 1111 寫成 1{4}。如果我們有 n 個位元,就可以表示從零到 $(1\{n\})_2$ 的數字,相當於 $2^{n-1} + 2^{n-2} + \cdots + 2^1 + 2^0$。它比 $(10\{n\})_2$ 少一:$(10\{n\})_2 = (1\{n\})_2 + 1$。因此,$(1\{n\})_2 = (10\{n\})_2 - 1$,而且因為 $(10\{n\})_2 = 2^n$,我們得到 $(1\{n\})_2 = 2^n - 1$。因此,有 n 個位元時,我們可表示從 0 到 $2^n - 1$ 的所有數字,總共 2^n 個數字。

為了瞭解這些數字如何執行加法,你可以想像它們被放在一個輪盤上,如圖 11.15 所示,在這個數字輪盤上面有用四個位元來表示的數字。加法是順時針轉動輪盤來運作的。若要計算 $4+7$,你要從 0 開始,繞四步到 4,接著再繞 7 步,到達 11,它就是加法的結果,如圖 11.16 所示。

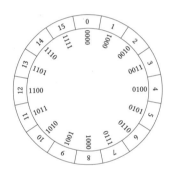

圖 11.15
數字輪盤。

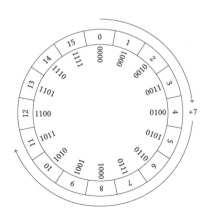

圖 11.16
計算 $4+7$。

到目前為止一切都沒問題，但如果你試著計算 14 + 4，如圖 11.17 所示，就要先從 0 繞到 14，接著跑四步到數字 2，也就是加法的結果。這個情況稱為溢位（*overflow*），因為計算的結果溢出容許的數字上限了。如果我們執行算術，會得到 $14 + 4 = (1110)_2 + (0100)_2 = (10010)_2$。最後的數字有五個位元，而不是四個。電腦的做法是直接將左邊多出來的位元，也就是最高有效位移除，產生的結果與繞著輪盤轉一樣，得到 $(0010)_2 = 2$。

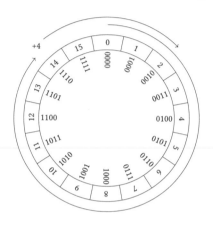

圖 11.17
計算 14 + 4。

回到演算法 11.6 的第 4 行，如果兩個數字 l 與 h 的總和大於程式容許的大整數，我們就無法得到正確的結果，因為它會溢位：數字 $l + h$ 會是錯的，而且從那時候開始，演算法就不起作用了。如果程式語言用 32 位元來代表無符號整數，我們可以表示的整數範圍是從 0 到 $2^{32} - 1$，也就是從零到 4,294,967,295。如果數字相加的結果大於 42.9 億左右，就會產生溢位。在幾年前，40 億或許是個天文數字，但是現在你經常會看到這種大小的資料集。

到目前為止，我們都只假設使用正整數，但是如果程式語言表示的是帶符號數字，也就是正與負整數時，會發生什麼事？通常負整數是在之前提過的位元序列前面加上 1 來表示的，1 代表負整數，以 0 開頭的同一個位元序列代表正整數。在這種表示法中，我們將最高有效位稱為**符號位元**（*sign bit*），因為它代表數字的符號。這意味著我們只剩下 $n - 1$ 個位數可代表數字，所以可以表示 2^{n-1} 個不同的正整數與 2^{n-1} 個不同的負整數。我們將零歸類為正數，因為它的符號位元是零。如果計算加法的數字太大，可能會得到負數的結果：有一半的輪盤（右邊）會被填上正數，一半被填上負數（左邊）。每當我們將一個正數加上另一個正數，讓我們從正數區域跑到負數區域時，就會產生溢位。

例如，圖 11.18 是帶符號的四位元整數。它以*二的補數表示法*（*two complement's representation*）來展示整數。正數的符號位元是零，範圍從 0 到 7，或 $(0000)_2$ 到 $(0111)_2$。負數的規則是：有 n 個位元的正數 x 的二進位負數是數字 $c = 2^n - x$，這代表該數字加上 x 會產生 2^n，這也是名稱的由來：互補成 2 的次方。所以數字 $5 = (0101)_2$ 的負數是 $2^4 - 5 = 16 - 5 = 11 = (1011)_2$。你可以驗證一下，使用這種方式，我們會產生負數的溢位：雖然 $4 + 2$ 會產生正確的結果，如圖 11.19 所示，但是 $4 + 7$ 會因為溢位而產生負數 -5，如圖 11.20 所示。

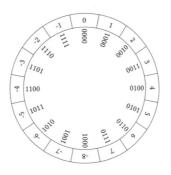

圖 11.18
二的補數輪盤。

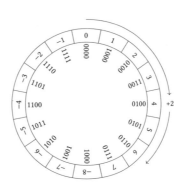

圖 11.19
以二的補數表示法來計算 $4 + 2$。

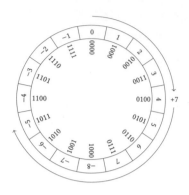

圖 11.20
使用二的補數表示法來計算 4 + 7。

一般來說，當我們有 n 位數時，可用 2^{n-1} 個數字來代表正數與零，用 2^{n-1} 個數字來代表負數，所以我們可以表示從 0 到 $2^{n-1} - 1$，以及從 -1 到 -2^{n-1} 的數字。就 32 位元而言，最大的正數是 2,147,483,647。這是很大的數字，但對現代的應用程式來說十分稀鬆平常。如果計算的結果超過它，你不會得到更大的數字，而是得到 $-2^{32} = -2,147,483,648$。這就是大眾在 2014 年觀看流行歌曲 "江南 Style" 的影片時發生的情況。在 12 月 1 日，我們發現那部影片在 YouTube 上的觀看次數已經超過 2,147,483,647 次了。顯然，YouTube 最初的設計認為這個數字是不可能被突破的。後來 YouTube 更新成以 64 位元整數來計數觀看次數，它會在 $2^{63} - 1 = 9,223,372,036,854,775,807$ 次觀看之後溢位。

二的補數表示法看起來有點奇怪且複雜，應該要有更簡單的解決方案。其中一種替代方案是將一個數字的所有位元反過來，來代表它的負數。例如，$(0010)_2 = 2$ 的負數是 $(1101)_2$，這種方法稱為**一的補數表示法**（*ones' complement representation*）。注意撇號的位置，它不是 "one's complement"，而是 "ones' complement"，因為我們是將每一個位數補為 1：也就是將必要的數字加成 1 來形成它的負數。另一種做法稱為**符號大小表示法**（*signed magnitude representation*），它產生負數的方法是只改變符號位元，所以 $(0010)_2 = 2$ 的負數是 $(1010)_2$。

因為兩個原因，讓二的補數成為最受歡迎的帶符號整數表示法。第一，在一的補數與符號大小表示法中，你會得到兩個零，$(0000)_2$ 與 $(1111)_2$，這會造成錯亂。第二，使用二的補數數字比較容易計算加法與減法，減法是將符號相反的兩個數字相加，所以要找出 $x - y$，你只要在數字輪盤中找到 $-y$，再順時針前移 x 步即可，如圖 11.21 所示。

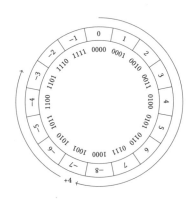

圖 11.21
使用二的補數表示法來計算 $4 - 7$。

11.8　再探二分搜尋法

我們回來討論二分搜尋法的問題。幸運的是，這個問題的解決方法很簡單。我們可以將 $\lfloor (l + h)/2 \rfloor$ 換成等效的 $l + \lfloor (h - l)/2 \rfloor$，它可以提供正確的 m 值，避免溢位。新的做法不是將兩個數字相加再將總和除以二來找出它們的中間點，而是計算兩個數字的差，將它除以二，並用比較小的那個數字與它相加。事實上，因為 l 是整數，我們可以得到 $l + \lfloor (h - l)/2 \rfloor = \lfloor l + (h - l)/2 \rfloor = \lfloor (l + h)/2 \rfloor$。圖 11.22 是兩個等效的中間點計算法。計算 $(h - l)$ 沒有溢位的風險，無論如何，它都會小於 h；l 加 $\lfloor (h - l)/2 \rfloor$ 不會大於 h，所以也不會溢位。演算法 11.7 的第 4 行是修正之處。

你或許認為這是容易發現的問題，事後看來的確如此，我們並未指責造成這個 bug 的天才，我們要說的是，就連非常聰明的人也會掉進這種小陷阱，這突顯了電腦程式員應該具備的美德：謙遜。無論你多聰明，無論你多會寫程式，都不可能永遠不會碰到 bug。吹噓自己的程式就像銅牆鐵壁一樣沒有任何 bug 的人，通常無法寫出任何有價值的產品程式。另一位電腦先驅 Maurice Wilkes，回憶起 1949 年在劍橋編寫 EDSAC 電腦的時光，寫道：

> 在往返 EDSAC 室與沖壓設備（punching equipment）的路途中，當我在樓梯的一角躊躇時，突然充分體悟到，我的餘生將會花費大量的時間來尋找自己的程式中的錯誤。

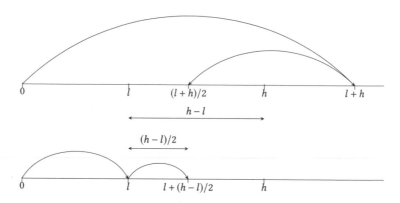

圖 11.22
避免在計算中間點時造成溢位。

這必定是計算史上最有先見之明的想法之一。順道一提，衝壓設備指的是用來將資料輸入電腦的紙張的打孔設備，而不是拳擊的器具。"在樓梯的一角躊躇" 這句話來自 T. S. Eliot 的 "Murder in the Cathedral"。

二分搜尋法是很有效率的演算法。事實上，平均來說，沒有比二分搜尋法還要快的搜尋方式。每當我們在演算法 11.7 的第 5 行進行比較時，不是找到目標就是將搜尋空間減半，接著繼續搜尋上半部或下半部。因此，我們每次都會將搜尋的項目數量減半，我們不可能永遠除以二：一個數字可被除以二的次數，就是該數字以二為底數的對數，就 n 而言，它是 $\lg n$。

演算法 11.7：不會產生溢位的二分搜尋法。

SafeBinarySearch(A, s) → i

   輸入：A，有序的項目陣列

   　　　s，我們想找的元素

   輸出：i，若 s 在 A 裡面，則為 s 的位置，否則 -1

1　$l \leftarrow 0$

2　$h \leftarrow |A|$

3　**while** $l \leq h$ **do**

4　　　$m \leftarrow l + \lfloor (h - l)/2 \rfloor$

5　　　$c \leftarrow$ Compare($A[m], s$)

6　　　**if** $c < 0$ **then**

7　　　　　$l \leftarrow m + 1$

8　　　**else if** $c > 0$ **then**

9　　　　　$h \leftarrow m - 1$

10　　　**else**

11　　　　　**return** m

12　　**return** -1

11.9　比較樹

要觀察演算法的情況，其中一種方式是使用圖 11.23 的**比較樹**（*comparison tree*）。這棵樹展示了在 16 個元素的陣列 A[0]、A[1]、…、A[15] 之中可能進行的比較。當我們開始執行演算法時，會拿想要尋找的元素 s 與元素 $A[\lfloor (0 + 15) \rfloor /2] = A[7]$ 比較，如果 $s = A[7]$，我們就停止，如果 $s < A[7]$，我們就從左子樹往下走，如果 $s > A[7]$，我們就從右子樹往下走。左子樹有項目 $A[0]$、$A[1]$、…、$A[6]$，而右子樹有項目 $A[8]$、$A[9]$、…、$A[15]$。在左子樹，我們拿 s 與 $A[\lfloor (0 + 6) \rfloor /2] = A[3]$ 比較。在右子樹，我們拿 s 與 $A[\lfloor (8 + 15) \rfloor /2] = A[11]$ 比較。樹會往下生長，不斷將搜尋空間對分，直到我們到達只有一個元素的搜尋空間為止。這種搜尋空間就是樹的葉。你可以看到懸掛在葉子上的矩形節點：它們相當於不在陣列 A 中的 s 值。如果我們拿 s 來與 $A[8]$ 比較時，發現 $s > A[8]$，代表搜尋失敗了，因為 s 介於 $A[8]$ 與 $A[9]$ 之間，也就是 $s \in (A[8], A[9])$。類似的情況，當我們拿 s 來與 $A[0]$ 比較，並發現 $s < A[0]$ 時，代表我們失敗了，因為 $s \in (-\infty, A[0])$。

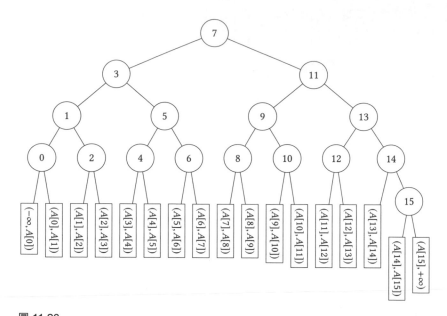

圖 11.23
用二分搜尋法來搜尋 16 個項目的比較樹。

建構比較樹的模式通常是，如果 n 是陣列 A 的元素數量，我們就取元素 $A[\lfloor n/2 \rfloor]$ 作為樹根，將前 $\lfloor n/2 \rfloor - 1$ 個元素放在左子樹，其餘的 $n - \lfloor n/2 \rfloor$ 放在右子樹，並且在每一個子樹做同樣的事情，直到子樹的大小變成一為止，此時，它們只有一個根節點。

比較樹可用來研究二分搜尋法的效能。比較的次數是依樹的圓節點數量而定的，矩形節點不是樹的正式節點。樹的建構方式，即以遞迴來建立子樹，意味著除了最後一層之外的每一層都是滿的。實際上，我們在每一個節點都將從那個節點懸掛下來的樹的搜尋空間分半。圖 11.24 展示 n 值從 1 到 7 的樹。如果搜尋空間有多個節點，我們就會得到兩個子樹，而且兩個子樹的元素數量相差不會大於一，當元素無法被二整除時就會讓數量相差一個。除非上一層已滿，否則你無法建立新的一層。像圖 11.25 這種不平衡的樹是不可能出現的。

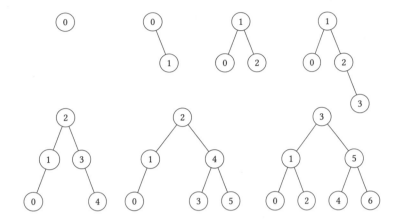

圖 11.24
在 1 到 7 個項目中搜尋的比較樹。

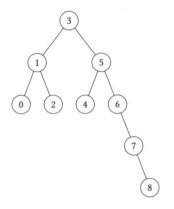

圖 11.25
比較樹不可能長這樣。

比較樹的根層（也就是第零層）有一個節點。樹的第一層最多有兩個
節點，它並非只能有兩個節點。雙層比較樹的第一層可能只有一個節
點，也就是它的根只有一個子節點，如圖 11.24 的第二張圖所示。第
二層最多有 $2 \times 2 = 2^2$ 個節點，同樣的，數量不一定要這麼多；這個
數字是當該層全滿時的最大數量。以此類推，我們可以發現，第 k 層
可擁有多達 2^k 個節點，因此，第 k 層是最後一層的比較樹總共可擁有
$1 + 2 + \cdots + 2^k$ 個節點。注意，$1 = 2^0$ 且 $2 = 2^1$，所以第 k 層是最後一
層的比較樹擁有的節點數最多可達 $2^0 + 2^1 + \cdots + 2^k$ 個節點。我們已經

看過這個數字了，它是數字 $(1\{k+1\})_2$，我們知道它等於 $2^{k+1} - 1$，因此，我們得到 $n \leq 2^{k+1} - 1$，或等效的 $n < 2^{k+1}$。

因為第 k 層是最後一層，所以在 $k-1$ 以下的每一層都是全滿的。根據同樣的邏輯，層數為 $k-1$ 的樹會有 $2^k - 1$ 個節點，所以我們得到 $n > 2^k - 1$，或等效的 $n \geq 2^k$，所以 $2^k \leq n < 2^{k+1}$。

成功的搜尋可能會在樹的任何一層停止，包括到達第 k 層，需要 1 到 $k+1$ 次比較，所以如果 $2^k \leq n < 2^{k+1}$，最少需要比較一次，最多需要 $k+1$ 次。搜尋不成功時，若 $n = 2^{k+1} - 1$，則一層是滿的，我們需要 $k+1$ 次比較；若 $2^k \leq n < 2^{k+1} - 1$，則最後一層不是滿的，我們可能需要 k 或 $k+1$ 次比較。

轉換成複雜度，成功的搜尋是 $O(\lfloor \lg n \rfloor) = O(\lg n)$，失敗的搜尋是 $\Theta(\lg n)$。還記得在猜數字遊戲中，你最多只需要猜七次就可以找到答案嗎？現在你知道原因了。對 100 個元素執行二分搜尋法，你需要 $\lg 100 \approx 6.65 < 7$ 次猜測就可以猜到秘密。

之前提過，$2^{32} - 1 = 4{,}294{,}967{,}295$。這代表在一個有 4,294,967,295 個元素的有序陣列中搜尋時，需要的比較次數不超過 32 次。對同一個陣列做循序搜尋時，需要做數十億次比較，你可以看出兩者的不同。

你可以從重複的除法（也就是對數）的相反，也就是重複的乘法（或取次方）看到它的威力。有一個很好的例證，就是關於西洋棋被發明的虛構故事。這個故事是，當西洋棋被發明時，國家的統治者很喜歡它，所以問發明者想要得到什麼獎勵。發明者請求統治者賜他一定數量的米（或其他版本說的麥），數量的計算方式如下：在棋盤的第一個格子中放一粒米，在第二個格子中放兩粒米，在第三個格字中放四粒米，以此類推。統治者同意這個請求，直到財務總管告訴他舉國的庫存都不足以支付這個獎勵為止。

圖 11.26 說明原因。每當我們進入下一個格子時，次方就會增加，因此，成長的幅度是指數級的。在最後一個方格，我們得到 2^{63} 粒米，這大約是 9 後面加上 18 個零。思考一下：我們可以在 63 次比較之內，在大約 9×10^{18} 個有序項目中找到目標。對數的威力與指數的相反一樣強大。

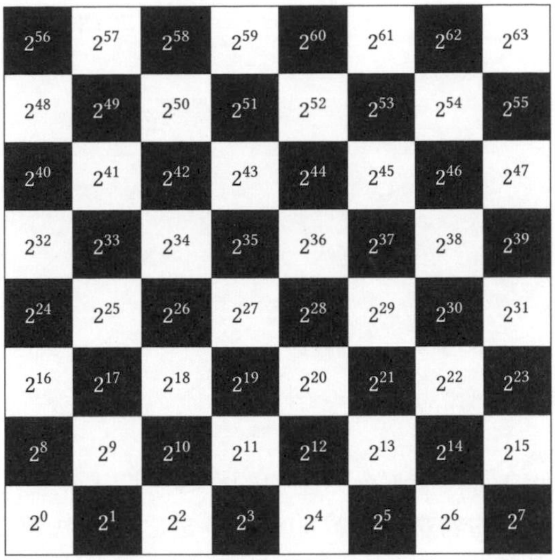

圖 11.26
在棋盤上的指數成長。

將問題分成好幾塊來解決是很強大的工具。許多以電腦來處理的問題都可用**分治法**（*divide and conquer*）來解決。它也適用於腦筋急轉彎。假設有人要你解出這個問題：你有九個硬幣，裡面有一個是假的，而且它比其他的硬幣輕。你有一個天平，如何在兩次秤重之內找出偽幣？

解決問題的關鍵是，仔細觀察，我們可以使用一種秤重的方式來將搜尋空間分成三份。假設我們將硬幣標記成 c_1、c_2、…、c_9，我們先比較硬幣 c_1、c_2、c_3 與 c_7、c_8、c_9 的重量，如果它們一樣重，我們就知道偽幣是 c_4、c_5、c_6 之一。接著比較 c_4 與 c_5 的重量，如果它們一樣重，偽幣就是 c_6。如果不一樣，偽幣就是天平上比較輕的那一個。如果 c_1、c_2、c_3 與 c_7、c_8、c_9 不平衡，我們也可以知道哪三個裡面有偽幣，並且對那三個硬幣做之前對 c_4、c_5、c_6 做的事情。圖 11.27 是完整的硬幣秤重樹，我們以 $w(c_i c_j c_k)$ 來表示硬幣 c_i、c_j、c_k 的重量。每一個內部的代碼都代表一次秤重，且每一個葉節點都代表一個偽幣。

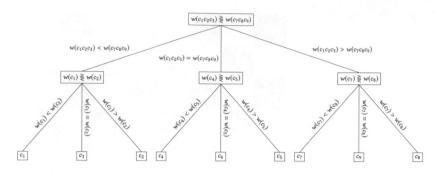

圖 11.27
硬幣秤重樹。

我們在每一層都會分割樹的搜尋空間，完整搜尋需要的總次數是以底數為 3 的對數來計算的，而不是之前的底數 2。就九個硬幣而言，我們得到 $\log_3(9) = 2$，它正是圖 11.27 的樹的高度。

參考文獻

George Kingsley Zipf 在兩本書 1935 [226] 與 1949 [227] 裡面推廣他的發現。Brown 語料庫是 Brown 大學的 Henry Kučera 與 W. Nelson Francis 在 1960 年代以 500 個英文文章樣本來編譯的。Vilfredo Pareto 談過冪次法則分布，雖然 19 世紀的人不會這樣稱呼它 [154]。20 世紀初，G. Udny Yule 也在研究生物物種起源時談到冪次法則 [223]。Barabasi 讓人們開始關注冪次法則 [10, 11]。要瞭解它的歷史，你可以參考 Mitzenmacher 的記述 [143]。要瞭解冪次法則應注意的地方，可參考 Stumpf 與 Porter 的評論 [194]。

Frank Benford 在 1938 年以他的名字為名的定律 [14]；但是他不是第一位發表者。天文學家與數學家 Simon Newcomb 在 1881 年就已經發表它了 [149]。要瞭解班佛定律的延伸，可參考 Hill 的論文 [92]，它的解釋可參考 Fewster 的論文 [65]。

計數法（*count method*）也與對調法與前移法屬於同一類。在這種方法中，我們會計算一個項目被視為答案的次數，並且安排串列，將次數較高的項目放在串列的前面。自我組織搜尋是 John McCabe 提出的 [135]。對調法的比較次數長期來看會比前移法還要少的證明是 Ronald Rivest 提出的 [166]。Sleator 與 Tarjan 展示前移法的總成本的最佳值在四分之一內；而對調或計數法並非如此 [189]。Bentley 與 McGeoch 的實驗證實他們的論述，這個實驗展示，前移法在實務上通常是最好的方法 [17]。要瞭解最近的分析與方法，可參考 Bachrach 與 El-Yaniv [5]，以及 Bachrach、El-Yaniv 與 Reinstädtler [4] 的論文。

祕書問題有個很有趣的典故，它第一次出現在 1963 年 2 月號的 *Scientific American* 的 Martin Gardner 專欄內，1960 年 3 月號刊出解答；見 Ferguson 的記事 [64]，在裡面，他指出 Keppler 也遇到類似的問題。Bearden 提出當所有候選者都按照他們的評分來排序時的解決方案 [12]。

根據 Knuth [114]，二分搜尋法可追溯到電腦年代的初期。第一台通用電子數位電腦 ENIAC 的設計者之一，John Mauchly，曾經在 1946 年談過它。但是，當時還不知道當待搜尋的陣列內的項目數量不是 2 的次方時該怎麼辦。第一份描述可不受這個限制處理陣列的二分搜尋法的文章出現在 1960 年，是 Derrick Henry Lehmer 撰述的，他是一位先驅數學家，也為計算的進步做出了重大貢獻。Jon Bentley 在他的書中談到專業程式員在編寫二分搜尋法時面對的問題 [16]。Richard Pattil 發現四分之三的教科書中的二分搜尋法有誤 [155]。Joshua Bloch 在 Google 研究部落格報告他自己的疏失。Maurice Wilkes 的名言來自他的回憶錄 [217, p. 145]。

12　各式各樣的排序法

整理名單、歌庫、按時間順序排列東西，與按照寄信者的姓名或主旨或收信日來整理 e-mail 有什麼共同之處？它們都需要排序項目。可依序排列項目的應用程式很常見，但排序並非只限於這種簡單的使用案例。考慮電腦圖學，當你在電腦上畫圖時，依序繪製不同的部分是很重要的問題，具體來說，電腦要先畫遠方的場景，再畫比較接近觀看者的場景，來讓較接近觀看者的物體可以遮蓋較遠的物體。所以我們必須辨識不同的部分，排序它們，並且用正確的順序來畫出它們，從後到前，這稱為**畫家演算法**（*painter's algorithm*）。

從電腦圖學切換到生物學，排序是電腦生物學演算法很重要的元素；再從生物學切換到資料壓縮，有一種重要的壓縮方法，即所謂的 *Burrows-Wheeler* **轉換**（*Burrows-Wheeler transform*），也稱為區塊排序壓縮（block-sorting compression），也需要排序資料的詞典變體。

我們在上網的過程中可能會看到購物的推薦訊息。推薦系統必須做兩件事：濾除它們認為我們沒有興趣的東西，以及排序我們可能有興趣的東西來將最有興趣的東西排在最上面。

事實上，不使用排序的電腦應用程式很少，而且，坦白說，機械式分類的需求在數位電腦出現前就存在了。在 1880 年代，有人開發出一種 "排序盒" 來與 Herman Hollerith 的打孔卡片製表機一起使用。Hollerith 在 1890 年美國人口普查期間開發了製表機，以協助計數，當時已經知道，依照人口成長的速度，人工計數需要 13 年才能完成，屆時已經是 1900 年的下一次普查了。

因為排序幾乎無處不在，人類長時間以來一直都在設計排序方法，電腦使用的第一種排序方法，是 20 世紀下半葉，在開發電腦的同時被開發出來的。世上的研究人員仍然在積極地研究排序方法，有的是為了改善已知的方法與實作，有的是為了找出可在特定的應用領域中使用的新演算法。幸運的是，雖然我們無法探討整個排序的領域，依然可以瞭解它的主要概念與基本演算法。令人開心的是，我們在日常生活中無意間遇到的演算法都不難理解與檢驗。我們將會看到，基本的排序演算法只要用幾行虛擬碼就可以描述。

排序與搜尋有關，因為在已排序的資料中搜尋比較有效率。排序使用的術語與搜尋相同：資料是紀錄構成的，紀錄可能有多個屬性，但我們用它們某些部分來排序它們，稱之為鍵，如果鍵是多個屬性組成的，我們就稱它為複合鍵。

12.1　選擇排序

或許最簡單的排序演算法是直觀地尋找項目的最小元素，將它取出，再尋找其餘項目的最小元素，將它放在剛才拿出來的元素旁邊，重複這個程序，直到處理所有元素為止。如果你有一堆碎紙，上面有數字，你要從紙堆中找出最小的數字並將它取出，再到紙堆中尋找最小數字，將它放在之前找出來的數字旁邊，持續這個動作，直到清空紙堆為止。

因為我們每次都會在其餘的項目中尋找最小的項目，這個簡單的程序稱為選擇排序（*selection sort*）。演算法 12.1 會對陣列 A 做選擇排序，A 是它的輸入；它會排序 A 本身，所以不回傳任何東西，因為它會就地執行排序程序；排序過的同一個 A 就是演算法的結果。

如果我們有 n 個項目要排序，那麼選擇排序的做法是尋找全部的 n 個項目最小的那一個，接著 $n-1$ 個項目最小的那一個，接著 $n-2$ 個項目最小的那一個，直到只剩下一個項目為止。演算法 12.1 的第 1 行定義一個用來遍歷陣列項目的迴圈。每次遍歷陣列時，我們會以目前的 i 值來尋找最小的項目，直到陣列結束。如同二分搜尋演算法，我們使用函式 Compare(a, b)，以兩個項目的鍵來比較它們，如果 a 比 b 好，回傳 +1，如果 b 比 a 好，回傳 –1，如果它們被視為相等，則回傳 0。

演算法 12.1：選擇排序。

SelectionSort(*A*)

    輸入：*A*，待排序的項目陣列

    結果：*A* 被排序

1   **for** $i \leftarrow 0$ **to** $|A| - 1$ **do**
2       $m \leftarrow i$
3   **for** $j \leftarrow i + 1$ **to** $|A|$ **do**
4   **if** Compare($A[j], A[m]$) < 0 **then**
5              $m \leftarrow j$
6   Swap($A[i], A[m]$)

我們使用變數 m 來搜尋剩餘的最小項目。最初，當我們搜尋最小項目時，m 存有開始項目的索引。我們在第 3–5 行搜尋最小項目，從 $A[i + 1]$ 的元素到陣列的結尾。也就是說，對於外部迴圈的每一個 i，我們搜尋其餘的 $n - i$ 個項目的最小項目。當我們找到最小項目時，就使用函式 Swap(a, b) 來將最小項目放在陣列中的正確位置。

圖 12.1 是在有 14 個元素的陣列中執行選擇搜尋的情形。左欄是 i 的值；其他的欄位是陣列。我們會在每一次迭代時尋找陣列中未排序的剩餘項目的最小值，並將它與未排序的剩餘項目的第一個交換。我們在每次迭代中，用圓圈來表示這兩個項目。在最左邊，淡色的區域是已經排序且就位的元素。每次迭代時，我們會在圖的右側尋找最小值，你可以看到這個區域會逐漸減少。花一點時間看一下當 $i = 8$ 時發生什麼事情。在剩餘的未排序項目中，最小項目是第一個，因此，那一列只有一個項目畫上圓圈。

我們來瞭解一下選擇排序的效能，留意，當我們有 n 個項目時，外部迴圈會執行 $n - 1$ 次，所以我們有 $n - 1$ 次交換。每當我們經歷外部迴圈時，我們就比較 A 之中從 $i + 1$ 到結尾的所有項目。在第一次，我們會比較從 $A[1]$ 到 $A[n - 1]$ 的所有項目，所以有 $n - 1$ 次比較。在第二次，我們會比較從 $A[2]$ 到 $A[n - 1]$ 的所有元素，所以有 $n - 2$ 次比較。在最後一次，我們比較最後兩個元素 $A[n - 2]$ 與 $A[n - 1]$，這是一次比較。所以比較次數總計為：

$$1 + 2 + \cdots + (n - 1) = 1 + 2 + \cdots + (n - 1) + n - n$$
$$= \frac{n(n+1)}{2} - n = \frac{n(n-1)}{2}$$

i	A													
0	84	64	37	92	2	98	5	35	70	52	73	51	88	47
1	2	64	37	92	84	98	5	35	70	52	73	51	88	47
2	2	5	37	92	84	98	64	35	70	52	73	51	88	47
3	2	5	35	92	84	98	64	37	70	52	73	51	88	47
4	2	5	35	37	84	98	64	92	70	52	73	51	88	47
5	2	5	35	37	47	98	64	92	70	52	73	51	88	84
6	2	5	35	37	47	51	64	92	70	52	73	98	88	84
7	2	5	35	37	47	51	52	92	70	64	73	98	88	84
8	2	5	35	37	47	51	52	64	70	92	73	98	88	84
9	2	5	35	37	47	51	52	64	70	92	73	98	88	84
10	2	5	35	37	47	51	52	64	70	73	92	98	88	84
11	2	5	35	37	47	51	52	64	70	73	84	98	88	92
12	2	5	35	37	47	51	52	64	70	73	84	88	98	92
	2	5	35	37	47	51	52	64	70	73	84	88	92	98
	A													

圖 12.1
選擇排序範例。

因此選擇排序的複雜度是 $\Theta(n-1) = \Theta(n)$ 次交換與 $\Theta(n(n-1)/2) = \Theta(n^2)$ 次比較。分別處理交換與比較的原因是這兩種操作的計算成本可能會不同。通常比較比交換快，因為交換需要移動資料。被移動的資料愈大，差異就愈大。

現在回想一下圖 12.1 的第八列發生的事情，當時有一個項目與它自己交換。這看起來是一種浪費，你不需要將任何東西與它自己交換。當第一個未排序的項目是未排序項目的最小項目時，我們可以直接將它留在原處。我們只要稍微修改一下，就可以做到這件事，見演算法 12.2。我們在第 6 行檢查最小項目與未排序項目的第一個是否不同，如果不同，就進行交換。這代表數字 n 是交換次數的上限。修改後的演算法的複雜度是 $O(n)$ 次交換與 $\Theta(n^2)$ 次比較。

演算法 12.2：沒有多餘的交換的選擇排序。

SelectionSortCheckExchanges(A)

    輸入：A，待排序的項目陣列
    結果：A 被排序

1 **for** $i \leftarrow 0$ **to** $|A| - 1$ **do**
2      $m \leftarrow i$
3   **for** $j \leftarrow i + 1$ **to** $|A|$ **do**
4   **if** Compare($A[j], A[m]$) < 0 **then**
5            $m \leftarrow j$
6   **if** $i \neq m$ **then**
7   Swap($A[i], A[m]$)

當陣列 A 有一些部分已經位於正確位置時，這兩種演算法的行為差異會更加明顯。如果 A 已經被排序了，演算法 12.1 仍然會交換全部的 n 個項目（與它們自己）。演算法 12.2 只會檢查陣列是否已被排序。

話雖如此，在實務上，我們不一定會看到演算法 12.2 改善了演算法 12.1。我們的確讓交換變成選擇性的，元素只會在必要時交換，然而，在此同時，我們也在第 6 行加入額外的比較。因為第 6 行會被執行 $n - 1$ 次，所以我們在演算法的執行中加入 $n - 1$ 次比較。這些動作會將減少交換次數的好處抵消。所以，演算法 12.2 不是比較好的、優化版的選擇排序，你不能直接將演算法 12.1 丟在一旁，直接使用它。如果我們實作它們，並測量它們的效能，可能會發現它們的效能大約是相同的，依複製 vs. 比較的相對成本，以及資料最初的排序狀況而定。瞭解為什麼會發生這種事情是件好事。在嘗試進行最佳化時，考慮所有細節但是會影響性能的因素也是件好事。

選擇排序還有一些改善的空間。它是簡單的方法，也很容易實作。它只需要少數的交換，如果資料的移動需要昂貴的計算成本，這個特性非常重要。它很適合用在小型陣列上，可以用夠快的速度來執行，但不適合大型的陣列，因為有更好的排序演算法可產生更好的結果。

12.2　插入排序

另一種直觀的排序方法是撲克牌玩家排序手牌的方法。想像你有一副手牌。你拿起第一張牌,接著拿起第二張牌,將它放在相對於第一張牌的正確位置。之後拿起第三張牌,將它放在相對於前兩張牌的正確位置。你對每一張牌繼續做這件事。你可以在圖 12.2 中看到這種做法,圖中的五張卡有相同的花色,並且以遞增順序排序,ace 是最大的牌。

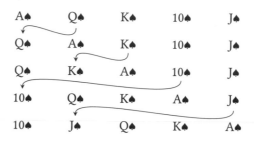

圖 12.2
排序撲克牌。

在現實的情況下,撲克牌玩家在排序手牌時比較喜歡將最大的牌放在左邊,但我們就不鑽研這些細節了。這種排序程序稱為插入排序,因為我們會將每一個項目插在已排序項目的正確位置內。為了以剛才描述的程序來建立演算法,我們要設法準確地說明卡牌的移動方式,我們在圖 12.2 中用箭頭來表示它。在排序第一張牌 Q♠時,我們直接將它與 A♠ 對調,接下來也對 K♠ 做一樣的事情,將它與 A♠ 對調。移動 10♠ 比較複雜一些,因為這次不是只有一次對調,但是,它可以用一系列的對調來準確描述,首先我們對調 10♠與 A♠,接著對調 10♠ 與 K♠,最後對調 10♠ 與 Q♠。這就像是用以下的方式來排列手牌:Q♠K♠A♠10♠J♠↝Q♠K♠10♠A♠J♠↝Q♠10♠K♠A♠J♠↝10♠Q♠K♠A♠J♠。因此,對於每一張想要放到正確位置的牌,只要它的值比它左邊的牌的值還要大,我們就會反覆將它與左邊的牌對調。演算法 12.3 以演算法的形式來描述這個過程。

演算法 12.3：插入排序。

```
InsertionSort(A)
```
　　　輸入：A，待排序的項目陣列
　　　結果：A 被排序

1　**for** $i \leftarrow 1$ **to** $|A|$ **do**
2　　　$j \leftarrow i$
3　　　**while** $j > 0$ **and** Compare($A[j-1], A[j]$) > 0 **do**
4　　　　　Swap($A[j], A[j-1]$)
5　　　　　$j \leftarrow j - 1$

這個演算法先在第 2 行將 j 設為待排序項目陣列 A 的第二個項目的位置。接著在第 3–5 行拿那個項目與它的前一個項目比較，並且在必要時交換。接著再回到第 2 行，對陣列的第三個項目做同樣的事情，將 j 設為 i 的新值。每次經過第 2 行時，變數 j 就會保存每次在外部迴圈迭代時移動的項目的初始位置。只要 $A[j]$ 大於 $A[j-1]$，內部迴圈的第 5 行就會減少 j 的值。內部迴圈的條件 $j > 0$ 是為了讓我們往後比較與交換時，不會跳出陣列的開頭。它會在陣列開頭的項目已被移動過時發揮作用，此時 $j = 0$，且沒有 $A[j-1]$，所以第二個比較會產生錯誤。注意，我們在這裡使用短路計算：當 $j > 0$ 為 false 時，不會計算 $A[j-1] > A[j]$。

圖 12.3 是對我們在圖 12.1 用過的數字陣列做插入排序。插入排序的行為大致上與選擇排序類似，差異在於已排序的左下角部分，在選擇排序中，淺色的部分是已經排序好，並且放於最終位置的項目，但是在插入排序中，淺色的項目在那個部分已經被排序好了，但不一定是最終位置，因為右邊的項目也可以插入它們之間。

i						A								
1	84	64	37	92	2	98	5	35	70	52	73	51	88	47
2	64	84	37	92	2	98	5	35	70	52	73	51	88	47
3	37	64	84	92	2	98	5	35	70	52	73	51	88	47
4	37	64	84	92	2	98	5	35	70	52	73	51	88	47
5	2	37	64	84	92	98	5	35	70	52	73	51	88	47
6	2	37	64	84	92	98	5	35	70	52	73	51	88	47
7	2	5	37	64	84	92	98	35	70	52	73	51	88	47
8	2	5	35	37	64	84	92	98	70	52	73	51	88	47
9	2	5	35	37	64	70	84	92	98	52	73	51	88	47
10	2	5	35	37	52	64	70	84	92	98	73	51	88	47
11	2	5	35	37	52	64	70	73	84	92	98	51	88	47
12	2	5	35	37	51	52	64	70	73	84	92	98	88	47
13	2	5	35	37	51	52	64	70	73	84	88	92	98	47
	2	5	35	37	47	51	52	64	70	73	84	88	92	98

A

圖 12.3
插入排序範例。

外迴圈每次迭代移動項目時可能牽涉一系列的交換。例如，從 $i=6$ 列轉換到 $i=7$ 列可能不是一個動作就可以完成的，而是需要許多操作，圖 12.4 展示它實際的情況。

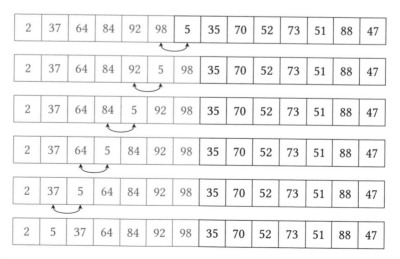

圖 12.4
圖 12.3 的 $i=6$ 時的交換。

為了瞭解插入排序的效能，我們必須找出比較與交換的次數，如同我們在選擇排序的做法。從交換次數開始談起比較簡單。在圖 12.3 的第一列，我們有一次交換，因為 64 < 84。在第二列，我們有兩次交換，因為 37 < 84 且 37 < 64。在第三列，我們不需要交換任何東西，但是在第四列，我們必須做四次交換。你可以看到一種模式：在每一列的交換次數等於 "在左邊那一區中，大於正在檢查的項目的項目數量"。所以在第八列，項目 98、92 與 84 都比項目 70 大，所以在那一列有三次交換。如果我們有一系列的值，而且有一個值比它左邊的一個值大，按照數學的說法，可以說我們有個逆位（*inversion*），因為這兩個項目彼此之間的順序是相反的。簡單來說，逆位會在兩個項目不按照順序排列時出現。每一列的交換次數等於我們想要移動的項目的逆位數量。就所有列而言，交換的總次數等於原始陣列的所有項目的總逆位數量。例如，如果陣列的內容是 5、3、4、2、1，我們有以下的逆位：(5, 3)、(5, 4)、(5, 2)、(5, 1)、(3, 2)、(3, 1)、(4, 2)、(4, 1)、(2, 1)。這代表若要使用插入排序來排序它，我們需要做九次交換，你可以檢查事實的確如此。

如果陣列已被排序，逆位的數量就是零。如果有 n 個元素的陣列以反順序排列，那麼當我們從陣列的最後一個元素開始時，那個元素會有 $n-1$ 個逆位，因為它的位置與之前的所有元素相反。如果我們在倒數第二個元素，出於同樣的原因，那個元素有 $n-2$ 個逆位。同樣的情況持續到陣列的第二個元素，它只有一個逆位，因為它與陣列的第一個元素順序相反。因此，反向順序的陣列有：$1 + 2 + \cdots + (n-1) = n(n-1)/2$ 個逆位。因此我們可以證明，隨機排序的陣列的逆位比較少，具體來說，是 $n(n-1)/4$ 個逆位，我們已經知道逆位數量等於交換次數了，因此插入排序在最好的情況下有零次交換，最壞的情況下有 $n(n-1)/2$ 次交換，所以平均有 $n(n-1)/4$ 次交換。

接著來處理演算法第 3 行元素 $A[j]$ 與 $A[j-1]$ 之間的比較次數。如果陣列已被排序，那麼外迴圈的每次迭代，也就是就每個 i 值而言，會有一次比較，因此，我們有 $n-1$ 次比較。如果陣列是逆向排序，我們已經知道需要做 $n(n-1)/2$ 次交換。為此，我們需要在第 3 行做 $n(n-1)/2$ 次成功的比較：每一個項目都要與之前的所有項目比較，直到第一個項目，所以我們得到另一個熟悉的公式 $1 + 2 + \cdots + (n-1) = n(n-1)/2$。

如果陣列是隨機排序的，因為我們需要做 $n(n-1)/4$ 次交換，所以需要做 $n(n-1)/4$ 次成功的比較。但是，我們可能也需要執行不成功的比較。例如，考慮陣列 1、2、5、4、3。假設我們在處理項目 4。我們比較 $5 > 4$，它會成功，接著比較 $2 > 4$，它不會成功。每當我們經過第 3 行，且 $j = 0$ 時，就會執行不成功的比較。雖然我們不知道這種事情會發生幾次，但可以確定它的次數不會超過 $n-1$ 次，因為這是它能發生的最大次數（如果陣列被反向排序，它會發生 n 次，但我們已經處理過這個情況了）。加上這兩個比較量值，我們得到最多 $n(n-1)/4 + (n-1)$ 次比較。因數 $n-1$ 不會改變之前得到的整體複雜度 $n(n-1)/4$。

回顧一下，插入排序的交換次數在已排序陣列中是 0，在反向排序陣列中是 $\Theta(n(n-1)/2) = \Theta(n^2)$，在隨機排序陣列是 $\Theta(n(n-1)/4) = \Theta(n^2)$。比較次數在已排序陣列中是 $\Theta(n-1) = \Theta(n)$，在反向排序陣列中是 $\Theta(n(n-1)/2) = \Theta(n^2)$，在隨機排序陣列是 $\Theta(n(n-1)/4) + O(n) = \Theta(n(n-1)/4) = \Theta(n^2)$。

插入排序與選擇排序一樣容易實作。在實務上，插入排序成品的執行速度通常比選擇排序成品快。所以插入排序很適合用在小型的資料集。你也可以將它當成線上演算法來使用，這種演算法不一定在一開始就收到全部元素，可在接收元素的同時排序元素序列。

對小型資料集而言，$\Theta(n^2)$ 複雜度或許是可接受的，但是對巨型資料集而言並非如此。如果我們有 100 萬個項目，n^2 會產生 1 兆，也就是有 12 個零的數字，這樣就太慢了。如果你認為 100 萬個項目太多了，100,000 個項目在 n^2 時會到達 100 億，仍然是個大數字。如果我們想要處理龐大的資料集，就必須使用比選擇排序或插入排序好的做法。

12.3 堆積排序

我們回到選擇排序，思考一下當時的程序來設法改善排序。我們會在未排序項目中搜尋最小的項目，執行這種搜尋的方式是遍歷所有未排序的項目。但是或許我們可以找到更聰明的方法。首先，我們換個思考方式，想像一個類似選擇排序的程序，先尋找最大項目，並將它放在最後面。接著尋找其餘項目的最大項目，將它放在倒數第二個位置，持續這個動作，直到處理所有項目為止。這是反向的選擇排序：我們尋找最大的項目，將它放在最後一個位置 $|A| - 1$，而不是尋找最小的項目，放在位置 1。我們尋找第二大的項目，將它放在 $|A| - 2$，而不是尋找第二小的，將它放在第二個位置。顯然這是可行的。如果我們用某種方式來處理項目，讓我們每次都可以更輕鬆地在未排序項目中尋找最大項目，就可以得到更好的演算法，不過前提是不能花太多時間來處理這件事。

假設我們設法安排陣列 A 的項目，讓 $A[0] \geq A[i]$，其中所有的 $i < |A|$。那麼 $A[0]$ 是最大的，我們必須將它放在 A 的結尾：我們可以交換 $A[0]$ 與 $A[n-1]$。現在 $A[n-1]$ 存有最大的項目，而 $A[0]$ 存有 $A[n-1]$ 之前的值。如果我們設法安排從 $A[0]$ 到 $A[n-2]$ 的項目，同樣讓 $A[0] \geq A[i]$，其中所有的 $i < |A| - 1$，我們就可以重複執行相同的程序：將 $A[0]$、$A[1]$、$\cdots$、$A[n-2]$ 的最大項目 $A[0]$ 與 $A[n-2]$ 交換。現在 $A[n-2]$ 存有第二大的項目。我們再次繼續重新安排 $A[0]$、$A[1]$、$\cdots$、$A[n-3]$，讓 $A[0] \geq A[i]$，其中所有的 $i < |A| - 2$，並交換 $A[0]$ 與 $A[n-3]$。如果我們重複做這件事，尋找其餘項目的最大值並將它放在 A 後面的適當位置，最後就會讓所有項目就位。

此時，我們可將陣列 A 視為樹，其中每一個項目 $A[i]$ 都是有子節點 $A[2i + 1]$ 與 $A[2i + 2]$ 的節點。圖 12.5 是之前的範例使用的待排序陣列，及其對應的樹結構示意圖。你必須明白，樹只是虛構的。任何東西都會被儲存在底下的陣列中，但是以上述的規則將陣列視為樹可讓你明白整個過程。

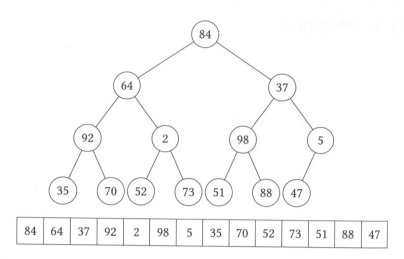

圖 12.5
陣列與樹的對照圖。

如果就所有 i 而言，$A[i] \geq A[2i+1]$ 且 $A[i] \geq A[2i+2]$，那麼樹的每一個節點都會大於或等於它的子節點。所以根節點比樹的其他節點大，符合最初的需求 $A[0] \geq A[i]$，其中所有的 $i < |A|$。此外，"節點至少等於子節點" 的結構就是**堆積**（*heap*），具體來說是最大堆積（max-heap）。問題在於，我們該如何將 A 排列成這個樣子？換句話說，我們該如何將 A 轉換成 max-heap？我們之前在討論 Huffman 壓縮時就看過堆積了，雖然當時的機制有些不同，但你或許可以複習一下第 3.3 節，來回顧不同的應用與實作。同樣的資料結構可有不同的用法與不同的實作方式。

如果樹的最後一層是第 h 層，我們就從 $h-1$ 層的節點開始，從右到左處理。我們會比較每一個節點與它的子節點。如果它比子節點大，就不做事。如果沒有，就將它與最大的子節點對調。完成 $h-1$ 層之後，我們知道那一層的所有節點都是 $A[i] \geq A[2i+1]$ 且 $A[i] \geq A[2i+2]$。你可以看一下圖 12.6a，圖中，樹的第二層已被處理過了。左圖是原始的樹，與圖 12.5 一樣。我們用灰色來代表交換的節點。基於稍後會說明的原因，我們從右到左處理一層的節點，先是節點 5，接著是節點 98，這個節點不需要做任何事，接著節點 2，最後節點 92，這個節點也不需要做任何事。右邊是產生的樹，在每一棵樹下面的是真正產生變化的陣列 A。你可以驗證陣列的改變會反映樹的改變（或者，因為其實只有陣列存在，假想的樹的改變反映陣列的改變）。

我們接著對 h – 2 層做同樣的事情，只不過這一次，當我們交換時，必須檢查下一層發生的事情，也就是剛才修改過的那一層。我們將圖 12.6a 的右圖放在圖 12.6b 的左圖，以顯示上一個程序的結果。我們必須交換節點 37 與節點 98，做這件事時，我們會發現 37 有子節點 51 與 88，這違反我們的條件。我們可以做同樣的事情來修改它：找出 51 與 88 的最大值，將它與 37 的新位置交換。節點 64 往下移動到節點 70 的位置也是類似的交換。當我們完成第二層時，樹長得像圖 12.6b 的右圖。

最後，我們到達根層。在那裡，我們必須將 84 與 98 對調。對調之後，我們必須將 84 與 88 對調，然後完工。圖 12.6c 展示這一系列的對調。如果你沒有跟著追蹤的話，請跟著做，以瞭解從圖 12.5 到圖 12.6 發生了什麼事情。

因為你已經瞭解節點在 max-heap 的建構過程中如何移動了，我們可以說，節點看起來就像從原本的階層往下沉。它們會跑去下層，而原本的下層節點會往上移動，取代它們的位置。演算法 12.4 是下沉程序的演算法。

這個演算法的輸入是陣列 A 與將要下沉到正確位置的項目的索引 i。它也會接收我們要在演算法中考慮的項目數量 n。你可能想知道，既然項目的數量應該等於陣列的項目數量 |A|，為什麼還需要它。因為我們只想要將部分的 A 視為堆積。回想一下，在一開始，我們想要讓 $A[0] > A[i]$，其中所有的 $i < |A|$。當我們取得最大值 $A[0]$，並且將它與 $A[n - 1]$ 交換之後，接下來要尋找 $A[0]$、$A[1]$、…、$A[n - 2]$ 的最大值，所以將 A 的前 n – 1 個元素視為堆積。每當我們將一個項目放到正確的位置之後，就要開始處理更小的堆積。

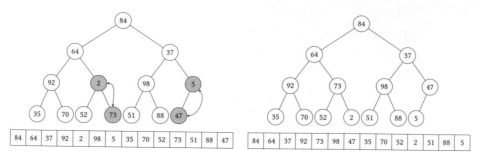

(a) 在第二層製作 max-heap。

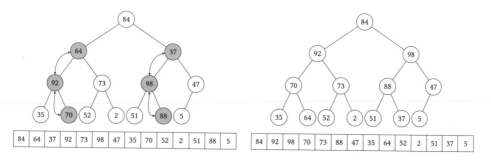

(b) 在第一層製作 max-heap。

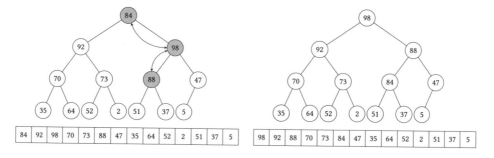

(c) 在根層製作 max-heap。

圖 12.6

製作 max-heap。

演算法 **12.4**：下沉。

Sink(A, i, n)

輸入：A，項目陣列

$\quad\quad$ i，要下沉到位的項目索引

$\quad\quad$ n，我們考慮的項目數量

結果：項目 $A[i]$ 下沉到位的 A

1 $\quad k = i$

2 $\quad placed \leftarrow$ FALSE

3 $\quad j \leftarrow 2k + 1$

4 $\quad$ **while not** $placed$ **and** $j < n$ **do**

5 $\quad\quad$ **if** $j < n - 1$ **and** Compare($A[j]$, $A[j+1]$) < 0 **then**

6 $\quad\quad\quad j \leftarrow j + 1$

7 $\quad\quad$ **if** Compare($A[k]$, $A[j]$) ≥ 0 **then**

8 $\quad\quad\quad placed =$ TRUE

9 $\quad\quad$ **else**

10 $\quad\quad\quad$ Swap($A[k]$, $A[j]$)

11 $\quad\quad k \leftarrow j$

12 $\quad\quad j \leftarrow 2k + 1$

在演算法中，我們使用 k 來作為項目的索引。最初將它設為 i，但是因為項目會往樹的下方移動，所以它的值會改變。我們用變數 $placed$ 來指示項目是否已被放在它的正確位置。索引為 k 的項目的子節點位於 $2k+1$ 與 $2k+2$，存在的話。我們設定 j，來指向第一個，左邊的子節點。接著我們進入一個迴圈，只要節點不在正確的位置，而且有子節點（$j < n$），這個迴圈就會重複執行。首先，如果該節點有兩個子節點，我們想要找到兩個子節點中最大的那一個，這就是第 5–6 行做的事情。接著，我們檢查目前要下沉的節點有沒有比子節點最大的那一個大，如果有，就完工；這就是第 7–8 行的目的。如果沒有，我們就必須將節點下沉，並將最大的子節點往上移，在第 9–10 行。接著我們更新 k，將它指向要下沉的項目的新位置，將 j 指向我們認為可找到它的第一個子節點的位置（如果有的話）來準備在下一層重複執行迴圈。

下沉演算法的簡潔之處在於，它不但可以建構 max-heap，也是接下來要建立的新排序演算法的主要工具。首先，我們像圖 12.6 一樣，用它來將資料變成堆積。圖 12.6a 展示 Sink(A, i, $|A|$)，其中 i = 6、5、4、3 發生的事情；圖 12.6b 展示 Sink(A, i, $|A|$)，其中 i = 2、1 發生的事情；最後，圖 12.6c 展示 Sink(A, 0, $|A|$) 的情況。得到堆積之後，我們就知道最大的項目位於樹的根節點，當項目被依序放置時，它應該是最後一個項目。所以我們從堆積的根將它取出，並將它與堆積的最後一個項目 $A[n-1]$ 交換：務必記得，樹其實是陣列假扮的。陣列前 $n-1$ 個項目已經不是堆積了，因為根沒有比它的子節點大。但是這很容易修正！我們只需要對前 $n-1$ 個項目執行下沉演算法，來將新的 $A[0]$ 下沉到適當的位置就可以了：Sink(A, 0, $|A|-1$)。事實上，我們處理的是一個少一個元素的堆積。這就是我們對演算法傳入項目數量的原因，我們必須指出我們正在處理比較小的堆積。當下沉演算法結束之後，我們再次取得一個 max-heap，第二大的項目會在最上面。接著我們可以將 $A[0]$ 與目前的堆積的最後一個項目交換，即項目 $A[n-2]$。於是項目 $A[n-2]$ 與 $A[n-1]$ 會在它們正確的、經過排序的位置，讓我們可以繼續用同樣的方式，來以 Sink(A, 0, $|A|-2$) 將其餘的 $n-2$ 個項目做成 max-heap。最後，所有的項目都會被排序，從 A 的後面到前面。這就是**堆積排序**（*heapsort*），見演算法 12.5。

演算法 12.5：堆積排序。

HeapSort(A)

　　輸入：A，項目陣列

　　結果：A 被排序

1　　$n \leftarrow |A|$
2　　**for** $i \leftarrow \lfloor (n-1)/2 \rfloor$ **to** -1 **do**
3　　　　Sink(A, i, n)
4　　**while** $n > 0$ **do**
5　　　　Swap($A[0]$, $A[n-1]$)
6　　　　$n \leftarrow n - 1$
7　　　　Sink(A, 0, n)

取得 Sink 之後，推積排序演算法變得相當簡潔。一開始，我們在第 1
行將變數 n 設為 A 的大小，接著在第 2–3 行開始進行堆積排序的第一
個階段，將陣列轉換成 max-heap。為此，我們呼叫 Sink(A, i, $|A|$)，
其中的 i 代表樹的所有內部節點。樹的最後一個內部節點就是擁有
位置 $n - 1$ 的子節點的節點。那個節點位於位置 $\lfloor (n-1)/2 \rfloor$。因此，
對應內部節點位置的 i 值是 $\lfloor (n-1)/2 \rfloor$、$\lfloor (n-1)/2 \rfloor - 1$、$\cdots$、0。之
前提過，**for** 迴圈不包含 **to** 邊界，所以要取得 0，迴圈的範圍必須是
to $- 1$。堆積排序的堆積建構階段就是做圖 12.6 做的事情。我們以遞
減順序來取 i 值，這說明為何我們在圖 12.6 要從右到左取出節點。

建構堆積之後，我們開始堆積排序的第二階段，此時會進入第 4–7 行
的迴圈。我們會重複執行這個迴圈，重複的次數與 A 裡面的項目一樣
多。我們取出第一個項目 $A[0]$，它是 $A[0]$、$A[1]$、$\cdots$、$A[n-1]$ 中最
大的一個，將它與 $A[n-1]$ 交換，將 n 減一，並用 A 的前 $n-1$ 個項目
來重建堆積。

圖 12.7 是對範例陣列 A 開始執行堆積的第二階段的情形。它會從堆積
的最上面取出每一個項目，也就是 A 的第一個位置，並將它放回位置
$n - 1$、$n - 2$、$\cdots$、1。每當這件事發生時，被它放在後面的項目會被
暫時放在堆積的頂部，接著沉到樹中的適當位置。之後，剩餘的未排
序元素的最大值同樣是 A 的第一個位置，我們可以重複同樣的步驟，
但是是處理比較小的堆積。在圖中，我們將到達最終位置的項目標為
灰色，並從樹中移除它們，以表示每次執行迴圈時，堆積都會減少。

堆積排序是一種優雅的程序，但它的效能表現如何？在一開始就提
到，我們會遵循選擇排序的步驟，將每一個項目放在它正確的、最終
的位置。我們採取一種比較聰明的程序，一定會將最大的未排序項目
放在 max-heap 的頂部，而不是從頭到尾尋找最大的未排序項目。這
種做法值得嗎？

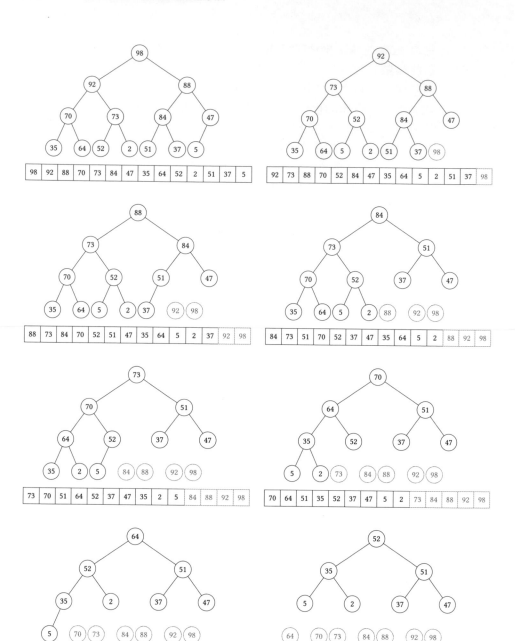

圖 12.7
堆積排序的第二階段。

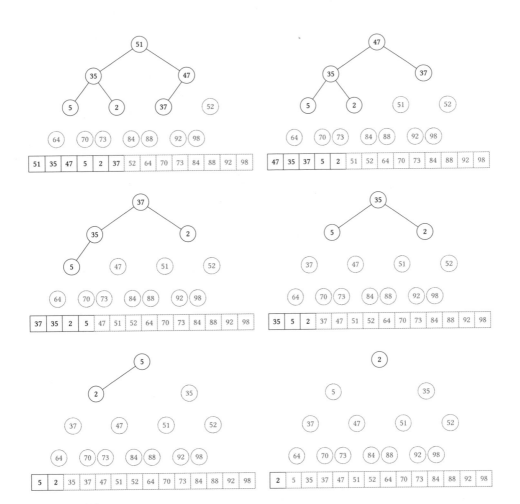

圖 12.8

堆積排序的第二階段，續上圖。

答案是肯定的。我們先來計算交換成本。在製作 max-heap 時，當我們到達根時，可能需要多達 h 次交換，其中的 h 是樹的最後一層。我們需要對第 1 層的每一個節點做 $h - 1$ 次交換，直到倒數第二層，屆時，我們需要對每一個節點做一次交換。因為堆積是個完整的二元樹，在第零層（根）有一個節點，在第一層有 $2 = 2^1$ 個節點，在第二層有 $2 \times 2 = 2^2$ 個節點，以此類推，在倒數第二層，也就是第 (h − 1) 層，會有 2^{h-1} 個節點。這些交換總共有 $2^0 \times h + 2^1 \times (h - 1) + 2^2 \times (h - 2) + \cdots + 2^{h-1}$ 次，也就是所有項 $2^k(h - k)$ 的總和，其中 $k = 0$、1、$\cdots$、$h - 1$，這個總和等於 $2^{h+1} - h - 2$。因為 h 是最後一層，如果 n 是樹的項目數量，我們得到 $n = 2^{h+1} - 1$，所以總和變成 $n - \lg n - 1$。所以建立 max-heap 需要的交換次數是 $O(n - \lg n - 1) = O(n)$。比較的次數是它的兩倍：在做每次交換時，我們需要對所有的子節點做一次比較，以及對父節點與最大的子節點做一次比較，所以建立 max-heap 需要的比較次數是 $O(2n)$。在堆積排序的第二個階段，最壞的情況是重做一個 h 層的堆積，這需要 h 次交換與 $2h$ 次比較，我們得到 $h = \lfloor \lg n \rfloor$，第二個階段會重複 n 次。因此結論是，交換次數不會超過 $n\lfloor \lg n \rfloor$ 次，且比較次數不會超過 $2n\lfloor \lg n \rfloor$ 次。即，它們分別是 $O(n \lg n)$ 與 $(2n \lg n)$。

綜上所述，若我們有 n 個元素，則需要少於 $2n \lg n + 2n$ 次比較與 $n \lg n + n$ 次交換，用堆積排序來排序它們。至於複雜度，我們有 $O(2n \lg n + 2n) = O(n \lg n)$ 次比較與 $O(n \lg n + n) = O(n \lg n)$ 次交換。

從 $\Theta(n^2)$ 改善成 $O(n \lg n)$ 的幅度是不可小覷的。如果你有 1,000,000 物件需要排序，插入排序與選擇排序需要 $(10^6)^2 = 10^{12}$ 次比較，分別是一兆次。堆積排序需要 $10^6 \lg 10^6$，少於兩千萬次。我們已經從天文數字變成非常可能達到的數字了。

堆積排序是一種可以用來排序大型資料集的演算法，主要的原因是它會直接操作既有的資料，不需要任何輔助空間就可以完成所有的排序。從堆積排序我們可以看到，使用比較好的資料結構可以大幅改善演算法。

12.4 合併排序

如果你有兩組已排序的項目，如何將它們變成一組已排序的項目？有一種做法是將它們串接為一個已排序集合，再排序它。如果我們用插入排序或選擇排序來做這件事，就會受限於資料集的大小。我們也無法利用這兩個集合都已經排序好了的性質。有沒有利用它的方式？

確實有。我們回到撲克牌，假設你有兩副已排序的牌。要產生一副排序好的牌，你可以採取以下的做法。先查看這兩副的第一張牌，再將最小值的牌放在本來是空的第三副。接著繼續查看這兩副的第一張牌，有一副的牌與之前相同，但另一副最上面的牌已被移到第三副了。將最小的牌放在第三副既有的牌上面。繼續做這件事，直到拿完兩副撲克牌為止。如果有一堆牌比另一堆牌還要早拿完，代表剩餘的牌的大小都比第三堆牌還要大，所以你只要直接將它們放在第三堆的既有牌上面就可以了。圖 12.9 是採用這種方式來合併兩副牌的範例。

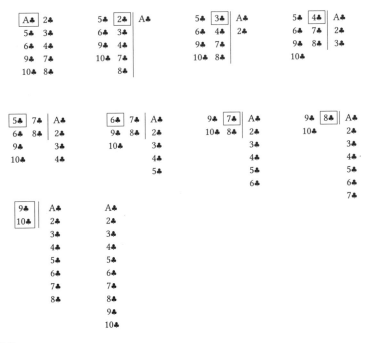

圖 12.9
合併兩副已排序的撲克牌。

回到元素陣列，我們將之前的範例用過的陣列 A 分成兩個部分，接著用一種方法來排序兩個部分（先不用想要用哪一種方法）。你會得到兩個已排序的陣列。接著，為了得到單一的已排序陣列，你要採取以下的做法。先將第一個已排序陣列的第一個元素，與第二個已排序陣列的第一個元素取出。它們之間最小的那一個是新的已排序陣列的第一個元素。將陣列的最小值移除，並將它放在新陣列。接著重複相同的程序，直到已排序陣列的元素都拿掉為止。如果有一個已排序陣列比另一個陣列還要早耗盡所有元素，你只要將剩下的元素直接加到新陣列的後面就可以了。你可以在圖 12.10 看到這個程序處理兩個陣列的前四個元素的情況。這種合併程序是一種很有效率的排序方法，稱為合併排序（*merge sort*）的基礎。

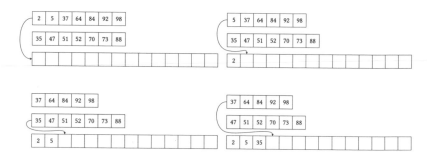

圖 12.10
合併兩個陣列。

在我們討論合併排序本身之前，需要注意一些關於合併的事情。圖 12.10 展示的是一種概念，但是在實務上，我們不會用這種方式來合併，原因是我們不希望將項目從陣列移除，因為這種做法可能很沒效率而且很複雜。比較好的做法是將項目留在兩個原始陣列的原位，只追蹤我們在各個陣列中的位置。我們可以用兩個指標，來指出處理的過程中，各個陣列剩餘部分的開頭。採用這種修改後，我們可以從圖 12.10 變成圖 12.11。

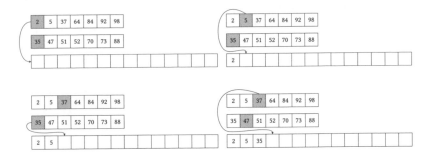

圖 12.11
使用指標來合併兩個陣列。

現在我們將圖 12.11 發生的事情轉換成演算法 12.6。我們有兩個輸入
陣列 A 與 B，以及一個輸出陣列 C，它的長度 $|C|$ 等於 A 與 B 的長度
總和：$|C| = |A| + |B|$。我們使用指標 i 來遍歷陣列 A，指標 j 來遍歷陣
列 B，指標 k 來遍歷陣列 C。

演算法 12.6：合併陣列。

ArrayMerge(A, B) → C

    輸入：A，已排序的項目陣列

           B，已排序的項目陣列

    輸出：C，含有 A 與 B 的項目的已排序陣列

1   $C \leftarrow$ CreateArray($|A| + |B|$)
2   $i \leftarrow 0$
3   $j \leftarrow 0$
4   **for** $k \leftarrow 0$ **to** $|A| + |B|$ **do**
5   **if** $i \geq |A|$ **then**
6         $C[k] \leftarrow B[j]$
7         $j \leftarrow j + 1$
8   **else if** $j \geq |B|$ **then**
9         $C[k] \leftarrow A[i]$
10        $i \leftarrow i + 1$
11   **else if** Compare($A[i], B[j]$) ≤ 0 **then**
12        $C[k] \leftarrow A[i]$
13        $i \leftarrow i + 1$
14   **else**
15        $C[k] \leftarrow B[j]$
16        $j \leftarrow j + 1$
17 **return** C

演算法的第 1 行建立輸出陣列 C；第 2 與 3 行將兩個指標 i 與 j 設為初始值 0。接著進入第 4–16 行的迴圈，它會為 A 與 B 的每一個項目執行一次。第 5–7 行處理的是 A 的所有元素都已經被放入 C 的狀況。此時，B 剩下的所有元素都會被加到 C 的結尾。第 8–10 行處理的是 B 的所有元素都已經被放入 C 的狀況，此時，我們將 A 剩下的所有元素都放到 C 的結尾。如果 A 與 B 都還有元素，我們就查看兩個當前的元素 $A[i]$ 與 $B[j]$ 哪一個比較小，或相等，並將它放在 C 的結尾。如果 $A[i]$ 比較小，在第 11–14 行，它會被放到 C；否則在第 14–16 行，$B[j]$ 會被放到 C。注意，在每次迭代時，除了 k 之外，我們也會遞增 i 或 j，取決於我們究竟將 A 或 B 的元素放入 C。

到目前為止，我們假設已經有兩個已排序的陣列，並且想要產生一個已排序陣列。我們刪除 "已經有兩個已排序陣列" 的需求，改為假設有一個含有兩個已排序部分的陣列。從陣列的開頭到某個位置 $m-1$ 的項目都已排序，從位置 m 到結尾的項目也已排序。因此，我們有一個含有 "兩個互相串接的陣列" 的陣列，而不是圖 12.10 與 12.11 的兩個陣列。我們可以用類似演算法 12.6 的方式來合併它們嗎？可以，只要稍微修改。

首先，我們需要一個暫時陣列，將它當成暫存空間使用。我們將屬於兩個已排序部分的項目複製到暫時陣列，接著像演算法 12.6 繼續處理，只不過不是將兩個不同的陣列複製到一個新的輸出陣列，而是將暫時陣列的元素複製到原本既有的陣列。因為我們會直接修改初始陣列，所以將這種方法稱為**就地**陣列合併，如演算法 12.7 所示。

演算法 12.7：就地合併陣列。

`ArrayMergeInPlace(A, l, m, h)`

    輸入：A，項目陣列

              l、m、h，陣列索引，指出項目 $A[l]$、$\cdots$、$A[m]$ 與

              $A[m+1]$、$\cdots$、$A[h]$ 都排序好了

    結果：A 的項目 $A[l]$、$\cdots$、$A[h]$ 都排序好了

1   $C \leftarrow \text{CreateArray}(h - l + 1)$

2   **for** $k \leftarrow l$ **to** $h + 1$ **do**

3       $C[k - l] = A[k]$

4   $i \leftarrow 0$

5   $cm \leftarrow m - l + 1$

6   $ch \leftarrow h - l + 1$

7   $j \leftarrow cm$

8   **for** $k \leftarrow l$ **to** $h + 1$ **do**

9   **if** $i \geq cm$ **then**

10          $A[k] \leftarrow C[j]$

11          $j \leftarrow j + 1$

12   **else if** $j \geq ch$ **then**

13          $A[k] \leftarrow C[i]$

14          $i \leftarrow i + 1$

15   **else if** $\text{Compare}(C[i], C[j]) \leq 0$ **then**

16          $A[k] \leftarrow C[i]$

17          $i \leftarrow i + 1$

18   **else**

19          $A[k] \leftarrow C[j]$

20          $j \leftarrow j + 1$

演算法 12.7 比較通用，因為它不要求整個陣列存有兩個已排序的部分，只要求含有兩個已排序的部分，其中一個在另一個後面。在第一個部分的前面，以及第二部分的後面可能還有其他元素。我們很快就會看到哪裡好用。這個演算法會接收待排序的陣列 A，與三個索引，l、m 與 h。這些索引是用來指出元素 $A[l]$、$\cdots$、$A[m]$ 以及元素 $A[m+1]$、$\cdots$、$A[h]$ 是已排序的。如果兩個已排序的部分包含整個陣列，我們會得到 $l = 0$ 與 $h = |A| - 1$。

就地合併同樣使用兩個指標,只不過這一次它們不是指向兩個不同的陣列,而是同一個陣列的兩個不同位置。我們需要一個輔助陣列 C,所以在第 1 行建立它,並在第 2–3 行填入 A 的兩個已排序部分的元素。因為兩個已排序的部分位於 l、$l+1$、…、h,為了複製項目,我們需要執行迴圈 $h-1$ 次:$|C|=h-l$。我們再次使用兩個指標 i 與 j 來遍歷兩個已排序的部分,只不過這一次它們是在陣列 C 的複製項目移動。第一個已排序部分有 $m-1$ 個元素,第二個已排序部分有 $h-1$ 個元素。因此,第二部分是從 C 的位置 $cm=m-l+1$ 開始,在 C 的位置 $ch=h-l+1$ 結束。指標 i 會從位置 0 開始,指標 j 會從位置 cm 開始。我們在第 4–7 行定義這些東西。完成之後,演算法 12.7 的第 8–20 行基本上與演算法 12.6 的第 4–16 行相同。

在執行演算法期間,我們將待合併的項目複製到陣列 C 之後,會沿著陣列 C 的兩個已排序部分前進,每次都將最小的元素取出,並寫到陣列 A 來合併它們。這正是我們之前在演算法 12.6 中做過的事情。在演算法結束時,陣列 A 會存有兩個已排序部分合併的結果。

圖 12.12 是當一個陣列被分成兩個同樣大小的部分時的情況,也就是 $l=0$ 且 $h=|A|-1$。我們用分隔直線來指出第二個已排序部分的開頭。你可以看到四對陣列;每一對的上陣列是陣列 C,下陣列是陣列 A。最初 C 是 A 的複本,如果 $l>0$ 或 $h<|A|-1$,它將會是 A 的部分複本。隨著演算法的進行,項目會從 C 複製到 A,以排序 A。

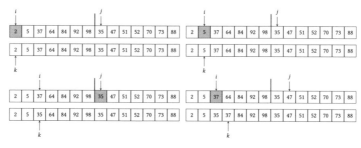

圖 12.12
就地合併。

現在我們稍微後退一步，評估一下目前為止的成就：假設我們有兩個已排序陣列，或一個陣列裡面有兩個已排序部分時，我們可以將它們合併成一個已排序的序列。所以，當我們有一個序列需要排序時，可以將它拆成兩個部分，先排序第一個部分，再排序第二個部分，排序兩個部分之後，可以用之前的方法合併它們。

這看起來或許有點拐彎抹角，因為最初的要求是排序一個序列，但我們擱置這個要求，預設可以排序它的兩半。我們又如何排序那兩半？同樣的做法：將它拆成兩半，並排序它的兩半，之後再合併它們。這看起來又延遲了實際的工作，因為我們不是直接進行排序，而是預設雖然不知道如何排序所有項目，但它們的其中一半都會被排序與合併。這令人想起一首關於跳蚤的童謠：

> 大跳蚤的背上有小跳蚤在咬牠們，
> 小跳蚤的背上有更小的跳蚤，
> 永無止盡。

但是，我們不會無限推遲，因為序列無法無止盡地一分為二。將序列持續分割到某個階段，就會產生只有一個元素的序列。但是，這個序列已經被排序了：它只有一個項目，永遠只對自己進行排序，這就是答案的關鍵。藉由不斷劃分，我們會得到只有一個項目的序列，它們都是已排序的，而且我們已經可以合併它們了：合併它們代表取出兩個項目，並依序放置它們。接著我們可將較小序列產生的較大序列合併，以此類推，直到最後，我們有兩個已排序的序列，再組成整個序列。

例如，我們該如何排序這樣的撲克牌手牌：A♡ 10♡ K♡ J♡ Q♡？我們先將手牌拆成兩個部分：A♡ 10♡ K♡與J♡ Q♡。這兩個部分是無序的，所以我們無法合併它們。我們再將第一個部分拆成 A♡ 10♡與K♡。這一次，第二個部分 K♡只有一張牌，它已經排序了，但是第一個部分並非如此，所以我們將它拆成兩個部分：A♡與10♡。這兩張牌分別是有序的，所以我們可以合併它們，產生 10♡ A♡。接著將它們與 K♡合併，產生 10♡ K♡ A♡。回到 J♡ Q♡，我們將它拆成兩個部分，得到 J♡與 Q♡，它們每一個都是有序的，所以可以合併它們，得到 J♡與 Q♡。現在我們有兩個已排序的部分：10♡ K♡ A♡與 J♡和Q♡，我們將它們合併，得到最後的已排序手牌 10♡ J♡ Q♡ K♡ A♡。圖 12.13 是整個程序。

你可能已經注意到，當我們處理 J♡ Q♡時，其實是在浪費時間，因為它們已經排序好了。的確如此，但是我們選擇接受它，因為要檢查一個陣列是否已排序，我們需要遍歷整個陣列並檢查每一個元素是否大於或等於它的前一個元素。或許你一眼就可以看出 J♡ Q♡是排序好的，但如果我們處理上千個項目，你就無法這麼容易看出，而且發現它需要花費許多成本。

演算法 12.8 實作了這個程序。它用遞迴來將序列不斷拆解，直到無法進一步拆解，再合併成愈來愈大的序列。MergeSort(A, l, h) 會接收一個陣列 A，我們想要排序它的元素 A[l]、…、A[h]。如果 l ≥ h，代表 A 只有一個元素，我們不需要做任何事情。否則，我們在第 2 行計算中間點，並且對那兩個部分分別呼叫 MergeSort，也就是 MergeSort(A, m, h) 與 MergeSort(A, m + 1, h)。在做這兩次呼叫時，會發生同一件事：檢查是否需要排序，如果不需要，就將它拆成新的部分，並對它們執行相同的程序，我們不斷重複這個程序，直到區段只有一個元素為止。此時，我們會開始將它們合併成較大的區段，直到恢復成完整的陣列 A。為了啟動整個程序，我們先呼叫 MergeSort(A, 0, |A| − 1)。

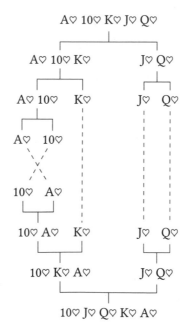

圖 12.13
使用合併來排序撲克牌。

演算法 12.8：合併排序。

```
MergeSort(A, l, h)
```
　　　輸入：A，項目陣列
　　　　　　l、h，陣列索引
　　　結果：將 A 的項目 $A[l]$、⋯、$A[h]$ 排序

1　　**if** $l < h$ **then**
2　　　　$m = l + \lfloor (h - l)/2 \rfloor$
3　　　　MergeSort(A, l, m)
4　　　　MergeSort($A, m + 1, h$)
5　　　　ArrayMergeInPlace(A, l, m, h)

為了瞭解這是怎麼回事，看一下圖 12.14。這一張圖是張**呼叫追蹤**（*call trace*）案例，因為它追蹤程式執行過程中發生的函式呼叫。每一個被其他函式呼叫的函式都會被縮到呼叫它的函式裡面；我們也用直線來連接它們，讓你更容易瞭解這張圖。你可以看到，初始陣列 [84, 64, 37, 92, 2, 98, 5, 35, 70, 52, 73, 51, 88, 47] 被拆成愈來愈小的部分，直到最後，我們開始合併，從單一項目的陣列，到愈來愈大的陣列，最後將兩個部分合併成原始陣列。

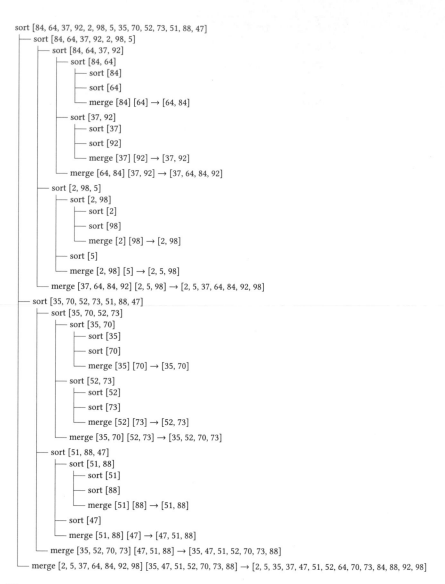

圖 12.14
合併排序的呼叫追蹤。

現在你可以瞭解為何我們在演算法 12.7 的輸入中納入 l、m、h 了：只有在執行合併排序的最後一個步驟，將兩個部分合併成完整的陣列時，才會有 $l = 0$ 與 $h = 0$。在那之前，我們要合併比較小的部分，而且必須知道它們的開始與結束之處。

合併排序是**分治法**很好的應用之一，因為它排序項目的方式，是將項目拆成兩半，再分別排序兩半。當然，除了美學之外，我們也要關心效能，因為我們尋求的是實用的解決方案，而非只是好的解決方案。所以合併排序的複雜度為何？

分析這個演算法的複雜度的關鍵，就是考慮在每一個遞迴步驟，我們都將陣列拆成兩半。當我們將陣列拆成兩半時，實際上就是在建立一個二元樹：根是未被拆開的陣列，子節點是兩個部分。看一下圖 12.14 的樹，這棵樹是以排序節點組成的，並且以由左到右，由上到下的方式成長。每一個排序節點都有兩個子節點，除非它是葉節點。圖 12.15 以你比較熟悉的格式來展示同一棵樹：每一個節點都代表被排序的陣列，也就是呼叫 MergeSort(A, l, h)。

在樹的每一層，我們最多需要執行 n 次元素比較。這種最壞的情況會在某個階層的每一次合併時，待合併的兩個部分的所有元素都必須在演算法 12.7 的第 15 行進行比較時發生。如前所述，一般來說，在合併過程中，被合併的兩個部分的其中一方會比另一方還要早耗盡，此時，我們會直接複製剩下的項目，不會比較它們。但是我們仍然要處理最壞的情況，因為分析可能發生的平均情況比較複雜。

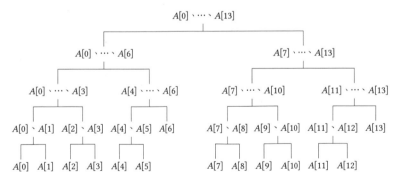

圖 12.15
合併排序樹。

接下來，我們必須找出樹的層數。樹的最上面是我們的陣列 A，它有 n 個元素。可以的話，我們會在每一層將每一個陣列拆成兩個。如果 n 是二的次方，這個程序不會重複 $\lg n$ 次以上，因為我們會得到大小為一的陣列，所以需要 $\lg n$ 層。如果 n 不是二的次方，它就會介於兩個二的次方之間：$2^k < n < 2^{k+1}$，因此樹的層數會比 k 多，但不超過 $k + 1$，這等於 $\lceil \lg n \rceil$。因此，一般而言，無論 n 是不是二的次方，我們的樹最多都是 $\lceil \lg n \rceil$ 層。在每一層中，A 的所有項目都會被複製兩次，從 A 的各個部分到它們的暫存空間，即演算法 12.7 的 1–3 行的各個 C 陣列，所以有 $2n$ 次複製。在最壞的情況下，當演算法 12.7 的 8–20 行之間需要比較樹的階層之中的每一對陣列的所有元素時，就需要 n 次比較。所以就複雜度而言，我們有 $O(2n\lceil \lg n \rceil + 2n) = O(n \lg n)$ 次複製，與 $O(n\lceil \lg n \rceil + n) = O(n \lg n)$ 次比較。我們以 $n\lceil \lg n \rceil + n \leq n(\lg n + 1) + n = n \lg n + 2n$ 來將 $O(n\lceil \lg n \rceil + n)$ 變成 $O(n \lg n)$。

為了在排序效能中加入這項改善，我們可以利用陣列（或它們的一部分）已經互相排序的事實，來改善合併排序。想像一下比較常見的情況：我們將陣列拆成兩個部分，分別排序兩個部分，接著發現第一個部分的所有元素都小於或等於第二個部分的元素。此時，我們就不需要合併兩個部分了，只要將第二個部分接到第一個部分後面即可。在實務上，這很容易做到。我們可以在演算法 12.8 中呼叫 MergeSort 之後，檢查 $A[m]$ 是否小於或等於 $A[m + 1]$，若是，就不需要合併。

合併排序是一種已被實際使用的排序演算法，而且許多程式語言的標準程式庫也有它的實作。它的主要缺點是需要許多空間：如前所示，每次合併時，我們需要複製陣列 A 到輔助陣列 C。因此，合併排序在排序有 n 個元素的陣列時，需要 n 個額外的空間。這在排序大型陣列時，或許是個重要的限制。

12.5 快速排序

將分治法用在排序上，讓我們得到一種對電腦科學家來說最重要的排序演算法，每一位電腦程式員都知道這種演算法，當我們提到一種排序法，而沒有指出名稱時，通常指的就是這種演算法。這種演算法稱為**快速排序**（*quicksort*），是 C. A. R. (Tony) Hoare 在 1961 年發明的。

快速排序的概念很簡單。我們從想排序的項目中拿出一個項目，希望將這個項目放在它的最終位置，也就是它在已排序的陣列中的位置。我們該如何找到那個位置？當所有比它小的元素都在該項目前面，且所有比它大的元素都在它後面時，它才會在它的最終位置。所以我們要移動元素，直到做到這件事為止。如果我們有一個想排序的陣列 A，假設我們做了那件事，對某個 p 而言，讓項目 $A[p]$ 在它的最終位置上。那麼項目 $A[0]$、$A[1]$、$\cdots$、$A[p-1]$ 與 $A[p+1]$、$A[p+2]$、$\cdots$、$A[n-1]$ 都必須被放在它們的最終位置上，其中 $n = |A|$。我們對兩個部分 $A[0]$、$A[1]$、$\cdots$、$A[p-1]$ 與 $A[p+1]$、$A[p+2]$、$\cdots$、$A[n-1]$ 做相同的程序。這會讓另外兩個元素在它們的最終位置，於是我們可以對 $A[0]$、$A[1]$、$\cdots$、$A[p-1]$ 與 $A[p+1]$、$A[p+2]$、$\cdots$、$A[n-1]$ 產生的兩個部分繼續做同樣的程序。

假設你有很多孩子，想要按照他們的身高，從矮到高排成一列。快速排序就如同從他們之中選出一位，假設是 Jane，並告訴其他小孩："比 Jane 矮的排在 Jane 的前面，比 Jane 高的排在 Jane 後面。" 接著你在 Jane 前面的隊伍中選擇另一位小孩，做同樣的事情，也在 Jane 後面的隊伍做同樣的事情，重複這個程序，直到每一個人都在隊伍的正確位置為止。

圖 12.16 展示這個程序的過程。我們先選出數字 37，接著在第二列，將小於 37 的所有項目移到它的左邊，大於 37 的移到右邊。現在數字 37 已經在它的最終位置了，我們將它加上方塊來代表這件事。我們在每一列都處理一群項目，也就是小於或大於已被放在最終位置的項目的項目。我們將每一列處理的項目標為黑色，其他的項目標為灰色；就上述的小孩案例而言，正在處理的項目就是從中選出一位孩子，叫他們根據那一位孩子來排隊。

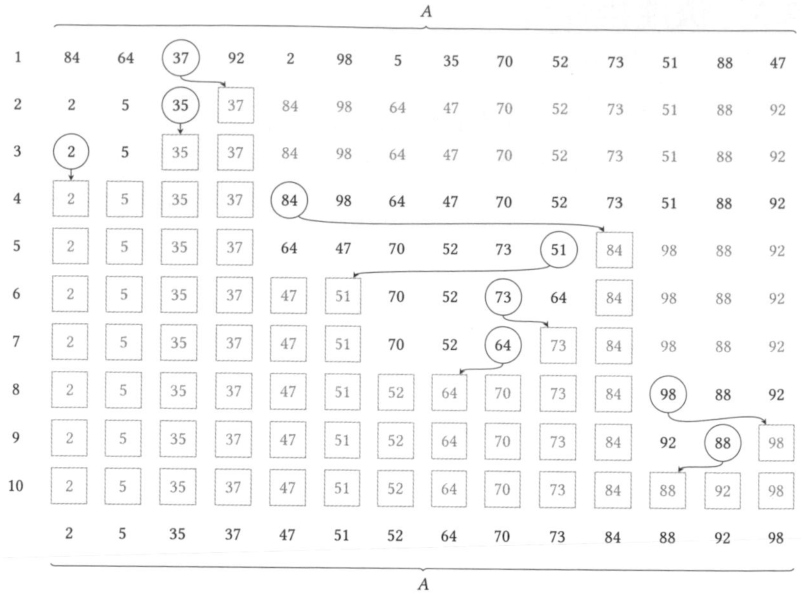

A

1	84	64	(37)	92	2	98	5	35	70	52	73	51	88	47
2	2	5	(35)	37	84	98	64	47	70	52	73	51	88	92
3	(2)	5	35	37	84	98	64	47	70	52	73	51	88	92
4	2	5	35	37	(84)	98	64	47	70	52	73	51	88	92
5	2	5	35	37	64	47	70	52	73	(51)	84	98	88	92
6	2	5	35	37	47	51	70	52	(73)	64	84	98	88	92
7	2	5	35	37	47	51	70	52	(64)	73	84	98	88	92
8	2	5	35	37	47	51	52	64	70	73	84	(98)	88	92
9	2	5	35	37	47	51	52	64	70	73	84	92	(88)	98
10	2	5	35	37	47	51	52	64	70	73	84	88	92	98
	2	5	35	37	47	51	52	64	70	73	84	88	92	98

A

圖 12.16
快速排序範例。

我們把注意力轉向項目 2、5 與 35。我們選出數字 35，事實上，它已經在正確的位置上了，因為它比 3 與 5 大。接著處理 2 與 5，它們也不需要做任何移動。在第四列，我們處理其餘的項目，也就是比 37 大的。第四列移動的項目包括 84 到最後的 92 的所有項目。我們選擇 84，移動項目，並在第五列之後繼續這樣做，直到所有項目都在它們的已排序位置為止。

這個程序可以寫成相當簡短的演算法 12.9。這個演算法與合併排序一樣使用遞迴，其實看起來也很像它。我們在演算法的第 4 行將陣列 A 分成兩個部分，從 $A[0]$、$A[1]$、$\cdots$、$A[p-1]$ 以及 $A[p+1]$、$A[p+2]$、$\cdots$、$A[n-1]$。位於位置 p 的元素是分割元素，我們稱它為樞軸（pivot），因為在某種意義上，其餘的元素都會相對著它移動。元素 $A[0]$、$A[1]$、$\cdots$、$A[p-1]$ 都比樞軸元素小，而元素 $A[p+1]$、$A[p+2]$、$\cdots$、$A[n-1]$ 都等於或大於樞軸元素。分割陣列之後，我們對兩個分區執行 Quicksort。如第 1 行的條件所述，只要陣列分區至少有一個元素，整個程序都是說得通的。類似合併排序，我們呼叫 Quicksort(A, 0, $|A|-1$) 來開始排序。

演算法 12.9：快速排序。

Quicksort(*A*, *l*, *h*)

  輸入：*A*，項目陣列

     l、*h*，陣列索引

  結果：將 *A* 的 *A*[*l*]、…、*A*[*h*] 排序

1 **if** *l* < *h* **then**
2   *p* ← Partition(*A*, *l*, *h*)
3   Quicksort(*A*, *l*, *p* − 1)
4   Quicksort(*A*, *p* + 1, *h*)

演算法 12.9 有一個遺缺的部分，也就是造成神奇結果的 **Partition** 函式的定義。根據小於與大於某個元素來將陣列分割成兩個集合的方法很多，其中一種做法如下。我們先選出樞軸元素，因為我們想要將這個元素放在它最終的已排序位置，但還不知道那個位置在哪裡，所以暫時將它與結尾的元素交換，將它排除在外。

我們想要找到樞軸元素的最終位置，也就是當我們遍歷所有項目之後，用來分割它們的位置；這個邊界會分割兩個集合，小於樞軸元素的，以及不小於它的。一開始，我們尚未分割任何東西，所以可將邊界設為零。我們遍歷將要分割的元素，當我們發現有元素比樞軸元素小時，可以立刻知道兩件事：這個元素必須放在樞軸元素的最終位置之前，以及樞軸元素的最終位置會比目前設想的還要大。當我們完成遍歷之後，會將樞軸元素移回它的最終位置，如同它是用遍歷來建立的一般。演算法 12.10 詳細說明這個程序。

演算法 12.10：分割。

Partition(A, l, h) $\rightarrow b$

　　輸入：A，項目陣列

　　　　　l、h，陣列索引

　　結果：A 會被分割，產生 $A[0]$、$\cdots$、$A[p-1] < A[p]$，且

　　　　　$A[p+1]$、$\cdots$、$A[n-1] \geq A[p]$，其中 $n = |A|$

　　輸出：b，樞軸元素的最終位置索引

1　　$p \leftarrow$ PickElement(A)
2　　Swap($A[p]$, $A[h]$)
3　　$b \leftarrow l$
4　　**for** $i \leftarrow l$ **to** h **do**
5　　　　**if** Compare($A[i]$, $A[h]$) < 0 **then**
6　　　　　　Swap($A[i]$, $A[b]$)
7　　　　　　$b \leftarrow b + 1$
8　　Swap($A[h]$, $A[b]$)
9　　**return** b

演算法 12.10 採取類似合併排序的方式，以參數來接收陣列 A，與兩個索引 l、h，並分割介於（包括）兩個索引之間的部分。如果 $l = 0$ 且 $h = |A| - 1$，它會分割整個陣列，否則它會分割項目 $A[l]$、$\cdots$、$A[h]$。我們需要這種功能的原因與合併排序一樣：在快速排序的遞迴呼叫過程中，我們要分割的是部分的 A，不一定是整個 A。快速排序會就地排序 A，所以這個演算法的說明指出它會產生結果與輸出。

在演算法的第 1 行，我們選出樞軸元素。我們在第二行將樞軸元素與 A 的末端元素交換，並將分隔這些元素的位置設為待分割區域的開頭。我們使用變數 b 來代表那個位置，因為它是在小於樞軸元素的值與不小於樞軸元素的值之間的邊界。我們在第 4–7 行的迴圈中，遍歷要分割的區域，每當發現元素的值小於樞軸元素時，就將它與目前的 b 位置的元素交換，並將邊界位置 b 往前移動一個元素。在迴圈結束後，我們將之前放在項目末端的樞軸元素放在正確、最終的位置，也就是位置 b，並回傳它的索引。

為了讓你更明白，你可以看一下圖 12.17，它展示圖 12.16 的第四列與第五列之間發生的事情。圖中 $l = 4$ 且 $h = 13$。我們選擇元素 84 並將它與 $A[13] = 92$ 交換。最初 $f = l = 4$；我們用一個矩形來指出位置 b，也就是暫時的最終位置，並使用無邊框的矩形來代表演算法 12.10 第 5–8 行之中，i 目前的值。在分割演算法的每一個步驟，我們都遞增 i，因此灰色無邊框矩形會往右移動一個位置。當我們發現 $A[b] < 84$ 時，就交換 $A[i]$ 與 $A[b]$ 的值，並遞增 b 的值。請注意，i 的最終值是 $h - 1$，因為 $A[h]$ 含有樞軸元素。這與 i 在演算法的第 5 行得到的值一致。當我們完成迴圈之後，會將樞軸元素 $A[h]$ 與 $A[b]$ 交換，將它放到正確的最終位置。

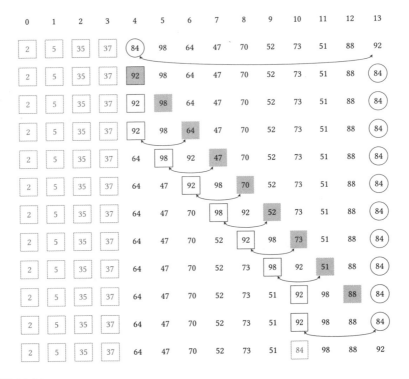

圖 12.17
分割範例。

快速排序版圖還有一塊缺失的部分，也就是函式 `PickElement`。看一下圖 12.16，我們在第三列與第八列挑選第一個（第三列只有兩個元素可選），在第 2、5、7、9 選擇最後一個元素（第九列也只有兩個元素可選），在其他列選擇它們之間的其他元素。實質上，我們每次都隨機選擇元素。有時它剛好是第一個、最後一個，有時是其他元素。你可能想知道為何我們要隨機挑選元素，而不是使用一些比較直接的規則，例如選擇第一個元素（$A[l]$）或最後一個元素（$A[h]$）或中間元素。隨機選擇元素是有原因的，與快速排序的效能特性有關。

與合併排序一樣，快速排序可視為一棵樹。當陣列被分割時，我們會有兩個遞迴的快速排序。假設我們都選擇中間元素，也就是可將一個陣列分成“兩個元素數量相同的陣列”的元素。接著我們有一個像合併排序樹的樹，如圖 12.18 所示。這棵樹是平衡的，因為每次我們將陣列分半時，就會得到兩個相等的分割（待分割的元素是偶數的話，會多一個或少一個項目）。

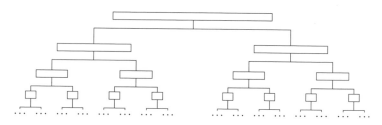

圖 12.18
最佳快速排序樹。

在樹的第一層，分割需要處理陣列 A 的 n 個節點，因為所有的節點都必須與樞軸做比較。在樹的第二層，分割需要做 $n-1$ 次比較，因為我們分割兩個加起來有 $n-1$ 個元素的陣列；請記得，我們在第一層已經將樞軸元素取出了。因為這棵樹與合併排序一樣是二元樹，所以樹有 $O(\lg n)$ 層，每一層最多有 n 次比較，所以交換次數不超過 n 次，所以演算法的複雜度是 $O(n \lg n)$。

現在假設我們每次都選擇最小的項目當樞軸元素。可能發生這種情況的原因之一，就是 A 已經排序好了，並且選擇 A 的第一個到最後一個元素來作為樞軸元素。如果我們這樣做，分割就完全不平衡。每當我們選擇樞軸元素，就會產生有以下特性的分割：一個是劣化的分割，完全沒有元素，另一個則有其餘的所有元素。例如，當我們想要分割項目 [1, 2, 3, 4, 5]，並選擇數字 1 作為樞軸元素，就會得到兩個分割：空的 []，與 [2, 3, 4, 5]。如果我們繼續選擇 2 來作為樞軸元素，同樣會得到 [] 與 [3, 4, 5]。

圖 12.19 說明這種情況。我們先分割 n 個元素，接著 $n-1$、$n-2$、$\cdots$、1 個元素。因此，這一次，這棵樹會有 n 層。除了最後一層之外（一個單元素陣列）的每一層，樞軸元素都要與該層的所有其他元素比較，所以我們有 $n + (n-1) + \cdots + 1 = n(n-1)/2$ 次比較操作。因此，如果陣列已經由小到大排序，而且我們每次都選擇第一個、最小的元素作為樞軸元素，快速排序的複雜度將是 $O(n^2)$ 而不是 $O(n \lg n)$。

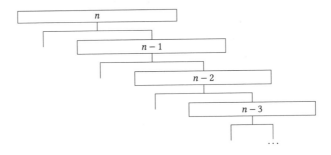

圖 12.19
快速排序最壞的情形。

總之，在最好的情況下，快速排序有 $O(n \lg n)$ 複雜度，在最壞的情況下，它有 $O(n^2)$ 複雜度。要取得最好的情況，我們必須設法選出最好的樞軸元素，也就是可用最平衡的方式來分割陣列的元素，這實際上無法做到，因為搜尋這種元素的成本會增加演算法的複雜度，所以是不切實際的做法。

隨機選擇樞軸元素可防止最壞的情況。更好的是，經由證明，隨機選擇樞軸產生的快速排序樹不會比最佳的快速排序樹差到哪裡。雖然這看起來違反常理，但隨機選擇元素保證可讓快速排序的複雜度維持在預期的 $O(n \lg n)$。

注意"預期"這個字。隨機選擇樞軸元素的快速排序在演算法的行為中加入一個機會元素。因為我們隨機選擇元素，所以無法確保不會遇到最壞的情況，遇到這種情況時，快速排序會表現得一塌糊塗。但是，發生這種情況的機率微乎其微。因此，我們預期快速排序可以良好執行，雖然無法拍胸保證。

遇到最壞情況的機率到底有多低？如果我們隨機選擇樞軸元素，第一次選到最小元素的機率是 $1/n$，假設所有元素的值都不同。第二次選到最小元素的機率是 $1/(n-1)$，持續用這個邏輯來推理，直到最後陣列裡面有兩個元素，機率是 $1/2$。所以每次都選到最糟的元素的機率是：

$$\frac{1}{n} \times \frac{1}{n-1} \times \cdots \times \frac{1}{2} = \frac{1}{1 \times 2 \times \cdots \times n} = \frac{1}{n!}$$

$1/n!$ 這個值真的很小；在只有十個元素的情況下，它是 $1/10! = 1/3628800$，機率少於 350 萬分之一。

快速排序是隨機化演算法（*randomized algorithm*）的一種，也就是它的行為與機率有關。快速排序是一種優秀的隨機化演算法的原因是它的平均表現很好，而它表現不好的機率小到可以忽略。

快速排序有一個基本的要求，事實上，那也是所有隨機化演算法的要求，也就是我們必須能夠隨機挑選數字；在快速排序中，這些數字就是樞軸索引。雖然這不是件簡單的小事，不過任何稱職的程式語言的程式庫都有良好的函式可處理這件事。在第 16 章，我們會進一步討論隨機化演算法，也會花一些時間來說明亂數生成。

既然快速排序的平均複雜度與合併排序一樣，而且我們要冒著它可能表現得更糟的風險，雖然這個風險很小，您可能想知道，為什麼我們要如此大費周章，或是為什麼我們不認為它的名稱很狂妄？答案在於，快速排序的確值得擁有這個名稱，它應該也是最常用的排序演算法。與合併排序相較之下，它不需要許多額外的空間，此外，這種演算法的結構可在電腦中快速實作。演算法 12.10 的第 4–7 行的迴圈會遞增一個變數，並拿一個索引的值與其他值做比較，它們是快速的運算，可用相當快的速度來執行。

12.6 難以抉擇

我們已經看了五種排序方法，此外還有許多其他的方法。在我們看過的五種裡面，有沒有一個總冠軍，是你必選的方法？

沒有這種超級方法，這些方法各有優缺點。考慮合併排序與快速排序，合併排序會逐一遍歷待排序的元素，快速排序必須能夠以完全隨機的順序來操作元素。只要我們處理的是標準陣列，這沒有任何差異，因為陣列的本質就是所有的元素都可以用相同的常數時間來操作。但是如果我們處理的是用其他方式來安排的資料，而且從一個元素前往下一個元素的速度比操作任何隨機元素還要快，合併排序的表現仍然一如預期，但快速排序會受影響。因此快速排序不適合處理只能從一個項目跟著一個連結到下一個項目的串列。

堆積排序與合併排序都有保證的上限 $O(n \lg n)$，而快速排序的期望效能是 $O(n \lg n)$，在罕見的情況下是 $O(n^2)$。多數情況下，這個差異是可忽略的。但是我們可能會遇到極端的情況，而讓我們必須保證排序不超過 $O(n \lg n)$，此時就不適合使用快速排序了。

合併排序與堆積排序都有相同的效能保證，但它們的內部做法是不同的。合併排序是一種可以平行化的演算法；也就是說，它的各個部分可以和其他部分在不同的電腦、處理器或處理器核心中同時與獨立運行。例如，如果我們有 16 個處理單位可用，我們可以用分治法將資料處理四次，產生 16 個可排序的區段，接著合併。我們可以將這些區段分給不同的處理單位，以 16 倍的速度進行排序。

合併排序也很適合用來排序位於外部儲存體中的資料。我們談過，演算法會在電腦的主記憶體操作資料。排序輔助儲存體中的資料會採取不同的做法，因為當我們使用外部儲存體時，移動與讀取資料所需的成本與使用內部記憶體是不同的。合併排序適合外部排序，而堆積排序則非如此。

到達 $O(n \lg n)$ 的計算複雜度之後，我們自然想知道，選擇排序與插入排序這類的演算法的效能是否可能只有 $O(n^2)$？答案是有機會。我們只會在分析效能時考慮比較與交換，因為它們是排序大量元素的主要成本，但是，它們不代表全部。所有的程式碼都需要時間來執行，並產生一些計算成本。例如，遞迴有它的成本，在每次遞迴呼叫時，電

腦都必須記錄目前正在執行的函式的完整狀態、必須設定環境來執行
遞迴呼叫,在從遞迴返回時,必須恢復發出遞迴呼叫的函式的狀態。
因為這些隱藏成本,當資料集比較小時,執行選擇排序或插入排序
這種簡單的演算法比較快速,無法看出 $O(n \lg n)$ 優於 $O(n^2)$ 之處。利
用這個優勢的其中一種方法是當我們要排序少量的元素,例如 20 個
時,不要使用快速排序或合併排序,回去使用比較簡單的方法。

選擇排序方法的另一種考慮因素是可用的空間。我們看過,合併排序
需要相當於儲存元素所需的額外空間,$O(n)$。快速排序也需要額外的
空間,雖然不明顯,這同樣與它的遞迴性質有關係。平均來說,快速
排序樹的深度是 $O(\lg n)$;因此,我們需要那些額外空間來追蹤遞迴,
儲存當我們往下一層時各次呼叫之間的狀態。所有其他的方法,包括
選擇排序、插入排序與堆積排序,都需要少量的額外空間:一個元
素,來做交換。

除了速度與空間之外,我們也會關心排序演算法如何處理平手,也
就是不同的紀錄有相同的鍵值。回到排序撲克牌,看一下圖 12.20 的
牌。我們想要用大小來排序它們。當我們使用堆積排序時,會產生圖
12.20a 的情況。當我們使用插入排序時,會產生圖 12.20b 的情況。
在堆積排序中,5♣與 5♡的相對順序在已排序陣列中會反過來,但是
在插入排序中,這個順序會保留。我們認為插入排序是一種**穩定排
序**(*stable sorting*)方法,而堆積排序是一種**不穩定排序**(*unstable
sorting*)方法。實際的定義是:當演算法會保留具有相同鍵的紀錄的
相對順序時,它就是穩定的。所以,如果有兩筆紀錄 R_i 與 R_j,它們的
鍵分別是 K_i 與 K_j,當 Compare$(K_i, K_j) = 0$,且在演算法的輸入中,R_i
在 R_j 前面,如果在演算法的輸出中,R_i 在 R_j 前面,這個演算法就是
穩定的。就我們看過的演算法而言,插入排序與合併排序是穩定的,
其他的演算法是不穩定的。

以上對於排序的討論只觸及排序演算法的皮毛;這是一個需要用整本
書來討論的主題(而且也有這種書)。除了以上所述的排序演算法之
外還有許多其他的排序演算法,但是這五種通常就夠用了。事實上,
快速排序已足以應付多數的情況。但是總有一些超乎尋常的情況,此
時使用不同的演算法,或不同版本的演算法可以獲得更好的速度或
空間。根據現實的情況來選擇與使用演算法與創造力有關,不能按圖
索驥。

(a) 堆積排序：不穩定排序。

(b) 插入排序：穩定排序。

圖 12.20
穩定與不穩定排序。

參考文獻

Herman Hollerith 發明了以他的名字為名的製表機器，為現代電腦打下良好的基礎 [3]。選擇排序與插入排序是在 1956 年發明的，當時它們被加入排序百科全書內 [72]。Robert W. Floyd 在 1962 年提供堆積排序的最初版本，稱之為 treesort [66]。J. W. J. Williams 在 1964 年 6 月提出改良版，以堆積排序為名 [218]，之後，在 1964 年 12 月，Floyd 提出另一個版本，稱為 treesort 3 [68]。合併排序是 John von Neumann 在 1945 年提出的 [114, p. 158]。快速排序是 C. A. R. Hoare 在 1961 年介紹的 [93, 94, 95]。

練習

1. 使用演算法 12.8 來實作合併排序，讓它在執行過程中輸出它的呼叫圖。為了讓人容易閱讀，你應該將呼叫圖縮排顯示：將遞迴呼叫往呼叫函式的右邊縮排幾格。因此，呼叫圖應長得像沒有連接線的圖 12.14。

2. 使用演算法 12.8 來實作合併排序，讓它輸出圖 12.14 這種呼叫圖，加入連接線。你可以用簡單的字元來組成連接線，例如 "|"、"–" 與 "+"。

3. 演算法 12.7 使用長度為 $h-l+1$ 的陣列 C 來就地合併陣列。因為 C 可能比 A 小，我們必須注意 C 的各種索引，使用變數 cm 與 ch，並在第 2 行使用 $k-l$。實作這個演算法，假設 C 與 A 一樣大，讓它們的索引範圍相同。

4. 在處理短陣列時，插入排序或選擇排序的速度可能比合併排序快。測量你的插入排序、選擇排序與合併排序程式，找出合併排序比另外兩種排序還要快的門檻。

5. 實作合併排序，考慮不需要合併的已排序陣列可省下的資源。檢查 $A[m]$ 是否小於或等於 $A[m+1]$，且只在 $A[m] > A[m+1]$ 時合併。

6. 如果我們修改演算法 12.7 的第 15 行，改採嚴格比較（$<$），合併排序仍然是穩定排序演算法嗎？

7. 在快速排序時，我們可以不在每次分割時隨機選擇一個樞軸元素，而是在開始排序之前先洗亂陣列 A 的元素，洗亂後的 A 的元素是隨機排列的，所以我們可以選擇待分割的陣列的第一個元素作為樞軸元素。以這種做法來編寫快速排序。

8. 除了隨機選擇樞軸元素之外，另一種選擇方式是選擇三個元素，例如第一個、最後一個與待分割陣列中間的那一個，接著以三個元素的中間元素來作為樞軸元素，也就是具有中間值的元素。事實證明，這種做法在實務上也有很好的表現，而且造成緩慢行為的機率很低。以這種做法來編寫快速排序。

9. 如同合併排序，將快速排序與其他較簡單的演算法（例如插入排序）結合，來處理較短的陣列時通常會有好處。實作快速排序，並將它與插入排序結合，在待分割的陣列小於某個門檻時，切換為使用插入排序。進行實驗，找出這個門檻。

13　衣帽間、鴿子與貯體

當你將大衣或手提包交給衣帽間服務員之後會收到一張收據。當你想要取回財物，離開公共場所時，會將收據交給服務員，拿回大衣或袋子。

仔細想一下這個程序所解決的問題，你會發現它是為了搜尋與定位一個項目。這個項目就是你拿給服務員的東西，它的位置會被記在收據上，以便之後還給你。這種方法可行的原因是衣帽間的衣架與用來放手提包的隔間都有號碼。你的收據會對應一個衣架或隔間的位置。服務員只需要將你的東西放到正確的位置，並用收據來正確地取出它即可。

談到搜尋，人們通常想到逐一查看某些東西，直到找到他們想要的東西為止；如果這些東西已被排序，我們就可以在搜尋時有條理地移動它們，這個程序也就比較簡單。從衣帽間的例子可以看到，搜尋其實也有其他的方式：將一個東西轉移到存放它的位置，並直接從那個位址取回它。在衣帽間，這個位址會被印在收據上。服務員其實沒有尋找你的東西，他只是在收據上面看一下東西的位置，並直接到那個位址拿東西給你。

定位但不搜尋（*locating without searching*）這項技術很容易定義：我們不是尋找一個東西，而是產生一個儲存它的位置。將東西與那個位址連結，接著每當你想要找到那個東西時，就直接前往那個位址。

接著將這個概念帶到電腦領域，我們的東西變成含有屬性的紀錄。我們想要直接從紀錄前往儲存它的位址，那個位址是代表儲存記憶體的位置的數字。問題的癥結在於如何建立位址與項目之間的關係。我們需要一種快速且可靠的方法，且不能依賴任何形式的服務員。因為當我們尋找一筆紀錄時，是用一或多個屬性來尋找它，這些屬性

構成紀錄的鍵，我們需要用一種方法，來以紀錄的鍵產生位址。因
為位址是數字，我們需要一種方法來將鍵變成數字。換句話說，我
們需要一個函式，假設是 $f(K)$，來接收紀錄 R 的鍵 K，並回傳一個值
$a = f(K)$。值 a 是將要儲存紀錄的位址，且我們會持續將它儲存在那
裡。每當我們想要用紀錄的鍵來取出它時，就會再次呼叫相同的函式
$f(K)$，它會回傳同一個位址值 a，可用來取出我們想要的紀錄。這個
函式必須夠快，讓它可以快速計算位址，至少速度必須與遍歷紀錄來
找出想要的那一個時一樣快。如果沒那麼快，當然就不值得這麼做。
但是，如果我們找到這種函式，就可以用新奇的方式解決定位問題：
我們不需要尋找一個項目，而是讓那個項目告訴我們要去哪裡尋找
它，以上述的函式負責告知。

13.1　將鍵對應到值

假設我們有 n 筆不同的紀錄，且事先就知道它們了。接下來的問題
是找出函式 f，來為 n 筆紀錄的其中一個鍵產生不同的值，從 0 到
$n-1$。找到它之後，我們就可以將每一筆紀錄 R 儲存在一個資料表 T
中，這個資料表其實是個陣列，大小為 n，因此，如果 $f(K) = a$，其中
K 是 R 的鍵，則 $T[a] = R$。圖 13.1 是這種安排，項目位於左邊，資料
表位於右邊，箭頭指出呼叫函式 $f(K)$ 的效果，即表格的位址。

為一組紀錄找出函式 f 並不容易。我們可以手工製作 f，但這種做法很
枯燥且麻煩。演算法 13.1 的函式可將 31 個最常見的英文單字對應至
-10 到 29 的一個數字（所以我們可以加十來取得全部都是正數的資
料表索引）。注意：你還不需要瞭解演算法 13.1，先忍耐一下。

這個演算法使用了函式 Code，這個函式會接收一個字元，並將一個
數字指派給它。這個字元是用輸入字串 s 來接收的，我們假設這個字
串至少有四個字元長，從 $s[0]$ 到 $s[3]$。如果單字小於四個字元，我們
就預設它的後面是空格。Code 會先將零指派給空格，一指派給字元
"A"，二指派給字元 "B"，以此類推。如果被指派的值大於 9，它會
加上一，如果產生的值大於 19，它會再加二。接著將分別指派給單字
的前三個字元的代碼錯位合併（mangled together），為每一個單字生
成一個唯一的數字。

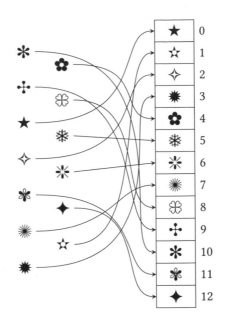

圖 13.1
建立一組元素與資料表位置的關係。

你或許會覺得這種做法很像騙人的把戲，但它的確有效，你可以在表 13.1 看到它接收一組常見英文單字後產生的輸出。因為所有的單字都被對應到不同的值，它產生**完美的對應**。它也很快速，因為它只需要固定數量的簡單運算。但是，它無法用在任何其他的單字集合。當我們改變一個單字之後，它可能就失效了，因為它可能會為兩個不同的單字產生同樣的值，因此讓兩個不同的項目有相同的位址。之所以展示這個演算法，不是它很實用，而是要讓你眼見為憑，瞭解良好的對應函式的確很難找到。

雖然演算法 13.1 確實讓每一個單字都有唯一的位址，但有些值是它沒有用到的。我們有 31 個單字，且函式的值是 –10、–9、⋯、30，所以有九個函式值沒有對應單字。這不代表函式有誤，或許是想要減少空間的浪費。

演算法 13.1：將最常見的 31 個英文單字完美對應到數字。

PerfectMapping(s) $\rightarrow$ r

    輸入：s，含有預先定義的 31 個最常見的英文單字的字串

    輸出：r，範圍 -10、1、$\cdots$、29 的位址

1   $r \leftarrow -\text{Code}(s[0])$

2   $s \leftarrow \text{Code}(s[1])$

3   $r \leftarrow r - 8 + s$

4   **if** $r \leq 0$ **then**

5      $r \leftarrow r + 16 + s$

6   $s \leftarrow \text{Code}(s[2])$

7   **if** $s = 0$ **then**

8   **return** r

9   $r \leftarrow r - 28 + s$

10 **if** $r > 0$ **then**

11   **return** r

12 $r \leftarrow r + 11 + s$

13 $t \leftarrow \text{Code}(s[3])$

14 **if** $t = 0$ **then**

15   **return** r

16 $r \leftarrow r - (s - 5)$

17 **if** $r < 0$ **then**

18   **return** r

19 $r \leftarrow r + 10$

20 **return** r

表 13.1

將 31 個最常見的英文單字對應到 -10 到 30。

A	7	FOR	23	IN	29	THE	-6
AND	-3	FROM	19	IS	5	THIS	-2
ARE	3	HAD	-7	IT	6	TO	17
AS	13	HAVE	25	NOT	20	WAS	11
AT	14	HE	10	OF	4	WHICH	-5
BE	16	HER	1	ON	22	WITH	21
BUT	9	HIS	12	OR	30	YOU	8
BY	18	I	-1	THAT	-10		

有一種做法是使用每一個鍵的第一個字元、每一個鍵的最後一個字元，與鍵的字元數量。我們可以指派一個數字碼給第一個與最後一個字元，並以此來得到一個值：$h = \textsf{Code}(b) + \textsf{Code}(e) + |K|$，其中 K 是鍵，$|K|$ 是鍵的長度，b 是鍵的開頭字元，e 是鍵的結尾字元。產生的值就是資料表的索引。當然，重點在於找出適當的數字代碼來讓這個計畫可以進行。我們之前使用的 **Code** 函式並不適合，因為它無法產生唯一的值。例如，單字 "ARE" 會被對應至 9（$1 + 5 + 3$），單字 "BE" 也是如此（$2 + 5 + 2$）。

假設我們尋找並發現有合適的編碼，並將它合併到演算法 13.2 中，也就是演算法的陣列 C。陣列的每一個位置都是一個準備指派給字元的數字碼。陣列的位置 0 是 "A" 的代碼，位置 1 是 "B" 的代碼，其餘的字元以此類推。函式 **Ordina** (c) 會回傳字元 c 在字母表的序號位置，從零開始算起。陣列 C 有一些項目等於 -1，它們是虛擬項目，代表在我們的資料集中，沒有出現在第一個與最後一個位置的字元。例如，我們的單字的第一個與最後一個字母都沒有 "C"。

演算法 13.2：最小完美對應。

```
MinimalPerfectMapping(s) → r
      輸入：s，預先定義的 31 個最常見英文單字字串
      輸出：r，範圍 1、…、32 的位址
      資料：C，有 26 個整數的陣列

  1   C ← [
  2       3,   23,   -1,   17,    7,   11,   -1,    5,    0,
  3      -1,   -1,   -1,   16,   17,    9,   -1,   -1,   13,
  4       4,    0,   23,   -1,    8,   -1,    4,   -1
  5   ]
  6   l ← |s|
  7   b ← Ordinal(s[0])
  8   e ← Ordinal(s[l − 1])
  9   r ← l + C[b] + C[e]
 10   return r
```

演算法 13.2 會將 31 個單字對應到 31 個不同的位址，從 1 到 32，如表 13.2 所示。這是**最小完美對應**（*minimal perfect mapping*），因為它會將所有單字對應到不同的值，而且會將 n 個單字對應到 n 個不同值，用最小的數量。

表 13.2
將 31 個最常見英文單字對應到數字 1 至 31 的最小完美對應。

A	7	FOR	27	IN	19	THE	10
AND	23	FROM	31	IS	6	THIS	8
ARE	13	HAD	25	IT	2	TO	11
AS	9	HAVE	16	NOT	20	WAS	15
AT	5	HE	14	OF	22	WHICH	18
BE	32	HER	21	ON	28	WITH	17
BUT	26	HIS	12	OR	24	YOU	30
BY	29	I	1	THAT	4		

它有改善之前的演算法嗎？有。我們得到正確的對應，而且沒有浪費空間。它也是簡單許多的演算法。但它對我們的問題而言是通用、實用的解決方案嗎？不，它只能在我們已經事先知道所有鍵，並且可以推導一個適當的字母編碼時發揮作用，但真實的情況不一定如此。如果我們的資料集有單字 "ERA"，這個演算法就無法工作，因為 "ERA" 的對應值與 "ARE" 相同。你可以稍微修改演算法 13.2 來修正它，但是問題仍然存在：它不是一種安全可靠的方式，無法將一組未知的鍵對應到位址。此外，我們忽略了如何找到陣列 C 這個有趣的部分。我們必須為它量身訂做一種演算法。所以事情不像看起來這麼簡單。

13.2　雜湊化

我們希望擁有一個通用的函式，這個函式會接收鍵，並產生預定範圍內的值，甚至可在事先不知道項目與它們的鍵的知識的情況下運作。這個函式必須保證無論鍵是什麼，它都會回傳預定範圍內的值。這個函式也必須盡量避免將不同的鍵對應到相同的值。我們使用 "盡量" 的原因是，當鍵的數量可能大於被對應值時，它就不可能不產生重複的對應。例如，當我們的資料表的大小是 n，而鍵有 $2n$ 個，至少有 n 個鍵會被對應到與其他鍵相同的值。

接著來定義一些專有名詞。我們要討論的技術是**雜湊化**（*hashing*）。它來自單字 "to hash" 的意思，代表將肉切成小塊並混在一起，把它們變得很雜亂（與精神藥物無關）。因為我們會以類似的方式來取得一個鍵、砍它、將它弄亂，並撕裂它，從中取得一個位址，讓我們可用來搜尋。可能的話，我們希望位址是相異的，所以在某種意義上，我們是在一個位址空間中將鍵弄亂，這種技術有時稱為**散佈儲存**（*scatter storage*）的原因。我們使用的函式是**雜湊**（*hash*）或**雜湊函式**（*hashing function* 或 *hash function*）。將鍵對應過去的陣列或表稱為**雜湊表**（*hash table*）。表的項目稱為**貯體**（*buckets*）或**槽**（*slots*）。如果函式可將所有的鍵對應到不同的值，它就稱為**完美雜湊函式**（*perfect hash function*）。如果它可將所有的鍵對應到不同的值，而且不浪費任何空間，讓產生的位址範圍等於鍵的數量，它就稱為**最小完美雜湊函式**（*minimal perfect hash function*）。如果函式無法做到，而是會將兩個不同的鍵對應到同一個位址，我們就稱之為我們遇到**衝突**（*collision*）了。如前所述，如果位址空間比鍵少，我們就無法避免衝突。問題在於如何盡量避免衝突，或者在發生時如何處理它們。

這種情況是一種重要的數學原理的體現，也就是**鴿籠原理**（*pigeonhole principle*）：當你有 n 個項目，m 個容器，其中 $n > m$，並且想要將項目放入容器，那麼至少有一個容器會容納多個項目。雖然鴿籠原理很容易理解，見圖 13.2，但它有一些應用是違反直覺的。

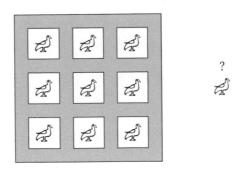

圖 13.2
鴿籠原理。

其中一個應用就是你可以證明在任何一個大城市裡面一定至少有兩個人的髮量相同。人類的平均髮量大約是 150,000 根。當然，每個人實際的髮量不同，但是我們可以確定沒有人有（比方說）1,000,000 根頭髮。因此，在人口數超過 1,000,000 的任何城市中，一定至少有兩個人的頭髮數量是相同的。

另一個例子是所謂的 **生日問題**（*birthday paradox*），這個問題問的是，房間裡面至少要有多少人，其中的兩個人的生日才可能相同。我們稱它為機率 $P(B)$。用相反的問題來計算 $P(B)$ 比較簡單，也就是說，房間內的一群人的生日都不相同的機率有多少？根據機率學的基本定律，如果我們稱它為機率 $P(\overline{B})$，就可以得到 $P(\overline{B}) = 1 - P(B)$。為了讓它發生，所有人的生日都必須是不同天。如果我們依序計算每一個人，第一位的生日可能是一年內的任何一天，所以它發生的機率是 365/365（忽略閏年）。第二位的生日是第一位的生日之外的任何一天，有 364 天符合這個條件，所以機率是 364/365，所以前兩位的生日不同天的機率是 365/365 × 364/365。以此方式繼續計算，在第 n 個人時，他們的生日都不一樣的機率是 365/365 × 364/365 × ⋯ × (365 − n + 1)/365。計算之後，我們發現 $n = 23$ 時，$P(\overline{B}) = 365/365 × 364/365 × ⋯ × 343/365 ≈ 0.49$，也就是 $P(B) ≈ 0.51$，所以如果房間有 23 個人，裡面有兩個人同一天生日的機率比沒有人同一天生日的機率還要高。當然，當 $n > 23$ 時，這個機率更高，你可以在雞尾酒會與人打賭，你的贏面很高。如果你被結果嚇到，注意，我們沒有要求兩個人的生日都是指定的日期，或找出與你同一天生日的人，而是任何兩位的生日是同一天。

13.3　雜湊函式

回到雜湊函式，我們的任務是找出雜湊函式來減少衝突。例如，假設我們的鍵是 25 個字元組成的，它們構成街道名稱與門牌號碼。理論上，鍵的數量有 $25^{37} = 1.6 \times 10^{39}$ 個：每一個字元可以是 26 個字母，或空格，或十個數字之一，總共有 37 種，而我們總共有 25 個字元。當然，在實務上，鍵的數量少很多，因為並非所有字串都是有效的街道地址；而且在特定的應用中，我們會遇到的街道地址數量可

能會比全世界有效的街道地址數量少很多。假設我們預計會有大約
100,000 個鍵，或街道地址，且事前不知道它們。我們來尋找一種雜
湊函式，將大小為 1.6×10^{39} 的範圍對應至 100,000 個不同的值。根
據鴿籠原理，我們無法保證沒有衝突，但是我們可以試著找出一個函
式，來盡量將鍵對應至不同值，愈多愈好。如果函式的表現很好，它
就不會讓我們可能遇到的 100,000 個鍵發生太多的衝突。

如果我們的鍵是數字而不是字串，將鍵除以位址表的大小得到的餘
數，或模數，是證實表現不錯的函數：

$$h(K) = K \bmod m$$

其中 m 是大小，K 是鍵。根據定義，結果在 0 與 $m-1$ 之間，所以表
可以容納它。簡單的演算法 13.3 就是執行這種計算。或許唯一需要解
釋的地方是，因為模運算可處理正數與負數，所以這個整數可處理所
有整數鍵，而非只有非負數。

演算法 13.3：整數雜湊函式。

IntegerHash(k,m) $\rightarrow h$

    輸入：k，整數

             m，雜湊表的大小

    輸出：h，k 的雜湊值

1   $h \leftarrow k \bmod m$
2   **return** h

例如，假設我們需要處理含有某些國家資訊的紀錄，而且每一筆紀錄
的鍵是該國的電話國碼。表 13.3 的內容是人口排名世界前 17 大的國
家，以及它們的電話國碼。如果我們以它們的國碼為鍵，將國家加入
大小為 23 的雜湊表，圖 13.3 就是加入前十個國家之後的情況。當我
們取得這個雜湊表之後，如果手上已經有國家的國碼，就可以計算
$h(K) = K \bmod 23$ 來找出每一個國家。

表 13.3

人口前 17 名的國家，以及它們的國碼（2015）。

China	86	Japan	81
India	91	Mexico	52
United States	1	Philippines	63
Indonesia	62	Vietnam	84
Brazil	55	Ethiopia	251
Pakistan	92	Egypt	20
Nigeria	234	Germany	49
Bangladesh	880	Iran	98
Russia	7		

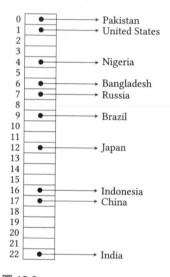

圖 13.3

大小為 23 的雜湊表，裡面有人口前十大的國家，以電話國碼為鍵。

之前說餘數函數已被證實良好的意思是它們避免衝突的能力很好，也就是衝突不常發生。但是，這需要你明智地選擇表的大小，如果鍵是十進位數字，那麼讓表的大小是十的次方，10^x，x 為某數，是不好的選擇。原因是整數除以 10^x 的餘數就是那個數字的後面 x 位數。例如，$12345 \bmod 100 = 45$，$2345 \bmod 100 = 45$，以此類推。一般來說，每一個 n 位數的整數 $D_n D_{n-1} \cdots D_1 D_0$ 的值是 $D_n \times 10^n + D_{n-1} \times 10^{n-1} + \cdots + D_1 \times 10^1 + D_0 \times 10^0$，對於每一個十的次方 10^x，我們得到：

$$\frac{D_n D_{n-1} \cdots D_1 D_0}{10^x} = 10^x \times D_n D_{n-1} \cdots D_x + x_{x-1} D_{x-2} \cdots D_1 D_0$$

如果 $x \le n$，總和的第一個部分是商數，右邊的部分是餘數。如果 $x > n$，則第一個部分（也就是商數）完全不存在，因此，它一定是：

$$D_n D_{n-1} \cdots D_1 D_0 \bmod 10^x = D_{x-1} D_{x-2} \cdots D_1 D_0$$

這是因為正整數的 x 位數值 d 就是 $d \times 10^x$；你可以檢查圖 13.4，看看這是如何影響模運算的：後 x 位數相同的數字都會得到同樣的雜湊值。

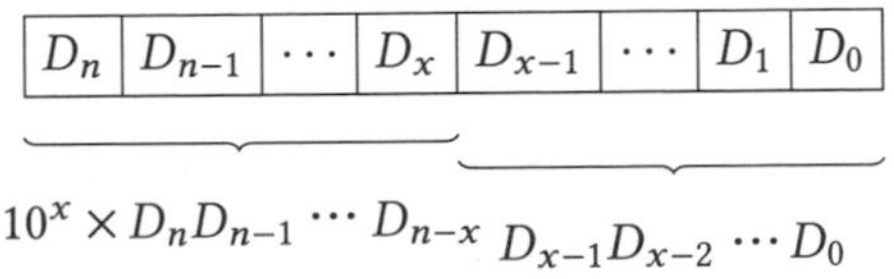

圖 13.4
拆解正整數 $\bmod 10^x$。

負整數也會出現同樣的問題，只有後 x 位數會影響模運算的結果。如果我們使用 mod 的定義，可以得到 $-12345 \bmod 100 = 55$，$-2345 \bmod 100 = 55$，以此類推。它並非只砍掉數字的前幾位數，但仍然造成麻煩。

根據相同的邏輯，如果我們處理的是二進位系統的數字，不良的選擇就是讓表的大小是二的次方。一般來說，我們不希望讓表的大小等於鍵所使用的計數系統的底數的次方。若是如此，我們只會考慮鍵的部分位數，也就是後幾位數—如果表的大小是 b^x，其中的 b 是計數系統的底數。我們需要一種方式來將鍵平均分布在雜湊表中，減少衝突的機率。理想情況下，我們希望雜湊函式以相同的機率將所有的鍵分配到表中不同的項目，也就是雜湊值應該均勻分布。如果在雜湊化時只考慮後 x 位數，後 x 位數相同的所有數字就會立刻產生衝突，無論前面的位數差異多大。選擇偶數大小的表也會遇到相同的問題。所有的偶數鍵都會對應到偶數雜湊值，且所有奇數鍵都會對應到奇數雜湊值。理想情況下，我們希望所有鍵都以相同的機率對應到任何雜湊值以避免偏差，所以偶數不列入 mod 除數的考慮。

考慮以上的所有情況，表的最佳大小就是質數。在實務上，當你的表可以儲存多達 1000 個鍵時，不會使用大小為 1000 的表，而是大小為 997 的表，它是個質數。

到目前為止，我們都假設鍵是整數。如果鍵是字串，我們會將它們視為適當底數的計數系統的數字，例如，當我們只使用字母時，就選擇 26。所以計算字串值的方法與計算位值計數系統的值一樣。如果 s 是有 n 個字元的字串，它的值就是 $v = \mathrm{Ordinal}(s[0])b^{n-1} + \mathrm{Ordinal}(s[1]) b^{n-2} + \cdots + \mathrm{Ordinal}(s[n-1])b^0$，且雜湊值 $h = v \bmod m$，我們可以直接將它寫成演算法 13.4。如果我們用演算法來計算字串 "HELLO"，且 $b = 26$，$m = 31$，可得到：

$$v_0 = \mathrm{Ordinal}(\text{"H"}) \cdot 26^4 = 7 \cdot 456{,}976 = 3{,}198{,}832$$

$$v_1 = 3{,}198{,}832 + \mathrm{Ordinal}(\text{"E"}) \cdot 26^3 = 3{,}198{,}832 + 4 \cdot 26^3 = 3{,}269{,}136$$

$$v_2 = 3{,}269{,}136 + \mathrm{Ordinal}(\text{"L"}) \cdot 26^2 = 3{,}269{,}136 + 11 \cdot 26^2 = 3{,}276{,}572$$

$$v_3 = 3{,}276{,}572 + \mathrm{Ordinal}(\text{"L"}) \cdot 26^1 = 3{,}276{,}572 + 11 \cdot 26 = 3{,}276{,}858$$

$$v_4 = 3{,}276{,}858 + \mathrm{Ordinal}(\text{"O"}) = +3{,}276{,}858 + 14 = 3{,}276{,}872$$

$$h = 3{,}276{,}872 \bmod 31 = 17$$

演算法 13.4：字串雜湊函式。

StringHash(s, b,m) $\rightarrow h$

　　　　輸入：s，字串

　　　　　　　b，計數系統的底數

　　　　　　　m，雜湊表大小

　　　　輸出：h，s 的雜湊值

1　$v \leftarrow 0$
2　$n \leftarrow |s|$
3　**for** $i \leftarrow 0$ **to** n **do**
4　　　$v \leftarrow v + \mathrm{Ordinal}(s[i]) \cdot b^{n-1-i}$
5　$h \leftarrow v \bmod m$
6　**return** h

其中的 v_i 是 v 在演算法的第 i 次迭代時的值。

這個程序相當於將有 n 個字元的字串視為次數為 $n-1$ 的多項式：

$$p(x) = a_{n-1}x^{n-1} + a_{n-2}x^{n-2} + \cdots + a_0$$

其中，每一個係數 a_i 都是字串的第 i 個字元（從左算起）的序數值。多項式是用 $x = b$ 來計算的，b 是我們發明的系統的底數，也就是可能出現的字元數量。最後我們計算 mod。以字串 "HELLO" 為例，多項式是 $p(x) = 7x^4 + 4x^3 + 11x^2 + 11x + 14$，以 $x = 26$ 來計算。

這是不成熟的多項式算法。就 n 次多項式 $p(x) = a_nx^n + a_{n-1}x^{n-1} + \cdots + a_0$ 而言，我們要從左到右計算所有的次方，很浪費資源。目前為了簡單討論，我們假設所有的係數都是非零，之前討論的內容也適用於係數有零的情況。當我們計算 x^n 時，就已經計算 x^{n-1} 了，但沒有在任何地方利用它。在計算 a_nx^n 項時，演算法需要做 $n-1$ 次乘法（來計算次方）加上一次將次方與係數相乘，總共 n 次乘法。類似的情況，$a_{n-1}x^{n-1}$ 項需要 $n-1$ 次乘法。這個演算法總共需要 $n + (n-1) + \cdots + 1 = n(n-1)/2$ 次乘法，以及 n 次加法來將各項總和。

比較好的多項式計算方式是從左到右，在後續的係數重複使用我們計算的次方。所以，當我們已經算過 x^2 之後，就不需要從頭計算 x^3，因為 $x^3 = x \cdot x^2$。如果我們採取這種做法，則 a_1x 需要做一次乘法，a_2x^2 需要做兩次乘法（一次用 x 來取得 x^2，一次取得 a_2x^2），a_3x^3 一樣做兩次乘法（一次用 x^2 來取得 x^3，一次取得 a_3x^3），到 a_nx^n 且包括它的每一項都只需要做兩次乘法。總共需要 $2n-1$ 次乘法，且需要做 n 次加法來總和各項，可大幅改善之前的做法。

如果我們用一種稱為霍內定律（*Horner's rule*）的方法，還可以進一步改善。在數學上，這條定律說明如何用以下的方式來重新安排多項式：

$$a_0 + a_1x + a_2x^2 + \cdots + a_nx^n = (\ldots(a_nx + a_{n-1})x + \cdots))x + a_0$$

我們從最裡面的部分開始計算這個運算式，在那裡，我們將 a_n 乘以 x，並加上前一個係數 a_{n-1}，接著將結果乘以 x，並加上前一個係數 a_{n-2}。我們不斷重複這個程序，最後會得到部分的結果，將它乘以 x 並加上 a_0。實際上，我們從最裡面的嵌套係數 $x(a_{n-1} + a_nx)$ 開始計算，接著往外計算 $x(a_{n-2} + x(a_{n-1} + a_nx))$，取代我們剛才找到的內部值，接著再往外計算，直到完成整個算式為止。我們可以輕鬆地用演算法 13.5 來表示這種做法。圖 13.5 是霍內定律的解釋，它用 r_n 來代表結果，分別是 a_n、r_{n-1}、$\cdots$、$r_0 = r$。圖的右邊將霍內定律用在代表 "HELLO" 的多項式，$p(x) = 7x^4 + 4x^3 + 11x^2 + 11x + 14$，其 $x = 26$。

演算法 13.5：霍內定律。

HornerRule(A, x) $\rightarrow r$

  輸入：A，含有 n 次多項式的係數的陣列

    x，計算多項式的點

  輸出：r，多項式的 x 的值

1 $r \leftarrow 0$

2 **foreach** c **in** A **do**

3 $r \leftarrow r \cdot x + c$

4 **return** r

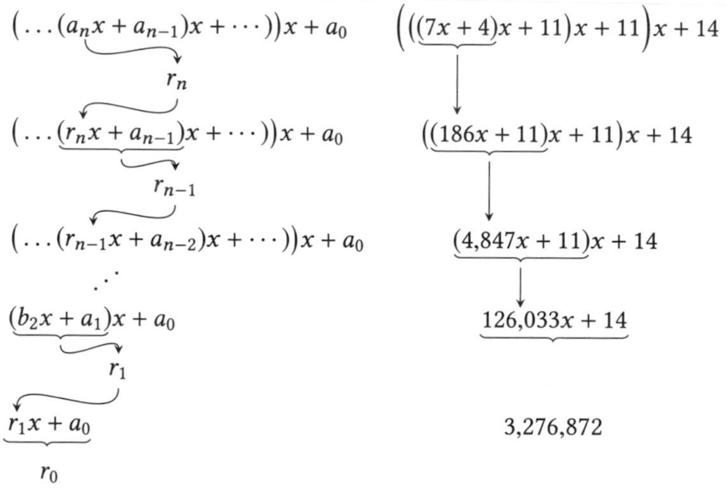

圖 13.5
霍內定律。

檢查演算法 13.5 後，我們看到第 3 行會執行 n 次。現在多項式計算只執行 n 次加法與 n 次乘法，所以這是適合的做法。

接著要來看一下其他的事情。我們計算的是多項式，它可能會產生一個大值；對 n 次多項式而言，至少有 x^n。但是，在雜湊運算之後，我們會得到一個要放入雜湊表的結果。所以我們會從 x^n 這麼大的東西，得到小於表的大小 m 的東西。事實上，在之前的範例中，我們算出 3,276,872，只為了找出 $h = 3,276,872 \bmod 31 = 17$。

mod 運算有一種特性在於，我們可以藉由這些規則，在更大型的運算式的組成部分中使用它：

$$(a + b) \bmod m = ((a \bmod m) + (b \bmod m)) \bmod m$$

$$(ab) \bmod m = ((a \bmod m) \cdot (b \bmod m)) \bmod m$$

結合 mod 運算的特性與霍內定律，我們可得到演算法 13.6；這個演算法不是直接重複計算次方，而是在第 3 行將上一個雜湊值乘以計數系統的底數，並算出每次迭代運算的餘數。每一次迭代都直接使用霍內定律，在此，我們將 x 換成 b，將多項式係數換成 Ordinal(c)，其中的 c 是字串的連續字元。

演算法 13.6：優化的字串雜湊函式。

OptimizedStringHash(s, b,m) → h

輸入：s，字串

b，計數系統的底數

m，雜湊表的大小

輸出：h，s 的雜湊值

1   $h \leftarrow 0$

2   **foreach** c **in** s **do**

3       $h \leftarrow (b \cdot h + \text{Ordinal}(c)) \bmod m$

4   **return** h

如你預期，用演算法 13.6 來執行字串 "HELLO" 可得到與之前一樣的值，但計算的次數少很多：

$h_0 = \text{Ordinal}(\text{"H"}) \bmod 31 = 7 \bmod 31 = 7$

$h_1 = (26 \cdot 7 + \text{Ordinal}(\text{"E"})) \bmod 31 = (182 + 4) \bmod 31 = 0$

$h_2 = (26 \cdot 0 + \text{Ordinal}(\text{"L"})) \bmod 31 = 11 \bmod 31 = 11$

$$h_3 = \bigl(26 \cdot 11 + \text{Ordinal}(\text{"L"})\bigr) \bmod 31 = (286 + 11) \bmod 31$$
$$h_4 = \bigl(26 \cdot 18 + \text{Ordinal}(\text{"O"})\bigr) \bmod 31 = 482 \bmod 31 = 17$$

其中的 h_i 是 h 在演算法的第 i 次迭代時的值。提供字串雜湊函式的程式語言會用合適的 b 與 m 來實作演算法 13.6。

建立字串（演算法 13.6）或整數（演算法 13.3）的雜湊函式之後，我們的下一個任務是處理實數，它通常稱為浮點數（*floating point numbers*）。其中一種方式是將浮點轉換成字串，並用演算法 13.6 將字串雜湊化，但是，將數字轉換成字串可能很慢。另一種做法是將浮點值的小數點拿掉，將它轉換成整數。如果採取這種做法，261.63 會變成 26163，它是個整數，接著可用演算法 13.3 來雜湊化。但是，我們不能這樣做，因為"取出小數點"是當電腦用整數部分、小數點部分，與小數點右邊的部分來表示浮點數時才能做的事情，但是電腦通常不用這種方式來表示浮點數。

13.4　浮點數表示法與雜湊化

電腦使用類似科學記數法（*scientific notation*）的方式來表示實數，即浮點表示法（*floating point representation*）。這種表示法會將數字表示成絕對值介於 1 與 10 之間的有號數與 10 的次方的積：

$$m \times 10^e$$

數字 m 稱為假數（*fraction part*、*characteristic*、*mantissa* 或 *significand*）。數字 e 是指數。所以：

$$0.00025 = 2.5 \times 10^{-5}$$

且

$$-6,510,000 = -6.51 \times 10^6$$

電腦中的浮點數與它相似。我們使用一個預定的位元數來表示它們。通常有兩種選擇：32 位元與 64 位元。我們來討論 32 位元；64 位元數字與它相似。當電腦使用 32 位元來表示浮點數時，我們會用圖 13.6 來安排它們。

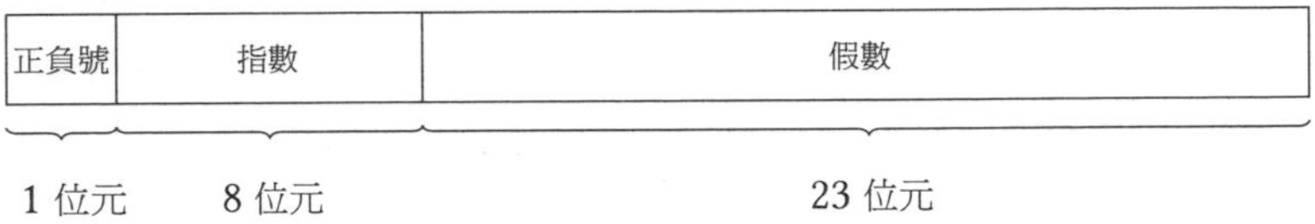

正負號	指數	假數
1 位元	8 位元	23 位元

圖 13.6
浮點數表示法。

為了將採取這種表示法的數字表示成人類可以理解的形式，我們必須計算它的各個部分：

$$(-1)^s \times 1.f \times 2^{e-127}$$

其中 s 是正負號，f 是假數，n 是指數。當正負號是 0 時，$(-1)^0 = 1$，這個數字是正數。當正負號是 1 時，$(-1)^1 = -1$，這個數字是負數。$1.f$ 部分是二進位假數。二進位假數與十進位假數沒有什麼不同。$0.D_1D_2 \cdots D_n$ 這種十進位數字的值是 $D_1 \times 10^{-1} + D_2 \times 10^{-2} + \cdots + D_n \times 10^{-n}$。$0.B_1B_2 \cdots B_n$ 這種二進位數字的值是 $B_1 \times 2^{-1} + B_2 \times 2^{-2} + \cdots + B_n \times 2^{-n}$。總之，在底數為 b 的位值計數系統中的假數 $0.X_1X_2 \cdots X_n$ 的值是 $X_1 \times b^{-1} + X_2 \times b^{-2} + \cdots + X_n \times b^{-n}$。如果數字有整數與小數部分，它的值就是這兩個部分的總和。所以數字 $B_0.B_1B_2 \cdots B_n$ 的值是 $B_0 + B_1 \times 2^{-1} + B_2 \times 2^{-2} + \cdots + B_n \times 2^{-n}$。所以，二進位數字 1.01 等於十進位的 $1 + 0 \times 2^{-1} + 1 \times 2^{-2} = 1.25$。圖 13.7 是電腦以浮點數來表示我們的範例的情況。

0	01110011	00000110001001001101111

$(-1)^0 \times 2^{115-127}$　　　　　$\times$　　　　1.02400004864　$=$　0.00025

1	10010101	10001101010101101100000

$(-1)^1 \times 2^{149-127}$　　　　　$\times$　　　　1.55210494995　$=$　$-6,510,000$

0	10000111	00000101101000010100100

$(-1)^0 \times 2^{135-127}$　　　　　$\times$　　　　1.02199220657　$=$　261.63

圖 13.7

浮點數表示法範例。

在圖 13.6 中，關於浮點數的位元表示法，我們需要考慮四種案例。第一個案例，當 $f = 0$ 且 $e = 0$ 時，數字就是 0。具體來說，0 有兩種，如果 $s = 1$，我們得到 -0，如果 $s = 1$，我們得到 $+0$。第二個案例，當 $e = 0$ 但 $f \neq 0$ 時，數字的解讀方式與上述的公式稍微不同：

$$(-1)^s \times 0.f \times 2^{e-127}$$

差異在於假數的開頭是 0 而不是 1，我們稱為這個數字沒有正規化。第三個案例是 $e = 255$ 且 $f = 0$，這個數字代表無限大。如果 $s = 1$，我們得到 $-\infty$，如果 $s = 0$，我們得到 $+\infty$。最後，如果 $e = 255$ 且 $f \neq 0$，我們將這個值視為非數字（*not a number*）或 NaN，這通常代表未知值，或無效的計算結果。

我們對浮點運算的討論到此為止。或許它看起來很像電腦秘法，也許它就是。事實是，當你試著對一個產生無意義數字的程式進行除錯時，才可以體會到它的價值。也請注意，雖然我們可以表示無限大，**但它只與浮點數算術有關，整數沒有代表無限大的表示方式。**

接著回到雜湊化。電腦會以 01000011100000101101000010100100 來表示數字 261.63。我們將這一系列的位元視為整數。我們暫時忘記儲存的是浮點數，假裝它是同一個位元模式的整數。我們得到：

$$(01000011100000101101000010100100)_2 = (1132646564)_{10}$$

我們只是將 1132646564 當成雜湊的鍵，我們使用 $(X)_b$ 表示法來展示數字 X 的計數系統是 b。總之，我們可以將任何浮點數解讀為整數，並一如往常地使用演算法 13.3。這是有效率的做法，因為我們其實不需要做任何轉換，只要用不同的方式來看待同樣的位元模式即可。

這產生一種與電腦有關的重點。電腦只知道位元：零與一，它不知道它們代表的意思。在電腦記憶體裡面的位元組合可能代表任何東西。它們真正的含意是由特定的程式來決定的，且程式會妥善地對待它們。你可以在圖 13.8 看到同一個位元組合在電腦中代表三種不同的東西：它可以解讀成字串、整數，或浮點數。採取與本意不同的方式來解讀位元組合是不好的做法。不過仍然有些例外，例如這裡採取的做法，但是在其他地方請記得這件事。

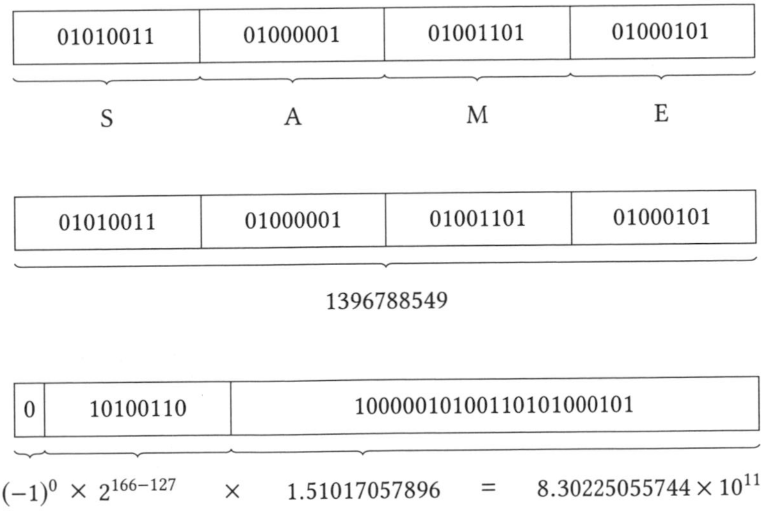

01010011	01000001	01001101	01000101
S	A	M	E

01010011	01000001	01001101	01000101

1396788549

0	10100110	10000010100110101000101

$$(-1)^0 \times 2^{166-127} \quad \times \quad 1.51017057896 \quad = \quad 8.30225055744 \times 10^{11}$$

圖 13.8

解釋同一種位元模式：ASCII 字串、整數、實數。

13.5　衝突

現在我們已經為數字鍵與字串建立一個可靠的雜湊函式家族了，我們完工了嗎？回到表 13.3，假設我們根據人口數量再加入一個國家。它是 Mexico，國碼是 52。它會與 Bangladesh 產生衝突：52 mod 23 = 880 mod 23 = 6，所以 Mexico 的鍵與 Mexico 的鍵在表中的位置是相同的，如圖 13.9 所示。

因為鴿籠原理，我們一定會遇到衝突。良好的雜湊函式會盡力減少衝突，但是在數學上，你不可能完全避免它們。所以為了讓雜湊方案可行，我們必須在衝突發生時設法處理它們。

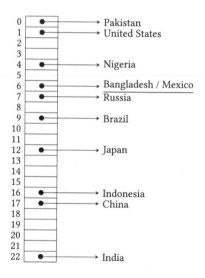

圖 13.9
大小為 23 的雜湊表，裡面是人口數前 11 大的國家，以國碼為鍵。

最熱門的衝突處理方法是讓雜湊表的貯體指向紀錄串列，而不是只有儲存簡單的紀錄。此時雜湊表的每一個貯體都會指向一個串列，用這個串列來儲存鍵雜湊值相同的所有紀錄；也就是說，它會儲存鍵互相衝突的所有紀錄—由此可知 "貯體" 這個名稱的由來，因為在某種意義上，它儲存了一組紀錄。如果某個項目沒有衝突，它的串列只會含有一個項目。如果貯體沒有雜湊鍵，那個貯體就是個空串列，指向 NULL。我們通常使用鏈結（*chain*）這個術語來代表雜湊值相同

的紀錄串列。因為每一個雜湊值有一個鏈結，我們將這種格式稱為
分隔鏈結（*separate chaining*）。圖 13.10 展示它如何處理圖 13.10 的
Bangladesh 與 Mexico 的衝突。我們使用符號 ∅ 來代表指向 NULL。
因為我們希望這項操作盡量快速，通常會使用簡單的單連結無序
串列，將項目加到串列的頭，如同在 Mexico 與 Bangladesh 發生的
情形。

我們可以用這種方式在表中加入更多國家。有一些國家會在單項目鏈
結中，有些會與雜湊表的其他國家衝突，所以會在鍵碼雜湊值相同的
所有國家的鏈結裡面。如果我們總共有 17 個國家，如圖 13.11 所示，
會得到單項目鏈結、雙項目鏈結、甚至有三項目鏈結，因為 Iran、
Mexico 與 Bangladesh 的國碼雜湊化後，會在雜湊表的同一個位置。

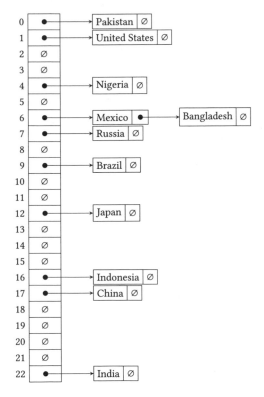

圖 13.10
大小為 23 的雜湊表，裡面有人口前 11 大的國家，以國碼為鍵，使用分隔鏈結。

雜湊表的目的是為了讓我們從它那裡快速地取出項目。取出項目的
第一步是計算它的鍵的雜湊值，接著在雜湊表中查看雜湊值指示的
位置。如果它指向 NULL，代表雜湊表裡面沒有那個項目。如果它指
向一個串列，我們就開始遍歷那個串列，直到找到它為止，或到串
列的結尾都不能找到它。所以，在圖 13.11 中，如果我們收到的鍵是
880，就計算它的雜湊值，得到 6，接著開始遍歷雜湊表的位置 6 所
指的串列。我們會拿 880 與串列的每一個項目的鍵做比較。如果我們
找到它，就知道它是 Bangladesh。這會在檢查三個項目之後發生，因
為 Bangladesh 在串列的結尾。現在假設我們要搜尋國碼 213 的國家，
它是 Algeria，數字 213 的雜湊也是 6。我們遍歷串列，但無法在串
列中找到鍵等於 213 的任何項目，所以可以放心地確定 Algeria 不在
表中。

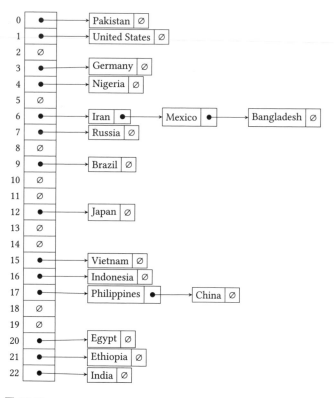

圖 13.11
大小為 23 的雜湊表，裡面有人口數前 17 大的國家，以國碼為鍵，使用分隔
鏈結。

演算法 13.7 可在雜湊表中插入鏈結串列。對於紀錄 x，我們需要函式 Key(x) 來取得 x 的鍵。函式 Hash(k) 會計算鍵 k 的雜湊值，可使用之前看過的任何雜湊函式，取決於鍵的類型。因為雜湊表存有項目串列，如果我們的雜湊表稱為 T，那麼 $T[h]$ 就是一個串列，存有雜湊值為 h 的鍵的項目。

在雜湊表中尋找項目時，一開始的做法與插入項目相同，見演算法 13.8。當我們找到可能保存我們想要尋找的項目的串列的貯體時，就直接搜尋貯體內的串列。SearchInList(L, i) 可在串列 L 中尋找項目 i，所以我們應呼叫 SearchInList($T[h]$, x)。之前提過，當我們想尋找的項目不在串列內時，函式 SearchInList 會回傳 NULL。如果我們想要將雜湊表的項目移除，可再次使用同一個模式的變體，也就是演算法 13.9，使用 RemoveFromList(L, d) 來將串列中第一個含有 d 的節點移除並回傳它，如果 d 在串列裡面的話，否則回傳 NULL。

演算法 13.7：在有鏈結串列的雜湊表中插入紀錄。

InsertInHash(T, x)

    輸入：T，雜湊表

            x，要插入雜湊表的紀錄

    結果：將 x 插入 T

1   $h \leftarrow$ Hash(Key(x))
2   InsertInList($T[h]$, NULL, x)

演算法 13.8：在有鏈結串列的雜湊表中搜尋。

SearchInHash(T, x) $\rightarrow$ TRUE 或 FALSE

    輸入：T，雜湊表

            x，要在雜湊表中搜尋的紀錄

    輸出：如果找到，TRUE，否則 FALSE

1   $h \leftarrow$ Hash(Key(x))
2   **if** SearchInList($T[h]$, x) = NULL **then**
3   **return** FALSE
4   **else**
5   **return** TRUE

演算法 13.9：將有鏈結串列的雜湊表內的項目移除。

RemoveFromHash(T, x) → x 或 NULL

　　輸入：T：雜湊表

　　　　　　x，從雜湊表移除的紀錄

　　輸出：x，如果紀錄 x 被移除則回傳它，如果 x 不在雜湊表內，

　　　　　　則回傳 NULL

1　$h \leftarrow$ Hash(Key(x))

2　**return** RemoveFromList($T[h], x$)

從演算法 13.8 可以看出，使用雜湊在各個鏈結尋找項目的成本會因項目而異。首先，我們必須計算雜湊函式的成本。如果我們雜湊化的是數字鍵，它是演算法 13.3 的成本，也就是計算除法需要的時間。我們將它當成常數，$O(1)$。如果我們雜湊化的是字串，它是演算法 13.6 的成本，也就是 $\Theta(n)$，其中 n 是字串長度。因為演算法很快，而且它只與鍵有關，與被雜湊化的項目數量無關，所以我們也將它視為常數。我們也要加入找到雜湊值之後需要的操作成本。它可能是 $O(1)$，如果貯體指向 NULL，或 $O(|L|)$，其中的 $|L|$ 是串列 L 的長度，搜尋串列需要線性時間，因為我們會從一個項目走到下一個項目。接下來有個問題，串列可以多長？

答案依雜湊函式而定。如果雜湊函式是好的，可將所有鍵平均分布在雜湊表內，沒有不平衡的情況，我們可以預期每一個串列的長度大約是 n/m，其中 n 是鍵的數量，m 是雜湊表的大小。數字 n/m 稱為表的**負載因數**（*load factor*）。在搜尋失敗的情況下，我們需要計算鍵的時間，以及前往串列結尾的 $\Theta(n/m)$。為了成功搜尋，我們必須遍歷串列內的項目，直到遇到想要尋找的項目為止。因為項目會被加到串列的開頭，我們必須在串列中遍歷想尋找的項目之前的項目。我們可以證明，在串列中搜尋的時間是 $\Theta(1 + (n-1)/2m)$。

我們知道，無論是成功或失敗的搜尋，遍歷串列的時間依 n/m 而定。如果鍵的數量與表的大小成正比，也就是 $n = cm$，那麼搜尋串列的時間就會變成常數。事實上，失敗的搜尋是 $\Theta(n/m) = \Theta(cm/m)$ $= \Theta(c) = O(1)$。失敗的搜尋花的時間不會比成功搜尋長，所以它花了 $O(1)$ 時間。這兩種情況都需要常數時間。

常數這種平均效能是很了不起的速度，因此雜湊表是很熱門的儲存機制。不過，你要特別注意兩件事，第一，雜湊表沒有排序。優秀的雜湊函式會將紀錄插入表的隨機位置，所以如果我們想要按照某個順序來搜尋項目（例如數字或字母順序），希望可以在找到一個項目之後，按照順序找到它後面的項目，就不適合使用雜湊表。第二，雜湊表的效能依負載因數而定。我們已經看過，當 $n = cm$ 時，搜尋的時間被限定為 c；我們想要確定 c 不會變很大。例如，如果我們知道將來會插入 n 個項目，就可以建立一個大小為 $2n$ 的雜湊表，讓搜尋的比較次數平均不超過兩次。但是如果我們事先不知道項目數量，或我們的估計是錯的時候該怎麼辦？如果發生這種事，我們就變更雜湊表的大小。我們會建立一個新的、更大的雜湊表，將過載的雜湊表內的所有項目取出，插入新的、更大的雜湊表，丟掉舊的，從此之後使用新的雜湊表。調整大小的計算成本很高，所以好好地評估我們的需求來避免調整大小會有很大的好處。或者，多數的雜湊表都會監控它們的負載因數，當它到達一個臨界值，例如 0.5 時，就會改變大小。採取這種方式，我們查看雜湊表的次數可維持平均穩定，但插入會比較慢，因為插入項目時可能需要調整雜湊表。

圖 13.12 是一個調整大小的案例。最初，雜湊表的大小是 5，且被插入的紀錄的鍵是撲克牌。每一張牌都有一個數字：梅花 A 是 0，直到梅花 K 是 12；接著鑽石 A 是 13，紅心 A 是 25，黑桃 A 是 38；最高值是黑桃 K 的 51。在圖 13.12a 中，表的大小是 5，負載因數是 1。我們決定增加表的大小。為了用質數來做 mod 運算，我們取比 2 × 5 大的 11。我們在圖 13.12b 中重新插入撲克牌；所有的新牌都會被插入擴大的表中。

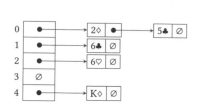

(a) 大小為 5 的雜湊表。

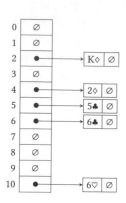

(b) 大小為 11 的雜湊表。

圖 13.12
調整雜湊表大小。

需要知道的重點在於，雜湊表的效能是機率性的。使用優良的雜湊函式時，搜尋次數超過 n/m 的機率很小，但存在。我們無法保證每一個鏈結都很短，但平均來看，它大於平均大小的機率很低。此外，效能會在調整大小時受到影響。

雜湊表千變萬化，而且在大量的應用中已有各種用途。它們的機率行為讓我們有空間可以權衡時間與速度來調整使用雜湊表的 app。如果空間不成問題，但很講求速度，我們會將雜湊表盡量做大。如果空間有限，我們就在速度上讓步，將較多鍵放在較小的表中。

雜湊表不排序內容，我們通常會將它當成資料結構，只在裡面尋找與儲存某些東西，對內容的順序沒有興趣。其中一種資料結構就是集合（*set*）。集合存有項目，且項目必須是唯一的。雜湊表可直接滿足這些需求：當我們為項目定義雜湊表後，只要將項目插入雜湊表即可，前提是它們還不在裡面。如果我們想要檢查集合內是否有某個項目，只要對項目使用雜湊函式，來檢查它是否在雜湊表裡面即可。集合是無序的：項目會被直接插入雜湊表，而且我們知道，它們被放入的方式是沒有順序概念的。每一個貯體的串列是有序的，但項目的順序不依循任何排序規則，例如字母順序或數字順序。這無關緊要，因為在數學中，集合是無序的。

適合用雜湊來實作的另一種資料結構是字典（*dictionary*），也稱為對應（*map*）或關聯陣列（*associative array*）。字典可處理鍵值對（key-value pairs），如同真正的字典存有項目（鍵）與定義（值）。我們使用鍵來取出與它有關的值，如同在真正的字典中，我們用單字來找出它的定義。與真正的字典不同的是，這些字典是無序的，因為它們底下的雜湊表不提供排序。真正的字典是有序的，以方便搜尋；雜湊表會自行施展它們的魔法，我們完全不需要搜尋。字典就像個集合，集合的元素是鍵值對，我們可在字典內部用兩個元素陣列來代表它們。如果我們想要插入新的鍵值對，就將鍵雜湊化，並將鍵值對插入雜湊表，見演算法 13.10。注意，我們必須先檢查那對鍵值對是否已在字典內。函式 SearchInListByKey($T[h]$, k) 會在 $T[h]$ 內的串列中尋找鍵為 k 的鍵值對，並在找到它時回傳，否則回傳 NULL。它與 SearchInList 有點不同，SearchInList 會尋找特定項目，檢查該 "項目" 的相等性。SearchInListByKey 會尋找特定項目，檢查 "項目的鍵" 是否相同。在資料結構中執行搜尋的函式，通常會用參數來指明如何檢查項目相同與否，例如使用項目的特定屬性，或結合許多屬性，而不是比較整個項目。

演算法 13.10：插入字典（對應）。

InsertInMap(T, k, v)

　　　輸入：T，雜湊表

　　　　　　k，鍵值對的鍵

　　　　　　v，鍵值對的值

　　　結果：使用鍵 k 的值 v 會被插入字典

1　$h \leftarrow$ Hash(k)
2　$p \leftarrow$ SearchInListByKey($T[h]$, k)
3　**if** $p =$ NULL **then**
4　　　$p \leftarrow$ CreateArray(2)
5　　　$p[0] \leftarrow k$
6　　　$p[1] \leftarrow v$
7　　　InsertInList($T[h]$, NULL, p)
8　**else**
9　　　$p[1] = v$

如果項目不在裡面，我們就在第 7 行使用函式 InsertInList($T[h]$, NULL, p) 來插入它。如果在裡面，我們就重新定義 k 的字典項目，將既有的鍵值對的第二個元素指派給新值。

如果我們想要用鍵從雜湊表取出它的值，就將鍵雜湊化，取出雜湊表內的鍵值對，若找到則回傳值，見演算法 13.11。最後，如果我們想要移除字典內的鍵值對，就將鍵雜湊化，再移除雜湊表內該鍵的鍵值對；見演算法 13.12。我們使用函式 RemoveFromListByKey(L, k) 來以鍵 k 移除串列 L 裡面的鍵值對，當它存在時回傳它，不存在時回傳 NULL。RemoveFromListByKey 與 RemoveFromList 的相似之處，類似 SearchInListByKey 與 SearchInList 的相似之處，它會在串列中搜尋與收到的鍵相同的項目，來尋找要刪除的對象。

演算法 13.11：查找字典（對應）。

Lookup(T, k) → v 或 NULL

　　　輸入：T，雜湊表

　　　　　　k，鍵

　　　輸出：v，對應值，如果存在，否則 NULL

1　$h \leftarrow$ Hash(k)
2　$p \leftarrow$ SearchInHash($T[h]$, k)
3　**if** $p =$ NULL **then**
4　　　**return** NULL;
5　**else**
6　　　**return** $p[1]$

演算法 13.12：移除字典項目（對應）。

RemoveFromMap(T, k) → $[k, v]$

　　　輸入：T，雜湊表

　　　　　　k：要在字典內移除的鍵值對的鍵

　　　輸出：$[k, v]$，k 所代表的鍵值對，如果它有被移除的話。如果在字典內找不到該鍵值對，則為 NULL

1　$h \leftarrow$ Hash(k)
2　**return** RemoveFromListByKey($T[h]$, k)

這三種演算法與之前處理雜湊表項目的演算法沒有太大的不同。

13.6 數位指紋

雜湊化是識別資料的應用程式的基本元素。如果你有一筆個人紀錄，裡面有一些屬性，那麼辨識紀錄很簡單，你只要檢查有沒有紀錄有相同的鍵就可以了。現在想像你的 "紀錄" 不適合使用屬性與鍵的格式，你的紀錄可能是張影像、一段聲音或一首歌。你可能想要知道之前是否聽過那首歌。歌曲沒有附帶預先定義的屬性，歌曲的歌名、歌手與作曲家都不屬於歌曲本身。當你收到含有歌曲紀錄的資料時，只有組成歌曲的音頻錄音。你的紀錄（如果你這樣認為的話），只是一組頻率。你該如何尋找它？

我們想要從聲音紀錄中找出某個獨特的東西，用那個獨特的特性來作為識別它的鍵。舉另一個例子，假設你想要認出一個人。拿一位不認識的人來比對一組已知人物集合並不容易。你必須使用那個人獨有的特性，並試著拿那個特性來比較已知人物集合內的每一個人的唯一特性。有一種已經使用上百年之久的方法，就是用指紋來辨識。我們有已知人物的指紋，也有想要辨識的人物的指紋。如果我們可以比對未知人物與已知人物的指紋，那麼那個人就再也不是未知了，我們已經辨識了那個人。

數位領域也有**數位指紋**（*digital fingerprints*）。它是數位資料的某些特性，我們可以用它來可靠地辨識資料。在實務上，假設你有一段歌曲，想要找出它屬於哪一首歌。你有一個大型的歌曲資料庫，並且已經算出裡面的歌曲的數位指紋了。你計算那段歌曲的數位指紋，並試著在歌曲資料庫中找出符合那個數位指紋的歌，如果真的找到，就代表你找到一首歌了。雜湊可在此派上用場，因為你可能有上百萬首歌，因此有上百萬個指紋。你必須快速地找到吻合的對象（或確定沒有吻合的對象）。此外，歌曲指紋也沒有排序的概念，所以大型的雜湊表很適合在此使用。鍵是我們的數位指紋，紀錄是每首歌的資訊，例如歌名、作者等等。

為了建立聲音的數位指紋之外，因為聲音是一種透過介質（通常是空氣）來傳播的振動。每一個聲音都有一或多個頻率。純音符只有一個頻率，例如，在平均律刻度上的音符 A 的頻率是 440 Herz（Hz），音符 C 的頻率是 261.63Hz。一段聲音有許多頻率，並且會隨著時間變化，因為它會混合不同的樂器與聲音。此外，有些頻率會比其他頻率響亮,例如一種樂器的聲音比其他的還要大聲。音強的差異就是它們的頻率的能量差異。在一首歌裡面,不同的頻率會隨著時間有不同的能量,有時有些比較大聲,有些比較柔和,有些甚至會消失。

我們可以用能量、頻率與時間的 3D 圖來表示一首歌。圖 13.13 以能量、頻率和時間的 3D 圖來表示一首歌的 3 秒片段。注意,點 (0, 0, 0) 是在圖的遠方,我們在這首歌的 0.5 秒開始(因為一開始沒聲音的部分很多)。這張圖告訴我們,這段歌曲大部分都是低頻率,因為它們有最大的能量:在每一個時間點,低頻都有最高的 z 值。在 z 軸,我們用分貝(dB)除以 Herz 來衡量頻率能量。因為分貝是對數,所以會有負數。它代表兩個值的比值:$10 \log(v/b)$,其中的 b 是基值。在這個範例中,$b = 1$,所以當 $v < 1$ 時,我們會得到負數。

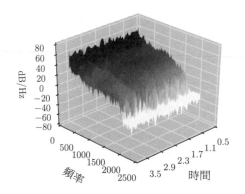

圖 13.13
能量、頻率與時間的 3D 表示法。

我們通常不會使用圖 13.13 這種 3D 表示法,而是用兩個維度,並以顏色來代表每個時間與頻率點的能量值。我們稱這種表示法為**頻譜圖**(*spectrogram*)。圖 13.14a 是圖 13.13 的頻譜圖。你應該也會覺得這種表示法比上一個容易理解,而且不會損失資訊。將資料視覺化通常能以少量的資料傳達許多訊息。

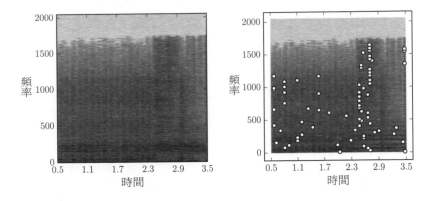

(a) 頻譜圖。　　　　　　　　　(b) 有峰值的頻譜圖。

圖 13.14
頻譜圖與頻率能量峰值。

你可以在頻譜圖中看到，能量不會隨著時間與頻率而平穩地變化。在有些地方，高能量的點（暗）旁邊有低能量的點（亮）。這相當於圖 13.13 的峰值相對於它的鄰值的情形。我們可以用數學來偵測這種峰值。如果我們將它們畫在頻譜圖上，可得到圖 13.14b。你可以看到，歌曲的頻率能量峰值可當成它的數位指紋來使用。因此，我們可以取出聲音片段的峰值，看看它們是否符合已知歌曲的峰值。如果聲音片段的長度比歌曲短，我們會試著在時間一樣長的歌曲片段中比對峰值，找到吻合時，就有很大的機會找到歌曲。

在實務上，只將頻率當成指紋不是最好的做法。比較好的歌曲特徵是一對峰值，以及它們之間的時間差。如果我們在時間 t_1 有頻率峰值 f_1，在時間 t_2 有另一個頻率峰值 f_2，我們不會將 f_1 與 f_2 當成雜湊表的鍵，而是用這種方式建立一個新鍵：$k = f_1 : f_2 : t_2 - t_1$，如圖 13.15a 所示。鍵 k 可以是它的各個部分接起來的字串，例如 "1620.32:1828.78:350"，其中的時間差是以毫秒為單位。

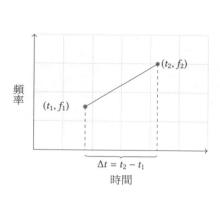

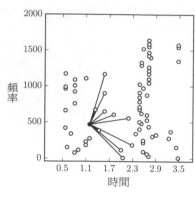

(a) 頻率雜湊鍵是 $f_1 : f_2 : \Delta t$。　　　　(b) 以扇出因數 10 來將頻率雜湊化。

圖 13.15
將頻率峰值雜湊化。

為了配對所有的頻率峰值，歌曲中的 (f_x, f_y) 的數量可能很多。數學上，這相當於從 n 個項目中選出 k 個項目的所有情況，其中 $k = 2$，n 是歌中的頻率峰值數量，它有一種表示法：

$$\frac{n!}{k!(n-k)!} = \binom{n}{k}$$

它是可能的 組合（$combinations$）的數量，也就是從 n 中選出 k 個元素，不在乎順序。$\binom{n}{k}$ 表示法讀成 "n 取 k"。

如果你看不懂組合公式，想一下我們如何找到 排列數量，也就是從 n 個項目集合中，取出有序的 k 個項目。取出第一個項目的方式有 n 種，接著針對每一個項目，取出第二個項目的方式有 $n-1$ 種，以此類推，直到第 k 個項目，它是最後一個，所以只有一種選擇方式。從 n 依序取出 k 個項目的方式總共有 $n \times (n-1) \times \cdots \times (n-k+1)$ 種。但是：

$$n \times (n-1) \times \cdots \times (n-k+1) = \frac{n!}{(n-k)!}$$

因為排列是有序的，我們必須將這個數字除以 k 個項目的可能排列數量。選出第一個項目的方式有 k 種；它們每一個有 $k-1$ 種方式選出第二個項目，以此類推，直到最後一個項目。所以 k 個項目有 $k \times (k-1) \times \cdots \times 1 = k!$ 種可能的排列。因為組合的數量是排列的數量除以可能的排序數量，我們得到 $\binom{n}{k}$ 這個數字。

回到頻率配對，值 $\binom{n}{2}$ 可能會在雜湊表產生大量的鍵。如果歌曲有 100 個頻率峰值，它是 $\binom{100}{2} = 4950$，所以那首歌只需要這些數量的鍵。為了避免讓雜湊表的大小爆炸，我們讓步，只使用每一個頻率峰值的可能配對的一部分，例如，我們可能只使用十對。你可以調整實際的值（它稱為**扇出因數**（*fan-out factor*）），用較少的儲存空間與較好的速度來做出較佳的檢測。較大的扇出因數需要較多儲存空間，可提升偵測準確度，但需要較多偵測時間。圖 13.15b 是計算單一峰值的雜湊時考慮的配對，當我們將扇出因數設為十時，需要使用我們選擇的峰值（在時間軸上）後面的十個峰值。

總之，為了填充雜湊表，我們要推導每一首歌曲的頻譜，並選擇一種方便的扇出係數，用頻率配對與它們的時間差來當成鍵。這些鍵的紀錄可能是吻合項目的資料，例如歌名與演出者。當我們想要辨識一首歌時，要用同樣的方法來推導它的頻譜與它的頻率配對，並在雜湊表內尋找這些鍵。我們會選擇最吻合的歌曲來作為最接近的目標。

13.7　Bloom 過濾器

用雜湊表來儲存與取回資料是很有效率的做法。有時，如果我們放寬對它們的要求，就可以達到更好的效率，同時節省空間。具體來說，假設我們不想儲存與取回資料，只想要檢查集合內是否有某些資料，而不實際取回它們。此外，假設我們可以接受偶爾有人告訴我們資料在集合內，但其實沒有，不過不能接受有人告訴我們資料不在集合內，但其實它們有。我們可以接受**偽陽性**（*false positives*），說某件事為真，但其實它沒有，但不能接受任何**偽陰性**（*false negatives*），說某件事為偽，但其實它為真。

這種情況會在許多狀況下發生。如果我們有一個大型的資料庫，從它裡面取出資料需要很多成本。如果我們可以立刻知道資料庫內有沒有某些資料，當它們不在裡面時，就不用費心地尋找它們。我們可以接受偽陽性，因為這代表我們會花費沒必要的代價去嘗試取得那些不存在的東西，但是如果偽陽性很少，應該不成問題。

快取機制是以類似的方式來運算的。快取（*cache*）可暫時保存經常被使用的資料。我們可能會將資料存放在各種儲存機制，但其中有些資料被使用的頻率比其他的還要高。我們將那些資料放在一個快速的中間存放區中，例如，主記憶體。當我們想要取得某些資料時，會先檢查它們有沒有在快取內。如果有，我們就從快速中間存放區回傳它們。如果沒有，我們就必須從大部分資料的位置取出它們。偽陽性代表我們相信資料在快取內，這不成問題，因為我們可以快速發現錯誤，並將注意力轉移到大量存放區。只要這不常發生，同樣也不成問題。

許多過濾器也遵循相同的原則。在使用過濾器時，我們想要標記壞的東西，讓好的項目通過。在過濾垃圾 e-mail 時，我們會將所有來自已知的濫發垃圾郵件者地址的 e-mail 標為垃圾郵件。我們當然不想遇到偽陰性，讓已知的濫發垃圾郵件者寄出的郵件通過。我們可以接受低程度的偽陽性，將垃圾郵件資料夾裡面的非垃圾訊息被標成垃圾郵件。同樣的邏輯也適用於 URL 縮址服務。提供 URL 縮址服務的公司必須盡力保證它提供的 URL 縮址不會讓人前往惡意網站，因此，當它收到待縮址的 URL 時，必須檢查它是否屬於行為不端網站。這間公司不應該容忍偽陰性，放過已知的惡意 URL。它或許可以容忍少量良好的 URL 被標為不良，只要百分比很低。在數位鑑識中，我們有一份惡意軟體檔案清單。我們可以將這些檔案拆解成塊，將它們插入我們的過濾器。之後，當我們想掃描儲存媒介的惡意行為時，可以取得儲存媒介的區塊，檢查我們的過濾器裡面有沒有它們。

當某些偽陽性不成問題時，有一種有效且熱門的集合成員機制做法，就是使用 *Bloom* 過濾器，名稱來自它的發明者，Burton Bloom。Bloom 過濾器是個大型的位元陣列 T，大小為 m。

最初，所有的位元都會被設為零，代表過濾器是空的。每當我們想要將一個項目加入集合時，就用 k 個獨立的雜湊函式來將該項目雜湊化；"獨立" 的意思是，它們用同一個鍵產生的雜湊值是彼此完全獨立的。每一個雜湊函式的範圍都是從 0 到 $m-1$。我們取得每一個雜湊值之後，就將位元陣列對應的位元設為 1。當我們想要檢查某個項目是否在過濾器內時，就用 k 個函式來將它雜湊化，並檢查在那個位元陣列中，是否全部 k 個雜湊值都被設為一。如果是，我們就假設那個項目已經被輸入過濾器了；它仍然可能其實不在過濾器內，因為所有對應的位元都被過濾器內的其他元素設定過了，只要發生機率很低，它就是可接受的。如果並非所有 k 個雜湊值都被設定，我們就可以肯定那個項目不在過濾器內。

更具體地講，我們有 k 個獨立的雜湊函式 h_0、h_1、$\cdots$、h_{k-1} 可用，每一個的範圍都是從 0 到 $m-1$。如果我們想要將項目 x 插入過濾器，就計算 $h_0(x)$、$h_1(x)$、$\cdots$、$h_{k-1}(x)$，並設定 $T[h] = 1$，h 是所有的 $h = h_i(x)$，其中的 $i = 0$、1、$\cdots$、$k-1$；見演算法 13.13。如果我們想要檢查 Bloom 過濾器裡面有沒有項目 x，同樣計算 $h_0(x)$、$h_1(x)$、$\cdots$、$h_{k-1}(x)$。對所有的 $h = h_i(x)$ 而言，如果 $T[h] = 1$，其中 $i = 0$、1、$\cdots$、$k-1$，我們就可以認為那個項目在過濾器內。如果不是如此，它就不在過濾器內，見演算法 13.14。

演算法 13.13：Bloom 過濾器的插入。

InsertInBloomFilter(T, x)

　　　　輸入：T，大小為 m 的位元陣列

　　　　　　　　x，要插入 Bloom 過濾器的集合的紀錄

　　　　結果：將 $h_0(x)$、$h_1(x)$、$\cdots$、$h_{k-1}(x)$ 位元設為 1，將紀錄插入

　　　　　　　　Bloom 過濾器

1　　**for** $i \leftarrow 0$ **to** k **do**
2　　　　$h \leftarrow h_i(x)$
3　　　　$T[h] \leftarrow 1$

演算法 13.14：檢查 Bloom 過濾器成員。

IsInBloomFilter(T, x) → TRUE 或 FALSE

　　　輸入：T，大小為 m 的位元陣列

　　　　　　x，紀錄，檢查是不是 Bloom 過濾器代表的成員

　　　輸出：如果 x 在 Bloom 過濾器內為 TRUE，否則 FALSE

1　**for** $i \leftarrow 0$ **to** k **do**
2　　　$h \leftarrow h_i(x)$
3　　　**if** $T[h] = 0$ **then**
4　　　　　**return** FALSE
5　**return** TRUE

當我們開始使用 Bloom 過濾器時，它的所有項目都被設為 0。接著當我們在集合中加入成員時，有一些項目會被設為 1。在圖 13.16 中，我們從一個空的過濾器開始，它是個 16 位元的表，並在裡面加入 "In"、"this"、"paper"、"trade-offs"。前三個項目都會被雜湊化為兩個空的項目。接下來 "trade-offs" 會被雜湊化為一個已被設為一的項目與一個空項目。Bloom 過濾器不會將這種部分衝突視為真正的衝突，所以如果我們在插入 "trade-offs" 之前檢查它是否已屬於過濾器的成員，就會得到 FALSE 值。這就是我們使用多個雜湊函式的原因：我們希望項目的所有雜湊值更難以落入已被設定的過濾器項目。但是你可能會懷疑這種做法的可行性。當我們使用許多雜湊函式時，Bloom 過濾器就會被快速設定，因為大部分的項目都被設定了，我們將會遇到衝突。這是合理的問題。我們很快就會看到，我們可以用最佳的雜湊函式數量來設置過濾器。

如果我們繼續在過濾器內加入項目就會遇到衝突，也就是還不在集合內的項目會被回報為已在集合內。將不存在的東西說成存在就是偽陽性。具體來說，當演算法 13.14 說紀錄 x 為 TRUE，其實紀錄 x 不在過濾器內時，我們會得到偽陽性。在圖 13.17 中，我們將項目加入 Bloom 過濾器來產生這種情況。插入 "among" 之後，我們發現過濾器將 "certain" 視為已經存在。

這看起來好像很嚴重，但事實並非如此。如果我們的應用容許偽陽性，就像之前看過的應用，我們就可以接受這種行為。真正的問題是，我們會遇到什麼後果。

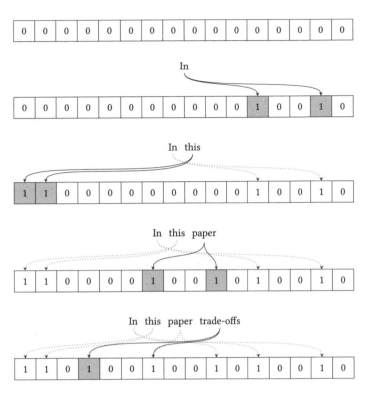

圖 13.16

將 "In"、"this"、"paper"、"trade-offs" 插入 16 位元的 Bloom 過濾器表中。

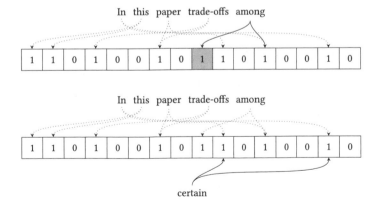

圖 13.17

插入 "among" 造成 "trade-offs" 的偽陽性。

我們的範例已經有偽陽性了，但我們已經在集合內成功地插入五個項目。使用 16 位元的表時，我們有 1/6 – 17% 的偽陽率。現在有一個關鍵的部分：**我們其實沒有將集合的成員存在任何地方，我們只是將雜湊表的項目設為一**。Bloom 過濾器可在不儲存集合項目的情況之下表示一個集合。如果我們用一般的雜湊表來表示一組單字，就需要儲存表的空間，與儲存單字的實際字串的空間。範例中的單字佔用 41 bytes，等於 328 位元，假設每一個字母佔用一個 byte。只要我們接受偽陽性，就可以獲得 328/16 ≈ 20 倍的空間。

我們之前使用了一個 16 個位元的基本 Bloom 過濾器，以兩個雜湊函式來儲存幾個單字。實際上，我們會使用較大的過濾器來處理較大量的項目，不一定使用兩個雜湊函式。我們可以平衡過濾器的位元數量 m（它的大小）、想要處理的項目數量 n，與雜湊函式數量 k 等參數，來取得期望的行為。

如果我們只有一個雜湊函式，當我們雜湊化一個項目時，表中的特定位元被設定的機率是 $(1/m)$，所以那個位元不被設定的機率是 $(1 - 1/m)$。如果我們使用 k 個獨立的雜湊函式，特定位元不被設定的機率是 $(1 - 1/m)^k$。我們可以將它寫成 $(1 - 1/m)^{k\left(\frac{k}{m}\right)}$。當 m 夠大時，用微積分可以算出 $(1 - 1/m)^m = 1/e = e^{-1}$。根據這個事實，特定位元不會被設定的機率是 $e^{-k/m}$。如果我們的 Bloom 過濾器有 n 個項目，那麼這個位元不會被設定的機率是 $e^{-kn/m}$。反過來說，這個位元會被設定的機率是 $1 - (e^{-kn/m})$。得到偽陽性的機率就是插入 n 個項目之後，查看一個不在過濾器中的項目，但那個項目的所有 k 雜湊值都在已被設定的位置的機率。這等於 k 個特定的位元都被設定的機率：$p = (1 - e^{-kn/m})^k$。

我們可以用最後一個運算式來算出 Bloom 過濾器的最佳參數值。如果我們有 m（過濾器大小）與 n（項目數量），使用同樣的微積分，我們可以找出 k 的最佳值，即 $k = (m/n)\ln2$。例如，如果我們想要使用 100 億個位元（等於 1.25 Gbytes）的 Bloom 過濾器來處理 10 億個元素，我們需要使用 $k = (10^{10}/10^9)/ln2 \approx 7$ 個不同的、獨立的雜湊函式。使用這些參數時，因為 $n/m = 10^9/10^{10} = 1/10$，偽陽性的機率是 $\left(1 - e^{-7/10}\right)^7 \approx 0.008$，或 8‰；注意，這是**千分比**，不是百分比。我們可以畫出不同 k 值的函數 $\left(1 - e^{-k/10}\right)^k$，如圖 13.18 所示。這張圖顯示，就算只使用五個雜湊函數，我們都可以得到少於 1% 的偽陽率。

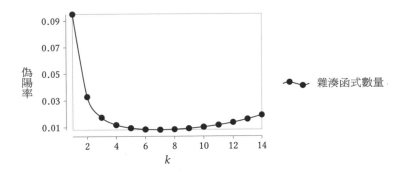

圖 13.18

當 $n/m = 10$ 時，以 Bloom 過濾器的雜湊函數數量 k 函式算出的偽陽率。

如果我們取 $k = (m/n) \ln 2$，並將它代入 $p = (1 - e^{-kn/m})^k$，接著簡化結果，可以得到偽陽率為 p，使用 k 個雜湊函式的 Bloom 過濾器的大小 m 是：$m = -n \ln p/(\ln 2)^2$。例如，如果我們想要用偽陽率 1% 來處理 10 億個項目，可得到 $m \approx 9,585,058,378$，大約是 100 億位元，或 1.25 Gbytes，如範例所示。如果項目的平均大小是 10 bytes，則我們可以使用 1.25 Gbytes 來處理 10 Gbytes，只要付出少量的雜湊函式的計算成本！

上述的典型 Bloom 過濾器可以明顯降低成本，但是除了偽陽性之外，它們也有其他的缺點，可能會限制使用的範圍。你無法刪除 Bloom 過濾器內的項目，如果你有兩個項目，它們都設定同一個位元，如果你反設（unset）一個項目的位元，另一個項目的那個位元也會被反設。在圖 13.19 中，"paper" 與 "trade-offs" 的雜湊位於 Bloom 過濾器的同一個位置，$T[6]$。如果我們想要從過濾器移除其中之一，就會反設 $T[6]$，但它應該被設為 1，因為另一個項目需要它。

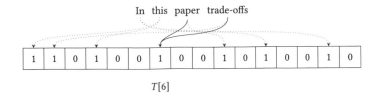

圖 13.19

在 Bloom 過濾器中刪除項目的問題。

解決這種問題的方法是不要使用位元陣列製成的雜湊表，而是使用計數器陣列，例如整數，並初始化為零。每當我們插入一個元素時，就將對應的雜湊位置的計數器加一。移除元素時，則將同一些計數器減一。檢查成員的做法與之前相同，檢查項目的所有雜湊值的零。我們將這種過濾器稱為計數 *Bloom* 過濾器（*counting Bloom filters*）。演算法 13.15 是加入項目的方法，演法算 13.16 是移除項目的方法。在計數 Bloom 過濾器中檢查成員的方式與一般的 Bloom 過濾器一樣。

演算法 13.15：在計數 Bloom 過濾器中插入項目。

InsertInCntBloomFilter(T, x)

　　輸入：T，大小為 m 的整數陣列

　　　　　　x，要插入計數 Bloom 過濾器的集合中的紀錄

　　結果：紀錄會被插入計數 Bloom 過濾器，讓 $h_0(x)$、$h_1(x)$、$\cdots$、$h_{k-1}(x)$ 的計數器加 1

1　**for** $i \leftarrow 0$ **to** k **do**
2　　　$h \leftarrow h_i(x)$
3　　　$T[h] \leftarrow T[h] + 1$

演算法 13.16：移除計數 Bloom 過濾器的項目。

RemoveFromCntBloomFilter(T, x)

　　輸入：T，大小為 m 的整數陣列

　　　　　　x，要從計數 Bloom 過濾器的集合移除的紀錄

　　結果：將 $h_0(x)$、$h_1(x)$、$\cdots$、$h_{k-1}(x)$ 的計數器減一，來移除計數 Bloom 過濾器的紀錄

1　**for** $i \leftarrow 0$ **to** k **do**
2　　　$h \leftarrow h_i(x)$
3　　　**if** $T[h] \neq 0$ **then**
4　　　　　$T[h] \leftarrow T[h] - 1$

如果我們在範例中使用計數 Bloom 過濾器，情況會演變成圖 13.20。插入項目時，我們會將每一個雜湊位置的計數器加一。需要移除項目時，我們直接將想要移除的項目的雜湊位置的計數器減一，如圖的最後一個部分所示。加入計數器可解決我們的問題，但需要付出代價。在簡

單的 Bloom 過濾器中，表的每一個位置都佔用一個位元的空間。在計數 Bloom 過濾器中，表的每一個位置佔用計數器的空間，它可能是 1 個 byte，甚至更多。所以它的空間效益比簡單的 Bloom 過濾器低。

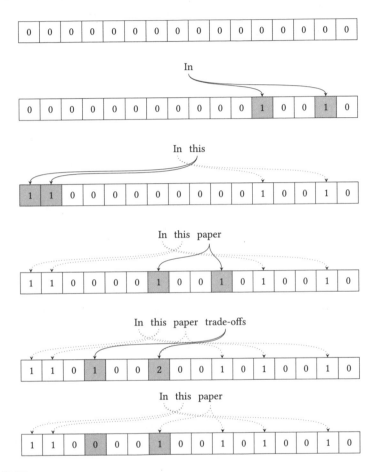

圖 13.20
在 Bloom 過濾器中插入與刪除資料。

我們還隱瞞了最後一件事情。之前我們假設有一組獨立的雜湊函式，可將相同的輸入變成不同的雜湊值。我們還沒有展示這種雜湊函式。我們的雜湊演算法會接收特定輸入並產生特定輸出，幸運的是，有些雜湊演算法可以根據我們傳入的參數來改變輸出，而且這些輸出的差異，就好像它們來自不同的、獨立的雜湊函式。它們就是我們可以在 Bloom 過濾器中使用的函式。演算法 13.17 是這種演算法的範例，它是基於 Fowler/Noll/Vo 或 FNV 雜湊演算法，名稱來自發明它的 Glenn Fowler、Landon Curt Noll 與 Phong Vo。

演算法 13.17：基於 FNV-1a 的 32 位元雜湊。

FNV-1a(s, i) → h

    輸入：s，字串

         i，整數

    輸出：s 的 32 位元雜湊值

1   $h \leftarrow$ 0x811C9DC5

2   $p \leftarrow$ 0x01000193

3   $h \leftarrow h \oplus i$

4   **foreach** c **in** s **do**

5      $h \leftarrow h \oplus$ Ordinal(c)

6      $h \leftarrow (h \times p)$ & 0xFFFFFFFF

7   **return** h

這個演算法會接收字串 s 與另一個參數 i，並回傳一個 32 位元雜湊值。它會根據不同的 i 值來為同樣的字串 s 產生不同的雜湊值，所以我們可以將它當成 Bloom 過濾器的基礎。為了做這件事，我們用第 1 行的魔術數字來初始化雜湊值，將它與用參數傳入的整數 i 做 XOR。接著，第 5 行會取出輸入字串的每一個字元的值，並拿它與目前的雜湊值執行 XOR。每一個字元的值是用函式 Ordinal(c) 來計算的，它會回傳字元的代碼，它可能是 Unicode 或 ASCII 碼，依表示方式而定。第 6 行會將結果乘以另一個魔術數字 p，這個數字是在第 2 行設定的，並取結果的後 32 位元，因為我們想要的是 32 位元雜湊值。為了取出後 32 位元，我們在乘法項與數字 0xFFFFFFFF 之間使用符號 & 來執行位元 AND 運算，0xFFFFFFFF 相當於將 32 位元設為 1。位元運算會接收兩個位元序列，如果兩個序列的同一個位置都是一，則在那個位置輸出一，否則零，見表 13.4。在算術中，取後 32 位元相當於除以 2^{32} 取餘數，但是使用位元運算可以避免整除（division altogether）；我們只是將 32 位元之後的所有位元設為 0，而不是計算 $(h \times p)$ mod 2^{32}。

表 13.4
位元 AND 運算。

		x	
		0	1
y	0	0	0
	1	0	1

順道一提，這是很實用且常見的做法。當我們想要切換特定的位元時，就會使用二進位模式，在我們的案例是 0xFFFFFFFF，裡面只有我們想要打開的位元，如果它們已經被打開的話。這種二進位模式稱為**位元遮罩**（*bit mask*）或簡稱**遮罩**（*mask*）。你可以在圖 13.21 中看到對八位元的數字使用四位元的位元遮罩來將後四個位元之外的所有位元關掉的情形。位元遮罩不一定是全由 1 組成的，但通常如此。

1	1	0	1	0	1	1	0

&

0	0	0	0	1	1	1	1

=

0	0	0	0	0	1	1	0

圖 13.21
用位元 AND 來對 11010110 套用位元遮罩 00001111 = 0xF。

位元 AND 的相反是**位元 OR**；見表 13.5。當我們想要將位元打開時，可以用位元遮罩與位元 OR 運算子。如圖 13.22 所示，位元 OR 的符號通常是 |。我們的演算法用不到位元 OR，但知道這件事是有好處的，因為你可能會遇到它。尤其是有些語言可能會造成混淆，所以知道這件事特別重要。在那些語言中，a && b 代表當 a 與 b 都是 true 時，這個運算式才是 true，而 a || b 代表當 a 或 b 是 true 時，這個運算式才是 true。它們相當於演算法中的 **and** 與 **or**。同時，a & b 代表計算 a 與 b 的位元 AND，而 a | b 代表計算 a 與 b 的位元 OR。第一組運算子談的是 true 與否，另一組運算式是以二進位形式來處理數字。請勿在不知情的情況下混用它們。

表 13.5

位元 OR 運算。

		x	
		0	1
y	0	0	1
	1	1	1

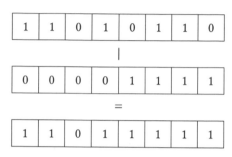

圖 13.22

使用位元 OR 來對 11010110 套用位元遮罩 00001111 = 0xF。

談到程式語言的特殊性，許多語言都有一種功能可將演算法 13.17 的第 6 行簡化成 $h \leftarrow h \times p$。如果程式語言將數字存為 32 位元，那麼無論 $h \times p$ 是否超過最大的 32 位元數字，因為溢位，都只有 32 位元被存入 h。所以不需要使用位元遮罩或 mod 運算。

我們好像已經完成所有事項了。我們從一個看起來很唬人的演算法開始，接著完成一個裡面有令人費解的數字的演算法。第 1 與 2 行的數字已被證實可讓雜湊函式的輸出看起來像亂數。實質上，我們需要接收一組位元輸入（字串），並將它弄亂，來產生一個看起來與輸入無關的集合。這件事並不容易，它需要嘗試一些隨機化策略，而且我們必須仔細檢查函式的行為是否符合需求：我們的案例希望不同的 i 值會提供不同的雜湊函式，而且這些函式看起來是真正獨立的。

參考文獻

鴿籠原理是數學家 Peter Gustav Lejeune Dirichlet 在 1834 年提出的，不過他當時稱之為 *Schubfachprinzip*，或 "抽屜原理"。根據雜湊歷史 [118, p. xv]，雜湊概念是 Hans Peter Luhn 在 2013 年 1 月的 IBM 內部文件中被首次提到的。郵政分揀機的共同發明者、U.S. Army's Signals Intelligence Service（SIS）及 Natural Security Agency（NSA）的密碼分析家 Arnold I. Dumey 在幾年之後的 1956 年，在第一篇雜湊化論文中提出這個想法 [54]，只不過他當時不是使用這個名詞。密碼員與電腦科學家 Robert Morris 在 1968 年說明他的概念時使用了這個名詞。Morris 當時在 Bell Labs 任職，他在那裡為 Unix 作業系統做了重要的貢獻，接著從 1986 年起到 NSA 直到退休。Cichelli 提出了一個簡單的完美雜湊函式範例 [37]。在演算法 13.2 中，各個單字的編碼是 GPERF 找出的 [173]。

William George Horner 在 1819 年提出以他的名字為名的方法 [97]，但是在那之前已經有人發現這個方法了。Newton 早 Horner 大約 150 年就使用這種方法，中國的秦九韶在 13 世紀也使用過它 [113, p. 486]。Paolo Ruffini 在 1804 也做過類似的程序，但是 Horner 與 Ruffini 似乎不知道之前的發展。與現今的數學論述相較之下，Horner 的講法相當複雜；在原始的文章中，他提到 "The elementary character of the subject was the professed objection; his recondite mode of treating it was the professed passport for its admission" [190, p. 232]。演算法 13.6 類似 Java 程式語言使用的雜湊函式 [22, pp. 45–50]。

我們談到的歌曲辨識程序是 Shazam 服務使用的技術的簡化版本 [212, 89]。那些圖是用 dejavu 專案產生的程式碼畫出來的（https://github.com/worldveil/dejavu）。Burton Bloom 在 1970 年提出以他的名字為名的過濾器 [23]，並用斷字來示範如何使用它們。Bloom 論文的開頭是這樣寫的 "In this paper trade-offs among certain computational factors in hash coding are analyzed"，也就是我們的範例使用的文字。Simson Garfinkel 有一篇介紹數位鑑識的短文 [76]；要瞭解 Bloom 過濾器如何用於數位鑑識，可參考 [222]。FNV 雜湊演算法的說明可參考 [70]。Bloom 過濾器也會經常使用一些其他的雜湊演算法，而且有更好的成果，例如 MurmurHash、Jenkins 與

FarmHash，你可以在擁有 web 搜尋功能的各種語言中找到它們的實作。要瞭解 Bloom 過濾器的教學介紹與數學公式推導，可參考 [24]。Mitzenmacher 與 Upfal 在他們的教科書的隨機演算法部分納入 Bloom 過濾器 [144, 5.5.3 節]。Broder 與 Mitzenmacher 有一篇關於 Bloom 過濾器在網路上的應用的綜合評論 [30]。

練習

1. 提出一種方式，以雜湊表來尋找無序陣列或串列中只出現一次的元素，並寫出程式來做這件事。接著，做相反的事情：提出一種方式與寫出程式來尋找在無序陣列或串列中出現多次的元素。

2. 你有一個無序陣列，裡面有一些整數與另一個整數 s。如何在 $O(n)$ 時間內，找出每一對數字 (a,b)，其中 a 與 b 都是陣列內的數字，讓 $a + b = s$？寫出程式，使用雜湊表來做這件事。

3. 如何使用雜湊表在一篇文章中找出最常出現的單字？

4. 如何使用雜湊表來製作兩個集合的聯集、交集與差集？

5. *anagram* 是將一段文字的字母重新排列之後得到的文字。例如，"alert" 是 "alter" 的 anagram。假設你有一部字典，裡面有所有的英文單字，我們可以用雜湊表來找出本身是其他單字的 anagram 的所有單字，方法如下：遍歷字典的每一個單字，排序單字的字元；就 "alter" 而言，可得到 "aelrt"，接著將那個字串當成雜湊表的鍵，該鍵的值是字典內用同樣的字母組成的所有單字。寫一個 anagram 搜尋程式來執行以上的做法。

14 Bits 與樹

易經（I Ching、Classic of Changes、Book of Changes）是一本古老的中國占卜書，它可能是在西元前第十世紀到第四世紀之間寫成的。易經的占卜過程是隨機選擇一個對應特定符號（卦）的數字，每一卦都有六條橫線，這些線可能是斷的，也可能不是。因為每條線有兩種可能性，我們有 2 × 2 × 2 × 2 × 2 × 2 = 64 種卦。傳統上，卦會按照特定的順序來排列，如圖 14.1 所示，這些順序有一些有趣的特性。這些卦可兩兩成對；其中 28 對的卦是上下相反的（例如第三與第四卦）；另外八對的卦是線條相反的，所以其中一個卦的直線在另一個卦會變成斷線（例如第一與第二卦）。

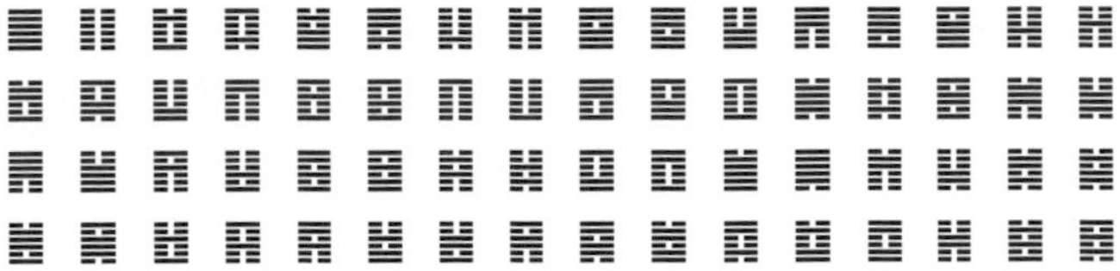

圖 14.1
易經的卦。

易經的每一卦都有特定的意義。最初，數字是以某種程序利用草稈取得的，人們以那個數字代表的卦來推測天意。

占卜的概念是，人們相信未來的天意可透過某種媒介以某種象徵來傳達，讓問卜者瞭解。有時這些符號與它們的解釋是相當開放的，例如解讀茶葉或咖啡渣，這種方式甚至有一種名稱，*tasseomancy*，代表杯子占卜，法語的 "tasse" 是杯子，希臘文的 "manteia" 是占卜。易經是一種 *cleromancy*，希臘文的 "cleros" 是抽籤，所以它代表以抽籤來占卜。

如同任何一本古代的經典，易經有大量的注釋。人們選出的卦代表的
意思有許多含糊之處需要用想像力來解讀，這是大家可以理解的，因
為若非如此，就不可能用 64 種不同的結果對應每一種問事的狀況。

撇開天意是否真的透過易經卦象來傳達訊息不談，我們可以試著找出
每一個卦真正能夠告訴我們多少東西，來評估它的潛力。當然，一個
卦可以用許多不同的方式來解讀，但是各種解讀都來自同一組斷線與
直線的圖樣。每一個圖樣真正可以傳達的資訊有多少？換句話說，上
天對算命者說了什麼？這看起來是個奇怪的問題，但是我們可以用科
學的方式來回答。

14.1　以占卜來溝通的問題

我們可以用圖 14.2 的方式來分析占卜符號，它是一個通訊系統的圖
解。在一般情況下，我們有一個傳遞訊息的資訊源，這個訊息可能是
任何東西：文字、音訊、視訊等等。為了傳輸，它必須轉換成訊號，
再透過通訊通道來傳播，當它在通訊通道中傳播時，可能會有雜訊汙
染訊號。在傳播的另一端，接收方會取得訊號，它會負責將它轉成原
始訊號，再送到目的地。

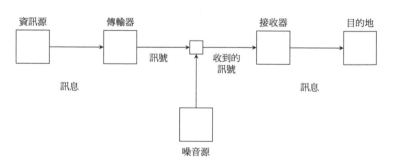

圖 14.2
通訊系統。

如果有兩個人互相交談，Alice 與 Bob，訊息是對話者腦中的想法，假設是 Alice。這個想法會被轉換成句子說出，它是一個聲音訊號，會以聲波的形式透過空氣傳遞，空氣是通訊通道，聲波會被 Bob 的耳朵轉換成電子訊號，耳朵是接收器。接著電子訊號到達 Bob 的腦，也就是訊號的目的地。如果 Alice 與 Bob 在吵雜的環境中對談，聲波會被加入噪音，可能會讓人難以對談。

在現代通訊中，訊號通常是用線路或空氣傳遞的電磁波，或用光纖傳遞的光脈衝。訊息（messages）是各式各樣的東西被轉換成適當的訊號（signals）之後四處傳遞的東西。

占卜時，上天會將訊息轉成適當的訊號傳送過來，在易經，訊號是拿到的草稈數量。卜師接收訊號後，會將它轉回原始的訊息。接收的過程可能會有雜訊，此時，訊息就會被錯誤解讀。這可以解釋占卜失準的案例。

通訊系統的基本特性在於，它可將來源的資訊傳給目的地。那麼，資訊是什麼？在日常的概念中，資訊代表 "訊息的含意和語意"。我們談的不是這種資訊概念，而是資訊的技術定義。我們可以觀察到，當我們跟某人說一些他們還不知道的事情時，就是在提供某種資訊，當我們學到新的東西時，就代表資訊的傳遞。訊息所含的資訊在某種程度上是不可預測的，如果訊息的內容是可預測的，我們就不需要費力傳送它了，因為接收方可以輕鬆地預測訊息內容，如果接收方事先知道訊息是什麼，他就不需要等著接收訊息了。所以要成為某種資訊，它的內容必須有不確定性；我們一定是向接收方傳達一些他們尚未完全確定的事項。

有一種符合以上說明的簡單訊息：當有人告訴我們兩個選項之間的結果的情況，這兩個選項可能是 "是" 與 "否"、"零" 與 "一"、"黑" 與 "白" 之間的選擇，且我們不能期望其中一種結果比另一種結果更有可能出現。訊息可解決問題，因此它攜帶了某些資訊。在兩個可能性相同的選項之間做出選擇所包含的資訊量，也就是二擇一的資訊量，稱為 *bit*，它是**二進位位數**（*binary digit*）的簡寫，因為二進位位數的值有兩種，零與一，它可以表示兩種可能的結果之一。bit 就是資訊的單位。

簡單的是或否訊息攜帶的資訊內容是一 bit。如果資訊的內容可傳達更多可能性，它就可以傳達更多資訊。如果一個訊息含有兩個問題的（機率相同）"是"或"否"答案時，它就帶有兩 bits 的資訊。同樣的道理，如果訊息含有 n 個是或否機率相等的問題的答案時，它就帶有 n bits 的資訊。

當我們有 n 個不同的 bits，每一個都代表一個與其他可能性無關的可能性時，我們就可能有 $2 \times 2 \times \cdots \times 2 = 2^n$ 種不同的訊息。所以，要瞭解有 n bits 的訊息的資訊內容，其中一種方法是將它視為可讓我們分辨 n 種機率相同的結果之中，2^n 種二擇一選項的資訊量。

每一個易經卦象都有六個二擇一可能性的答案，相當於 64 種不同的結果。因此，作為一種占卜系統，它基本上就是用含有六個 bits 的訊息來通訊。這就是上天可告訴我們的程度。用這麼簡短的訊息就可以傳達重要問題的答案頗令人印象深刻。

易經有一些可取之處：它的每一卦都會對應一個六 bits 訊息。綜觀歷史，神顯然是沉默寡言的。古希臘 Delphi 神廟的阿波羅神女祭司 Pythia 因為她的超能力而聞名，當 Lydia 國王 Croesus 詢問 Delphi 是否可以跨越界河攻擊波斯時，他得到的回應是"如果你跨越界河，有一個偉大的帝國就會滅亡。"他認為波斯王國是滅亡的一方，於是發動攻擊，結果導致他自己的王國的滅亡。Pythia 回答"哪個國家會滅亡"的訊息完全沒有任何資訊，這是個零 bits 的資訊。

14.2　資訊與熵

當我們面對可能性相等的二擇一選擇時，資訊量等於選擇的數量；因為每一選擇都相當於一 bit，所以資訊量等於 bits 數量，等於不同的選擇的數量。我們知道，有 2^n 種不同的二擇一選項時需要 n 個不同的 bits。因此，有 2^n 種可能性相等的訊息裡面的資訊量是 $n = \lg(2^n)$ bits；簡單來說，它是對可能結果的數量取底數為二的對數。

這包括訊息的資訊內容攜帶可能性相同的結果的情況，但我們也必須照顧到結果的可能性不同的情況。因此，我們要將討論的基礎從結果變成它們的機率，而且我們將要討論事件，而不是結果，與討論機率的方式一樣。因此，如果有一個訊息 m 指出某件事發生的機率是 p，我們定義它的資訊量是 $h(m) = -\lg p$。我們必須將對數取負，來取得正的結果，因為 $p \leq 1$；或者，我們可以使用 $h(m) = \lg(1/p)$，但處理分數比較麻煩。當一個事件的機率是 $p = 1/2$ 時，就相當於有兩個可能性相同的結果，我們會得到 $h(m) = -\lg(1/2) = 1$ bit，與之前得到的結果一樣。但是現在我們可以涵蓋可能性相同的事件之外的資訊。例如，假設我們根據歷史與目前的氣象資料知道明天下雨的機率是 80%。"明天會下雨" 這句話 m 傳達多少資訊？因為 $p = 8/10$，這個訊息的資訊量是 $h(m) = -\lg(8/10) \approx 0.32$ bits。如果我們聽到相反的說法 "明天不會下雨"，獲得的資訊等於 $h(m') = -\lg(2/10) = 2.32$ bits。當我們聽到本來就相當確定的事情時，得到的資訊就比較少。當我們聽到令人驚訝的事情時，得到的資訊比較多，例如雖然我們認為不太可能下雨，卻證實會下雨。如果明天下雨的機率是 50%，將會發生的事情就像丟硬幣決定一樣。如果我們知道發生兩種結果的機率相同，"明天會下雨" 傳達的資訊量與 "明天不會下雨" 一樣，都是 1 bit。最不令人意外的情況就是當我們知道某件事不會發生，$p = 0$，或某件事絕對會發生，$p = 1$ 時。在這兩種情況下，我們會得到 0 bits 的資訊。事實上，如果 $p = 1$，我們會得到 $-\lg 1 = 0$。如果 $p = 0$，對數沒有定義，但是當我們明確知道某事不會發生時，就與說那件事的相反肯定會發生一樣，所以我們可以說有互補機率 $1 - p$ 的資訊量也是 0 bits。

先將天氣放一旁，我們來討論英文。英文是字元組成的。特定字元是否在一段文字的某個地方出現是一種事件；因此我們可以研究每一個字母承載的資訊量。請注意，我們談的都是資訊的技術定義，是以 bits 來衡量的，而不是平常的文字資訊那種完全不同的意思。如果我們有字母的出現頻率，就可以從頻率轉換成機率，並取機率的二底數對數來計算它們承載的資訊。表 14.1 是字母、頻率、它們的機率，與相關的資訊。最常見的英文字母 "E" 的資訊內容是最罕見的英文字母 "Z" 的三分之一。這是因為 E 在英文中的數量比 Z 多很多，所以 Z 的出現比 E 更令人意外。

表 14.1
英文字母資訊。

字母	頻率	機率	資訊
E	12.49	0.1249	3.0012
T	9.28	0.0928	3.4297
A	8.04	0.0804	3.6367
O	7.64	0.0764	3.7103
I	7.57	0.0757	3.7236
N	7.23	0.0723	3.7899
S	6.51	0.0651	3.9412
R	6.28	0.0628	3.9931
H	5.05	0.0505	4.3076
L	4.07	0.0407	4.6188
D	3.82	0.0382	4.7103
C	3.34	0.0334	4.904
U	2.73	0.0273	5.195
M	2.51	0.0251	5.3162
F	2.40	0.0240	5.3808
P	2.14	0.0214	5.5462
G	1.87	0.0187	5.7408
W	1.68	0.0168	5.8954
Y	1.66	0.0166	5.9127
B	1.48	0.0148	6.0783
V	1.05	0.0105	6.5735
K	0.54	0.0054	7.5328
X	0.23	0.0023	8.7642
J	0.16	0.0016	9.2877
Q	0.12	0.0012	9.7027
Z	0.09	0.0009	10.1178

計算每一個字母的資訊之後，我們想知道英文字母的平均資訊為何？
因為已經知道每一個字母的出現機率與資訊了，要找出平均值，我們
只要採取平常的做法就可以。我們將每一個值乘以它出現的機率，接
著將所有的乘積相加。或者採取等效的做法，將每一個值乘以它出現
的次數，再除以所有值出現的總次數（這就是值出現的次數比例，值
的機率）並將乘積總和。平均值比較常見的說法是**期望值**（*expected
value*），尤其是在比較技術性的文件中。

要計算英文字母的平均資訊，我們只要將每一個機率乘以資訊的 bits 數，並將所有乘積總和。如果 $p(A)$、$p(B)$、$\cdots$、$p(Z)$ 是機率，它等於：

$$p(A)h(A) + p(B)h(B) + \cdots + p(Z)h(Z)$$

總和的結果告訴我們，一個英文字母的平均資訊內容有 4.16 bits。事實上，這個值太高了，因為它假設每一個字母都是彼此獨立的。文字中的字母不是獨立的，而且我們可根據它前面的字母來預測它；比較準確的值大約是每個字母 1.3 bits。

我們剛才計算的是，當可能產生的結果集合是 $X = \{x_1 \setminus x_2 \setminus \cdots \setminus x_n\}$ 時，結果 x_i 的平均資訊內容的定義，這個集合的每一個結果的機率是 $p(x_i)$。"結果集合 X 有 $p(x_i)$ 的機率會出現 x_i" 這種設定稱為 *ensemble*。在我們的英文範例中，x_i 是個字母，X 是所有的字母，而 $p(x_i)$ 是特定字母 x_i 出現的機率。以一般的數學術語而言，有 n 個不同結果的 ensemble 的平均資訊內容的定義是：

$$
\begin{aligned}
H(X) &= p(x_1)h(x_1) + p(x_2)h(x_2) + \cdots + p(x_n)h(x_n) \\
&= -p(x_1)\lg p(x_1) - p(x_2)\lg p(x_2) - \cdots - p(x_n)\lg p(x_n) \\
&= -\Big[p(x_1)\lg p(x_1) + p(x_2)\lg p(x_2) + \cdots + p(x_n)\lg p(x_n)\Big]
\end{aligned}
$$

值 $H(X)$ 是結果集合 X 的熵（*entropy*）。上述公式以三種不同的方式說明一組結果的熵就是一種結果的平均資訊內容，或一種結果的期望資訊內容。

這些資訊與熵的定義是 Claude Elwood Shannon 在 1948 年提出的。資訊的技術定義通常稱為 *Shannon* 資訊或 *Shannon* 資訊內容；有時我們也會使用單字 *surprisal*（出人意料）來表示看到訊息內容的意外程度。用數學式來架構資訊是一門全新的學科：資訊理論（Information Theory），它是現代通訊、資料壓縮的基礎，也延伸到語言學與宇宙學等學科。

雖然資訊內容與熵是相關的，但它們不一樣。熵是用資訊的內容來定義的。資訊內容是與一個事件有關的 bits 數量。熵談的是 ensemble，它是*一個 ensemble 的所有事件*的資訊內容平均值。

為了瞭解差異，我們來看一下擲硬幣時，頭像與反面結果的資訊內容。如果硬幣是公正的，頭像的機率 p 會等於反面的機率 q，我們得到 $h(p) = h(q) = -\lg(1/2) = 1$ bit。如果硬幣是不公正的，且 p 比反面的機率高，假設 $p = 2/3$ 且 $q = 1/3$，我們可以得到 $h(p) = -\lg(2/3) = 0.58$ bits，$h(q) = -\lg(1/3) = 1.58$ bits。頭像比反面不讓人意外，所以指出 "擲到頭像" 的訊息攜帶的資訊量比指出 "擲出反面" 的還要少。

討論硬幣的資訊內容是沒有意義的。我們只能討論它的結果的平均資訊內容，也就是頭像與反面兩種結果的平均資訊內容。這就是硬幣的熵。如果硬幣 X 是公正的，我們可以得到 $H(X) = -p\lg p - q\lg q = -(1/2)\lg(1/2) - (1/2)\lg(1/2) = 1$ bit。如果硬幣被作假，它的 $p = 2/3$ 且 $q = 1/3$，我們得到 $H(X) = -p\lg p - q\lg q = -(2/3)\lg(2/3) - (1/3)\lg(1/3) \approx 0.92$ bits。作假的硬幣比公正的硬幣容易預測，因此熵比較低。我們可以畫一張圖來展示熵如何隨著 p 與 q 的改變而改變，見圖 14.3。熵在 $p = q = 0.5$ 有最大值，在那裡，它變成 1 bit。

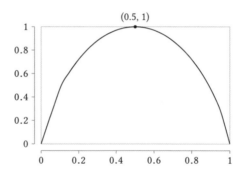

圖 14.3

機率為 p 與 $q = 1 - p$ 的兩個事件的 ensemble 熵。x 軸是機率 p，y 軸是 ensemble 的熵。

為什麼要用熵？為什麼要用它來表示 ensemble 的平均資訊內容？熵這個概念是奧地利物理學家 Ludwig Boltzmann 在 1872 年，以及美國科學家 J. Willard Gibbs 在 1878 年提出的，他們的定義都與系統的混亂（disorder）程度有關。直覺來說，較不混亂的系統的熵比較高。

為了說明物理學的熵,我們可以從觀察一個有外部與內部狀態的系統開始。**外部狀態**是從外面觀察到的狀態。**內部狀態**是內部發生的情況。例如,假設我們有一個透明的罐子,裡面有兩種分子,黑色與白色的(它們可能是黑色與白色墨水的分子)。罐子的內部狀態是以這兩種分子的位置組成。罐子的外部狀態是以它的內容物的顏色組成的。我們看到外部狀態為灰色的次數,會比看到有明確的顏色分界(一半是白色,一半是黑色)的次數多很多。原因是所有同色分子都聚在一起才會出現第二種外部狀態,但第一種外部狀態沒有這種需求。因此,將分子隨機分散到罐子各處的方式比用顏色來將它們分開的方式多。外部狀態是均勻顏色的內部狀態比黑白分明的內部狀態多;因此它的熵比較高。

系統的內部狀態來自它的元素的狀態,所以稱為**微觀狀態**(*microstates*)。系統的外部狀態是描述它的某項外貌(aspect)的變數,所以稱為**宏觀狀態**(*macrostate*)。知道這些定義之後,根據 Boltzmann 的定義,在某個特定的宏觀狀態下,系統的熵 S 是:

$$S = k_B \ln \Omega$$

其中的 Ω 是符合特定宏觀狀態的微觀狀態的數量,它們的機率是相同的,k_B 是物理常數,稱為 Boltzmann 常數。這個公式會統計事件以及取自然對數,所以有點類似 Shannon 熵。從 Gibbs 公式的 S,你可以清楚看出物理熵與資訊熵之間的相似程度:

$$S = -k_B \Big[p(x_1) \ln p(x_1) + p(x_2) \ln p(x_2) + \cdots + p(x_n) \ln p(x_n) \Big]$$

其中的 x_1、x_2、$\cdots$、x_n 是系統的各種微觀狀態,而 $p(x_i)$ 是每一種微觀狀態的機率。Gibbs 公式是 Boltzmann 公式的一般化版本,因為它不要求相等的機率。除了使用 k_B 以及使用自然對數而不是底數 2 的對數之外,它與 Shannon 的定義是相同的。

因為物理熵與資訊熵的句法(syntactic)極其相似,令人不禁認為它們背後有更深層的原因。事實上,很多人都在討論它可能的含意。解決這種問題的方式之一,就是將 Gibbs 熵 S 想成準確定義系統某個特定的微觀狀態所需的資訊量,例如罐中每一個黑白分子的位置與動量。

14.3　分類

人類天生就擅長將物體指派給各個群組。我們會對各式各樣的動物或無生命體執行這項能力，這種能力稱為**分類**（*classification*）。這是必備的生存技能，因為具備這種技能之後，我們不需要知道特定的花紋，就可以知道似乎有一隻致命老虎在附近，我們知道長得像老虎的東西可能是老虎，所以要特別小心，就算從來沒有真正遇過老虎。同樣的，當我們第一次遇到看起來像食肉獸的大型動物時，應該會立即將它視為潛在的威脅，不會後知後覺。

分類不但是生存的必備技能，在先進社會的許多工作中也很重要。銀行必須根據貸款申請人是否可能償還債務來對他們進行分類。銷售商希望將潛在顧客分為促銷活動的好或壞對象。社群媒體公司與民調機構希望找出以特定的意見與態度來將貼文分類的方式。

分類的方法很多。最明顯的，也是我們將要說明的，就是使用一組**屬性**（*attributes*）來分類，屬性是與待分類的東西有關的特徵。屬性包含任何與分類工作有關的東西，例如，在分類貸款申請人時，我們可能會使用收入、性別、教育程度與工作狀態，身高這種特徵可能與其他的分類比較有關係，與辨識好的貸款申請人應該無關。要將菇類分為有毒與無毒，我們使用的特徵可能是它們的菇帽形狀、菌褶大小、莖形、氣味與生長處，但它們的出現頻率或稀有性應該無關緊要。

屬性可能是**數字型**（*numerical*），或**類別型**（*categorical*）。數字型屬性的值是數字，例如收入。類別型屬性是從一組類別中選出一個來作為它的值，例如教育程度的值可能是 "國中"、"高中"、"大學"、"碩士"、"博士"。數字型屬性的值是數字，例如身高。我們可能也會使用**布林屬性**（*boolean attributes*），它的值是 "true" 與 "false"，方便的話，它們可能會被視為有兩個值的類別型屬性，或以 0 代表 false，1 代表 true 的數字型屬性。我們通常用一項東西的某個屬性值來決定它的類別，這種屬性稱為**類別屬性**（*class attribute*），或**標籤**（*label*），貸款申請人的類別屬性可能是 "符合資格" 或 "不符合資料"。

取得一組有助於分類實例的屬性之後，分類問題就會變成：我們怎麼用手上的屬性來分類實例？有時答案很明顯，例如沒工作或教育程度低的貸款申請人。但真實的情況很少這麼明確。以前良好的分類需要專業知識，而且是專家根據長時間的經驗來開發的規則與直覺來決定的。但是這種做法在許多情況下是不可行的。現在我們會因為不同的目的而分類大量的實例，你可以試著想想大型零售商或社群媒體公司每天必須回答的問題，以及必須分類的實例數量。

因此，我們必須讓機器或電腦學會如何分類。這是機器學習的領域，它的目的是開發一些方式來讓電腦學習做事，例如分類，我們通常會將它想成人類的智慧。機器學習方法有三類。

在監督式學習（*supervised learning*）中，學習者，也就是電腦，會用收到的資料集與正確的答案來學習如何執行工作，這個資料集稱為訓練集（*training set*）。監督式學習的工作，是使用訓練集與答案來推導一個函數，之後將這個函數用在實際的資料上。分類就是一種監督式學習，我們會提供一個訓練集，這個訓練集裡面有實例、它們的屬性與它們的類別，希望學習者從中找出一種方式來分類它尚未看過的其他實例。

在非監督式學習（*unsupervised learning*）中，學習者會試著在資料集中找出某個隱藏的結構，但資料集沒有任何可供推論這個結構的正確答案。非監督式學習可能不知道任何結果，只能依賴資料的特徵。我們可以用非監督式學習來做分群（*clustering*），也就是根據一組具有某些屬性的實例來找出一些可以將這些實例良好分離的群組。每一個群組都是一群實例，所以某個群組的成員彼此之間的關係會比其他群組的成員還要緊密。

最後，在強化學習（*reinforcement learning*）中，學習者會收到一個訓練集，並被要求提供一個工作的答案；它們會收到回饋，但是這個回饋不是指出正確或錯誤，而是讓學習者累積的獎勵或懲罰。機器人是強化學習的典型應用案例，它們會與環境互動，並且根據收到的回饋來控制動作。

14.4　決策樹

我們把焦點放在監督式學習分類法。一開始,我們有一個訓練集,裡面有一些類別已知的資料。我們想要訓練電腦,讓它可以預測未知資料的類別。這個方法使用分治原則,它會接收一個最初的訓練集,以及描述訓練實例的屬性,接著根據屬性值來將資料集劃分為愈來愈小的子集合,直到子集合可對應特定類別為止。在訓練結束時,學習者會消化這個訓練集,並找出一種使用所選屬性來進行分類的方法。接著,學習者就可以將它得到的知識應用在實際的資料上。將初始集合劃分為子集合的動作可以輕鬆地用樹來表示;這種樹稱為**決策樹**(*decision tree*),它的內部節點代表對一個屬性進行的測試的動作,父與子節點之間的連結代表在父節點中進行測試的結果,葉節點代表類別。決策樹是用來預測未知資料的類別的模型,可想而知,這種模型稱為**預測模型**(*prediction models*)。

表 14.2 是個訓練集範例。這個訓練集裡面有六個不同的星期六上午的天氣資料。在樹中,我們要根據訓練集的建議,來決定是否在星期六上午進行一些活動。我們將星期六上午分類為 "P"(Play)與 "N"(No play)。一天有三種屬性:outlook、humidity、windy。outlook 屬性有三種值:sunny、overcast 或 rain。Humidity 可能是 high 或 normal。Windy 可能是 true 或 false。圖 14.4 是用這個訓練集建立的決策樹。

表 14.2
簡單的天氣資料訓練集。

No.	屬性			分類
	Outlook	Humidity	Windy	
1	sunny	high	false	N
2	overcast	high	false	P
3	rain	high	false	P
4	sunny	normal	false	P
5	rain	high	true	N
6	rain	normal	true	N

用決策樹來分類物件時,我們只要根據物件的屬性值沿著樹往下走就可以了。例如,假設我們有個 outlook sunny、humidity normal 與 windy 的實例。訓練集裡面沒有這個實例。我們從根開始,如圖 14.5a

所示，我們檢查 outlook 屬性，它是 sunny，所以往左邊分支向下走，
到達 humidity 節點，在那裡檢查 humidity 屬性，如圖 14.5b 所示，它
是 normal，所以往右邊分支向下走，到達葉節點 P，所以 P 是我們指
派給這個實例的類別，如圖 14.5c 所示。我們沒有檢查 windy 屬性。

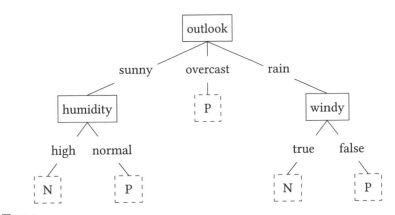

圖 14.4
簡單的決策樹。

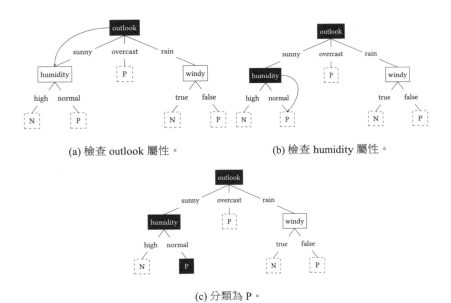

(a) 檢查 outlook 屬性。　　　　(b) 檢查 humidity 屬性。

(c) 分類為 P。

圖 14.5
使用決策樹來對 outlook sunny、humidity normal 與 windy 的實例進行分類。

決策樹相當於一組規則；從根節點到葉節點的每一條路徑都是一組規則，實例必須遵從那些規則，才會被歸類為那一個葉節點。這個決策樹範例有五條這種規則：

若 outlook 是 sunny 且 humidity 是 high 則為 N
若 outlook 是 sunny 且 humidity 是 normal 則為 P
若 outlook 是 overcast 則為 P
若 outlook 是 rain 且 windy 為 true 則為 N
若 outlook 是 rain 且 windy 為 false 則為 P

用決策樹來查看過程中發生的情況通常比用一組規則來得容易。此外，這些衍生的規則無法展示我們如何抵達它們，但決策樹可在建構樹的過程中顯示屬性與它們的測試順序。

我們可以在圖 14.6 中追蹤決策樹的建構。我們從根節點開始使用訓練集來建立決策樹，在每一個內部節點，包括根節點，都代表對一個屬性進行測試。我們在根節點使用 outlook 屬性，這可解讀為 "在集合 {1, 2, 3, 4, 5, 6} 中查看 outlook 屬性"，如圖 14.6a 所示，子集合 {1, 4} 含有 sunny outlook，我們在樹中建立這個子集合的分支，並繼續測試其他屬性的值。我們在圖 14.6b 選擇 humidity 屬性來檢查，有一個實例的 outlook 是 sunny 且 humidity 是 high，所以我們建立一個 high 分支，裡面有子集合 {1}，如圖 14.6c 所示。現在我們的子集合成員（只有一個）都屬於單一類別 N，我們已經到達葉節點了，所以再進一步就沒有意義了。另一個實例的 outlook 是 sunny 且 humidity 是 normal，所以我們建立一個 normal 分支，裡面有子集合 {4}，如圖 14.6d 所示。這也是一個葉節點，屬於類別 P。

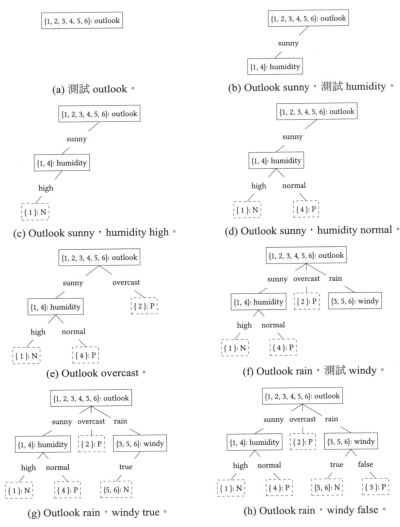

(a) 測試 outlook。

(b) Outlook sunny，測試 humidity。

(c) Outlook sunny，humidity high。

(d) Outlook sunny，humidity normal。

(e) Outlook overcast。

(f) Outlook rain，測試 windy。

(g) Outlook rain，windy true。

(h) Outlook rain，windy false。

圖 14.6
建構決策樹的步驟。

回到根節點的測試，outlook 屬性的第二種值是 overcast，只有一個實例的 outlook 是 overcast，所以我們在圖 14.6e 建立一個類別 P 的葉節點。outlook 屬性的第三種值是 rain，對應的子集合是 {3, 5, 6}，我們在圖 14.6f 選擇 windy 屬性來檢查子集合，如果 windy 是 true，則子集合 {5, 6} 的成員都是類別 N，所以我們在圖 14.6g 建立一個 N 葉節點，而子集合 {3} 的 windy 是 false，我們將它放在類別 P 葉節點。

14.5 屬性選擇

我們還沒有談到一個決策樹建構程序,如果我們想要得到真正的決策樹建構演算法,也必須處理它,也就是如何在每一個節點選擇要測試的屬性。在圖 14.6 中,我們先選擇 outlook 屬性,接著是 humidity 屬性,接著 windy 屬性。但我們也可以用其他的做法,選擇不同的屬性,如此一來會得到不同的決策樹。

為了瞭解屬性選擇,我們要使用比較複雜的訓練集,見表 14.3。在新的訓練集中,我們加入一個屬性,temperature,它可能是 hot、mild 或 cool。雖然它比表 14.2 複雜,但仍然是個玩具問題,在真正的分類問題中,訓練集會有十幾個甚至上百個屬性,而且可能有上千或數百萬個實例。

表 14.3
天氣資料的訓練集。

No.	屬性				分類
	Outlook	Temperature	Humidity	Windy	
1	sunny	hot	high	false	N
2	sunny	hot	high	true	N
3	overcast	hot	high	false	P
4	rain	mild	high	false	P
5	rain	cool	normal	false	P
6	rain	cool	normal	true	N
7	overcast	cool	normal	true	P
8	sunny	mild	high	false	N
9	sunny	cool	normal	false	P
10	rain	mild	normal	false	P
11	sunny	mild	normal	true	P
12	overcast	mild	high	true	P
13	overcast	hot	normal	false	P
14	rain	mild	high	true	N

因為決策樹的每一個節點都是我們根據一個屬性所做的決定,要從根開始建構決策樹,我們必須決定該使用哪一個屬性,來讓我們的決策開始劃分訓練集實例。這裡有四種不同的屬性,所以根節點的決策有四種可能的選項。哪一種是最好的?

你可以從圖 14.7 看到在根節點選擇四種屬性來測試時產生的第一層決策樹。同樣的問題，哪一個是最好的選擇？

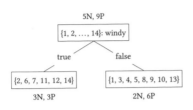

(a) 以 Windy 為根決策屬性。

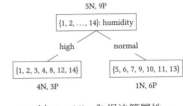

(b) 以 Humidity 為根決策屬性。

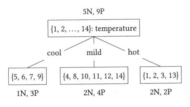

(c) 以 Temperature 為根決策屬性。

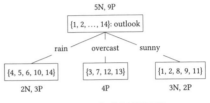

(d) 以 Outlook 為根決策屬性。

圖 14.7
選擇根決策屬性。

我們的目標是對訓練集進行分類，使得最終可以得到一些屬於特定類別的節點。如果一個節點內的所有實例都屬於單一特定類別，那麼該節點就是完全由屬於該類別的成分組成的（同質性，homogeneous）。如果節點內的實例混合多種類別，那個節點就是由不同的成分組成的（異質性，heterogeneous）。混合的類別愈多，該節點就愈異質。這時熵就派上用場了。

如果一個節點是同質的，代表每一個實例的類別屬性都是可預測的，因為每一個實例都與該節點的任何其他實例一樣。如果節點是異質的，就沒有這項特性；然而，如果有愈多實例屬於相同的類別，我們就愈能夠預測每一個實例所屬的類別。

圖 14.7 是選擇四種不同的根屬性時產生的第一層決策樹。我們在每一個子節點指出屬於 N 與 P 類別的實例數量。在整個訓練集中，我們有五個屬於類別 N 與九個屬於類別 P 的實例。在圖 14.7b 的 normal 分支底下的節點中，有六個實例是類別 P，一個實例是類別 N。如果我們在這裡停止決策樹，並據此決定實例的類別，則合理的選項是類別 P，因為基於觀察到的頻率，該節點上的 P 與 N 的可能性是六比一。

情況愈無法預測，熵就愈高，因為我們需要愈多 bits 來描述它。因此，當我們考慮熵時，節點的同質性愈高，熵就愈低，節點的異質性愈高，熵就愈高。熵是以事件的機率來定義的，在決策樹中，事件是"實例具備特定的類別屬性值"。事件的機率就是"節點內的實例有特定的類別屬性值的頻率"。這可以與之前看過的熵定義結合：

$$H(X) = -p(x_1)\lg p(x_1) - p(x_2)\lg p(x_2) - \cdots - p(x_n)\lg p(x_n)$$

現在在這個公式中，X 是含有一組實例的節點；每一個實例的類別屬性都有一個值，它有 n 種可能的值；而各個 x_i 就是在該節點中，觀察到第 i 個類別屬性值的事件。在天氣資料範例中，我們只有兩個 x_i，一個是 P，一個是 N。決策樹的每一個節點的熵是：

$$H(X) = -p(x_1)\lg p(x_1) - p(x_2)\lg p(x_2)$$

其中的 $x_1 = $ P，$x_2 = $ N。

如果我們用熵來找出一個節點的同質性與異質性，就可以得到圖 14.8 所示的值，這張圖指出每一個節點的 H 值；我們很快就會看到圖中的 G 是什麼。

如同預期，當每一個類別的機率都是 50% 時，就像圖 14.8a 的左子節點的情形，$H = 1$。同樣的道理，當某個類別的機率是 100% 時，如同圖 14.8d 的中間子節點的情形，$H = 0$。若異質性有中間值，我們會得到 H 的中間值。當我們將 H 的值畫出時，可得到圖 14.3，因為在這個範例中，類別屬性只有兩個值，所以這種情況對應含有機率為 p 與 $1 - p$ 的兩個事件的 ensemble 的熵。

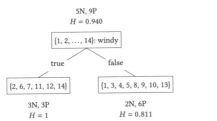

5N, 9P
$H = 0.940$

{1, 2, …, 14}: windy

true   false

{2, 6, 7, 11, 12, 14}   {1, 3, 4, 5, 8, 9, 10, 13}

3N, 3P   2N, 6P
$H = 1$ $H = 0.811$

$G = 0.940 - 6/14 \times 1 - 8/14 \times 0.811 = 0.048$

(a) 以 Windy 為根決策屬性。

5N, 9P
$H = 0.940$

{1, 2, …, 14}: humidity

high   normal

{1, 2, 3, 4, 8, 12, 14}   {5, 6, 7, 9, 10, 11, 13}

4N, 3P   1N, 6P
$H = 0.985$ $H = 0.592$

$G = 0.940 - 7/14 \times 0.985 - 7/14 \times 0.592 = 0.151$

(b) 以 Humidity 為根決策屬性。

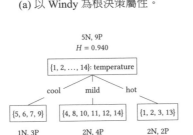

5N, 9P
$H = 0.940$

{1, 2, …, 14}: temperature

cool   mild   hot

{5, 6, 7, 9}   {4, 8, 10, 11, 12, 14}   {1, 2, 3, 13}

1N, 3P   2N, 4P   2N, 2P
$H = 0.811$ $H = 0.918$ $H = 1$

$G = 0.940 - 4/14 \times 0.811 - 6/14 \times 0.918 - 4/14 \times 1 = 0.029$

(c) 以 Temperature 為根決策屬性。

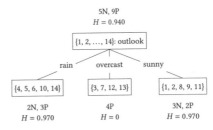

5N, 9P
$H = 0.940$

{1, 2, …, 14}: outlook

rain   overcast   sunny

{4, 5, 6, 10, 14}   {3, 7, 12, 13}   {1, 2, 8, 9, 11}

2N, 3P   4P   3N, 2P
$H = 0.970$ $H = 0$ $H = 0.970$

$G = 0.940 - 5/14 \times 0.970 - 4/14 \times 0 - 5/14 \times 0.970 = 0.247$

(d) 以 Outlook 為根決策屬性。

圖 14.8
各種熵與資訊增益值。

我們到達如何選擇決策屬性的關鍵了。在圖 14.8 的每一棵樹中，根節點有一個熵，它的下一層有兩個以上的熵。我們想要劃分訓練集，讓每一個子節點盡量同質，所以用熵來測量單個節點的同質性。如果我們有 m 個子節點 n_1、n_2、$\cdots$、n_m，就用以下的方式來衡量所有子節點的同質性：

$$\frac{|n_1|}{n} \times H(n_1) + \frac{|n_2|}{n} \times H(n_2) + \cdots + \frac{|n_m|}{n} \times H(n_m)$$

其中的 $|n_i|$ 是前往節點 n_i 的訓練集實例數量。上述公式的每一個乘數比值都是頻率比值、比例，或機率；每一個被乘數都是各個節點的熵值。它是後裔的熵的平均值，或後裔關於類別屬性的熵的期望值：

$$p_1 H(n_1) + p_2 H(n_2) + \cdots + p_m H(n_m)$$

其中的 $p_i = |n_i| / n$ 是某個實例屬於節點 n_i 的機率。

計算父節點的熵與後裔的期望熵之後,我們將前者減去後者。這個值代表熵從父節點到子節點減少了多少。父節點的熵與子節點的期望熵的差稱為資訊增益(*information gain*)。它是根據我們選擇的測試屬性來劃分樣本造成的熵減少量。如果 $H(X)$ 是父節點的熵,a 是測試屬性,資訊增益是:

$$G(X, a) = H(X) - \left[p_{1|a}H(n_{1|a}) + p_{2|a}H(n_{2|a}) + \cdots + p_{m|a}H(n_{m|a}) \right]$$
$$= H(X) - p_{1|a}H(n_{1|a}) - p_{2|a}H(n_{2|a}) - \cdots - p_{m|a}H(n_{m|a})$$

這個公式看起起來有點複雜,但是計算方式其實與之前完全一樣。$n_{i|a}$ 代表父節點選擇 a 當成測試屬性產生的第 i 個子節點。類似的情況,$p_{1|a}$ 代表父節點選擇 a 為測試屬性之後,一個實例屬於子節點 $n_{i|a}$ 的機率 $p_i = |n_{i|a}| / n$。我們在公式中加入 a 是為了突顯 "樹是因為我們在分割的節點選擇屬性而成長" 這個事實。

以較抽象的方式,我們可以寫成:

$$G(X, a) = H(X) - H(X|a)$$

也就是說,資訊增益是 "決策樹的節點 X 的熵" 與 "使用 a 來作為測試屬性之後產生的節點的熵" 之間的差。符號 $H(X|a)$ 遵循條件機率的表達慣例:$p(x|y)$ 是我們知道 y 為 true 時,可得到 x 的機率。

回到我們的範例,我們每次選擇測試屬性後得到的資訊增益值,就是圖 14.8 每張小圖下面的 G。

你可以看到,熵(或資訊內容),會在我們往樹的下一層走之後減少,所以資訊增益這個術語看起來是違反直覺的。為了瞭解為何要使用這個術語,我們必須回到 "資訊是傳輸訊息需要的 bits 數" 這個概念。在這個範例,我們想要傳輸的訊息是一個實例在一個節點內的平均資訊內容。如果我們想要表示訊息內的節點,就需要用 $H(X)$ bits。如果我們想要表示它的子節點,則需要較少的 bits。省下的 bits 數就是增益,因此使用資訊增益是合適的。增益來自 "我們在子節點知道的東西比在根節點還要多",這些東西就是每個節點的測試屬性值。

例如，在圖 14.8d 中，最初有 14 個實例可能含有結果屬性的全部三種值。在子節點，我們知道，在每個節點的所有實例的 outlook 都會是 rainy、overcast 或 sunny，且沒有節點有混合的實例。這項知識可讓我們在後代減少一些資訊內容數量。

資訊增益是在決策樹的每一個節點選擇測試屬性的關鍵。我們計算節點的每一個屬性選項的資訊增益，並選擇得到最大資訊增益的屬性。因此，我們可以在圖 14.8 看到，最大的資訊增益來自 outlook 屬性，這是我們在根節點選來劃分訓練集的屬性。

我們先暫停一下，看看截至目前為止完成的事項。我們先測量資訊，接著以熵的形式測量混亂（disorder）。接著我們知道可以用分類樹的形式來表示分類規則，分類樹是藉由將訓練集劃分成愈來愈小的部分來成長的，我們會在每一個步驟選擇適當的測試屬性，測試屬性是用可以得到多少資訊增益來選擇的。接下來，我們要以這個機制為基礎來開發成熟的決策樹建構演算法。

14.6　ID3 演算法

熵與資訊增益是 ID3（Iterative Dichotomizer 3）決策樹建構演算法的基本元素，這個演算法是澳洲電腦科學家 Ross Quinlan 在 1970 年代末期發明的。ID3 演算法會從決策樹的根節點開始處理，根節點含有所有的訓練集實例。為了選擇測試屬性來劃分訓練集元素，它會計算每一個屬性的資訊增益，並選擇可產生最大資訊增益值的屬性，用那個屬性來劃分訓練集，建立子節點，接著遞迴處理每一個新建立的節點，根據資訊增益來選擇最佳的劃分屬性來劃分目前節點的訓練集子集合，以此類推。

ID3 的基本概念是選擇一個測試屬性、進行劃分，並在每一個子節點重複這些動作，這是一種遞迴程序，所以不能永無止盡地執行。事實上，在三種情況下，遞迴會在指定的節點停止，此時，我們會建立一個屬於某個類別的葉節點。

第一種情況，我們可能在到達一個節點後，發現它裡面的訓練集子集合的目標類別屬性值都一樣（在我們的範例中，全部都是 P 或 N 類別）。此時繼續執行肯定沒有任何意義，因為這個節點已經將從根節點沿路過來的實例精確分類了。發生這種情況時，我們就將這個節點轉成對應類別的葉節點。圖 14.9 就是這種情形，所有葉節點裡面的實例都是同一個類別。例如，如果我們使用 humidity 屬性來劃分集合 {1, 2, 8, 9, 11}，high 與 normal 這兩種值會產生一個內含實例都是類別 N 的節點，以及另一個內含類別 P 的節點，我們會將這兩種節點轉換成葉節點。同樣的事情也會在樹的其他分支發生。

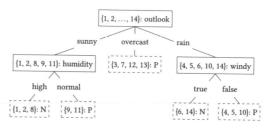

圖 14.9
含有單一類別的實例的葉節點。

第二種停止的原因是抵達一個節點後，沒有其他屬性可以測試，但剩下來的案例不屬於同一個類別。因為沒有其他屬性，我們無法繼續劃分剩下來的案例。我們必須停止，建立一個葉節點，並將它的類別設為多數的實例類別。如果沒有多數類別，因為 50-50，我們就可以選擇一種平分決勝規則。為了說明這個動作，假設我們的訓練集除了表 14.3 的實例之外還有一個實例，編號 15，它的 outlook 是 sunny，temperature 是 mild，humidity 是 high，windy 是 false，且類別是 P，此時 ID3 演算法會建立圖 14.10 的決策樹。當我們到達含有子集合 {8, 15} 的節點時，會使用最後一種屬性，windy。{8, 15} 這兩個元素都是 windy，而實例 8 的類別是 N，實例 15 的類別是 P。但是我們沒有其他屬性可以劃分這兩個實例了，所以我們將它們放在葉節點，理想情況下，葉節點的類別是多數實例的類別，但是這裡沒有多數，所以我們使用類別 P，它是我們最後一次查看的實例（15）所屬的類別。

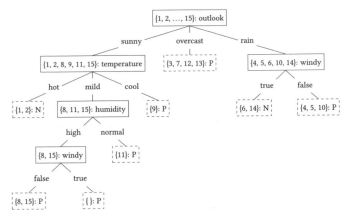

圖 14.10
葉節點的實例有多個類別。

第三種停止情況是到達一個分支後，發現沒有元素可以劃分了。發生
這種情況時，我們會用父節點的多數實例類別來建立葉節點，同樣
的，如果沒有多數，我們就自由選擇平分決勝規則。使用同一種擴展
後的訓練集，這種情形會在圖 14.10 中含有子集合 {8, 15} 的節點的
high 分支發生。實例 8 與實例 15 的 windy 都不是 true，所以我們必
須建立一個空的葉節點，並指派類別 P 給它。我們採用之前的平分決
勝規則，因為我們必須找出 {8, 15} 的多數類別（不存在）。

我們剛才說明的程序還不是演算法。為了讓它成為演算法，我們要用
更有條理的方式來描述它。這個程序是遞迴的，採深度優先，說明
如下：

- 使用一個根節點來建構樹。如果所有的樣本都是同一個類別，就
  將該類別指派給根節點，並回傳這棵樹（第一種結束遞迴的方
  式）。否則，如果沒有其他屬性可測試，就將剩餘案例的多數類別
  指派給根節點，並回傳這棵樹（第二種結束遞迴的方式）。否則：
  — 選擇可產生最大資訊增益的屬性 a。它就是根節點的測試屬
    性。對於 a 的每一種可能值 v_i：
    * 在根節點加上一個 v_i 的分支。找出 a 為 v_i 值的樣本。將這
      組樣本設為 *examples_v_i*。

> » 如果 *examples_v$_i$* 是空的，在分支底下加上一個新的分支與一個新的葉節點，將父節點的樣本中最常見的類別指派給那個節點（第三種結束遞迴的方式，因為我們不會在樹中繼續往深處走了）。

> » 否則，在新分支底下加入一棵新樹，用樣本 *examples_v$_i$* 與屬性 *a* 之外的屬性來遞迴建構它。

- 在這個節點裡面處理所有屬性值 *v$_i$* 之後，回傳這棵樹，以後續的遞迴呼叫讓它繼續成長。

這看起來比較像演算法了，但還不到位。我們想要在虛擬碼中使用已知的控制結構與資料結構來指定程序。演算法 14.1 是採取這種做法的結果。我們傳入演算法的參數是 *examples*，也就是訓練集實例（例如天氣資料）、分類屬性 *target_attributei*（天氣資料內的類別屬性）、其他的訓練集實例的屬性 *attributes*，與它們可能的值 *attribute_values*。

examples 是以串列來提供的，它的每一個成員都是一個訓練集實例。訓練集實例是一筆紀錄，裡面有描述該實例的屬性與目標屬性，目標屬性是指出該實例屬於哪個類別的屬性。訓練實例的每一筆紀錄都是用一個關聯陣列來將屬性名稱對應到屬性值。例如，表 14.3 的第一個實例是擁有以下鍵值對的關聯陣列：(outlook, sunny)、(temperature, hot)、(humidity, high)、(windy, false)、(class, N)。*target_attribute* 只是分類屬性的名稱（我們範例中的類別），*attributes* 是一個集合，裡面有實例的其他屬性的名稱，在我們的範例中，它們是 outlook、temperature、humidity 與 windy。*attribute_values* 是一個關聯陣列，會將每一個屬性從 *attributes* 對應到它可能的值的串列，例如，它會將 outlook 對應至 [sunny, overcast, rain]。

樹的每一個節點都是用關聯陣列來表示的，我們用 CreateMap 函式來建立一個空的關聯陣列。在處理演算法中的關聯陣列時，我們用一個函式來插入鍵值對，與一個函式來取出它們。函式 InsertInMap(*m*, *k*, *v*) 會將鍵 *k* 值 *v* 插入關聯陣列 *m*；函式 Lookup(*m*, *k*) 會從關聯陣列 *m* 取出鍵 *k* 的值。

演算法 **14.1**：ID3。

ID3(*examples, target_attribute, attributes, attribute_values*) → *dt*

　　　輸入：*examples*，含有訓練集實例的串列

　　　　　　target_attribute，分類屬性

　　　　　　attributes，含有訓練集的其他屬性的集合

　　　　　　attribute_values，含有每一個 *attributes* 的可能值的關聯
　　　　　　陣列

　　　輸出：*dt*，決策樹

1　*dt* ← CreateMap()

2　InsertInMap(*dt*, "instances", *examples*)

3　**if** CheckAllSame(*examples, target_attribute*) **then**

4　　*ex* ← GetNextListNode(*examples*, NULL)

5　　*cv* ← Lookup(*ex, target_attribute*)

6　　InsertInMap(*dt, target_attribute, cv*)

7　　**return** *dt*

8　**if** IsSetEmpty(*attributes*) **then**

9　　*mc* ← FindMostCommon(*examples, target_attribute*)

10　　InsertInMap(*dt, target_attribute, mc*)

11　　**return** *dt*

12　*a* ← BestClassifier(*examples, attributes, target_attribute*)

13　InsertInMap(*dt*, "test_attribute", *a*)

14　**foreach** *v* **in** Lookup(*attribute_values, a*) **do**

15　　*examples_subset* ← FilterExamples(*examples, a, v*)

16　　**if** IsSetEmpty(*examples_subset*) **then**

17　　　*mc* ← FindMostCommon(*examples, target_attribute*)

18　　　*c* ← CreateMap()

19　　　InsertInMap(*c, target_attribute, mc*)

20　　　InsertInMap(*c*, "branch", *v*)

21　　　AddChild(*dt, c*)

22　　**else**

23　　　*offspring_attributes* ← RemoveFromSet(*attributes, a*)

24　　　*c* ← ID3(*examples_subset, target_attribute,*

25　　　　　　　*offspring_attributes, attribute_values*)

26　　　InsertInMap(*c*, "branch", *v*)

27　　　AddChild(*dt, c*)

28　**return** *dt*

此時，我們要暫停一下，確保你瞭解用來表示樹的資料結構是關聯陣列。每一個節點都是一個關聯陣列：節點承載的資料是用鍵值對來表示的。關聯陣列還有一個鍵，它的值是它的子節點串列。每一個子節點都用同樣的方式來表示它承載的資料與子節點。圖 14.11 是用關聯陣列來表示一棵樹的範例。每一個 k_i 與 v_{ij} 都代表節點承載的一對鍵值，其中的 "children" 鍵含有子節點的串列，如果有的話。

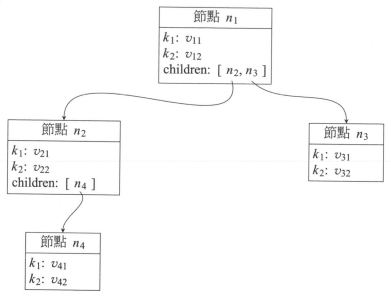

圖 14.11
以關聯陣列來表示樹。

這個演算法會先在第 1 行建立一個容納樣本的新節點 *dt*。樹節點 *dt* 一開始是空的，我們用它來代表目前的訓練集實例，所以用字串 "instances" 為鍵來將 *examples* 插入它裡面（第 2 行）。為了簡化，我們假設在演算法的此處與其他地方被當成鍵的特定字串都不是任何其他屬性的名稱（第 13、20、26 行）。

我們在第 3–7 行檢查 *examples* 的所有實例的 *target_attribute* 的值是不是都相同。如果是，這就是第一種停止遞迴的情況。為了取得它們的共同值，我們取第一個實例，也就是 *examples* 串列的頭，並在第 5 行查看它的 *target_attribute* 的值，接著在第 6 行以 *target_attribute* 為鍵，將共同值插入 *dt*，*target_attribute* 的存在會讓它成為葉節點。接著回傳 *dt*。

我們在第 8–11 行處理用盡測試屬性的情況。我們在第 9 行使用函式 `FindMostCommon` 來找出最常見的 *target_attribute* 值，並將它存入變數 *mc*（most common），在第 10 行以 *target_attribute* 為鍵，將 *mc* 插入 *dt*，接著回傳 *dt*。

大部分的工作都是在還沒有結束遞迴時進行的。為了繼續工作，我們必須找出可將訓練集實例劃分得最好的屬性，也就是可提供最大資訊增益的屬性。我們用函式 `BestClassifier` 函式來尋找它，並在第 12 行將屬性名稱存入變數 *a*，在第 13 行插入鍵 "test_attribute" 與值 *a*，來將這個事實存在節點 *dt* 內。

第 14–27 行的迴圈會以最適合用來劃分的屬性 *a* 的每一個可能值重複執行。對於每一個可能值 *v*，我們在第 15 行使用函式 `FilterExamples` 來取得屬性 *a* 為 *v* 值的實例，將這些實例放入 *examples_subset*。

我們在第 16 行做檢查，如果完全沒有這種實例，就在第 17 行繼續尋找 *target_attribute* 最常見的值 *mc*，它會被放入葉節點，所以我們在第 18 行建立一個新的空節點 *c*，在第 19 行，以 *target_attribute* 為鍵將 *mc* 插入 *c*，在第 19 行將鍵 "branch" 與值 *v* 插入新的節點，來指出帶我們來到這個新節點的測試屬性值。事實上 "branch" 鍵保存的是我們在決策樹圖中看到的分支標籤資訊。完成之後，我們在第 21 行使用函式 `AddChild` 來讓 *c* 成為 *dt* 的子節點。

如果 *examples* 裡面有屬性 *a* 的值是 *v* 的實例，我們就可以在第 22–27 行試著找出其他的測試屬性來進一步劃分這些實例。任何後續的劃分都不能使用屬性 *a*，所以我們在第 23 行將 *offspring_attributes* 設為 *offspring_attributes* 移除 *a* 之後剩下的屬性。接著我們在第 24–25 行使用 *examples_subset* 來作為實例，發出遞迴呼叫。當遞迴呼叫回傳時，會給我們一棵樹（可能是一個節點），我們要將它加為節點 *dt* 的後代；這件事是在第 26–27 行做的，步驟與第 20–21 行相同。

處理屬性 *a* 所有可能的值之後，節點 *dt* 是決策樹的節點，它的後代也是用這個演算法算出的。所以我們回傳 *dt*。

我們用很長的篇幅來說明一個簡單的程序，這個程序包含選擇測試屬性、劃分集合，以及對每一個分區做相同的事情。的確，在電腦科學中，有時直覺的理解與嚴格的描述（例如演算法）之間有很大的差異，我們無法避免這件事。如果你仍然一頭霧水，理解 ID3 的最佳方式，就是在腦海中想著這個演算法會以深度優先、由左到右的方式建構決策樹，並追隨圖 14.9 與 14.10 之中的步驟。

14.7　底層機制

最後，我們要來說明演算法 14.1 使用的各種函式的機制。CreateMap 函式會初始化一個關聯陣列，做法是配置一個將要與雜湊函式一起使用的陣列。透過 InsertInMap 與 Lookup 來插入與查詢關聯陣列的方法是在雜湊表上建構一般的關聯陣列。我們使用 AddChild 函式為樹的子節點加入後代。如同以上的說明與圖 14.11 的情況，每一個節點都是一個關聯陣列，所以我們使用預先定義的屬性，例如 "children" 來儲存該節點的子節點的值串列。接著函式 AddChild 會查看該屬性，如果它找不到東西，就建立一個串列，以子節點來作為單一元素，並將串列當成 children 屬性的值插入。如果它找到串列，就在裡面插入子節點。

CheckAllSame 很簡單，只要取出 *examples* 的第一個實例的 *target_attribute* 值，接著遍歷其餘的 *examples*，檢查 *target_attribute* 值與第一個實例是否相同。如果發現任何一個實例不是如此，CheckAllSame 就回傳 FALSE；否則回傳 TRUE。見演算法 14.2。我們在第 1 行取出 *examples* 串列的第一個節點，在第 2 行從節點取出樣本實例；接著函式 GetData 會回傳串列節點承載的資料，接著在第 3 行取得第一個樣本的 *target_attribute* 的值 *v*。在第 4–7 行的迴圈中，我們遍歷其餘的樣本。留意我們迭代串列節點的做法，我們每次都會取出 *n* 之後的節點，並將它指派給 *n*，接著檢查它是不是 NULL，NULL 代表我們已經到達串列的結尾了。我們在迴圈中處理每一個節點 *n* 時，會在第 5 行取出它裡面的樣本實例，接著在第 6 行檢查它的 *target_attribute* 值是否相同，如果不是，在第 7 行回傳 FALSE，如果所有節點的值都相同，在演算法結束的第 8 行回傳 TRUE。

演算法 14.2：檢查訓練集所有實例特定屬性的值都相同。

CheckAllSame(*examples, target_attribute*) → TRUE 或 FALSE

        輸入：*examples*，訓練集實例串列，用關聯陣列來表示
                target_attribute，要檢查的屬性

        輸出：當 *examples* 的所有實例的 *target_attribute* 值都相同時為布
                林值 TRUE，否則 FALSE

1   *n* ← GetNextListNode(*examples*, NULL)
2   *example* ← GetData(*n*)
3   *v* ← Lookup(*example, target_attribute*)
4   **while** (*n* ← GetNextListNode(*examples, n*)) ≠ NULL **do**
5   *example* ← GetData(*n*)
6   **if** Lookup(*example, target_attribute*) ≠ *v* **then**
7   **return** FALSE
8   **return** TRUE

函式 FindMostCommon 很容易定義，見演算法 14.3。這個演算法會接收一個訓練實例串列與一個屬性 *target_attribute*。每一個實例的 *target_attribute* 都有一個值，我們想要找出最常見的值。我們使用關聯陣列 *counts* 來計算每一個 *target_attribute* 值出現的次數。我們在第 1 行將它初始化；在第 2 行設定 *mc*，它代表我們要尋找的最常見值；在第 3 行將 *max* 設為 0，它代表目前最常出現的 *target_attribute* 值的出現次數。

演算法 14.3：在訓練集實例串列（關聯陣列）中尋找特定屬性的最常見值。

FindMostCommon(*examples, target_attribute*) → *mc*
　　　輸入：*examples*，含有訓練集實例的串列，以 map 表示
　　　　　　　target_attribute，這個屬性的值會被檢查
　　　輸出：*mc*，在 *examples* 的內容中最常見的 *target_attribute*

```
1   counts ← CreateMap()
2   mc ← NULL
3   max ← 0
4   foreach example in examples do
5       v ← Lookup(example, target_attribute)
6       count ← Lookup(counts, v)
7       if count = NULL then
8           count ← 1
9       else
10          count ← count + 1
11      InsertInMap(counts, v, count)
12      if count ≥ max then
13          max ← count
14          mc ← v
15  return mc
```

第 4–14 行的迴圈會遍歷樣本串列的每一個樣本，它會在第 5 行取出目前樣本的 *target_attribute* 的值，並將它存入 *v*，接著在 *counts* 中尋找 *v*，將結果傳入 *count*。在第 7–8 行中，如果我們第一次發現值 *v*，*count* 會是 NULL，所以將它改成一。如果之前已經看過值 *v*，我們在第 10 行將 *count* 遞增一。我們在第 11 行將更新過的 *count* 插入 *counts*，接著在第 12 行比較目前的 *count* 與目前為止的最大值，如果出現新的最大值，在第 13 行更新最大值，並在第 14 行更新對應的最常見值，最後，第 15 行回傳所有迴圈全部執行完畢之後找到的最常見值。

為了篩選具有相同特定屬性值的實例，這也就是函式 FilterExamples 的功能，我們必須遍歷想要篩選的實例，測試每一個實例是否符合我們的條件，並將符合的加到結果實例串列中，這就是演算法 14.4 的工作。它會接收一個樣本串列，一個屬性 *a*，與值 *v*；我們想要篩選樣本串列，所以只回傳屬性 *a* 的值是 *v* 的樣本。我們先在第一行建立一個空串列 *filtered*，接著在第 2–4 行遍歷樣本，檢查它是否符合特定條件，如果是，就將它加到 *filtered* 串列，在結束時回傳這個串列。

演算法 14.4：篩選訓練集樣本。

FilterExamples(*examples, a, v*) → *filtered*
　　輸入：*examples*，訓練集實例串列，以關聯陣列來表示
　　　　　　a，要在 *examples* 中查看的屬性
　　　　　　v，用來篩選的 *a* 的值
　　輸出：*filtered*，串列，裡面有 *examples* 中屬性 *a* 的值是 *v* 的實例

1　*filtered* ← CreateList()
2　**foreach** *example* **in** *examples* **do**
3　　　**if** Lookup(*example, a*) = *v* **then**
4　　　　　InsertInList(*filtered*, NULL, *m*)
5　**return** *filtered*

在結束演算法 14.1 的說明之前，我們還要定義 BestClassifier 函式。如前所述，它會在節點內選出可產生最大資訊增益的屬性，我們來逐步建構 BestClassifier。

一開始，因為資訊增益需要計算節點的熵，我們必須定義一個演算法來計算熵。演算法 14.5 實作了我們看過的熵公式：

$$H(X) = -p(x_1)\lg p(x_1) - p(x_2)\lg p(x_2) - \cdots - p(x_n)\lg p(x_n)$$

在熵公式中，我們要找出用來計算熵的屬性的各種值的比例，也就是計算各個不同值的出現次數，並除以總實例數。演算法 14.5 會接收一個樣本串列與屬性 *target_attribute* 作為計算熵的基礎。

為了計算鍵的各個不同值的出現次數，我們使用關聯陣列 *counts*，在第 1 行將它初始化為空的。我們要追蹤在串列 *values* 中遇到的各種值，也在第 2 行將它初始化為空的。我們在第 3–11 行的迴圈中計數，在第 4 行取得每一個樣本的 *target_attribute* 的值，並將值存入變數 *v*，在第 5 行於 *counts* 關聯陣列內尋找 *v*，來將結果存入 *count*，在第 6 行時，如果 *v* 不在裡面，代表我們第一次遇到這個值，所以在第 7 行將 *count* 設為一。我們在第 8 行將 *v* 加入 *values* 串列。如果我們之前已經遇過了，就在第 9–10 行將 *count* 加一。更新 *count* 之後，我們在第 11 行將它插入 *counts*。

演算法 14.5：使用指定的屬性計算訓練實例串列的熵。

CalcEntropy(*examples, target_attribute*) → *h*

  輸入：*examples*，訓練集實例串列，用關聯陣列 *target_attribute*
    來表示，這個屬性的值會被用來計算熵

  輸出：*h*，用各種 *target_attribute* 值來計算的 *examples* 熵

 1 *counts* ← CreateMap()
 2 *values* ← CreateList()
 3 **foreach** *example* **in** *examples* **do**
 4   *v* ← Lookup(*example, target_attribute*)
 5   *count* ← Lookup(*counts, v*)
 6   **if** *count* = NULL **then**
 7   *count* ← 1
 8   InsertInList(*values*, NULL, *v*)
 9   **else**
10   *count* ← *count* + 1
11   InsertInMap(*counts, v, count*)
12 *h* ← 0
13 **foreach** *v* **in** *values* **do**
14   *p* ← Lookup(*counts, v*)/|*examples*|
15   *h* ← *h* − *p* · lg(*p*)
16 **return** *h*

當我們跳出迴圈時會算出熵公式的 $p_i \lg(p_i)$ 項。我們在第 12 行將熵值 *h* 初始化為零，在第 13–15 行的第二個迴圈中，遍歷遇到的每一個可能值，查看每一個值 *v* 的數量，並將它除以總樣本數；這就是我們每次執行迴圈時的 P_i 值，在第 15 行將 *h* 減去它，並更新 *h* 值。一切完成之後，我們回傳熵值。

你可能有發現，演算法 14.5 與演算法 14.3 很像；事實上，兩者都會遍歷項目串列，並計算符合某個條件的項目數量。它是使用同一種概念的不同版本，解決的問題是在一個節點上計算每一個測試屬性的資訊增益。我們已經知道，資訊增益是用以下公式算出的：

$$G(X, a) = H(X) - p_{1|a}H(n_{1|a}) - p_{2|a}H(n_{2|a}) - \cdots - p_{m|a}H(n_{m|a})$$

它可以轉換成演算法 14.6，也與演算法 14.5 很像。這兩個演算法的
主要差異是演算法 14.5 計算的是滿足一個條件的實例數量，而演算法
14.6 會將滿足條件的實例聚在一起。

演算法 14.6：以測試屬性與目標屬性來計算訓練實例串列的
資訊增益。

CalcInfoGain(*examples, test_attribute, target_attribute*) → *g*

　　　輸入：*examples*，關聯陣列串列

　　　　　　test_attribute，測試屬性

　　　　　　target_attribute，目標屬性

　　　輸出：*g*，以 *test_attribute* 與 *target_attribute* 算出的 *examples*
　　　　　　資訊增益

```
1   groups ← CreateMap()
2   values ← CreateList()
3   foreach example in examples do
4       v ← Lookup(example, test_attribute)
5       group ← Lookup(groups, v)
6       if group = NULL then
7           InsertInMap(groups, v, [example])
8           InsertInList(values, NULL, v)
9       else
10          InsertInList(group, NULL, example)
11  g ← CalcEntropy(examples, target_attribute)
12  foreach v in values do
13      group ← Lookup(groups, v)
14      p ← |group|/|examples|
15      h ← CalcEntropy(group, target_attribute)
16      g ← g − p · h
17  return g
```

我們在第 1 行先用 **CalcInfoGain** 建立一個關聯陣列 *groups*，它的每一個鍵值對就是一個 *test_attribute* 與一個串列，裡面有 *test_attribute* 屬性值相同的實例。我們同樣會在串列 *values* 中追蹤遇到的各種值，第 2 行將這個串列初始化為空的。我們在第 3–10 行的迴圈中填充 *groups*，我們為 *examples* 的每一個實例執行一次這個迴圈。我們在第 4 行查看實例的 *test_attribute* 的值，並將它存入 *v*；接著在第 5 行查看那個值的群組，如果沒有這個群組（第 6 行），就在第 7 行，在 *groups* 裡面插入一對新的鍵值，以 *v* 為鍵，以一個單元素（目前的實例）串列為值。如果有這個群組（第 9 行），就在第 10 行將實例加入那個群組。

在第 11 行的迴圈外，我們計算節點的熵，並將它存入 *g*，接著在第 12–16 行，我們為 *test_attribute* 的每一個值計算對應群組的實例數與總實例數的比率、*target_attribute* 的群組的熵，並將節點的熵減去它們的乘積。

演算法 14.1 的 **BestClassifier** 函式因為使用資訊增益演算法，只需要使用一個迭代來選擇節點內的各種測試屬性來取得最大的資訊增益，如演算法 14.7 所示。

演算法 14.7：藉由尋找最大資訊增益來尋找最佳分類屬性。

BestClassifier(*examples, attributes, target_attribute*) → *bc*

    輸入：*examples*，訓練實例串列，用關聯陣列來表示
           attributes，檢查最大資訊增益用的串列屬性
           target_attribute，實例的類別屬性

    輸出：*bc*，*attributes* 內的一個屬性，可提供對 *target_attribute* 而言的最大資訊增益

1   *maximum* ← 0
2   *bc* ← NULL
3   **foreach** *attribute* **in** *attributes* **do**
4   *g* ← CalcInfoGain(*examples, attribute, target_attribute*)
5   **if** *g* ≥ *maximum* **then**
6   *maximum* ← *g*
7   *bc* ← *attribute*
8   **return** *bc*

函式 BestClassifier 採用這個名稱的原因是，每一次它都會選擇最佳屬性來將實例劃分為群組（類別）。我們的理論基礎是熵與資訊增益，但它們真正的意思是什麼？有人可能會說，使用這兩種度量只是一種劃分實例的方式，但可能還有其他方法同樣或更有效率，事實或許如此，將訊息增益當成判斷依據的前提是：它產生的決策樹會比其他的決策樹好。我們接著要來看如何更好。

14.8　奧坎剃刀

假設我們使用其他的 BestClassifier 實作，在這種實作中，我們不是計算最大資訊增益來取得每一個節點的測試屬性，而是只以預定的順序來選擇屬性：temperature、humidity、windy、outlook，圖 14.12 是這種做法產生的決策樹。

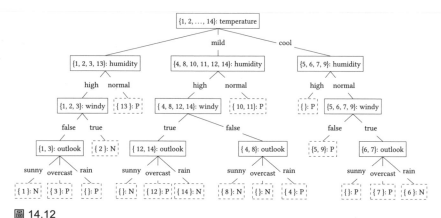

圖 14.12

依序選擇測試屬性（temperature、humidity、windy、outlook）產生的決策樹。

圖 14.12 的樹是用與圖 14.9 的樹相同的訓練集來建立的，但它長得全然不同。它比使用資訊增益來建構的樹大很多且深很多。因為決策樹代表一組用來分類實例的規則集合，在圖 14.9 的樹中的典型規則比圖 14.12 的樹中的典型規則短很多，ID3 的基本特徵是：演算法藉由測量熵與資訊增益來選擇測試屬性，來產生較短的大樹，換句話說，它選出的測試屬性可產生較短，而不是較長的決策規則。

我們有沒有選擇較短，而不是較長的決策規則的理由？有一個重要的問題解決規則或法則，稱為奧坎剃刀（Occam's（或 Ockham's）razor），它說，如果我們要從好幾個一樣好的假設預測（hypotheses predict）中選出一個，應該選擇假設比較少的那一個。這條規則的名稱來自 Ockham（或拼成 Occam）的 William，他是中世紀的英國方濟會修士和神學家。根據這條規則，我們應該剃除不需要的假設，所以稱為 "剃刀"。奧坎剃刀的另一種說法是，當所有其他事情都一樣時，我們應該選擇簡單的解釋，而非複雜的，另一個版本據說是 Ockham 自己提出的，雖然無法在他的著作中找到，即：非必要，就別增加項目。

奧坎剃刀是被廣泛應用在科學上的通用指南。在解釋同一件事情時，我們通常比較喜歡較簡單的解釋，在解釋自然現象時，我們比較喜歡假設比較少的理論。同一個原則也適用於創意經濟：沒有太多假設的解釋，就是很經濟的解釋。

就某方面而言，簡單性與優雅的概念完全吻合，所以有助於產生簡單決策樹的方法應該就是好的選擇。ID3 在實務上表現很好，所以它是許多其他進階分類演算法的基礎，而那些演算法都會被用來分類複雜的真實世界資料。

14.9　成本、問題、改善

在採取某些假設之下，我們很容易就可以分析 ID3 的計算成本。決策樹的建構取決於樹的階層數量。假設訓練集有 n 個實例，它們每一個都有 m 種不同的屬性。我們假設決策樹有 $O(\log n)$ 層。在二元樹中，階層的數量是 $O(\lg n)$；在這裡我們無法假設屬性是雙值的，所以使用較常見的底數十對數，但這其實不太重要，因為就大 O 表示法而言，它是一樣的，因為 $\lg n = \log n/\log 2$ 且 $O(\lg n) = O((1/\log 2)\log n) = O(\log n)$。

最壞的情況是每一層都是滿的,因而要在每一層處理全部的 n 個實例。所以,當我們在每一層檢查一個屬性來建構所有階層時會消耗 $O(n \log n)$。但是,我們會在每一層檢查多個屬性;我們在根層檢查全部的 m 個屬性,在第 i 層檢查 $m - i + 1$ 個屬性(第一層是根)。為了簡化,假設我們在每一層檢查 m 個屬性;我們尋找的是上限,所以可以採取寬鬆的算法。所以,建構決策樹的總計算成本是 $O(mn \log n)$,是有效率的。

雖然它有效率,但是我們之前提到的 ID3 不夠通用,因為它要求所有屬性都是類別型的,也就是說,它們只接受少量的預先定義值,不包括數字。例如,溫度可以用攝氏度來表示,它們是實數,即使我們將它們四捨五入到最接近的整數,也不會將溫度當成測試屬性,因為如此一來,我們就需要使用與溫度值一樣多的分支,這不會產生良好的決策樹。處理這種問題的方式之一,就是直接將決策轉換成二元,我們取中間值,也就是可將實例分成兩半的值,讓一半實例低於那個值,一半高於它,所以測試會變成 $x \geq median$,這會劃分兩個分支。

有一種與上述情況有關的問題是**高度分支屬性**(*highly branching attributes*),也就是有大量可能值的屬性。數字屬性屬於這類,但它也包含非數字屬性,例如日期,或單獨識別一個實例的屬性。發生這種情況時,我們同樣有一個具有過多分支的節點。例如,假設我們在表 14.3 的潛在測試屬性的第一欄加入觀察序號。我們試著從根節點開始找出可提供最大資訊增益的屬性。我們評鑑序號。根節點會有 14 個子節點,每一個序號值一個。每一個子節點的熵剛好是 $1 \lg 1 = 0$,因為每一個子節點都有單一類別屬性。因此,序號的資訊增益是 $G(root, serial\_number) = H(root) - 0 - 0 - \cdots - 0 = H(root)$。這是可達到的最大資訊增益,所以我們不得不選擇序號來作為測試屬性。這會產生圖 14.13 的樹。這棵樹使用一個非常簡單的規則—檢查實例的序號值,來完美地分類訓練集。但是這棵樹不分類其他東西,因為訓練集沒有其他使用這些序號的實例,因此它是完全沒有用處的。當然,任何理智的人都不會使用序號或任何形式的 ID 來作為測試屬性,但是選擇日期或其他會讓各個實例有許多不同值的屬性(即使它無法識別實例)也不是不合理的做法。

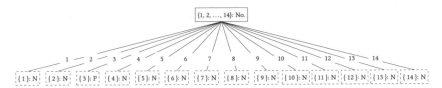

圖 14.13
有高度分支的屬性。

這個問題的原因是高度分支的屬性會產生高資訊增益,解決這個問題的方式是防範它。我們不採用資訊增益來挑選測試屬性,而是使用一種修改版的資訊增益,稱為**增益比**(*gain ratio*)。我們先加入一個新術語:**劃分資訊**(*split information*),針對節點 X 與一個有 c 種不同值的候選測試屬性 a,它的定義是:

$$SI(X, a) = -p(y_{1|a}) \lg p(y_{1|a}) - p(y_{2|a}) \lg p(y_{2|a}) - \cdots - p(y_{c|a}) \lg p(y_{c|a})$$

其中,每一個 $y_{i|a}$ 都是在集合中,a 是特定值的實例的比例。同樣的,劃分資訊是熵。我們之前關注的是與目標屬性有關的熵,但是現在關注的是與候選測試屬性有關的熵。所以增益比是:

$$GR(X, A) = \frac{G(X, a)}{SI(X, a)}$$

增益比會懲罰高分支屬性。如果實例有 n 個,可將訓練集完全劃分成只有一個實例的子集合的每一個屬性會有 $SI(X, a) = -(1/n)\lg(1/n) - (1/n)\lg(1/n) - \cdots - (1/n)\lg(1/n) = -\lg(1/n) = \lg n$。相較之下,可將訓練集劃分成兩個相等的子集合的屬性會有 $SI(X, a) = -(1/2)\lg(1/2) - (1/2)\lg(1/2) = \lg 2 = 1$。

增益比無法完全解決問題,因為如果其中一個 $p_i s$ 很大,它就會變很大,產生扭曲的結果。為了避免這件事,我們可以先計算資訊增益,再計算資訊增益大於平均值的屬性的增益比。

在實際應用時會遇到的另一個問題是，真實世界的資料通常有某些
屬性缺少值，它們稱為缺失值（*missing values*）。我們再次以溫度為
例，我們可能會發現並非所有資料都有溫度值，我們可以假裝缺失值
仍然是一種值來排除這個問題，雖然它看起來很特別。我們或許可以
指派一個代表無此值的值（例如"NA"），並且假設它是（舉例）另
一種溫度值。這很簡單，而且有時有效，但不一定如此，此時，我們
必須採取其他複雜的解決方法。

最後，在所有分類方法中，有一種很重要的問題，它在機器學習中是
一種嚴重的問題，就是過度訓練（*over fitting*）。在機器學習中，一
開始我們會使用一個訓練集來教導電腦執行某些工作。在分類時，我
們會先用一個訓練集，裡面有一些已經知道類別的資料，以決策樹的
形式產生一個預測模型，用來預測其他資料的類別。當我們預測模型
或樹因為太準確而無法提供任何好處時，就發生過度訓練。圖 14.13
的樹是一個極端的過度訓練案例；事實上，它如此極端反而不是問
題，因為我們一眼就可以看出它是錯的，但是過度訓練可能不會這麼
明顯，我們可能會得到一個看起來很合理的決策樹，但無法實際用來
分類。

過度訓練是很難發現的問題，而且沒有簡單的解決方案，我們最好的
做法是預期它可能會發生並防範它。例如，我們可以保留一些資料，
在訓練的過程中不使用部分的訓練集，但在之後用它來測試決策樹的
能力。這不是萬靈丹，過度訓練仍然可能會發生，而且發現它通常需
要經驗的累積。就連經驗老到的機器學習專家也會遇到過度訓練，希
望這麼說可以安慰你。

參考文獻

Claude Elwood Shannon 在介紹 "通訊數學理論" [181] 的論文中開啟了資訊理論；這份開創性的論文也被編成書籍，裡面有實用的介紹 [183]，這不是他的第一項成就，在那之前，當他 21 歲在麻省理工學院攻讀碩士時，就發表布林代數可當成電路的基礎的成果。Shannon 也算過英文字母的熵，算出 16 個字母的文字的值介於 1.3 bits 與 1.5 bits 之間 [182]。最近，Thomas Cover 與 Roger King 估計每個字母 1.3 bits [43]。若要真正體會資訊理論的深度與廣度，你可以閱讀一些討論這個主題的書籍，James Stone 寫了一本入門介紹 [193]；MacKay 的書 [131] 比較進階，並延續其他的主題，例如機率、推論與神經網路，Thomas Cover（估計每個字母 1.3 bits 的人）與 Joy Thomas 寫了一本詳盡的介紹 [44]。如果你想要看嚴謹的數學，可參考 Robert Gray 的書 [83]。如果你要看的是非技術性的概要，瞭解資訊在現代社會與經濟扮演的角色，可參考 César Hidalgo 的書 [91]。

ID3 演算法是比較舊的方法，稱為 Concept Learning System（CLS），是在 1950 年代發明的 [100]。Ross Quinlan 在發表 ID3 [158, 159, 160] 之後，繼續用幾種方式來改善它。比較熱門且被廣泛使用的 ID3 擴展版本是 C4.5 [161]。我們使用的天氣資料範例來自原始的 ID3 文獻。CART（Classification and Regression Trees）是另一種熱門的演算法，它與 ID3 有許多相似之處 [28]。

機器學習的領域很廣。Tom Mitchell 的書籍是經典的簡介 [142]。這個主題的熱門書籍包括 Hastie、Tibshirani 與 Friedman 的教科書 [90] 與 James、Witten、Hastie 和 Tibshirani 的入門書 [102]；Bishop 討論模式辨識與機器學習的書籍 [20]；以及 Alpaydın 的介紹 [2]。Murphy 的書籍透過已證實成果豐碩的 Bayesian 機率觀點來說明這個主題 [148]。Witten、Frank、Hall 與 Pal 的書籍 [219] 介紹資料採礦，這是機器學習的次領域。你也可以瞭解資料採礦的前十大演算法，它們是在 2006 年的一次專題會議中確定的 [220]。

William of Ockham（大約 1287–1347）現存的著作沒有談到以他為名的法則，事實上，類似的法則早在 Ockham 之前就出現了。例如，亞里斯多德（384–322 BCE）在他的後分析篇（第一冊，25）就提到：在互相比較的假說中，有最少需求、推定與假設的那一個是最好的。最近諾貝爾物理學獎得主 Frank Wilczek 提出這個規則："當一個解釋，或理論的假設很少，但可以解釋很多事項時，我們認為它是經濟的…你應該選擇經濟的解釋，而非反過來，引用許多假設來解釋範圍有限的事實或觀察。"[216]。

Google 提供一個關於預測模型的警世事件。Google Flu Trends 可藉由人們在 Internet 上搜尋流感相關的資訊來預測流感流行程度的服務。它在 2008 年上線，多年來的預測結果都符合美國疾病控制與預防中心（CDC）的預測，但是它在 2013 年預測失準了 [49]。罪魁禍首應該是過度訓練與 "大數據傲慢"，人們盲目假設大量的資料可以取代，而不是輔助，傳統的資料收集與資料分析 [122]。

演算法，尤其是處理大數據的演算法，已經在愈來愈多的人類活動中扮演重要的角色，它們的使用也產生道德上的問題。演算法可以發現可能發生的犯罪行為、篩選求職者，計算保險費。當它們被用來做這些事情時，瞭解它們如何運作，以及它們為何給出那種結果是很重要的事情 [152]。演算法可以減輕我們的工作量，而不是降低我們的責任。

練習

1. 拉丁語 "Ibis redibis and per bella peribis" 有兩種意思，依你將逗號放在哪裡而定。一種是 "Ibis, redibis, nunquam per bella peribis"，代表 "你會去，你會回來，一定不會陣亡"。另一種是 "Ibis, redibis nunquam, per bella peribis"，代表 "你會去，你不會回來，你會陣亡"。這句話來自古希臘的 Dodona 神喻（但他們講希臘語，不是拉丁語，所以可能是杜撰的）。這句話的熵是多少？

2. 圖 14.3 是硬幣的熵，代表頭像與反面的各種機率。你可以畫出骰子的熵的圖，其中一個事件是 "它會是一點"，另一個事件是 "它會二點、三點、四點、五點、六點" 嗎？第一個事件的哪一個機率有最大的熵？熵的最大值是多少？

3. 實作 ID3 演算法，但是使用比較簡單的方法來挑選分類屬性，也就是依次選擇每一種屬性，如同圖 14.12 的做法。

4. 實作採取增益比的 ID3 演算法。

5. *Gini* 不純度（*Gini impurity measure*）是另一種可在分類樹節點劃分樣本的規則。如果 $p(x_i)$ 是一個實例屬於類別 x_i 的機率，那麼 $p(1 - x_i)$ 就是那個實例不屬於類別 x_i 的機率。如果我們隨機挑選一個實例，那麼它屬於類別 x_i 的機率是 $p(x_i)$。如果我們將一個實例隨機指派給一個類別，則將它錯誤分類的機率是 $1 - p(x_i)$。因此，當我們從類別 x_i 隨機挑選一個實例，並隨機分類它時，會將它分類到錯誤類別的機率是 $p(x_i)(1 - p(x_i))$。Gini 不純度是所有 n 個項目的這種機率的總和：

$$p(x_1)(1 - p(x_1)) + p(x_2)(1 - p(x_2)) + \cdots + p(x_n)(1 - p(x_n))$$

當一個節點內的所有樣本都屬於同一類時，Gini 不純度是零。我們可以不使用資訊增益來劃分樣本，改用 Gini 不純度的減少來進行選擇。修改 ID3 演算法，讓它使用 Gini 不純度。

15 長長的字串

當你在瀏覽器上閱讀一篇冗長的文章時,可能會按下頁面工具的搜尋（或其他等效的功能名稱),輸入想要找的文字,讓瀏覽器將網頁中該段文字出現的地方突出顯示。其他所有類型的文件也有相同的功能,例如 PDF。這是文字處理器與編譯器的必備功能;在文件中修正一個字詞,其實就是做尋找與替換的動作,也就是讓程式尋找有問題的部分,將它換成正確的版本。

它們的底層操作都一樣,都是*字串匹配*(*string matching*),也稱為*字串搜尋*(*string search*)。電腦的所有文字在內部都是以字串來表示的,它們通常是字元陣列,而字元是以特定的數字來編碼的。因為採用陣列,字串陣列的位置是從零開始算起。段落、頁、書,都可以用各種長度的字串來表示。在字串中搜尋某些東西基本上就是在一個字串中尋找另一個特定字串的位置:你可以想成在一段文字中尋找特定單字。如果這兩個字串的長度一樣,我們就可以試著判斷這兩個字串的內容是否相同,這也是字串匹配,屬於退化(degenerate)的一種,這種問題比在大字串中尋找小字串的一般問題簡單許多,因為我們只要逐一比較字元,查看字串是否相同即可。

字串匹配的應用範圍比單純在文字字串尋找東西還要寬廣許多。它的原則適合用來在任何東西內尋找其他東西(其中的搜尋項目與搜尋區域都屬於同一種符號系統的符號序列)的情況。符號系統可能是人類語言的字母或其他完全不同的東西。

在生物學中，**遺傳密碼**（*genetic code*）是 DNA 和 RNA 用蛋白質來編碼的一套規則。DNA 是鹼基序列組成的。DNA 有四種鹼基：腺嘌呤（A），鳥嘌呤（G），胞嘧啶（C）和胸腺嘧啶（T）。**密碼子**（*codon*）會將三個鹼基組為一組，形成一個特定的氨基酸編碼。一系列的密碼子可編碼一個特定的蛋白質，這種編碼子序列就是**基因**。DNA 位於染色體內；基因的蛋白質是在細胞的其他地方建構的。RNA 帶有每一個特定的蛋白質的編碼，具體來說是訊息 RNA（mRNA），它同樣使用四種鹼基：A、G、C、與尿嘧啶（U），而非胸腺嘧啶。

解開遺傳密碼是分子生物學的重大成就。構成所有蛋白質的氨基酸只有 20 個，而這 20 個氨基酸在 DNA 和 RNA 中是用密碼子序列來編碼的。有一些特殊的密碼子負責定義每一個蛋白質編碼的開始與結束，這就好像在文章中用來區分單字的空格一樣。因此，遺傳密碼是用四個字元的符號系統來編寫的規則。表 15.1 是所有的 DNA 密碼子。表格最上面的圓圈內的數字是每個密碼子的第一、第二和第三個字母。第一欄與第二個字母的欄位的交叉，就是第三個字母的各種組合對應的欄位；你可以選擇圓圈數字 3 的欄位內的字母，來找到特定的氨基酸。

表 15.1
DNA 遺傳密碼。

①		T		C	②	A		G	③
T	TTT TTC	Phenylalanine	TCT TCC	Serine	TAT TAC	Tyrosine	TGT TGC	Cysteine	T C
	TTA TTG		TCA TCG		TAA TAG	Stop Stop	TGA TGG	Stop Tryptophan	A G
C	CTT CTC	Leucine	CCT CCC	Proline	CAT CAC	Histidine	CGT CGT	Arginine	T C
	CTA CTG		CCA CCG		CAA CAG	Glutamine	CGA CGG		A G
A	ATT ATC	Isoleucine	ACT ACC	Threonine	AAT AAC	Asparagine	AGT AGC	Serine	T C
	ATA ATG	Methionine / Start	ACA AGC		AAA AAG	Lysine	AGA AGG	Arginine	A G
G	GTT GTC	Valine	GCT GCC	Alanine	GAT GAC	Aspartic acid	GGT GGC	Glycine	T C
	GTA GTG		GCA GCG		GAA GAG	Glutamic acid	GGA GGG		A G

在生物學中，字串匹配會在我們想要尋找特定的 DNA 或 RNA 序列時發揮作用。此時，我們會在一段特定的密碼子序列中尋找 DNA 或 RNA 股。這種序列可能很長，含有上萬個鹼基；據估計，完整的人類基因組（也就是氨基酸序列的完整集合）裡面有大約 32 億個鹼基。這種規模的字串匹配是很嚴肅的課題。

電子監控（*Electronic surveillance*）是另一種在大量資料中進行字串匹配的領域。通常這個領域的機構想要在截獲的大量資料中找出某種模式，即訊息。這些訊息可能是暗號、短語，或犯罪交易。情報機構會遍歷資料，試圖找出吻合的模式。不幸的是，情報機構撒下大網收到的資料大多數都是完全無害的，所以為了完成工作，他們必須使用快速的字串匹配機制。

電腦取證（*Computer forensics*）指的是在電腦與儲存媒體中收集證據，它會使用字串匹配來辨識資訊片斷，通常這些資訊是某些特定的使用者造成的。例如，當局可能會尋找使用者以特定 URL 造訪網站，或使用了某個加密金鑰的證據。

另一種應用是入侵偵測（*intrusion detection*），此時，我們會試著確定電腦系統是否已被有害軟體（惡意程式）滲透。如果我們知道有一些 byte 序列可用來辨識惡意軟體，那麼入侵偵測就可以使用字串匹配技術來尋找潛伏在電腦記憶體或儲存體中的惡意軟體了。更棒的是，我們可以使用字串匹配來監視網路交通，也就是在系統的邊界之間來往的 bytes，來執行入侵防禦（*intrusion prevention*）。同樣的，如果我們已經知道想要尋找的 byte 序列，就可以在惡意軟體入侵系統之前捕獲它們。此時需要快速的字串匹配演算法，以免比對的動作減緩交流速度。

在垃圾郵件檢測（*spam detection*）中，偵測惡意文字也很重要；垃圾郵件是重複的文字組成的，所以郵件過濾器可以使用字串匹配來協助將郵件分類為垃圾。重複出現的文字是尋找抄襲作品的關鍵。你可以在論文，作業或程式中尋找相同的區塊來找出作弊者。話雖如此，抄襲者也有可能會修改他們剽竊的東西。令人開心的是，現有的演算法會考慮這種情況，讓它們更難以被瞞騙。

從網站擷取文字，也稱為 *網頁爬取*（*web scraping*）或 *螢幕爬取*（*screen scraping*），也會使用字串匹配。在網路上，有大量的資訊是用 HTML 網頁來呈現的，這種文字是半結構化的，也就是說，它會被包在特定的 HTML 標籤中，例如 `<li>` 與 `</li>` 代表清單項目，這可讓我們取出符合特定條件的網頁文字，例如在特定標籤內的文字。

在各種不同的情況下應用字串匹配，會有不同的需求。例如，你可能想要精確匹配，也就是精確地找到一個字串，或近似匹配，想要找到它的變化。我們可能會處理大型的符號系統，或簡短的系統（DNA 只有四個字元）。我們或許願意用速度來換取一個容易瞭解與實作的演算法，或尋求快速的解決方案。我們在這裡要從最簡單的做法看起，它可以在不要求速度時派上用場，接著再討論較複雜但更有效率的演算法。

字串匹配是在一個字串中尋找另一個字串。為了釐清我們要在哪裡尋找什麼，接下來會將 "想要尋找的字串" 稱為 *pattern*，將 "要從中尋找 pattern 的字串" 稱為 *text*。這有助於行文，雖然這種用法並不十分準確。text 可代表任何種類的字串，而非只是人類看得懂的文字。但只要你記住它們代表的意思，使用這種代號就沒有任何問題，外界也會經常這樣使用它們。

15.1　蠻力字串匹配

最直接的字串匹配法，就是使用本書開頭那種簡單的蠻力法來一個一個檢查字元。稱為 **蠻力法** 的原因是它不採取任何的智慧手段，如演算法 15.1 所示。

演算法 15.1：蠻力字串搜尋。

BruteForceStringSearch(p, t) → q

　　　輸入：p，pattern

　　　　　　t，text

　　　輸出：q，佇列，儲存找到的 p 在 t 的索引，如果找不到 p，這

　　　　　　個佇列是空的

1　　$q \leftarrow$ CreateQueue()
2　　$m \leftarrow |p|$
3　　$n \leftarrow |t|$
4　　**for** $i \leftarrow 0$ **to** $n - m$ **do**
5　　　　$j \leftarrow 0$
6　　　　**while** $j < m$ **and** $p[j] = t[i + j]$ **do**
7　　　　　　$j \leftarrow j + 1$
8　　　　**if** $j = m$ **then**
9　　　　　　Enqueue(q, i)
10　　**return** q

有兩個輸入字串：我們想要尋找的 pattern p，與將要從中尋找 pattern 的 text，t。我們會將結果存入佇列 q，這個結果是我們找到的 p 在 t 中的索引，方便我們之後以找到它的順序來讀取它們。如果沒有吻合項目，q 就是空的。我們在第 1 行建立出佇列，接著在第 2 與 3 行在變數 m 中儲存 pattern 的長度，在變數 n 中儲存 text 的長度。接著在第 4–9 行進入迴圈，從 t 的開頭開始，到它的 $n - m$ 位置；i 是 t 目前的索引。顯然在 $n - m$ 之後不會有吻合項目，因為 pattern 會超出從中搜尋的 text。每次的迴圈迭代都會在 t 中往前一個位置。在每一個新的位置，我們會在第 5–7 行準備進入另一個迴圈。內部的迴圈會在 p 的開頭開始，並使用 j 來當成它裡面的索引；它會用 $j < m$ 來確定我們沒有耗盡 p。我們會檢查 p 內的每一個字元（也就是 $p[j]$）是否與 t 中從目前的位置 i 算起的第 j 個字元相同。若是，我們將 j 加一，因此，j 就是我們在 t 的每一個位置試著尋找 p 時已經吻合的字元數量。注意，第 6 行的檢查必須按照它所示的順序；我們假設這裡會有短路計算，所以不會檢查 p 的結尾之後。跳出內部迴圈的方式有兩種，也就

是第 6 行的兩項檢查。如果 $j = m$，代表我們在跳出迴圈時沒有任何不符合的字元，已經找到想尋找的 pattern 了。接著我們將從 t 找到吻合的位置索引 i 加入佇列 q。如果我們因為發現不吻合而跳出迴圈，代表在 t 的第 i 個位置開頭的地方沒有 p，因此，我們要嘗試它的下一個位置，執行新的外部迴圈迭代。最後回傳 q。

圖 15.1 是當我們在 "BADBARBARD" 裡面尋找 "BARD" 時的情況。你可以將整個演算法想成在 "BADBARBARD" 上面滑動一個寫上 "BARD" 的幻燈片。i 值代表幻燈片的位置；每當我們發現底下的字母不符合 "BARD" 時，就往右移動一個位置。我們在圖中用黑底白字來代表不符合的地方。我們用淡灰色來表示不符合處後面的 "BARD" 字元，因為我們已經不需檢查它們了；這相當於演算法第 6 行的第二項檢查。圖的前兩欄是內部迴圈迭代結束時的 i 與 j 值。你可以確認，j 值是在每一個 i 值時吻合的字元數。

i	j	B	A	D	B	A	R	B	A	R	D
0	2	B	A	R	D						
1	0		B	A	R	D					
2	0			B	A	R	D				
3	3				B	A	R	D			
4	0					B	A	R	D		
5	0						B	A	R	D	
6	4							B	A	R	D

圖 15.1
蠻力字串匹配。

幻燈片的比喻讓我們更容易理解複雜的蠻力字串搜尋。外迴圈會執行 $n - m$ 次，內迴圈在最壞的情況下是檢查 p 的所有字元，每次都在最後一個字元發現不吻合。例如，當 p 與 t 都只有兩種字元（例如 0 與 1）且 t 的結尾找到吻合 p，但是在結尾之前的位置只有 p 的前 $m - 1$ 個字元符合時，就會發生這種情形，見圖 15.2。顯然在人類的文字中不太可能會出現這種情況，但是在數位資料中尋找模式就有可能發生這種情形。在這種不正常的情況下,每一次的外迴圈迭代都需要執行 m 次內迴圈迭代。因為外迴圈有 $n - m$ 次迭代,所以可算出乘積 $m(n - m)$;因此,在最壞的情況下,蠻力字串匹配的效能是 $O(m(n - m))$。我們通常將它簡化成 $O(mn)$,因為 n 通常比 m 長很多,所以 $n - m \approx n$。

i	j	0	0	0	0	0	0	0	0	0	1
0	3	0	0	0	**1**						
1	3		0	0	0	**1**					
2	3			0	0	0	**1**				
3	3				0	0	0	**1**			
4	3					0	0	0	**1**		
5	3						0	0	0	**1**	
6	4							0	0	0	1

圖 15.2
使用蠻力字串匹配時最壞的情況。

15.2 Knuth-Morris-Pratt 演算法

回頭看圖 15.1,你可以發現我們浪費一些時間在注定失敗的比較上。例如,考慮一開始的情況:

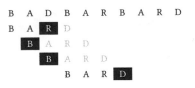

我們在第一次比較時，會在比對 R 與 D 時失敗，接著試著比對 B 與
A 時也失敗了，接著比對 B 與 D 時，又失敗了。但是我們已經知道
text 的第二個與第三個字元分別是 A 與 D 了。何以見得？因為我們在
第一次嘗試時，已經到達 pattern 的第三個字元了，所以知道 text 的
前三個字元是 BAD，pattern 的前三個字元是 BAR，當我們將 BAR 移
到 BAD 上面時，不會得到吻合的結果，所以可以直接往下移動一個
字元，這相當於將 pattern 往右移動三個位置，開始比較其餘的 text：

```
B A D B A R B A R D
B A R D
      B A R D
```

但是，當我們試著在這裡做比對時，又發生同樣的事情了。

我們知道現在這個位置的 text 是 BARB，因為剛才已經讀過它了。在
BARB 上面滑動 BARD 一或兩個位置不可能產生完全吻合，所以我們
可以將 BARB 往右滑動三個位置，直接從那裡開始：

```
B A D B A R B A R D
B A R D
      B A R D
```

我們來看另一個例子，這次 pattern 是 ABABC，要從中尋找的 text 是
BABABAABABC。

```
B A B A B A B C A B C
A B A B C
```

一開始，我們得到一個不吻合，所以右移一個位置，再試一次：

```
B A B A B A B C A B C
  A B A B C
```

這一次 pattern 比對四個字元，在第五個字元不吻合。我們嘗試比對的 text 部分是 ABABA，pattern 是 ABABC。我們可能想將 pattern 滑動四個位置，因為已經在那個位置看過四個字元了：

```
B A B A B A B C A B C
    A B A B C
```

這是錯的，因為如果這樣做，就會錯過移動兩個位置之後就可以得到的吻合：

```
B A B A B A B C A B C
      A B A B C
```

因此，我們應該可以採取比較聰明的比對方式，將 pattern 往右移動適當的距離，但是我們也要小心，移動太遠可能會錯過吻合的項目。我們可以採取什麼準則？

我們剛才使用了 Knuth-Morris-Pratt 演算法（以它的發明者為名），它的運作方式如下。我們在 text 中逐字元前進，假設 text 的位置 i 吻合 pattern 的 j 個字元，就將 i 遞增一，變為 $i + 1$，接著檢查 pattern 的第 $j + 1$ 個字元是否吻合 text 的第 $i + 1$ 個字元。若是，則繼續遞增 i 與 j，若否，我們在位置 i 已經找到 j 個吻合字元了，但位置 $i + 1$ 不符合 $j + 1$ 字元，我們試著找出在位置 $i + 1$ 可找到幾個吻合的字元？依此更新 j 並繼續執行。

圖 15.3 是在範例中執行 Knuth-Morris-Pratt（KMP）演算法的情形。這裡不展示在 text 上滑動的 pattern，而是用兩個指標 i 與 j 來分別代表已經在 text 與 pattern 中找到幾個吻合的字元。

```
             i
i = 0   B A B A B A B C A B C        i = 1   B A B A B A B C A B C
j = 0   A B A B C                    j = 0   A B A B C
        j                                    j

                 i
i = 2   B A B A B A B C A B C        i = 3   B A B A B A B C A B C
j = 1   A B A B C                    j = 2   A B A B C
          j                                    j

                   i                                     i
i = 4   B A B A B A B C A B C        i = 5   B A B A B A B C A B C
j = 3   A B A B C                    j = 4   A B A B C
            j                                    j

                   i                                       i
i = 5   B A B A B A B C A B C        i = 6   B A B A B A B C A B C
j = 2   A B A B C                    j = 3   A B A B C
            j                                    j

                         i
i = 7   B A B A B A B C A B C
j = 4   A B A B C
            j
```

圖 15.3

追蹤 Knuth-Morris-Pratt 演算法。

我們從 $i = 0$ 與 $j = 0$ 開始，它們不吻合，但我們還沒有任何吻合 pattern 的字元，所以直接遞增 i，再試一次。這一次有吻合，我們將 i 與 j 加一，一樣有吻合，繼續將 i 與 j 加一，同樣的狀況持續到 $i = 5$ 且 $j = 4$，此時不吻合，但之前已經吻合幾個 pattern 的字元了。我們想要知道該在哪個地方開始比對 pattern，也就是說，j 要重設為哪個值。你很快就會看到，正確的 j 值是 2。所以我們將 j 設為 2 並重新開始，只要有吻合，就將 i 與 j 都遞增一。最後，我們會比對所有的 j，比對的位置等於 $i - j + 1$（加一是因為位置是從零算起的）。

如果你比較想要用平移來觀察這個演算法的動作，而非 i 與 j 的改變，以下是之前看過的遞增 i，並將 j 重設成較低值時的情況。這相當於將 pattern 右移 $s = j_c - j$ 個位置，其中 j_c 是目前的 j 值。你可以確認，這個平移是在 $i = 5$，$j = 2$ 時發生的。所以這個：

$$i$$
$$i$$

$i = 5$	B A B A B A B C A B C	$i = 5$	B A B A B A B C A B C
$j = 4$	A B A B C	$j = 2$	A B A B C

$$j$$
$$j$$

與這個相同：

B A B A B A B C A B C　　　　B A B A B A B C A B C
A B A B C　　　　　　　　　　A B A B C

Knuth-Morris-Pratt 演算法會試著在 text 中一個字元接著一個字元比對 pattern。藉由這種平移，當它遇到不吻合時，就會盡可能地省下已吻合的 pattern 部分，而不是捨棄一切，從 pattern 的開頭開始。

我們必須知道遇到不吻合時，該如何決定要重複使用 pattern 的哪個部分才能完成這個演算法。為了方便說明，我們來認識一些術語。部分的字串稱為**子字串**（*substring*），在字串開頭的字串稱為**字首**（*prefix*），在字串結尾的字串稱為**字尾**（*suffix*）。一個字串的字首有很多個：A、AB、ABA、⋯它們全部都是字串 ABAXYZABA 的字首。我們的特例有空字串，它被視為任何字串的字首，以及整個字串，會被視為它自己的字首。**真字首**（*proper prefix*）是非整個字串的字首。類似的情況，一個字串可以有許多字尾：A、BA、ABA、⋯都是 ABAXYZABA 的字尾。我們同樣將空字串與字串本身都視為合法的字尾。**真字尾**（*proper suffix*）是非整個字串的字尾。有些文獻的定義不會將空字串視為真字首與真字尾。我們接下來要處理的是非空的字首與字尾。

border 是 "同時是一個字串的真字首與真字尾的子字串"；所以字串 ABAXYZABA 是 ABA 的 border。一個字串的**最大** *border*（*maximum border*）是長度最長的 border：字串 A 與 ABA 都是字串 ABAYXABA 的 border，這個字串的最大 border 是 ABA。如果字串完全沒有 border，我們就說那個字串的最大 border 長度是零。通常有 border 的字串長得像：

我們用黑點圖樣來表示頭尾 border。注意，頭尾 border 可能會重疊，例如字串 ABABABA 的 border 是 ABABA，但是在這裡不需要注意這件事，它也不會影響我們的討論。

瞭解這些術語之後，我們就可以回答 "在不吻合時要使用 pattern 的哪個部分" 這個問題了。假設我們遇到以下這種不吻合的情況：

上面是 text，下面是 pattern。我們用斜線來表示還沒有讀取的 text；灰色是發現吻合的部分，黑色是不吻合的字元。我們也假設在這種情況下，將 pattern 右移幾個位置之後，就會在那個不吻合的字元（包括）之前發現吻合的字元。

這一次，我們用黑點圖案來代表那段吻合的部分。現在想像一下 pattern 被移回它原本的位置。它會是：

既然灰色的部分有吻合且黑點的部分有吻合，會造成上上圖的唯一方式，就是黑點的部分"在吻合 pattern 的部分"的結尾重複出現，否則在原本不吻合的字元之前就不會有吻合的字元。所以，我們可以得到（指出不吻合的字元）：

這代表我們之前成功比對的 pattern 字首也必須是個 border！所以我們得到問題的答案了：當我們遇到不吻合時，如果已經吻合的 pattern 部分是 border 的話，我們就可以重複使用它。吻合的部分不一定有 border，但我們至少要試一下；此外，我們應該先用最大 border 來比對，接著再用較小的 borders，以遞減的順序，以免錯過一個潛在的吻合。這是因為較長的 border 會產生較短的移動，反過來說，較短的 border 產生較長的移動。比較一下這張圖：

與這張圖：

第二個範例有較長的 border，因此往右移動的距離比第一個範例短。這是位移數量運算式 $s = j_c - j$ 的結果。j 愈大，往右移的距離愈小。所以，如前所述，先從最大 border 開始，再遞減 border 可確保我們不會跳過吻合的字元。假設我們要在文字 AABAABAAAA 內尋找 pattern AABAAA。我們會在五個字元之後遇到不吻合：

```
A A B A A B A A A A
A A B A A A
```

吻合的 pattern 字首是 AABAA，它的最大 border 長度是二，AA，此外還有一個 border，A，長度為一。我們必須使用長度二的 border，AA，如此一來，會位移三個位置，找到吻合：

```
A A B A A B A A A A
    A A B A A A
```

如果我們跳過那個 border，改為嘗試長度一的 border，A，就會移動四個位置，錯過上述的吻合字元：

```
A A B A A B B A A A A
A A B A A A
```

因為當我們在搜尋吻合字元時，會使用 p 的各種字首 borders，所以必須預先計算它們，如此一來，當我們需要時，如果 p 有長度為 j 的字首，就可以直接找到那個 p 字首的最大 border。如果我們已經先算好 borders 了，可以將它們放在陣列 b 中，讓 $b[j]$ 含有長度為 j 的 p 的字首最大 border 來方便使用。

圖 15.4a 是 pattern ABCABCACAB 的 border 陣列。陣列在圖的下面；圖的上面是陣列的每一個連續字首的長度。我們將長度為零的字首的 border 長度定義為零。如果字首長度是五，也就是 ABCAB，你可以看到它有長度為二的 border AB。類似的情況，如果字首長度是七，也就是 ABCABCA，你可以看到它有長度為四的 border ABCA。

j	0	1	2	3	4	5	6	7	8	9	10
		A	B	C	A	B	C	A	C	A	B
$b[j]$	0	0	0	0	1	2	3	4	0	1	2

j	0	1	2	3	4	5	6
		A	A	B	A	A	A
$b[j]$	0	0	1	0	1	2	2

(a) pattern ABCABCACAB 的 border 陣列。　　(b) pattern AABAAA 的 border 陣列。

圖 15.4
border 陣列。

注意，border 陣列含有每一個字首的最大 border。所以，你可以在圖 15.4b 中看到長度五的字首（即 AABAA）有兩個 borders：AA 與 A。最大 border 是長度二的 AA，你可以在 border 陣列的對應格子中看到這個長度。

如果我們有個函式 FindBorders(p) 可為 pattern p 建立陣列 b，就可以用演算法 15.2 將目前為止討論的內容寫成演算法了。

這個演算法直接採用我們剛才討論的概念，理解它的最好方法是邊閱讀它邊操作案例，例如圖 15.3 或圖 15.5；注意，我們會在第一次找到吻合時停止追蹤。我們先在第 1–4 行做好準備工作，建立回傳佇列，計算 pattern 與 text 的長度，並計算 border 陣列。接著在第 5 行初始

化 j，之後用它來計算我們已經在 pattern 中比對多少字元了，另一個
變數 i 會計算我們已經從 text 中讀取多少字元。第 6–13 是遍歷 text
的每一個字元的迴圈。如果我們在讀出新字元之前已經讀取並發現
text 符合部分的 pattern，但發現目前的字元與 text 不吻合，就需要將
j 重置成 pattern 吻合的字首的最大 border 的長度，這就是第 7 與第 8
行做的事情。注意，這是一個迴圈，因為我們可能會在 border 發現不
吻合，所以必須嘗試較短的 border，以此類推。實際上，第 7–8 會檢
查持續遞增位移，直到找到匹配為止。這就是在圖 15.5 發生的事情，
我們的 $i = 5$ 且 $j = 5$，接著保持 i 不變，設定 $j = 2$ 接著 $j = 1$。因為在
$j = 5$ 時，pattern 符合的部分是 AACAA，它有個長度為二的 border，
所以我們將 j 設為 2，但我們仍然有一個不吻合的字元，因此，我們
嘗試長度為二的字首 AA 的 border，它是 A，長度為一。因此，我們
將 j 設為 1。

演算法 15.2：Knuth-Morris-Pratt。

KnuthMorrisPratt(p, t) $\rightarrow q$

　　　輸入：p，pattern

　　　　　　t，text

　　　輸出：q，佇列，含有在 t 找到 p 的索引；如果找不到 p，這個
　　　　　　佇列是空的

```
1    q ← CreateQueue()
2    m ← |p|
3    n ← |t|
4    b ← FindBorders(p)
5    j ← 0
6    for i ← 0 to n do
7        while j > 0 and p[j] ≠ t[i] do
8            j ← b[j]
9        if p[j] = t[i] then
10            j ← j + 1
11        if j = m then
12            Enqueue(q, i − j + 1)
13            j ← b[j]
14    return q
```

當我們發現吻合字元時，只要遞增 j 值即可，這就是第 9–10 行做的事情。如果我們在第 11 行發現 pattern 的所有字元都吻合，就可以得到完全吻合，所以在第 12 行將吻合的位置加到佇列 q。在繼續讀取 text 的下一個字元之前，我們在第 13 行將 j 重設為最長 border，它相當於保證不會遺失其他潛在吻合的最短位移。

圖 15.5
另一個 Knuth-Morris-Pratt 演算法的過程；border 陣列在最下面。

我們還需要定義函式 FindBorders 才能完成 Knuth-Morris-Pratt 演算法，做法如下。如果我們已經發現長度 i 的字首有個長度 j 的 border，如圖 15.6a 所示，我們很容易就可以檢查長度 $i+1$ 的字首（結束位置是 i）有沒有一個長度是 $j+1$ 且在位置 j 結束的 border。唯一發生這種情況的方式，就是在 pattern 的 j 位置的字元（也就是 pattern 的第 $j+1$ 個字元）與 pattern 的 i 位置的字元（也就是 pattern 的第 $i+1$ 個字元）相同，見圖 15.6b。如果沒有發生這種情況，最佳的做法是立刻檢查較短的 border，假設它的長度是 $j' < j$，看看該 border 的最後一個字元是否符合 pattern 的第 $i+1$ 個字元，見圖 15.6c。如果同樣的沒有發生這種情況，再度嘗試更短的 border，以此類推。當我們找不到這種 border 時，長度為 $i+1$ 的字首的 border 顯然會是零。

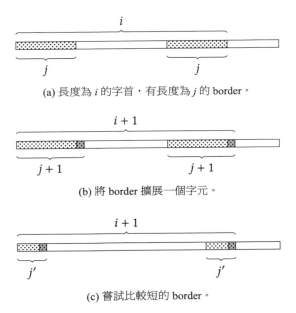

(a) 長度為 i 的字首，有長度為 j 的 border。

(b) 將 border 擴展一個字元。

(c) 嘗試比較短的 border。

圖 15.6
尋找字串的 borders。

這就是找出 borders 的方法，我們將想要尋找 borders 的字串的字首遞
增，字首的長度是零與一時，border 的長度是零，如果字首的長度是
i，我們就會檢查是否可將目前的 border 擴展一個字元，如果不行，
就嘗試較短的 borders，直到沒有 borders 為止。這就是演算法 15.3 的
做法。這個演算法會接收字串 p 並回傳一個陣列 b，其中 $b[i]$ 是 p 字
串的長度 i 的字首的 border 長度。

演算法 15.3：尋找字串的 borders。

FindBorders(p) $\rightarrow b$

　　　輸入：p，字串

　　　輸出：b，長度為 $|p| + 1$ 的陣列，裡面有 p 的 borders 的長度；
　　　　　　　$b[i]$ 存有 p 字首為長度 i 時，border 的長度

```
1   m ← |p|
2   b ← CreateArray(m + 1)
3   j ← 0
4   b[0] ← j
5   b[1] ← j
6   for i ← 1 to m do
7       while j > 0 and p[j] ≠ p[i] do
8           j ← b[j]
9       if p[j] = p[i] then
10          j ← j + 1
11      b[i + 1] ← j
12  return b
```

演算法 15.3 的一開始先做一些先置作業：在第 1 行計算字串長度，
在第 2 行建立輸出陣列，在第 3 行將目前的 border 長度 j 設為零，在
4–5 行將長度為零與一的 p 的字首的 borders 長度設為零，原因如前所
述。接著在第 6–11 行進入一個迴圈，從 p 的第二個字元開始處理它
的每一個字元。從第二個字元開始的原因是，我們已經知道，當 p 的
字首長度是一時，它的 border 長度是零。

如果目前的 border 不吻合的話，我們在第 7–8 行試著尋找可吻合的較短 border，在第 9–10 行將已找到的 border（它可能是零 border）擴展一個位置，如果可行的話。接著在第 11 行將 border 的長度存入陣列 b 中的適當位置。因為 b 的前兩個元素已經被設定了，我們必須設定 $i+1$ 位置的元素，最後回傳 border 陣列。圖 15.7 是用演算法來尋找字串 ACABABAB 的 borders 的過程。圖的每一列都列出 i、j 的值與每次開始迭代外迴圈與結束迭代時，b 的內容。

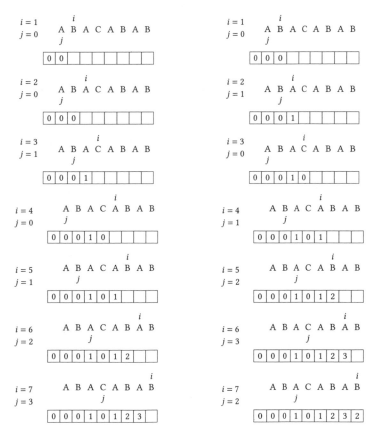

圖 15.7
追蹤尋找 ABACABAB 的 borders。

演算法 15.3 有一個特別的地方：它與演算法 15.2 很像。事實上，在演算法 15.2 中，我們用 pattern p 來比對 text t；在演算法 15.3 中，我們用 pattern p 來與它自己比對。基本上我們使用相同的程序，先找出 pattern 的 borders，找到 borders 之後，再與自己比對。Knuth-Morris-Pratt 演算法或許不好掌握，但是當你瞭解它之後會欣賞它的優雅。

Knuth-Morris-Pratt 不但很優雅，也很快。因為演算法 15.2 與 15.3 實質上是相同的，所以我們只需要分析其中一個。演算法 15.2 的外迴圈會執行 n 次，在每一個迭代時，第 7–8 行的內迴圈會有一些迭代，只要 $j > 0$，它就會重複執行，而且在每次迭代時，j 都會遞減。此外，j 只會在第 10 行，在外迴圈的迭代過程中遞增一次。因此，在內迴圈的所有迭代中，j 的遞減不會超過 n 次，這代表內迴圈的重複次數總共不會超過 n 次。所以這個演算法的計算複雜度，在不考慮 FindBorders 的情況下，是 $O(2n) = O(n)$。藉由類似的分析，我們可以得到 FindBorders 的計算複雜度是 $O(m)$。所以 Knuth-Morris-Pratt 演算法總共花費的時間，包括尋找 pattern 的 borders 的前置步驟，是 $O(m + n)$。我們還要在裡面加入一些空間成本：我們需要儲存 borders 的 b 陣列，不過，它的長度是 $m + 1$，這通常不成問題。

15.3　Boyer-Moore-Horspool 演算法

到目前為止，我們都從左到右掃描文字。如果我們改變策略，從右到左掃描文字，就可以使用另一種簡單的演算法，這種演算法在實務上有很好的表現。這種演算法稱為 Boyer-Moore-Horspool，同樣以它的發明者為名。

在圖 15.8 中，我們使用 Boyer-Moore-Horspool 演算法在 text 字串 APESTLEINTHEKETTLE 中搜尋 pattern KETTLE。我們將 KETTLE 放在 text 的開頭，接著從右到左尋找吻合的字元，而不是從左到右。

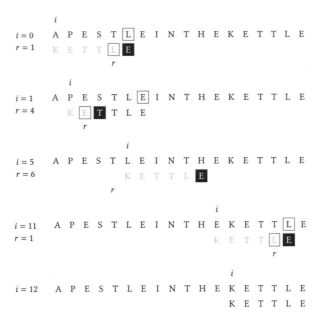

圖 15.8

Boyer-Moore-Horspool 演算法。

我們在一開始就遇到不吻合了：KETTLE 的最後一個字元 E 與 text 的字首 APESTL 之中的 L。因此將 pattern 右移。因為剛才讀到的最右字元是 L，下一次比對時要將 KETTLE 移動，將 pattern 的 L 對上 APESTL 的 L。也就是說，我們從位置 $i = 0$ 開始讀取 text 之後，發現不匹配，所以將 pattern 右移 $r = 1$ 個位置。

我們再試一次，從右到左。這一次，我們在 pattern 的字元 T 遇到不吻合。我們在 text 中讀取的最後一個字元是 E；因此，最佳做法是將 pattern 右移，讓 pattern 的 E 對上 text 的字首 APESTLE 之中的最後一個字元 E。這相當於右移 $r = 4$ 個位置。

這個位置沒有吻合的字元，此外，我們讀到的最後一個 text 字元（即字元 H）是在 pattern 中完全不存在的。所以，我們可以直接將 pattern 移到字元 H 的右邊，這相當於右移 $r = 6$ 個位置。

右移之後，我們到達位置 $i = 11$，發現 L 與 E 吻合，這個情況與剛開始搜尋時相同，我們再次右移一個位置，到 $i = 12$，終於在那裡找到與 pattern 完全吻合的 text。

你可以在圖 15.8 中看到，這種方法可以跳過許多 text 字元，但我們必須設法知道 pattern 每次要右移多少字元才行。其實規則相當簡單。

如果有不吻合，而且不吻合的字元無法在 pattern 裡面找到，我們就將 pattern 右移 m 個位置，m 是 pattern 的長度，因為我們必須將它移到不可能吻合的字元後面，見圖 15.9a。

(a) pattern 裡面沒有不吻合的字元。

(b) pattern 裡面有不吻合的字元。

圖 15.9
不吻合字元的規則。

如果有不吻合，且不吻合的 text 字元可在 pattern 內**右邊**算來的第 $r \geq 1$ 個位置找到，我們就將 pattern 右移 r 個位置。在 pattern 裡面，同一個字元可能會出現多次，為了讓這項計畫生效，r 是那個不匹配字元在 pattern 中**最右邊**的那一個的索引，這個索引是從右邊算過來的，見圖 15.9b。

我們必須找出每一種字元在 pattern 之中最右邊的實例的索引。方法之一就是建立一個特殊的表格，這張表格是個陣列，裡面有文字的符號系統。例如，如果我們使用 ASCII 符號系統，這張表就含有 128 個元素。如果我們將這張表稱為 rt，rt[i] 的內容是在 pattern 裡面，最右邊的那一個 "第 i 個 ASCII 字元" 的位置 $r \geq 1$ 的索引。如果 pattern 裡面有那個字元的話，這個索引是從 pattern 後面算回來的，否則它就是 pattern 的長度 m。

就 pattern KETTLE 而言，表 rt 的項目除了 69（E 的 ASCII 碼）、75（K 的 ASCII 碼）、76（L 的 ASCII 碼）與 84（T 的 ASCII 碼）之外都是六。圖 15.10 的左圖是這個 pattern 裡面的字母的值，以及它們對應的索引，以十進位與十六進位格式來表示。右圖是 pattern EMBER 的同一種資訊，它的邏輯與 KETTLE 相同。注意，字母 R 的值等於 5，因為當我們發現它不吻合時，就必須將 pattern 移動相當於它的長度的位置，再試著匹配 text，這與不匹配字元規則的定義相符，它要求 $r \geq 1$，如果有一種字元只出現在 pattern 的結尾，因為它從右邊算過來的位置是零，所以不滿足 $r \geq 1$，我們在表中就將它視為不出現在 pattern 中的項目，如此一來，不匹配的字元出現在那裡時，我們就可以移動整個 pattern 的長度。

字母	K	E	T	T	L	E		E	M	B	E	R
ASCII（十進位）	75	69	84	84	76	69		69	77	66	69	82
ASCII（十六進位）	4B	45	54	54	4C	45		45	4D	42	45	52
出現在最右邊的位置	5	4	2	2	1	4		1	3	2	1	5

圖 15.10
字母在 patterns 中出現在最右邊的位置。

圖 15.11a 是 KETTLE 的最右邊位置表，它假設符號系統包含 ASCII 代碼的 128 個字元。這張圖用表格的形式來安排 rt，並重點標示出現在 KETTLE 裡面的字元的位置。第一列與第一行是十六進位值，讓你可以輕鬆地根據圖 15.10 找到字元。例如，你可以檢查表中的 0x4C 項目（代表字元 L）的值是 1。其實 rt 是個簡單的一維陣列，它的索引是從 0 到 127，但我們無法在書中顯示這種格式。

	0	1	2	3	4	5	6	7	8	9	A	B	C	D	E	F
0	6	6	6	6	6	6	6	6	6	6	6	6	6	6	6	6
1	6	6	6	6	6	6	6	6	6	6	6	6	6	6	6	6
2	6	6	6	6	6	6	6	6	6	6	6	6	6	6	6	6
3	6	6	6	6	6	6	6	6	6	6	6	6	6	6	6	6
4	6	6	6	6	6	**4**	6	6	6	6	6	**5**	**1**	6	6	6
5	6	6	6	6	**2**	6	6	6	6	6	6	6	6	6	6	6
6	6	6	6	6	6	6	6	6	6	6	6	6	6	6	6	6
7	6	6	6	6	6	6	6	6	6	6	6	6	6	6	6	6

(a) KETTLE 的最右邊位置表。

	0	1	2	3	4	5	6	7	8	9	A	B	C	D	E	F
0	5	5	5	5	5	5	5	5	5	5	5	5	5	5	5	5
1	5	5	5	5	5	5	5	5	5	5	5	5	5	5	5	5
2	5	5	5	5	5	5	5	5	5	5	5	5	5	5	5	5
3	5	5	5	5	5	5	5	5	5	5	5	5	5	5	5	5
4	5	5	**2**	5	5	**1**	5	5	5	5	5	5	5	**3**	5	5
5	5	5	5	5	5	5	5	5	5	5	5	5	5	5	5	5
6	5	5	5	5	5	5	5	5	5	5	5	5	5	5	5	5
7	5	5	5	5	5	5	5	5	5	5	5	5	5	5	5	5

(b) EMBER 的最右邊位置表。

圖 15.11
最右邊位置表。

在圖 15.11 的兩張表中，多數的項目都是 pattern 的長度。這就是 Boyer-Moore-Horspool 演算法高效的原因：符號系統的多數字元都不會出現在最右邊位置表中；如此一來，我們在遇到任何這些字元時，就可以跳過整個 pattern 長度。但是，如果 pattern 含有符號系統的許多字元，這個演算法可能會比較沒有效率，只是這種情況很少發生。

我們用演算法 15.4 來建立最右邊位置表。雖然我們的範例都使用 ASCII，但這個演算法比較通用，可處理任何符號系統，只要我們用引數傳入符號系統的大小即可。函式 Ord(c) 會回傳字元 c 在符號系統的位置，從零開始算起。這個演算法會先建立陣列 rt（第 1 行），接著在第二行計算 pattern p 的長度 m，第 3–4 行將 rt 陣列的所有內容設為 m，接著第 5–6 行遍歷 pattern 最後一個字元之外的每一個字元 i，計算它離右邊多遠，再將 rt 的內容設為結果，最後回傳陣列 rt。

演算法 15.4：建立最右邊位置表。

CreateRtOccurrencesTable(p, s) $\rightarrow q$

    輸入：p，pattern

             s，字母大小

    輸出：rt，大小為 s 的陣列；$rt[i]$ 是字母表的第 i 個字母在 p 的

             最右邊位置 $r \geq 1$ 的索引，索引從 pattern 的結尾算起，如

             果 pattern 沒有該字元，就是 p 的長度

1    $rt \leftarrow$ CreateArray(s)

2    $m \leftarrow |p|$

3   **for** $i \leftarrow 0$ **to** s **do**

4        $rt[i] \leftarrow m$

5   **for** $i \leftarrow 0$ **to** $m - 1$ **do**

6        $rt[\text{Ord}(p[i])] \leftarrow m - i - 1$

7   **return** rt

這裡有兩個重點。第一個重點，我們沒有遍歷最後一個字元，因為如前所述，如果在這裡出現不吻合且 pattern 的其他任何地方都沒有那個字元，我們就會移動整個 pattern，所以它的正確值是 m。第二個重點，在執行演算法的過程中，當我們之後發現相同的字元時，就有可能會改變 $rt[i]$ 的內容。圖 15.12 展示執行演算法 15.4 的第 5–6 行的迴圈時，EMBER 的 rt 表的值會如何改變。這張表是直向顯示的；各行是表在第 5–6 行的迴圈之前的狀態以及在迴圈迭代時，各個 i 值。最左邊的那一行是表的各個位置代表的字母；為了節省空間，我們只顯示有關的字母，垂直的黑點代表其他的字母。在迴圈開始之前，表的所有值都被設為 5。在第一次迭代時，E 的值會變成 4；接著 M 的值變成 3；之後，B 的值變成 2，最後，E 的值再次改變，成為 1。

寫出最右邊位置的演算法之後，我們就可以來看一下 Boyer-Moore-Horspool 演算法本身，演算法 15.5。它會接收搜尋 pattern p、在其中搜尋 pattern 的 text t，與符號系統的大小 s。它會回傳一個佇列 q，裡面存有在 t 中找到 p 時的索引。

	E	M	B	E	R
i		0	1	2	3
⋮	5	5	5	5	5
B	5	5	5	**2**	2
⋮	5	5	5	5	5
E	5	**4**	4	4	**1**
⋮	5	5	5	5	5
M	5	5	**3**	3	3
⋮	5	5	5	5	5
R	5	5	5	5	5
⋮	5	5	5	5	5

圖 15.12

尋找 EMBER 的字元最右邊位置。

演算法 15.5：Boyer-Moore-Horspool。

BoyerMooreHorspool(p, t, s) → q

　　　輸入：p，pattern

　　　　　　t，text

　　　　　　s，符號系統的大小

　　　輸出：q 佇列，含有在 t 中找到 p 時的索引；如果找不到 p，佇列是空的

```
1   q ← CreateQueue()
2   m ← |p|
3   n ← |t|
4   rt ← CreateRtOccurrencesTable(p, s)
5   i ← 0
6   while i ≤ n − m do
7       j ← m − 1
8       while j ≥ 0 and t[i + j] = p[j] do
9           j ← j − 1
10      if j < 0 then
11          Enqueue(q, i)
12      c ← t[i + m − 1]
13      i ← i + rt[Ord(c)]
14  return q
```

前四行是前置作業：建立回傳佇列（第 1 行）、取得 pattern 的長度（第 2 行）、取得 text 的長度（第 3 行），與呼叫演算法 15.4 來取得最右邊位置表（第 4 行）。

第 6–13 行是真正做事的幾行，它會執行圖 15.8 的程序。我們在第 5 行將 i 設為 0 之後，只要有機會匹配 p 與 t，迴圈就會執行，這需要滿足 $i \le n - m$，否則 p 會超出 t 的右邊。在第 7 行，變數 j 一開始是在 p 的結尾，只要 pattern 仍然有字元需要檢查，且 $p[j]$ 匹配 t 的對應字元 $t[i + j]$，它就會在第 8–9 行往左邊朝著開頭運作。如果我們跳出迴圈時已經看完 pattern 的所有字元，此時 $j < 0$，就代表已經找到吻合，所以會在第 10–11 行將它輸入佇列。無論是否找到吻合，我們都會將 pattern 往右移動。需要將 pattern 移動多少字元是由表 rt 的內容決定的，也就是 text 的字元出現在 pattern 最右邊的那個位置。我們在第 12 行找到那個在最後面出現的字元，並將它存入 c。接著我們在第 13 行從 rt 取出對應的項目來取出位移，並更新 i。最後，如果有結果的話，我們在第 14 行回傳結果。

Boyer-Moore-Horspool 演算法很容易實作。對大部分的 p 與 t 而言，它的效能通常非常好，雖然在最壞的情況下，它的速度可能會與蠻力匹配一樣慢。圖 15.13a 是最壞情況範例：除了最後一個字元之外，所有字元的外迴圈有 $n - m$ 次迭代，內迴圈有 $m - 1$ 次迭代，最後一個字元要用 m 次內迭代來找出吻合與否。整體來說，執行時間是 $O(nm)$，等於蠻力匹配法。圖 15.13b 是最好的情況，此時，pattern 會重複跳過 m 個字元，直到它在結尾找到吻合為止，因此執行時間是 $O(n/m)$。這看起來好過頭了，但實際上，多數的搜尋都像圖 15.13b，因為搜尋字串裡面只有符號系統的少數字元，所以平均來說，我們可以預期有 $O(n/m)$ 執行時間。建立表 rt 的時間是 $O(m)$，所以它不會影響整體的表現，因為通常 n 比 m 長很多。Boyer-Moore-Horspool 真正的缺點可能是最右邊位置表的大小。ASCII 符號系統需要大小為 128 的表，它不會產生重大的影響，但如果符號系統有上千個字元，空間或許會是個問題。

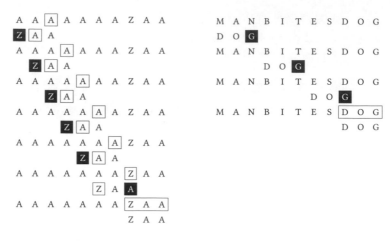

(a) 最壞的情況。　　　　　　　(b) 最好的情況。

圖 15.13

Boyer-Moore-Horspool 最壞與最好的情況。

參考文獻

字串匹配有一段理論與實務互相影響的有趣歷史。Stephen Cook 在 1971 年認為應該有一種演算法可以用 $O(m + n)$ 複雜度來執行字串匹配 [40]。在那之前，James H. Morris 在開發文字編輯器時為了解決實際的問題，設計一種複雜度為 $O(n + m)$ 的演算法，儘管當時人們並不知道這件事。在獨立工作的情況下，Donald Knuth 根據 Cook 的理論架構開發出一種演算法。Knuth 讓 Vaughan R. Pratt 看他的作品，Pratt 做了幾個改善，接著讓 Morris 看他的成果，Morris 認為基本上它與他自己的演算法一樣。他們在 1977 年一起發表這個演算法 [116]。這個演算法的另一個版本是在 1997 年由 Reingold、Urban 與 Gries 提出的 [164]。

Boyer-Moore-Horspool 演算法是在 1980 年由 R. Nigel Horspool 提出的 [98]；我們使用 Lecroq 的介紹 [123]。它的複雜度是 Baeza-Yates 與 Régnier 分析出來的 [7]。它其實是一種較複雜的演算法的簡化版，即 Boyer-Moore 演算法，是 Robert S. Boyer 與 J Strother Moore 在 1977 年發明的 [26]。原始的 Boyer-Moore 在最壞的情況下，當 pattern 無法在 text 中找到時，複雜度是 $O(n + m)$，而 pattern 可在 text 中找到時，複雜度是 $O(nm)$。R. W. Gosper 也在同一個時期獨自發明

這個演算法的一種版本，他是駭客（不是破壞者）社群的創辦人。Zvi Galil 在 1979 年展示如何改善這個演算法，來達到 $O(n + m)$ 的複雜度，即使 pattern 無法在 text 中找到 [73]。

本章幾乎沒有提到字串匹配廣泛的應用領域。要進一步瞭解，你可以參考 Gusfield [85] 與 Crochemore、Hancart 以及 Lecroq [45] 的書籍。

練習

1. 本章談到的所有演算法都會回傳它們可以找到的所有吻合項目。只要稍作修改，它們就會只回傳第一個吻合項目；寫出只找出第一個吻合項目的演算法。

2. Boyer-Moore-Horspool 演算法使用一張表來保存最右邊位置，以盡量減少查詢每一個字元的時間。但是，如果 pattern 只是符號系統的小集合，這種做法可能會浪費空間。試著改用不同的資料結構，例如雜湊表或集合，雖然此時查詢時間仍然是常數，但它應該會比簡單的表還要久。比較原始的 Boyer-Moore-Horspool 程式與節省空間的程式的執行效能。

3. 我們在字串匹配演算法中使用佇列來回傳結果的原因之一就是採取這種做法時，佇列可提供即時的讀取，演算法可以立刻開始取得結果，而不需要等待處理所有的文字。研究你的程式語言的程式庫與功能，實作演算法，讓它們可讓使用者即時、同步地取得結果。

16　聽任命運安排

機會是變幻無常的，我們通常不喜歡它，因為用穩定、可預測的步伐來做事遠比承擔不確定的風險好得多。電腦是確定性（deterministic）的機器。我們不認為它會表現失常，事實上，如果我們問同一個問題卻得到不同的答案，就要懷疑程式可能藏有 bug。

類似的情況，我們通常不會隨機做出重大決策。我們通常會權衡已知與未知，在適當考慮之後做出決定，試著消除誤差；"萬無一失"是很高的評價。

不過，機會可以解決許多重要的問題。除了藉由在賭場贏錢來解決物質需求這種遠程的可能性之外，如果我們想要解決的問題沒有其他可行的，或更簡單的，或合適的方法存在時，就可以在計算的過程中加入機率元素來解決它。

幸運與機會有一個重要的特性，就是它們是不可預測的。用公平的硬幣丟出頭像與反面的機率是 50-50；如果我們知道它沒有被動過手腳，就知道它丟來的結果沒有偏差，也就知道預測它的結果是沒意義的。

不可預測性的表面是隨機性（randomness）。隨機性指的是一系列事件或資料缺乏規律性。當某件事沒有特定模式，無論我們如何發掘都是如此，它就是隨機（random）的。白噪音（也就是收音機的靜態噪音）是隨機的（不過在數位收音機上聽不到）。用公平的骰子丟出來的數字是隨機的。布朗運動（Brownian motion）是流體裡面的懸浮粒子的運動，粒子會與流體（氣體或液體）中的原子或分子碰撞，碰撞會讓微粒改變它們的方向，這種碰撞與方向是隨機的，布朗運動的粒子軌跡是張隨機路徑圖片。

缺乏規律性可能是巨大的資產。想像一下民意調查。因為我們通常難以調查所有人口，民調專家必須使用一個便於處理的子集合來分析，也就是人口樣本，民調的聖杯是取得一個有代表性的樣本，也就是這個樣本的特性與整體人口相同，因此不存在任何偏差。人口（*population*）不一定代表一群人類；它可能是我們想要研究的任何實體集合。人口是很僵硬的名詞，但是它在數學、統計學與電腦科學中有其他的意思。

舉一個抽樣偏差的案例，當我們只對存活的人進行採樣，但這項調查涉及一些會造成後續影響的事件時，就會產生倖存者偏差（*survivorship bias*）。考慮一個在發生金融危機之後，對公司所做的調查，因為這個調查一定會排除無法撐過危機的所有公司，所以樣本會偏差。

隨機抽樣，也就是從人口中隨機取樣，可移除偏差。因為樣本中沒有任何偏好或規律性，我們就沒有理由認為這個樣本無法代表總體人口。

為了隨機抽樣，我們必須採取一種結合隨機性的程序，否則樣本就是可預測的。這個程序，以演算法來表示的話，是個隨機化演算法（*randomized algorithm*），這種演算法會在它的運作過程利用隨機性。

這裡有一個重要的概念跳躍。通常我們期望演算法是完全確定性的，所以同樣的輸入一定會產生同樣的輸出。如果我們接受演算法的輸出可以依賴它的輸入與某種程度的隨機性，就會開啟全新的可能性。

有一些問題是完全沒有任何實際的演算法可以解決的，甚至，我們已經知道有些問題是沒有實際的演算法可以解決的。"實際"的意思是，在可接受的計算、儲存與時間資源之內完成工作。也有一些問題有實際的演算法可以解決，但是使用隨機化的演算法來處理比任何已知的非隨機化演算法還要簡單許多。

當然，依賴隨機性需要付出代價。此時演算法就不是完全可預測了，不可預測性可能會以各種方式表現：有時演算法無法產生正確的結果，或花費很長的執行時間。隨機性演算法成功的關鍵是將"有時"量化，我們需要知道演算法無法產生正確答案的機率，或它預期的效能與最差的效能為何。此外，正確的程度可能會依需求而不同。演算法可能會提供一個在某個範圍內正確的答案，而且執行的時間愈長，這個範圍愈窄，因而答案的準確度愈高。

隨機性演算法是電腦科學在上個世紀最重要的研究成果之一。我們可以寫好幾本探討它們的書籍，但它不是本書的目的。我們只能討論幾個隨機化演算法，跨越不同的應用領域，讓你瞭解它們可以提供什麼幫助。

16.1　亂數

在討論隨機化演算法的相關事項之前，我們必須先處理一個基本的問題：如何產生我們需要的隨機性？通常這代表取得一個亂數，或一系列的亂數，來傳入演算法。但我們要從哪裡找到亂數？我們要去哪裡找到一個亂數產生器，也就是可以提供我們需要的亂數的電腦程式？

在電腦科學中，最著名的引言之一可回溯到 1951 年，它是這個領域的先驅之一，John von Neumann 提出的：

> 想要用算術來產生亂數的人，肯定都是有罪的。

即使我們在但丁的地獄中找不到亂數產生器，當你試著用演算法來產生亂數時，也注定會失敗。確定性的機器執行確定性的演算法不可能產生完全隨機的東西，如果可以，就產生矛盾了。如果有人給你一個可以產生亂數的演算法，而且那個演算法開始吐出結果，你很容易就可以預測它的下一個號碼是什麼，你只要注意演算法目前的狀態，並自行執行下一個步驟就可以了，你 100% 可以預測下一個數字，所以沒有隨機性可言。

真正的亂數產生器會使用某種據信完全隨機的物理程序來作為隨機性的來源。這種亂數產生器稱為真亂數產生器（True Random Number Generators (TRNGs)），TRNG 有好幾種，你可以在核衰變輻射源上面使用 Geiger 計數器，你也可以檢測以半透明鏡面為目標的光子。因為量子效應，光子會以相同的機率穿過鏡子或反射，所以結果是隨機的。你可以接收大氣中的無線電噪音（radio noise），也就是打雷這種大氣現象產生的訊號。市面上有一些可插入電腦的亂數產生器硬體，它們使用真正的隨機源，但是，它們並非隨處可用，而且它們未必可以用我們需要的速度產生亂數。

如果出於任何原因，我們沒有 TRNG 可用，或它無法滿足我們的需求，就必須使用偽亂數產生器（Pseudorandom Number Generator（PRNG））。PRNG 是罪惡的情節：用一種確定性的演算法來產生看起來隨機的數字，雖然它們不是─它們是偽亂數。話雖如此，定義"看起來隨機"並不容易。有一種常見的需求是，我們希望 PRNG 產生遵循均勻分布（*uniform distribution*）的數字。均勻分布的有限數字集合代表每一個數字都有同等可能性的分布。所以數字集合 1 到 10 的均勻分布有十分之一的時間會含有數字 1，十分之一的時間數字 2，以此類推，直到數字 10 為止。

請記得，PRNG 產生的數字是偽亂數，我們會將這種演算法產生的輸出直接稱為亂數，不會具體稱之為偽亂數。

均勻分布是值得擁有的，但還不夠。延續之前的範例，這個數字序列：

$$1, 2, \ldots, 10, 1, 2, \ldots, 10, 1, 2, \ldots, 10, \ldots$$

也就是依序重複數字 1 到 10，是個均勻分布，但它看起來一點也不隨機。PRNG 會產生一個看起來隨機的均勻分布。為了確保這種情況，有一些統計測試可檢查數字序列的隨機性。當你對一系列的數字執行這些統計測試之後，可以得到它們與真正的隨機數字序列之間是否有異。

演算法 16.1 是個已被長時間使用的簡單 PRNG。這個演算法是用以下的計算方法來實作的，這種計算法稱為**線性同餘**（*linear congruential*）法：

$$X_{n+1} = (aX_n + c) \bmod m, \quad n \geq 0$$

演算法 16.1：線性同餘亂數產生器。

LinearCongruential(x) → r

　　輸入：x，數字，$0 \leq x < m$

　　資料：m，模數，$m > 0$

　　　　　a，乘數，$0 < a < m$

　　　　　c，遞增數，$0 < c < m$

　　輸出：r，數字，$0 \leq r < m$

1　　$r \leftarrow (a \times x + c) \bmod m$

2　　**return** r

這個方法會用前一個亂數 X_n 來產生一個新亂數 X_n+1。它會將 X_n 乘以一個特殊乘數 a，將乘積加上一個特殊數字 c，接著除以一個特別選擇的模數 m 來取得餘數。為了啟動這個方法，我們必須提供一個初始值 X_0 給它，這個初始值稱為**種子**（seed）。

這個演算法會用相同的方式來運作。它會接收一個值 X_n，在演算法中稱為 x，並產生一個新值 X_{n+1}，在演算法中稱為 r。一開始，我們在呼叫它時提供初始值 s，也就是種子；接著用上一次呼叫輸出的值來呼叫它。這代表我們會有一系列的呼叫：

$x \leftarrow$ LinearCongruential(s)

$x \leftarrow$ LinearCongruential(x)

$x \leftarrow$ LinearCongruential(x)

以此類推。每次呼叫都會產生一個新值 x，我們會將它當成亂數，並將它當成下次呼叫 LinearCongruential 時的輸入。

我們在實作線性同餘法與其他 PRNGs 時，不會在每次呼叫時傳遞 x。而是將這些呼叫包在較高層的呼叫裡面。我們通常會用一次呼叫來設定種子，接下來的新亂數值是藉由呼叫不接收參數的函式來產生的—因為 x 被放在一個隱藏的變數裡面。一開始，你會發出類似 Seed(s) 的呼叫，接下來，當你要取得每一個亂數時，就呼叫類似 Random() 的函式。這就是實際的情況。

顯然，演算法 16.1 產生的數字序列依初始的種子值而定，同樣的種子一定會產生相同的數字序列。其實這在 PRNGs 中是件好事，因為當我們用它們來寫程式並且想要檢查程式是否正確時，通常會放棄隨機性，希望能夠取得完全可預測的結果。

我們之前談到，a、m 與 c 的值是特殊的，你必須謹慎選擇它們。PRNG 不會產生比 m 大的值，當它遇到之前已經產生過的值時，就會開始產生已經產生過的同一群值。實際上，這個方法會有一段數字重複的**週期**。我們必須選擇 a、m 與 c，來讓這個週期盡可能長，也就是理想的 m，並讓週期內的數字均勻分布。不良的選擇會產生短週期，因此第一個週期快結束之後，立刻就會出現可預測的數字。例如，如果我們設定 $s = 0$、$m = 10$、$a = 3$ 與 $c = 3$，會得到：

$$3, 2, 9, 0, 3, 2, 9, 0, \ldots$$

為了用任何種子值取得完整的週期，讓它等於 m，a、m 與 c 必須符合三項需求。首先，m 與 c 必須互質，也就是其中一個不能被另一個整除。其次，$a - 1$ 必須可被 m 的所有質因數整除。第三，如果 m 可被 4 整除，$a - 1$ 也必須可被 4 整除。我們不需要說明這些需求的原因；此外，我們也不需要四處尋找符合這些需求的數字，通常有一些參數建議研究人員使用。例如，其中一個參數組是 $s = 2^{32}$，$a = 32310901$，c 是奇數，m 是二的次方。

線性同餘方法會產生介於 0 與 $m - 1$ 之間的數字，包含首尾，也就是 $[0, m - 1]$ 所表示的範圍。如果我們希望取得別的數字範圍，例如 $[0, k]$，可以將結果乘以 $k/(m - 1)$。我們也可以加上一個偏移值 x 來取得 $[x, k + x]$ 這種形式的範圍。介於 0 與 1 的數字這種特例（以 $[0, 1]$ 來表示）顯然是藉由除以 $m - 1$ 來取得的。我們通常需要介於 0 與 1 且不包含 1 的範圍，表示成 $[0, 1)$，做法是除以 m。

過去幾年來，許多人都在研究線性同餘法產生的數字是否符合需求（也就是它們看起來是否夠隨機），也有許多人提出其他更好的方法，它們可以通過更多隨機性測試。有一種很有前途的替代方案，它也有個額外的優點—速度非常快，就是 xorshift64*（讀成 XOR shift 64 star）產生器，如演算法 16.2 所示。xorshift64* 產生器會產生 64 位元的數字。

演算法 16.2：xorshift64*。

XORShift64Star(x) $\rightarrow r$

　　輸入：x，一個非零的 64 位元整數

　　輸出：r，一個 64 位元數字

1　$x \leftarrow x \oplus (x \gg 12)$
2　$x \leftarrow x \oplus (x \ll 25)$
3　$x \leftarrow x \oplus (x \gg 27)$
4　$r \leftarrow x \times 2685821657736338717$
5　**return** r

這個演算法很簡單，如果你知道 $\ll$ 與 $\gg$ 運算子的話。符號 $\ll$ 是位元**左移運算子**；$x \ll a$ 代表將數字 x 的位元左移 a 個位置。例如，$1110 \ll 2 = 1000$；圖 16.1a 的例子將整個 byte 左移三位元。對等的情況，位號 $\gg$ 是位元**右移運算子**，$x \gg a$ 代表將數字 x 的位元右移 a 個位置。例如，$1101 \gg 2 = 0011$；見圖 16.1b。

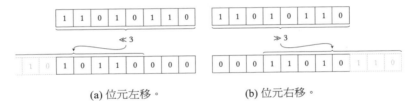

(a) 位元左移。　　　　　(b) 位元右移。

圖 16.1
位元移位操作。

xorshift64* 演算法的用法與線性同餘法相同。它會接收一個值，並產生一個新值，我們可以將那個新值當成亂數，以及當成下次呼叫演算法的輸入值。我們第一次要輸入一個種子，它不能是零。

它會藉由操作 x 的位元來建構輸出，在第 1 行將它們右移，並將位移後的位元與 x 本身做 XOR，第 2 行重複類似的操作，將它左移並做 XOR，接著在第 3 行右移再做 XOR，完成之後，將 x 乘上一個看起來很神秘的數字，並回傳它。在這個演算法裡面的神秘數字是沒有明顯意義的數字；在我們的案例中，這個數字是特殊的，因為它會讓輸出看起來是隨機的。

xorshift64* 演算法的速度很快,而且可以產生良好的亂數,此外,它的週期是 $2^{64} - 1$。如果你想要更好的演算法,可以提高賭注,使用 xorshift64* 的大哥 xorshift1024*,如演算法 16.3 所示。xorshift1024* 產生器一樣會產生 64 位元數字,雖然它的名稱看起來別有含意。但它有別的差異。

演算法 16.3:xorshift1024*。

XORShift1024Star(S) → r

> **輸入**:S,16 unsigned 64 位元整數組成的陣列
> **資料**:p,最初設為 0 的數字
> **輸出**:r,64 位元亂數

1    $s_0 \leftarrow S[p]$
2    $p \leftarrow (p + 1)$ & 15
3    $s_1 \leftarrow S[p]$
4    $s_1 \leftarrow s_1 \oplus (s_1 \ll 31)$
5    $s_1 \leftarrow s1 \oplus (s_1 \gg 11)$
6    $s_0 \leftarrow s_0 \oplus (s_0 \gg 30)$
7    $S[p] \leftarrow s_0 \oplus s1$
8    $r \leftarrow S[p] \times 1181783497276652981$
9   **return** r

與 xorshift64* 相較之下,xorshift1024* 有大很多的週期 $2^{1024} - 1$,而且它產生的亂數可通過更多統計學隨機性測試。這個演算法使用一個 16 unsigned 64 位元整數陣列 S 來作為輸入。當這個演算法第一次被呼叫時,這個陣列是種子,建議你在它裡面儲存 xorshift64* 產生的 16 個數字,之後的每次呼叫,S 的內容都會在演算法裡面改變,且存有新值的 S 會被當成下次呼叫 xorshift1024* 時的輸入。這個演算法的名稱有一部分來自陣列 S,因為 $16 \times 64 = 1024$。

這個演算法也使用一個計數器 p 來遍歷陣列 S 內的整數;在第一次呼叫前,p 必須初始化為零,之後的每次呼叫,它都會被更新。這個演算法是藉由操作部分的陣列 S 來回傳隨機的 64 位元整數。具體來說,在每次呼叫時,它會處理 S 的兩個元素,一個是 p 所指的,並且在第 1 行被存入 s_0。接著在第 2 行,p 取出它的下一個值,我們取得這次呼叫 XORShift1024* 的第二個 S 元素,並在第 3 行將它存入 s_1。第 2 行其實將 p 當成從 0 到 15 的計數器,接著回到 0,以此類推,

這就是與 15 做位元 AND 的效果。如果你還不明白，15 的二進位是 1111，所以與 15 做位元 AND 會讓最低的四個位元保持原狀，並將所有其他位元設為零，例如，1101 & 1111 = 1101。如果 $p + 1 < 16$，則 AND 在這個加總裡面沒有作用，因為 $p + 1$ 只設定後四個位元，它們是不會改變的。如果 $p + 1 = 16$，AND 會將 $p + 1$ 變成零，因為 16 & 15 = 10000 & 1111 = 0。

演算法其餘的部分都在用奇特的方式來操作 S 的位元。在第 4 行，我們將 s_1 左移 31 位元，並將結果與 s_1 做 XOR。我們在第 5–6 行使用右移來對 s_1 做類似的操作，接著用左移來對 s_0 做另一次類似的操作。我們將操作後的 s_0 與 s_1 做 XOR，將它存回 $S[p]$，並將 $S[p]$ 與另一個魔術數字的乘積回傳。

xorshift1024* 演算法是錯綜複雜的精密機制，它仔細選擇一些常數來作為一系列精心設計的操作中的運算元，它會產生隨機性，而且它的做法都是腳踏實地得來的。所以，我們要來看一下第二個關於隨機性與電腦的名言，它是最重要的電腦科學權威之一 Donald Knuth 說的：

> 我們不應該用隨機選擇的方法產生亂數。

圖 16.2a 是一張有 10,000 個隨機位元的網格；位元零是黑色，位元一是白色。你應該無法在圖中認出任何圖樣，這是正常的，如果你可以看到圖樣，這些數字就不是隨機的（否則你可能得到**空想性錯視**（*pareidolia*），會看到不存在的圖樣）。不過，即使沒有特定圖樣，隨機性也可能會產生有趣的美感結果，如圖 16.2b 所示，它有 400 個用黑與白方格來表示的亂數，這些方格會根據它的值來縮放與旋轉。

(a) 10,000 個隨機位元。　　　　　　　　(b) 隨機生成的圖像。

圖 16.2
隨機圖像。

我們到目前為止看過的亂數產生器都適用於多數的情況，但它們**不適合**用來產生加密用的亂數。加密技術有許多地方都需要使用亂數，例如一次性密碼本、加密金鑰生成，與 *nonces*，在特定的協定中只使用一次的任意數字。當我們需要用亂數來加密時，只使用通過某個統計亂數測試的數字是不夠的，亂數還要能夠抵抗特定的攻擊才行。具體來說，接下來的數字不能被多項式時間演算法猜到，之前產生的數字也不能被任何人根據演算法的狀態來反推。

在加密時，我們會使用特殊的隨機產生器，它稱為密碼安全偽隨機數發生器（Cryptographically Secure Pseudorandom Number Generators（CSPRNGs））。它們的設計比之前看過的方法複雜許多，而且它們要經過加密社群持續檢驗與測試才能通過驗證。只要任何對 CSPRNG 的攻擊都失敗，它就是可用的。

為了瞭解 CSPRNG 的做法，我們要來說明一種熱門的演算法，稱為 Fortuna，這個名字來自羅馬的財富女神。圖 16.3 是 Fortuna 的做法。

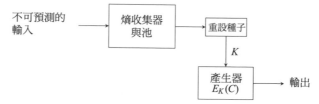

圖 16.3
Fortuna 密碼安全偽隨機數發生器。

為了確保 Fortuna 產生的數字都是不可預測的，它使用一種熵收集器（*entropy accumulator*）。它的工作是收集不可預測的資料，不可預測的資料可以寬鬆地理解為熵，這就是它的名稱的由來。熵必須來自演算法外部，這種來源是使用者事件，例如按下鍵盤、移動滑鼠、網路事件，例如抵達或送出的資料、磁碟事件，例如寫入磁碟。當這些事件發生時，它們的資訊會被擷取並存入熵池（*entropy pools*）。這些池子會被當成真正的隨機性來源，供演算法其餘的部分使用。

這個產生器模組會產生我們想要的亂數。它在工作時，會使用內部計數器 C 與一個金鑰 K，使用區塊編碼器來加密計數器的值，以 K 來作為區塊編碼器的金鑰。產生的 $E_K(C)$ 就是輸出。這個金鑰相當於我們在其他方法中使用的種子，為了確保輸出是不可預測的，我們希望金鑰會隨著時間而不同,這就是重設種子的目的。重設種子時,它會從我們收集到熵池中的隨機資料取得輸入,並在一定的時間間隔內產生一個新金鑰。因此,產生器模組會因為計數器 C 在加密一個新區塊之後的改變,以及在短時間間隔內取得新金鑰 K 而改變狀態;所以就算有人猜出計數器的值,他也需要猜出 K 的值,而這個值是從真正隨機的資料取得的。

Fortuna 有許多可讓它保持穩健與抵抗攻擊的細節。CSPRNG 與普通的 PRNG 是全然不同的演算法,我們只談到它的皮毛而已。不過請記得,如果你需要用亂數來加密,就需要使用 Fortuna 或其他強大的 CSPRNG。

16.2 隨機抽樣

本章是從隨機抽樣開始談起的,所以接下來要來討論如何實際隨機抽樣人口。如果我們有大小為 n 的人口,並且想要從這個人口中隨機抽樣 m 個成員,直接的做法是遍歷人口的每一個成員,並且用機率 m/n 來將它選入我們的樣本中。不幸的是,這種做法是錯的。它只會從人口中平均選擇 m 位成員,不是每一次,但我們希望每次都能取得大小為 m 的隨機樣本。

為了解決這個問題,想像我們已經遍歷過 t 個項目,選出 k 個樣本。我們的人口有 n 個成員,而我們想要大小為 m 的隨機樣本。我們已經遍歷 t 個項目了,所以仍然有 $n-t$ 個項目完全沒有看過,而且還需要加入 $m-k$ 個樣本。從這個時候開始,我們還有多少做法可行?這相當於我們有多少種不同的方式,可以從剩餘的人口項目中選擇不足的樣本項目;更準確的說法,我們有多少種不同的方式 w_1 可從 $n-t$ 個項目中選擇 $m-k$ 個項目。這代表可能產生的組合的數量,也就是從 $n-t$ 中無序選出 $m-k$ 個元素,所以我們得到 $w_1 = \binom{n-t}{m-k}$。如果你不知道這種表示法,可參考第 13.6 節。採取相同的邏輯,如果我們已經看過 $t+1$ 個項目,並選出 $k+1$ 個樣本項目,從這時候開始可以採取的做法數量,稱之為 w_2,是 $w_2 = \binom{n-t-1}{m-k-1}$。考慮所有事情,我們從 t 與 k 到 $(t+1)$ 與 $(k+1)$ 的機率是 w_2/w_1:

$$\binom{n-t-1}{m-k-1} \Big/ \binom{n-t}{m-k} = \frac{m-k}{n-t}$$

等式的右邊是將 $\binom{a}{b} = \frac{(a)!}{(b)!(a-b)!}$ 代入左邊得到的。

我們知道，如果已經從 k 個項目中選出 t 個，第 $k+1$ 個項目被選中的機率應該是 $(m-k)/(n-t)$。這就是**選擇抽樣**（*selection sampling*），見演算法 16.4，它實作了符合我們需求的採樣程序。

演算法 16.4：選擇抽樣。

SelectionSampling(P, m) → S

  輸入：P，含有人口項目的陣列

    m，要選出的項目數量

  輸出：S，陣列，存有 m 個從 P 隨機選出的項目

```
1   S ← CreateArray(m)
2   k ← 0
3   t ← 0
4   n ← |P|
5   while k < m do
6       u ← Random(0, 1)
7       if u × (n − t) < (m − k) then
8           S[k] ← P[t]
9           k ← k + 1
10      t ← t + 1
11  return S
```

演算法 16.4 會接收一個人口項目陣列 P，與隨機樣本大小 m。我們將隨機樣本項目放入大小為 m 的陣列 S，在第 1 行建立這個陣列。變數 k 代表在這個演算法的執行過程中已被選擇的項目數量，最初它是零，在第 2 行設定。類似的情況，變數 t 代表我們已經看過的項目數量，我們在第 3 行將它設為零，在第 4 行儲存人口大小。

我們在第 5–10 行重複執行迴圈，直到選擇足夠的項目為止。在每次的迴圈迭代中，我們會在第 6 行用函式 Random(0, 1) 來產生介於一個 0 與 1 之間，不包括 1 的均勻分布亂數 u。Random(0, 1) 會回傳一個在範圍 [0, 1) 內的數字。根據之前談過的內容，我們想要讓目前正在查看的項目 $P[t]$ 被納入的機率是 $(m-k)/(n-t)$；當 $u < (m-k)/(n-t)$ 時會發生這種情況。我們實際使用的測試是 $u \times (n-t) < (m-k)$，因為乘法通常比除法容易執行。如果第 7 行的條件為真，我們就將 $P[t]$ 插入 s（第 8 行）並遞增已選的項目數量（第 9 行）。無論情況如何，我們都會在第 10 行遞增已經看過的項目數量；最後，我們回傳 S，結束這個演算法。

為了證明這個演算法可行，我們必須展示它的確會回傳 m 個隨機選擇的項目，不多也不少，並使用正確的機率。機率就是我們想要的東西。如果我們在看過 t 個項目之後已經選了 k 個項目，那麼如前所述，我們選擇第 $k+1$ 個項目的機率是 $(m-k)/(n-t)$。所以任何項目會被選取的整體機率正是 m/n。"整體機率"的意思是無論我們是否從 t 選出之前的 k，該項目會被選擇的機率。如果你對數學不熟，$(m-k)/(n-t)$ 變成 m/n 是因為條件與無條件機率之間的差異。一個事件的條件機率是當另一個事件已經發生之後，它發生的機率；在我們的例子中，就是 $(m-k)/(n-t)$。無條件機率是某件事會在一段期間發生的機率。這就是我們的 m/n；它是無論之前發生什麼事情，一個項目被選擇的機率。

接著來討論已選擇的項目數量。假設我們剩下 $n-t$ 個項目要查看，以及 $n-t$ 個項目要選擇，所以 $m-k=n-t$。那麼 $u \times (n-t) < m-k$ 會變成 $u < 1$，我們必定會選擇下一個項目。之前提過，Random$(0, 1)$ 會回傳範圍 $[0, 1)$ 的數字，所以不等式成立。同樣的情況會在 $k+1$ 與 $t+1$ 發生，接著 $k+2$ 與 $t+3$，以此類推，直到陣列 P 的最後一個項目。換句話說，第 7 行做的機率檢查可讓 P 剩下的 $n-t$ 個元素都被選擇。因此，演算法不可能在選擇的元素數量少於 m 個時終止。相反的情況，如果我們已經在 P 結束之前選擇了 m 個項目，迴圈就會跳出，不會再進行選擇。事實上，這可節省時間，但不是絕對必要的。如果迴圈繼續執行，$u \times (n-t) < m-k$ 會變成 $u \times (n-t) < 0$，這是不可能發生的；所以演算法在到達 P 的結尾之前不會選擇任何其他項目。因此，我們最多絕對只會選擇 m 個元素，因為我們會至少選擇 m 個元素，且最多選擇 m 個元素，所以唯一的可能就是選擇 m 個元素。所以這個演算法可一如預期地運作。

演算法裡面的迴圈最多會執行 n 次，如果 P 的最後一個元素進入隨機樣本的話。不過，通常它會執行比較少次。每一個項目被選中的機率是 m/n；因此，最後一個項目被選中的機率也是 m/n，而這個演算法在到達最後一個項目之前停止的機率是 $1-(m/n)$。所以在演算法停止之前，我們平均考慮的元素數量是 $(n+1)m/(m+1)$。

在執行選擇抽樣時，我們要知道人口的大小 n，但是我們不一定知道這項資訊。人口可能是由檔案內的紀錄組成的，我們可能會不知道檔案中有多少紀錄。我們可以讀取所有檔案，並計算它們，接著執行選擇抽樣，但是這需要遍歷檔案兩次，第一次只是為了計數。另一種情況，人口可能是送過來的串流，但我們不知道何時串流會停止，在停止時，我們希望從送過來的串流中取得隨機項目樣本，而不用再次從新讀取它們。如果有演算法可以處理這種情況就好了。

的確有這種演算法存在，它稱為**水塘抽樣**（*reservoir sampling*）。它的概念是，如果我們想要隨機抽樣 m 個項目，就在發現項目時，將一個可容納 m 個項目的水塘填滿，也就是直接將 m 個項目放入水塘中。我們之後取得每一個新項目時，或許也會更改水塘的內容，讓水塘內的項目留在裡面的機率是 m/t，其中的 t 是我們已經遇過的項目。當我們讀完所有人口時，水塘裡面的每一個項目停留在那裡的機率是 m/n，假設 n 是人口大小。水塘抽樣是一種**線上演算法**（*online algorithm*），因為它不需要等候收到所有輸入。

為了瞭解如何實現它，假設水塘裡面有 m 個項目，每一個都是用 m/t 的機率來選擇的。在一開始，當我們加入所有的前 m 個項目時，機率是 $m/t = m/m = 1$，顯然條件成立。我們知道這個條件可在某個 t 成立之後，想要確定它也在 $t + 1$ 時成立。

當我們拿到第 $t + 1$ 個項目時，會以 $m/(t + 1)$ 的機率將它加入水塘，取代一個已經在裡面的項目。我們會隨機選擇取出的項目，所以水塘的每一個項目有 $1/m$ 的機率會被拿出。

因為我們選擇適當的機率，進入水塘的項目也會以要求的機率 $m/(t + 1)$ 進入。我們必須瞭解保持在水塘中的項目的機率。水塘內的特定項目被換掉的機率，就是新項目進入水塘的機率與該項目被選出來與它交換的機率是：$m/(t + 1) \times (1/m) = 1/(t + 1)$。反過來說，一個項目持續待在水塘內的機率是 $1 - 1/(t + 1) = t/(t + 1)$。因為項目已經在水塘的機率是 m/t，所以已在水塘內的項目繼續待在那裡的機率是 $(m/t) \times t/(t + 1) = m/(t + 1)$。因此，當我們讀取並處理第 $t + 1$ 個項目之後，新加入與之前加入的項目會以正確的機率待在水塘內。

總之，如果我們在項目 $t \le m$，就會直接將它放入水塘。如果在項目 $t > m$，就會以 m/t 的機率將它加入水塘，並隨機拿掉一個已在水塘的項目。演算法 16.5 就是水塘抽樣演算法的實作。

這個演算法會從 *scr* 讀取人口項目，我們可以用函式 `GetItem` 來回傳 *scr* 的新項目，或如果沒有其他項目，則回傳 NULL。它也會用參數來接收樣本的大小；它會回傳一個從 *scr* 隨機選取的項目陣列 m。

演算法 16.5：水塘抽樣。

ReservoirSampling(*scr, m*) → *S*

　　輸入：*scr*，人口來源項目

　　　　　　m，要選出的項目數量

　　輸出：*S* 陣列，裡面有 *m* 個從 *scr* 隨機選出的項目

1　　*S* ← CreateArray(*m*)
2　　**for** *i* ← 0 **to** *m* **do**
3　　　　*S*[*i*] ← GetItem(*scr*)
4　　*t* ← *m*
5　　**while** (*a* ← GetItem(*scr*)) ≠ NULL **do**
6　　　　*t* ← *t* + 1
7　　　　*u* ← RandomInt(1, *t*)
8　　　　**if** *u* ≤ *m* **then**
9　　　　　　*S*[*u* − 1] ← *a*
10　　**return** *S*

演算法 16.5 在第 1 行先建立 *s*，它會被當成池塘，並在第 2–3 行直接將 *scr* 的前 *m* 個項目放入 *s*，接下來在第 4 行將 *t* 設為我們已經讀取的項目數量。只要還有項目可讀取，它就會執行第 5–9 行的迴圈。GetItem(*scr*) 的回傳值會被存入變數 *a*；如果 *a* 是 NULL，迴圈就會跳出，否則繼續執行第 6–9 行。

我們首先在迴圈內的第 5 行將 *t* 的值遞增為 *t* + 1。接下來的第 7 行是整個演算法的關鍵，它會呼叫 RandomInt(1, *t*)，這個函式會回傳一個隨機整數 *u*，範圍是 1 到 *t*，包含前後，也就是範圍 [1, t]。條件 *u* ≤ *m*（第 8 行）與 *u*/*t* ≤ *m*/*t* 一樣，當條件成立時，我們就將一個項目放入水塘。我們重複使用 *u* 來隨機取出一個之前已被放入水塘的項目：畢竟它是個介於 1 與 *m* 之間的亂數，所以我們只要將 *a* 放入從零算起的陣列 *s* 的第 *u* − 1 個位置就可以了（第 9 行）。讀完 *scr* 並跳出迴圈之後，我們在第 10 行回傳 *s*。

圖 16.4 是水塘抽樣的運作範例，我們要從十六個項目中抽樣四個項目。圖的左邊是水塘。在最上面，我們將前四個項目放入水塘，接著根據每次迭代的 *u* 值來將目前的項目（以粗線表示）放入水塘。注意，在演算法的執行過程中，水塘的同一個位置可能會接收超過一個新值；在範例的第一與第二個位置就發生這種情況。這個範例的水塘

會不斷改變直到結束，當然這種情況不會百分之百發生，根據隨機值 u 而定。

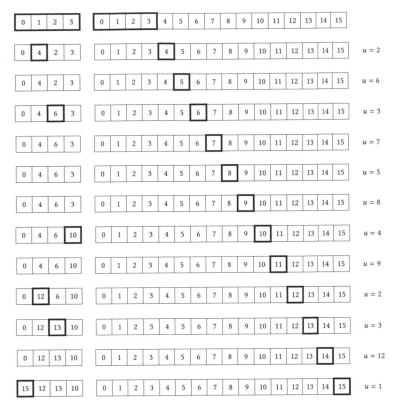

圖 16.4

從十六個項目中水塘抽樣四個項目。

16.3 權力遊戲

一張選票有多重要？它有多少權力？在各種選舉中，這兩個問題都很重要，但它們可能沒有明確的答案。當然，如果選民會去投票，就代表選民認為他的選擇有某種意義，否則他就不用浪費時間去投票，或是反對沒有被賦予權利的政治制度。

在一般的選舉中，因為我們遵循一人一票原則（One Person One Vote（OPOV）），所以很難回答這個問題。在數百萬張選票中，一張選票會造成任何差異的機率很小，選舉的結果通常是多張選票的差異決定的。這產生一種悖論：如果你的選票造成的差異很小，那麼除非投票是強制性的，而且是被強制執行的，否則投票是不合理的行為。投票需要花時間，所以投下無法造成差異的選票，代表把時間浪費在沒有任何結果的事情上。儘管如此，還是有許多人去投票，這稱為**投票悖論**（*paradox of voting*），而且已經有許多企圖解決它的研究。

除了在一般的選舉中，一張選票的重要性在其他的情況下也很重要。在某些情況下，我們可以用有意義的方式來分析每個選民產生的權力，來獲得有趣，有時甚至反直覺的結果。

舉個真實案例，在 1958 年，現今歐盟的前身是歐洲經濟共同體（EEC）。它的創始成員有六個國家：法國（FR）、德意志聯邦共和國（DE；當時德國被分成兩國）、義大利（IT）、比利時（BE）、荷蘭（NL）與盧森堡（LU），歐洲經濟共同體的理事機構之一是部長級會議，成員國的部長會召開會議與表決 EEC 政務。

它們立刻遇到一個問題，即各國究竟該如何投票。一國一票這種制度會讓各國都是平等的，但是，這種制度不考慮各個國家巨大的資源與人口差異。盧森堡這種小國與法國這種大很多的國家擁有一樣的發言權公平嗎？所以部長級會議決定，每一個國家的選票有特定的權重：法國、德國與義大利各有四票。比利時與荷蘭各有兩票。盧森堡有一票。要取得結果，其中一方至少要獲得 12 票。

顯然，大型國家的權利比中型國家大，而所有國家的權利都比盧森堡大，這看起來是合理的決定。我們可以預期，盧森堡本身無法佔有多數，而大國比小國更容易佔有多數。不幸的是，這個制度有一個根本的缺陷。

表 16.1 列出產生 12 票的所有情況。如果三個大國，或兩個大國與兩個中型國家都做出相同的決定，我們就可以達到門檻。當然，愈多國家加入愈好，但這不是必要的。問題在於，盧森堡根本不需要投票。在任何投票情況下，無論盧森堡投什麼，都會產生多數。所以盧森堡或許有投票權，但是那張票無法轉換成任何實權。這種情況就跟未被賦予投票權沒有兩樣。

表 16.1

歐洲經濟共同體第一次部長級會議的表決結果。

FR (4)	DE (4)	IT (4)	NL (2)	BE (2)	LU (1)	Sum
✓	✓	✓				12
✓	✓		✓	✓		12
✓		✓	✓	✓		12
	✓	✓	✓	✓		12

這是個極端的問題，因為投票者實際上被剝奪權利。在其他情境下也有比較微妙的問題：就算投票者沒有被褫奪公權，該名投票者與其他投票者相較之下有多少權利？回到 EEC 案例，德國的權利比比利時多多少？票數告訴我們德國的權利大兩倍，但事實如此嗎？

為了解決這個問題，我們必須採取系統化的做法。我們有一組向量，$V = \{v_1、v_2、\cdots、v_n\}$，與一組權重，$W = \{w_1、w_2、\cdots、w_m\}$。投票者 v_i 的權重是 w_j，以這個對應來表示 $f : V \rightarrow W$。為了讓政策通過，它必須符合一個門檻 Q。在 EEC 案例中，$Q = 12$。V、W、f 與 Q 的設定稱為投票遊戲。

每一個投票者子集合者稱為一個**聯盟**。到達門檻的聯盟稱為**獲勝聯盟**。無法到達門檻的聯盟稱為**失敗聯盟**。如果我們在獲勝聯盟中加入更多投票者，就會得到另一個獲勝聯盟。在 EEC 案例中，獲勝聯盟是 {DE, FR, IT}；另一個聯盟是 {DE, FR, IT, BE}。因此，獲勝聯盟可能會變大而不造成任何實際的差異。比較重要的是，如果我們縮小獲勝聯盟，會產生什麼後果？如果最初獲勝聯盟是 {DE, FR, IT, BE}，拿走 BE，就會變成獲勝聯盟 {DE, FR, IT}。但如果我們從獲勝聯盟 {DE, FR, IT} 中移除任何國家，這個聯盟就不是獲勝方了。**最小獲勝聯盟**就是移除任何一個成員會讓它變成失敗聯盟的聯盟。如果從獲勝聯盟中拿掉一個投票者之後，會讓它變成失敗聯盟，那個投票者就稱為獲勝聯盟的**關鍵**（*critical*），也稱為**搖擺成員**（*swinger*）或**中樞**（*pivot*）。最小獲勝聯盟的所有成員都是關鍵，但是非最小的獲勝聯盟可能有非關鍵的成員：想一下將 {DE, FR, IT, BE} 的 DE 移除的情況。

關鍵投票者是可以影響選舉結果的投票者。投票者之所以關鍵，是因為當他離開獲勝聯盟時，會讓該聯盟變成失敗聯盟，所以整場選舉的結果依那位投票者的行為而定。在任何聯盟中都不會成為關鍵的投票者，就是完全不會影響選舉結果的投票者，這種投票者稱為傀儡（*dummy*），在 EEC 案例中，盧森堡就是傀儡投票者。就算盧森堡身處獲勝聯盟，它離開該聯盟也不會讓那個聯盟變成失敗聯盟；無論盧森堡做什麼事，都不會影響選舉的結果。

現在我們可以開始定義投票權力的量值了，這個量值稱為 *Banzhaf* 指數，名稱來自提出它並讓它出名的 John F. Banzhaf III。我們先定義投票者 v_i 的 *Banzhaf* 分數，它是投票者 v_i 可扮演關鍵角色的聯盟數量。我們用 $\eta(v_i)$ 來代表投票者 v_i 的 Banzhaf 分數。Banzhaf 分數本身並未提供太多資訊，因為它無法指出投票者 v_i 可扮演關鍵角色的聯盟數量的重要性。一位投票者可能在相當數量的聯盟中至關重要，但也有可能在更多聯盟中無足輕重。為了用正確的角度來看待 Banzhaf 分數，我們使用投票權重的 Banzhaf 指數：它就是 v_i 扮演關鍵的聯盟數量除以所有投票者扮演關鍵的聯盟數量，也就是特定投票者 v_i 扮演關鍵的聯盟比率。如果我們把總投票影響力想成一塊派，Banzhaf 指數就是屬於各個投票者的部分的派，它代表影響比率。我們用 $\beta(v_i)$ 來代表 Banzhaf 指數，所以：

$$\beta(v_i) = \frac{\eta(v_i)}{\eta(v_1) + \eta(v_2) + \cdots + \eta(v_n)}$$

舉例而言，如果有四位投票者 A、B、C、D，他們對應的權重 4、2、1、3，且門檻 $Q = 6$。那麼關鍵聯盟有（關鍵投票者加上底線）：$\{\underline{A}, \underline{B}\}$、$\{\underline{A}, \underline{D}\}$、$\{\underline{A}, \underline{B}, C\}$、$\{\underline{A}, B, D\}$、$\{\underline{A}, C, D\}$ 與 $\{\underline{B}, \underline{C}, \underline{D}\}$。 注意，$\{A, B, C, D\}$ 獲勝了，但它不是關鍵的。計算每位投票者的關鍵聯盟數量後，我們得到 $\eta(v_A) = 5$、$\eta(v_B) = 3$、$\eta(v_C) = 1$ 與 $\eta(v_D) = 3$，所以 Banzhaf 指 數 $\beta(v_A) = 5/12$、$\beta(v_B) = 3/12$、$\beta(v_C) = 1/12$、$\beta(v_D) = 3/12$。你可能會被結果嚇到，雖然所有投票者的權重都不相同，但投票者 B 與 D 的總投票影響力是相同的。投票者 D 的投票權重比投票者 B 大，卻沒有轉換成較大的投票權力。投票者 D 可能會沉浸在擁有投票大權的幻想中，投票者 B 則暗自歡喜，因為他的權力比乍看之下還要大。

我們在上面是用手來計算 Banzhaf 指數，這項工作必須找出關鍵聯盟，以及它們之中的搖擺成員。當投票者與可能產生的聯盟的數量很少時，用紙筆來算很容易，但較大型的投票遊戲就沒辦法這樣做了。

Banzhaf 指數是一種相對量值。它就像是計算每一個成員擁有整個群組的總收入的比率，只不過將收入換成投票權利。我們也想要知道投票權利的絕對量值，類似收入的多寡，與整體群組的分配無關。

為了得到這一種量值，我們首先發現，聯盟是投票者集合 V 的子集合，所以可能形成的聯盟總數是 V 可能形成的子集合的總數。包含 n 個元素的集合 S 的所有子集合的數量是 2^n。證明方式如下：想像有一個 n 位數的二進位數字，數字的 i 位數相當於集合 S 的元素 i，因此 S 的任何子集合都可以用 "將對應的位元設為 1 的 n 位數" 來表示；圖 16.5 就是集合 $S = \{x,y,z\}$ 的範例，所以 S 的子集合總數是 m 位數的二進位數字的數量，也就是 2^n。含有集合 S 的所有子集合的集合稱為 S 的**冪集合**（*power set*），符號是 2^S。所以 S 的子集合總數，也就是它的冪集合 2^S 的元素數量，如前所述，就是 2^n。

	x	y	z
$\varnothing$	0	0	0
$\{z\}$	0	0	1
$\{y\}$	0	1	0
$\{y,z\}$	0	1	1
$\{x\}$	1	0	0
$\{x,z\}$	1	0	1
$\{x,y\}$	1	1	0
$\{x,y,z\}$	1	1	1

圖 16.5
子集合與二進位數字之間的對應關係。

如果每一個聯盟都有相同的可能性，那麼特定聯盟出現的機率是 $1/2^n$。如果我們從 V 中取出 v_i，就會得到一個有 $n-1$ 位投票者的集合，所以集合 $V-v_i$ 的總聯盟數量是 2^{n-1}。投票者 v_i 的搖擺機率，也就是該投票者是搖擺選民的機率，就是 $V-v_i$ 之中的一個聯盟加入 v_i 之後變成關鍵的機率。這個機率等於有 v_i 的關鍵聯盟數量除以沒有 v_i 的所有關鍵聯盟數量。這就是 Banzhaf 分數 $\eta(v_i)$ 除以 2^{n-1}，這就是投票權力的 *Banzhaf* 量值（*Banzhaf measure of voting power*），或簡稱 *Banzhaf* 量值（*Banzhaf measure*），以符號 $\beta'(v_i)$ 來表示：

$$\beta'(v_i) = \frac{\eta(v_i)}{2^{n-1}}$$

這就是我們想要的絕對量值。它代表當我們不知道 v_i 會怎樣投票，在計算票數時，如果 v_i 改變它的選擇，投票結果也會跟著改變的機率。或者，它是當我們知道 v_i 會怎樣投票，如果 v_i 改變它的選擇，投票結果也會跟著改變的機率。

回到那個簡單、小型的投票遊戲。我們有四位投票者 $V = \{A, B, C, D\}$，他們的權重 $W = \{4, 2, 1, 3\}$，與門檻 $Q = 6$。我們想要找出 A 的 Banzhaf 量值。沒有 A 的聯盟有 $2^3 = 8$ 個。其中有五個會在 A 加入後變成關鍵；表 16.2 展示這種情況。A 在這場投票遊戲中的 Banzhaf 量值是 5/8。如果我們為其他三位投票者進行同樣的程序，會發現他們的 Banzhaf 量值是 $B = 3/8$、$C = 1/8$，$D = 3/8$。

表 16.2

計算 A 在一場簡單的投票遊戲中的投票權力，票數 $A = 4$、 $B = 2$、$C = 1$、$D = 3$，且門檻 $Q = 6$。

沒有 A 的聯盟	有 A 的聯盟	票數	勝選	關鍵
$\varnothing$	$\{A\}$	4		
$\{B\}$	$\{A, B\}$	6	✓	✓
$\{C\}$	$\{A, C\}$	5		
$\{D\}$	$\{A, D\}$	7	✓	✓
$\{B, C\}$	$\{A, B, C\}$	7	✓	✓
$\{B, D\}$	$\{A, B, D\}$	9	✓	✓
$\{C, D\}$	$\{A, C, D\}$	8	✓	✓
$\{B, C, D\}$	$\{A, B, C, D\}$	10	✓	

注意，我們算出來的數字沒有正規化（也就是它們加起來不等於一）。這是因為 Banzhaf 量值不是相對量值，相對量值表示的是整體投票權利分配給各個選民的情況。Banzhaf 量值是絕對量值，根據我們的目標，是為了展示每位選民有多少影響力。因此，我們可以使用 Banzhaf 量值來比較投票者在各個不同的選舉中的影響力，此時使用 Banzhaf 指數就沒有太大意義了。想要的話，我們也可以將 Banzhaf 量值變成 Banzhaf 指數，調整 $\beta'(v_i)$ 的大小來讓所有 $\beta(v_i)$ 的總和是一。我們可以得到：

$$\beta(v_i) = \beta'(v_i) \times \frac{2^{n-1}}{\eta(v_1) + \eta(v_2) + \cdots + \eta(v_n)}$$

因此我們可以將 Banzhaf 量值當成主要概念，將 Banzhaf 指數當成衍生概念。

範例中用來計算 $\beta'(v_i) = \eta(v_i)/2^{n-1}$ 的列舉程序在投票者數量很少時沒什麼問題，但它難以計算大量投票者的 $\beta'(v_i)$ 值。$\beta'(v_i)$ 的分母 2^{n-1} 是很大的數字，但這不成問題，因為我們可以直接計算它，它是 2 的次方，只是一個有 n 位數的二進位數字，且第一個位數是 1，所有其他位數是 0。問題出在分子 $\eta(v_i)$，目前我們無法有效率地計算 $\eta(v_i)$。我們可以想一些比較聰明的做法，而非用簡單的列舉（例如，當我們知道某個聯盟已經超過門檻之後，就不需要考慮該聯盟的超集合了），但它們無法改變這項工作的整體複雜度，它不是多項式時間演算法。我們需要用不同的方式來處理大量的投票者。

這種不同的方式會運用 "機會"。此時，我們不會列舉所有可能的聯盟來檢查它們是否關鍵，而是隨機選擇聯盟來做相同的檢查。如果我們真的隨機挑選聯盟，經過一段時間之後，就可以檢查所有可能聯盟的隨機樣本。以抽樣而言，我們的人口是由含有特定投票者的所有聯盟組成的，而我們是從那個人口中抽樣。如果樣本夠大，那麼真正的關鍵聯盟與所有聯盟的比率應該會與樣本中的關鍵聯盟與所有聯盟的比率差不多。

這就是 *Monte Carlo 法*的一種例子，這種計算方法會使用隨機抽樣來取得它的結果，這個名稱來自著名的賭場。Monte Carlo 法有優良的血統，它們是使用第一台數位電腦的人設計出來的。它們有各式各樣的應用，從物理科學到工科學，從財務領域到商業領域。

在瞭解如何利用 Monte Carlo 法來計算 Banzhaf 量值之前，看一個比較簡單的應用對你會有幫助。有一種簡單的 Monte Carlo 法，可採取類似我們將要用來計算 Banzhaf 量值的概念來計算 π 值。如果我們有一個正方形，它的各邊都是兩個單位長，它的面積就是四平方單位。如果我們在正方形裡面嵌入一個圓，它的直徑就是兩個單位，半徑是一個單位，因此，圓形的面積是 π。如果我們在正方形裡面撒下一些小物體，例如米粒，有一些會落在圓形裡面，有些會落在它外面。如果我們撒下足夠的物體，掉在圓裡面的數量與撒下的總數量的比率會是 $\pi/4$。圖 16.6 是撒下 100、200、500 與 1000 個隨機黑點的過程。你可以看到每一次逼近時的 π 估計值與標準誤差（s_e）。注意，當我們從 200 點到 500 點時，估計值沒有變好，但它的準確度變好了，因為標準誤差減少了。當我們撒下 1000 個隨機黑點時，會得到 $\pi \approx 3.14$ 與標準誤差 0.005。

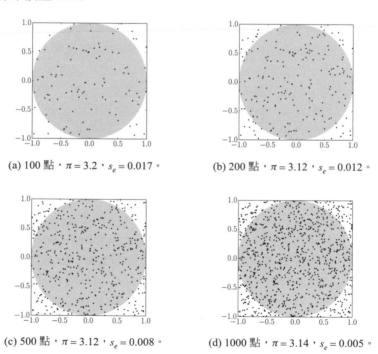

(a) 100 點，$\pi = 3.2$，$s_e = 0.017$。　　　　(b) 200 點，$\pi = 3.12$，$s_e = 0.012$。

(c) 500 點，$\pi = 3.12$，$s_e = 0.008$。　　(d) 1000 點，$\pi = 3.14$，$s_e = 0.005$。

圖 16.6
用 Monte Carlo 來計算 π。

你可能在想，我們如何取得誤差值？因為我們的程序是隨機的，所以不能指望取得完全正確的值，這是非常不可能發生的事情。我們的結果一定會有一定數量的誤差。我們是用統計學來測量誤差量，每一個點都有可能在圓的裡面與外面，我們定義一個變數 X，當點在圓裡面，它是一，當點在圓外面，它是零。X 的 **期望值**（*expected value*）是 $E[X] = \pi/4 \times 1 + (1 - \pi/4) \times 0 = \pi/4$。$X$ 的 **方差**（*variance*）是 $\sigma^2 = E[X^2] - (E[X])^2$。我們可以得到 $E[X^2] = (\pi/4) \times 1^2 + [1 - (\pi/4)] \times 0^2 = \pi/4$。所以 $\sigma^2 = \pi/4 - (\pi/4)^2 = (\pi/4)(1 - \pi/4)$。所以標準誤差是 $s_e = \sigma/\sqrt{n}$，其中 n 是點數，方差的平方根 σ 是 **標準差**（*standard deviation*）。這個公式提供圖 16.6 的標準誤差，根據統計學，透過標準誤差 s_e，我們預期真正的 π 值有 95% 的機率會落在算出來的值的 $\pm 1.96 s_e$ 範圍內。

雖然這種計算 π 的方法是很好的 Monte Carlo 法介紹範例，但它不是計算 π 的好方法。除了它之外還有許多更有效率的方法，但我們已經藉此提升你的學習效率了。

回到投票，我們想要隨機產生聯盟，並檢查它們是否關鍵。關鍵的聯盟與產生的聯盟的比率是 Banzhaf 近似值。隨機聯盟是隨機的子集合，所以我們要先找出一種生成隨機子集合的方法。

見演算法 16.6。這個演算法的輸入是集合 S，它會回傳一個 S 的元素組成的隨機子集合 RS。我們先在第 1 行將 RS 初始化為空串列，接著在第 2–5 行的迴圈中，迭代 S 的元素。基本上，我們會為每一個元素丟硬幣來決定是否將它納入隨機子集合，做法是在第 3 行取範圍 $[0, 1)$ 的亂數，並且拿它與 0.5 比較（第 4 行），如果它小於 0.5，我們就在第 5 行將它納入 RS，填寫 RS 之後，我們在第 6 行回傳它。

演算法 16.6：生成隨機子集合。

RandomSubset(*S*) → *RS*

　　　輸入：*S*：集合

　　　輸出：*RS*，*S* 的隨機子集合

1　*RS* ← CreateList()
2　**foreach** *m* **in** *S* **do**
3　　　*r* ← Random(0, 1)
4　　　**if** *r* < 0.5 **then**
5　　　　　InsertInList(*RS*, NULL, *m*)
6　**return** *RS*

演算法 16.6 是通用的亂數子集合生成演算法，並非只能用來生成聯盟。我們可以將它用在必須從一個集合中隨機抽出隨機大小的樣本的任何工作上。它可讓我們用簡單的演算法來以 Monte Carlo 法來計算 Banzhaf 量值，見演算法 16.7。

演算法 16.7：Monte Carlo Banzhaf 量值。

BanzhafMeasure(*v, ov, q, w, t*) → *b*

　　　輸入：*v*，向量

　　　　　　ov，含有其他投票者的串列

　　　　　　q，門檻

　　　　　　w，含有每位投票者權重的關聯陣列

　　　　　　t，嘗試次數

　　　輸出：*b*，投票者 *v* 的 Banzhaf 量值

1　*k* ← 0
2　*nc* ← 0
3　**while** *k* < *t* **do**
4　　　*coalition* ← RandomSubset(*ov*)
5　　　*votes* ← 0
6　　　**foreach** *m* **in** *coalition* **do**
7　　　　　*votes* ← *votes* + Lookup(*w, m*)
8　　　**if** *votes* < *q* **and** *votes* + Lookup(*w, v*) ≥ *q* **then**
9　　　　　*nc* ← *nc* + 1
10　　　*k* ← *k* + 1
11　*b* ← *nc*/*k*
12　**return** *b*

這個演算法會接收投票者 v，也就是我們想要計算 Banzhaf 量值的對象，與含有其他投票者的串列 ov、需要到達的門檻 q，與儲存每位投票者的權重的關聯陣列 w，以及我們試著尋找關鍵聯盟的次數 t。

我們將嘗試次數保存在變數 k 裡面，第 1 行將它初始化為零。我們用變數 nc 來持續計數已經找到的關鍵聯盟數量，第 2 行也將它初始化為 0。第 3–10 行的迴圈會重複執行 t 次，在每次迭代時，我們會藉由演算法 16.6 得到一個隨機聯盟。我們必須找出每一個隨機聯盟的投票者數量，最初它在第 5 行被設為零，接著我們將聯盟的每一個成員（第 6–9 行的迴圈）的票數加到總數（第 7 行）。如果總數小於門檻，但是加上投票者的票數之後，它就可以到達門檻（第 8 行），我們就找到一個關鍵聯盟，所以遞增該計數（第 9 行）。我們在迴圈結束時遞增迴圈計數器（第 10 行），在演算法的結尾計算關鍵聯盟與所有聯盟的比值（第 11 行）並回傳它。

如同使用 Monte Carlo 來計算 π，我們需要知道要執行多少次迭代才能到達期望的準確度。算法有點複雜，總之，如果我們希望結果有 δ 的機率可在 $\pm\epsilon$ 內，需要的樣本數是：

$$k \geq \frac{\ln\frac{2}{1-\delta}}{2\epsilon^2}$$

表 16.3

2016 年美國選舉人團、選民人數，與 Banzhaf 量值。

CA	55	0.471	MN	10	0.076	NM	5	0.038
TX	38	0.298	MO	10	0.075	WV	5	0.038
FL	29	0.223	WI	10	0.076	HI	4	0.03
NY	29	0.224	AL	9	0.068	ID	4	0.03
IL	20	0.153	CO	9	0.068	ME	4	0.03
PA	20	0.153	SC	9	0.068	NH	4	0.03
OH	18	0.136	KY	8	0.06	RI	4	0.03
GA	16	0.121	LA	8	0.061	AK	3	0.023
MI	16	0.121	CT	7	0.053	DC	3	0.023
NC	15	0.114	OK	7	0.052	DE	3	0.023
NJ	14	0.106	OR	7	0.053	MT	3	0.023
VA	13	0.098	AR	6	0.045	ND	3	0.023
WA	12	0.091	IA	6	0.045	SD	3	0.023
AZ	11	0.083	KS	6	0.045	VT	3	0.023
IN	11	0.083	MS	6	0.045	WY	3	0.023
MA	11	0.083	NV	6	0.045			
TN	11	0.083	UT	6	0.046			
MD	10	0.076	NE	5	0.038			

我們可以使用演算法 16.7 來計算真實世界案例的 Banzhaf 量值：美國總統大選。美國總統是美國選舉人團選出的，而不是人民直接選出的。選舉人團是由各州與哥倫比亞特區的幾位選舉人組成的。在選舉之後，各州與哥倫比亞特區勝選的政黨可以指定那一區的所有選舉人（Maine 與 Nebraska 可能會分配他們的選舉人，但我們忽略這種可能性）。接著由選舉人票選總統，總統是以多數決定的。選舉人總票數是 538，所以選出總統的門檻是 270 位選舉人。

每一州的選舉人人數會根據最新的人口普查來調整。在 2016 年，California 有 55 位選舉人，Vermont 有 3 位。我們可以使用這些資料來取得各州與哥倫比亞特區的 Banzhaf 量值，如表 16.3 所示。這張表是依照 Banzhaf 量值降冪排序的。

California 的影響力最大，但就算是最小的 Vermont 也不是無足輕重。California 的 Banzhaf 量值大約是 Vermont 的 20.48 倍。California 的選舉人團大約是 Vermont 的 18.33 倍。所以 California 的權力比選舉比例所展示的還要多。感興趣的讀者可以檢查其他的兩州來找出其中的差異。關於結果的準確性，Monte Carlo 法是 $\epsilon = 0.001$ 且 $\delta = 0.95$。所以每一個 Banzhaf 量值都需要 1,844,440 的樣本。這不是小數字，但是與一個 51 個成員組成的集合可能出現的子集合數量相較之下是微不足道的。

16.4 搜尋質數

密碼學的許多應用都需要尋找大質數。在這些應用中，大質數通常是有 m 位元的質數，m 是二很大的次方（1024、2048、4096、…）。有些加密演算法的安全性（例如 RSA 與 Diffie-Hellmann 密鑰交換）都需要依賴它，就像我們會在日常生活中使用的程式與設備嵌入的加密協議一樣。

尋找大質數是一項挑戰。我們知道質數有無限多個，也知道大約有多少質數小於或等於數字 n。根據質數理論，如果 n 很大，小於或等於 n 的質數數量大約是 $n/\ln n$。問題在於如何找出它們。

其中一種做法是找出有 m 位元的所有質數（也就是小於或等於 $n = 2^m$ 的所有質數）並從中選擇一個。有一些方法可尋找所有小於或等於 n 的質數。最著名的一個是 Eratosthenes 篩法（Sieve of Eratosthenes），這是一種古老的演算法，名稱來自 195/194 BCE，c. 276–c.，Cyrene 的 Eratosthenes，他是一位古希臘數學家。這種演算法是藉由剔除非質數數字來找出質數。因為剩下來的數字是質數，所以名稱中有"篩"。我們從數字 2 開始，它是質數，接著將小於或等於 n 的數字中的 2 的倍數全部記起來，它們必然是合數，接著從上一次找到的質數 2 開始往上尋找第一個沒有被標成合數的數字，它是數字 3，是質數，我們同樣將小於或等於 n 的數字中，3 的倍數全部記起來，接著從上一次找到的質數 3 開始往上尋找第一個還沒有被標成合數的數字，那個數字是 5，它是質數。我們繼續採取這種做法，直到看完 n 之前的所有數字為止。整體概念就是還沒有被標記的每一個數字 p 都是質數，因為我們已經將少於 p 的所有數字的所有倍數都標記起來了；因此 p 不是任何數字的倍數，所以它是質數。最後，所有未被標記的數字都是質數。

圖 16.7 是 $n = 31$ 時，篩子的運作情況。我們檢查 2 與 3 的倍數；接著 4 已經被標為合數，它的所有倍數也是，所以我們繼續看數字 5。在它之後，我們發現沒有合數了。這不意外，對任何 n 而言，當我們檢查數字 $p \le \sqrt{n}$ 的倍數時，大於或等於 $\sqrt{n}$ 的所有合數都會被標記。事實上，$\sqrt{n} \le c \le n$ 的任何合數 c 都可以寫成兩個因數的乘積 $c = f_1 \times f_2$，其中 $f_1 \le \sqrt{n}$ 或 $f_2 \le \sqrt{n}$ 兩者至少成立一個（當 $c = n$ 時相等）；但是它已經被標記為合數，是 f_1 與 f_2 的倍數。

```
  0 1 2 3 4 5 6 7 8 9 10 11 12 13 14 15 16 17 18 19 20 21 22 23 24 25 26 27 28 29 30 31

    F F T T T T T T T T T  T  T  T  F  F  T  T  T  T  T  T  T  T  T  T  T  T  T  T  T  T

2   F F T T F T F T F T F  T  F  T  F  T  F  T  F  T  F  T  F  T  F  T  F  T  F  T  F  T

3   F F T T F T F T F F F  T  F  T  F  F  F  T  F  T  F  F  F  T  F  T  F  F  F  T  F  T

5   F F T T F T F T F F F  T  F  T  F  F  F  T  F  T  F  F  F  T  F  T  F  F  F  T  F  T
```

圖 16.7

$n = 31$ 的 Eratosthenes 篩法。

我們也可以發現其他的事情。當我們開始剔除數字 p 的倍數時，可以直接從第 p 個倍數，p^2 開始。這是因為當我們檢查過數字 2、3、…、$p - 1$ 之後，$p \times 2$、$p \times 3$、…、$p \times (p - 1)$ 都會被標記。

演算法 16.8 是 Eratosthenes 篩法，它會接收一個自然數 $n > 1$，並回傳陣列 *isprime*，當 $p \le n$ 是質數時，*isprime*[p] 就是 TRUE，否則是 FALSE。我們在 1–5 行建立與初始化陣列 *isprime*，讓除了前兩個元素之外的元素都是 TRUE，也就是說，我們姑且將數字 0 與 1 標成質數，但它們不被視為質數。注意，陣列的大小是 $n + 1$，這是為了表示從 0 到 n 且包含 n 的所有數字。接著在第 6 行將 p 設為 2，因為 2 是質數。第 7–13 行的迴圈會標記合數。我們在第 7 行使用條件 $p^2 \le n$ 而不是 $p \le \sqrt{n}$，因為計算平方根通常比計算平方耗時。如果 p 沒有被標為合數（第 8 行），我們會在第 9–12 行將數字 $p \times p$、$p \times (p + 1)$、…、$p \times \lfloor n/p \rfloor$ 標成合數。我們在第 9 行將 j 設為 p 值，接著只要 j 不大於 $\lfloor n/p \rfloor$（第 10 行），我們就執行迴圈。在迴圈內，我們計算 $j \times p$，並在 *isprime* 內標記對應的項目，接著在第 12 行前往下一個 j。如果 p 已經被標成合數，它就是我們之前看過的數字 $p' < p$ 的倍

數,因此它的所有倍數都是 p' 的倍數,我們就不需要執行第 9–12 行了。我們在第 13 行遞增 p,來開始另一次外層迴圈。當所有迴圈都執行完畢之後,我們在第 14 行回傳 *isprime*。

演算法 16.8:Eratosthenes 篩法。

SieveEratosthenes(n) → *isprime*

    輸入:n,大於 1 的自然數

    輸出:*isprime*,大小為 $n+1$ 的布林陣列,若 $p \leq n$ 是質數,
            isprime[p] 為 TRUE,否則 FALSE

1   *isprime* ← CreateArray($n+1$)
2   *isprime*[0] ← FALSE
3   *isprime*[1] ← FALSE
4   **for** $i \leftarrow 2$ **to** $n+1$ **do**
5   *isprime*[i] ← TRUE
6   $p \leftarrow 2$
7   **while** $p^2 \leq n$ **do**
8   **if** *isprime*[p] = TRUE **then**
9         $j \leftarrow p$
10   **while** $j \leq \lfloor n/p \rfloor$ **do**
11   *isprime*[$j \times p$] ← FALSE
12            $j \leftarrow j+1$
13      $p \leftarrow p+1$
14   **return** *isprime*

演算法的外層迴圈會執行 $\sqrt{n}$ 次。在迴圈內,我們劃掉 2 的所有倍數,也就是 $\lfloor n/2 \rfloor$;接著 3 的所有倍數,也就是 $\lfloor n/3 \rfloor$;接著 5 的所有倍數,也就是 $\lfloor n/5 \rfloor$;我們對所有質數做相同的事情,直到最大的質數 k,$k \leq \sqrt{n}$ 為止。因此,我們最多劃掉 $n/2 + n/3 + n/5 + \cdots + n/k$ 個質數,等於 $n(1/2 + 1/3 + 1/5 + \cdots + 1/k)$。$(1/2 + 1/3 + 1/5 + \cdots + 1/k)$ 是不大於 $\sqrt{n}$ 的質數的倒數和。一般情況下,我們可以證明不大於數字 m 的質數的倒數和是 $O(\log \log m)$。因此,篩選質數的時間是 $O(n \log \log \sqrt{n}) = O(n \log \log n)$,也就是演算法的複雜度。

此外還有許多高效的演算法可以找出小於或等於某個數字的所有質數。它們的執行時間可達 $O(n)$ 甚至 $O(n/(\log \log n))$。它們的效率之高，讓你不禁認為，它們或許是尋找質數的方式。

不幸的是，事情沒那麼簡單。$O(n)$ 或 $O(n/(\log \log n))$ 這種計量計算的是與數字大小有關的複雜度，但是它將大小隱藏在 n 底下。如前所述，$n = 2^m$，m 是大數字，所以複雜度 $O(n)$ 實際需要 $O(2^m)$ 個步驟：它是輸入數字的位元的指數，不是我們最初所想的線性。對一個 4096 位元的數字而言，我們會得到 $O(2^{4096})$，這是一個天文數字。$O(n/(\log \log n))$ 這種計量只會稍微降低那個數字，無關大局。

因為尋找所有質數不是可行的做法，而且我們知道裡面有 $n/\ln n$ 個質數，我們可以試試手氣，看看當我們選擇一個小於或等於 n 的數字並檢查它是不是質數時會發生什麼事情。如果我們選擇全部的 n 個數字，應該可以找到 $n/\ln n$ 個質數；如果我們選擇一個數字，挑到質數的機率是 $1/\ln n$。反過來說，機率理論告訴我們，為了找出質數，我們應該嘗試 $\ln n$ 個數字。假設我們想要找到 4096 位元的質數，我們預期需要嘗試 $\ln(2^{4096})$ 個數字才能找到一個質數。$\ln(2^{4096}) = 4096 \ln 2 \approx 2840$，它是相當合理的數字。但是，我們必須檢查它們每一個數字是不是質數。

要檢查一個數字是不是質數，最簡單的方式就是直接看看它是不是能被一之外的任何其他數字整除。就數字 n 而言，檢查它是否可被 $\lfloor \sqrt{n} \rfloor$ 之前的數字整除就夠了，$\sqrt{n}$ 就夠了的原因與 Eratosthenes 篩法一樣：大於「$\sqrt{n}$」的數字唯有在乘以一個不大於 $\lfloor \sqrt{n} \rfloor$ 的數字時，才會產生 n。我們也可以將那個數字除以二，因為我們可以省略所有大於 2 的偶數：如果 n 可被任何大於二的偶數整除，它就可以被 2 整除。假設那個除法需要一個步驟，則演算法需要花費 $O((1/2)\sqrt{n}) = O(\sqrt{n})$ 個步驟，看起來還不錯。不過這也是假象，我們輸入的大小是數字 n 的大小，同樣的，它在二進位是 2^m，代表演算法需要 $O(\sqrt{2^m}) = O((2^m)^{1/2}) = O(2^{m/2})$。雖然我們只需要隨機選擇少量的數字，仍然需要大量的時間來檢查隨機挑選的數字是不是質數。

幸運的是，有一種高效的方式可檢查數字是不是質數。我們接下來要說明的方法會告訴我們一個質數的確是質數，因此，不會產生將質數說成合數的偽陰性。**多數情況下**，它也會告訴我們一個合數就是合數，有時它不會認出合數是合數，並錯誤回報它是質數，也就是偽陽性。但是，你將會看到，我們可以確定這個機率低到不影響實際的應用。這是一個機率性質數測試，它的機率對我們有利。

這個測試依據數論的一些事實。如果我們想要確定隨機數字 p 是不是質數，那麼 p 一定是奇數，否則它是偶數，我們可以立刻將它視為合數，因此，$p-1$ 必定是偶數。如果我們將任何偶數重複除以 2，最後不是得到 1 就是某個奇數。例如，如果我們不斷將 12 除以 2，就會得到 6，接著 3，所以 $12 = 2^2 \times 3$。如果我們不斷將 16 除以 2，會得到 8、4、2、1，所以 $16 = 2^4 \times 1$。總之，我們可以得到 $p-1 = 2^r q$，其中 $r \geq 1$，且 q 是個奇數。

我們拿另一個亂數 x，令 $1 < x < p$，並計算 $y = x^q \bmod p$。如果 $y = 1$，也就是 $x^q \bmod p = 1$，我們可以得到 $(x^q)^t \bmod p = 1$，對任何 $t \geq 0$ 而言。事實上，這是因為就任何整數 a 與 b 而言，我們可以得到 $[(a \bmod p)(b \bmod p)] \bmod p = (a \cdot b) \bmod p$。取 $a = b$，並重複套用，我們可以得到 $(a \bmod p)^t \bmod t = a^t \bmod p$，所以如果 $a \bmod p = 1$，我們可以得到 $a^t \bmod p = 1$。因此，將 $(x^q)^t$ 裡面的 t 換成 2^r 之後，我們可以得到 $(x^q)^{2^r} \bmod p = 1$、$x^{2^r q} \bmod p = 1$，或 $x^{p-1} \bmod p = 1$。根據費馬小定理，如果 p 是質數，就必定有這種關係。反過來說，如果有這種關係，p 可能是質數，也有可能不是。我們已經在第 5.2 節的 RSA 加密系統中看過費馬小定理了。

總結一下目前為止做過的事情。我們選擇一個隨機數字 p 來測試它是不是質數，將它寫成 $p = 1 + 2^r q$，接著取一個隨機數字 x，讓 $1 < x < p$ 並計算 $y = x^q \bmod p$。如果 $y = 1$，我們就可以說 p 可能是質數。我們將這種情況稱為 "物證 A"，很快你就會知道原因。

如果 $y = x^q \bmod p \neq 1$，我們就可以開始一個平方程序，產生一些值：

$$(x^q)^2 \bmod p = x^{2q} \bmod p$$

$$(x^{2q})^2 \bmod p = x^{4q} \bmod p$$

$$\cdots$$

$$(x^{2^{r-1}q})^2 \bmod p = x^{2^r q} \bmod p = x^{p-1} \bmod p$$

如果 p 是質數，同樣根據費馬小定理，這一系列的數字最後會變成 1。事實上，我們可能會在第 r 次平方之前得到 1——所有後續的平方都會繼續產生 1，如前所述。此外，我們在第一個 1 之前得到的值不一定是 $p-1$。

解釋一下原因（如果你相信它，可以跳過下一段）。它來自數論。對任何數字 y 而言，如果 $y^2 \bmod p = 1$，其中 p 是質數，代表 $y^2 = kp + 1$，或 $y^2 - 1 = kp$，或 $(y-1)(y+1) = kp$，就某個整數 k 而言。為了滿足它，如果 $k \neq 0$，數字 p 應該要有因數 $(y-1)/k$ 或 $(y+1)/k$，但它沒有，因為 p 是質數。因此，k 必定 $= 0$，所以一定會是 $y - 1 = 0$ 或 $y + 1 = 0$，代表我們只能得到 $y = 1$ 或 $y = -1$。所以，在平方序列中，在我們第一次得到 $y = 1$ 之前，必須得到 $y = -1$。我們用模算術來表示這一點，其中 $0 < y < p$。之前提過，模 $a \bmod b$ 的數學定義，就是可產生 $a = qb + c$ 的餘數 $c \geq 0$，而 q 是 a/b 的向下取整，$\lfloor a/b \rfloor$。我們曾經在第 4.2 節看過這個定義，當時是在介紹 $\bmod$ 運算子。因此，我們得到 $c = a - b\lfloor a/b \rfloor$。$-1$ 除以 p 的餘數就是 $-1 \bmod p = -1 - p\lfloor -1/p \rfloor = -1 - p(-1) = p - 1$。所以，事實上，在我們得到 $y = 1$ 之前，必須得到 $y = p - 1$。

回到正題。如果我們重複平方 $y = x^q \bmod p$ 且 p 是質數，在某個時間點就會得到 $y = p - 1$；下一次平方（我們不需要做）就是 $y = 1$。反過來說，如果我們得到 $y = p - 1$，但不知道任何關於 p 的事情，p 有可能是質數，但也有可能不是。我們將 $y = p - 1$ 這種情況稱為 "物證 B"。

如果我們到達 $y = 1$，但是在前一次平方時**沒有**得到 $y = -1$，我們就可以確定 p **不是**質數，因為根據上一段的說明，當它是質數時，我們會在之前得到 $y = -1$。我們將 $y = 1$ 但之前沒有得到 $y = p - 1$ 的情況稱為 "物證 C"。

最後，如果我們得到 $y = x^{2^r q} \bmod p = x^{p-1} \bmod p$ 與 $y \neq 1$，同樣根據費馬小定理，我們可以確定這個數字不是質數。這是我們的 "物證 D"。

因此我們找到一種可靠、明確的指標，可指出數字 p 是合數：物證 C 與物證 D；同時，我們有個機率指標，可指出數字 p 是質數：物證 A 與證物 B。我們將認證特定屬性的函式稱為證人，因此，我們可以使用之前討論的結果來建立 p 是合數的證人，這個證人是演算法 16.9。

演算法 16.9：合數證人。

WitnessComposite(p) $\rightarrow$ TRUE 或 FALSE

    輸入：p：奇數整數

    輸出：如果數字絕對是合數，則是布林值 TRUE，否則 FALSE

1   $(r, q) \leftarrow$ FactorTwo($p - 1$)
2   $x \leftarrow$ RandomInt($2, p - 1$)
3   $y \leftarrow x^q \bmod p$
4   **if** $y = 1$ **then**
5   **return** FALSE
6   **for** $j \leftarrow 0$ **to** r **do**
7   **if** $y = p - 1$ **then**
8   **return** FALSE
9      $y \leftarrow y^2 \bmod p$
10   **if** $y = 1$ **then**
11   **return** TRUE
12 **return** TRUE

這個證人演算法與之前的演算法相較之下相當簡短。它基本上是一個簡單的方法，但底下有雄厚的基礎。

一開始，在第 1 行，我們呼叫 FactorTwo($p - 1$)，它會回傳 r 與 q，讓 $p - 1 = 2^r q$；我們很快就會回來討論 FactorTwo。接著在第 2 行，RandomInt($2, p - 1$) 會產生一個從 2 到 $p - 1$（包含）之間的整數。我們在第 3 行計算 $x^q \bmod p$，並將它存入 y。從物證 A，我們知道當 $y = 1$ 時（第 4 行），數字 p 可能是質數，所以在第 5 行回傳 FALSE。如果不是，我們開始在第 6–11 行的迴圈中重複平方，最多 r 次，如果在任何一次迴圈迭代時 $y = p - 1$，下一次平方就會產生 $y = 1$，我們可以從物證 B 推斷，這個數字可能是質數，並在第 8 行回傳 FALSE。

我們在 9 行平方 y，mod p 之後檢查是否得到 $y = 1$。若是如此，它在沒有經過 $y = p - 1$ 的情況下產生這種結果，因此我們可以從物證 C 知道這個數字是合數，並回傳 TRUE。如果我們跳出迴圈，就取得物證 D，p 必然是合數，所以在第 12 行回傳 TRUE。

為了讓證人演算法可以實際使用，我們必須知道它出錯的機率低到可令人接受。事實上，這個演算法出錯的機率最多是 1/4。這就是它可在實務上使用的關鍵。如果我們只使用它一次，它有 1/4 的機率將合數回報為質數。如果我們使用它兩次，它兩次都出錯的機率是 $(1/4)^2$。呼叫它愈多次愈能夠將機率降到我們想要的極低水準。例如，當我們呼叫它 50 次時，它會錯誤回報質數的機率是 $(1/4)^{50}$，這對所有實際應用來說應該是足夠的。

重複應用證人演算法稱為 Miller-Rabin 質數測試，名稱來自發明這個概念的 Gary L. Miller 與 Michael O. Rabin。使用 WitnessComposite(p) 的 Miller-Rabin 演算法很簡單，見演算法 16.10。

演算法 16.10：Miller-Rabin 質數測試。

MillerRabinPrimalityTest(p, t) → TRUE 或 FALSE
> **輸入**：p，奇整數
> 　　　　t，質數證人函式會被執行的次數
> **輸出**：如果數字是質數的機率是 $(1/4)^t$ 則 TRUE，如果數字絕對
> 　　　　是合數則 FALSE

```
1   for i ← 0 to t do
2       if WitnessComposite(p) then
3           return FALSE
4   return TRUE
```

關於複雜度，Miller-Rabin 測試很有效率。回到演算法 16.9，第 3 行的模冪運算只執行一次，所以可高效地以 $O((\lg p)^3)$ 來執行，因為 $q < p$。事實上，我們已經在第 4.5 節看過如何快速執行模冪運算了，在那裡也得到這個複雜度。第 6–11 行的迴圈會執行 $O(r)$ 次，$r < \lg p$，所以我們有 $O(\lg p)$ 次迭代。我們在每次迭代都會執行模冪。考慮所有的 $y < p$，模冪需要 $O((\lg p)^2)$ 時間；計算所有迭代，我們得到 $O((\lg p)^3)$。我們可以假設 RandomInt 花費的時間少於它。

目前只剩下 FactorTwo 還沒有討論了，它可提供 $p-1$ 的因數中，乘以 2 的最大次方的那一個因數。我們可以將這個函式寫成一系列重複的除法，見演算法 16.11。這個演算法先在第 1 行將 q 設為它的輸入 n，在演算法結束時，q 是個 n 除以 2 的次方得到的奇數餘數。我們想要尋找的 2 的次方是 r，第 2 行先將它設為初始值 0。我們在第 3–5 行的迴圈中檢查 q 是不是偶數（第 3 行），若是，代表它可被 2 整除，所以遞增 r（第 4 行），並做除法（第 5 行）。如果 q 是奇數，我們就結束並回傳 (r, q)。

演算法 16.11：將 n 分解為 $2^r q$，q 是奇數。

FactorTwo$(n) \rightarrow (r, q)$

    輸入：n，偶整數

    輸出：(r,q)，讓 $n = 2^r q$，且 q 是奇數

1   $q \leftarrow n$

2   $r \leftarrow 0$

3   **while** $q \bmod 2 = 0$ **do**

4      $r \leftarrow r + 1$

5      $q \leftarrow q/2$

6   **return** (r, q)

重複的除法意味著整個程序的步驟數量是它的輸入的底數二對數，也就是我們在 WitnessComposite 裡面使用的數字 $p-1$，所以 FactorTwo 的複雜度是 $O(\lg p)$。這不會影響 WitnessComposite 的整體複雜度，因此它需要 $O((\lg p)^3)$ 個步驟，效能非常好。迭代 WitnessComposite t 次會得到 $O(t \cdot (\lg p)^3)$，所以我們有個實用的方法可找到大小達到 p 的大質數。我們持續估計質數，每一次的估計需要 $O(t \cdot (\lg p)^3)$ 次步驟來檢查，預計估計大約 $\ln p$ 次。

順道一提，50 次迭代可能過多了。電腦因為其他原因而出錯的機率可能會比 $(1/4)^{50}$ 還要高，例如硬體故障、被電磁干擾，甚至電路板被穿過大氣層的宇宙射線打到。

參考文獻

用電腦來產生亂數的歷史與電腦差不多古老。在 1951 年建構的 Ferranti Mark I 電腦採納 Alan Turing 的建議,納入硬體的亂數產生器。Derrick Herny Lehmer 在 1949 年提出一種線性同餘產生器 [127]。John von Neumann 關於隨機性與罪惡的名言出現在 Monte Carlo 方法的早期論文集中 [211]。反對隨機使用隨機方法的建言來自 Knuth 的亂數介紹教材 [113, 第 3.1 節]。

指出良好的 m、a 與 c 值的表格是 Pierre L' Ecuyer 提出的 [124]。L' Ecuyer 與 Richard Simard 寫了一個全面性的程式庫來測試亂數產生器 [125]。xorshift64* 與 xorshift1024* 產生器是 Sebastiano Vigna [209] 根據 George Marsaglia 的 xorshift 產生器 [133] 來發明的。圖 16.2b 是根據 matplotlib 範例集的 Hinton 圖建立食譜來建立的,它最初的概念來自 David Warde-Farley。

Fortuna CSRNG 是密碼學家 Niels Ferguson 與 Bruce Schneier 發明的 [62, 第 10 章];原書的新版也有提到它 [63, 第 9 章]。它是熱門的 Yarrow 產生器的延伸 [106]。CSRNG 的安全性仍然不斷被測試,有一個關於 Fortuna 的安全分析發現它還有改善空間 [53]。

選擇抽樣與其他的方法是 C. T. Fan、Mervin E. Muller 與 Ivan Rezucha 在 1962 年提出的 [59];在同一年, T. G. Jones 也在一種 "從包含 N 筆紀錄的磁片中隨機取出 n 筆紀錄樣本" 的方法裡面單獨提到它;他的說明不到 24 行 [103]。Yves Tillé's 的書籍詳盡介紹各種抽樣演算法 [202]。選擇抽樣也稱為演算法 S,水塘抽樣也稱為演算法 R,Knuth [113, 第 3.4.2 節] 有談到它們。Knuth 將水塘抽樣介紹給 Alan G. Waterman;McLeod 與 Bellhouse [136] 以及 Jeffrey Scott Vitter [210] 也介紹過它。Tillé 提到它是 Chao [35] 提出的方法的特例。你可以在 *Perl Cookbook* [36, p. 314] 找到從一個檔案中隨機選出一行的單行 Perl 程式 [36, p. 314](所以這是接下來的練習 1 的答案)。練習 2 的加權抽樣法是 Efraimidis 與 Spirakis [55] 提出的。

第一份討論測量投票權利的文件是 Lionel Penrose 在 1946 年提出的 [156]；Penrose 談的基本上就是 Banzhaf 量值，但他的論文完全沒有受到注目。這個領域真正開始活躍是因為 Lloyd S. Shapley 與 Martin Shubik 在 1954 年的論文 [184]，他們介紹了一種不同的量值，Shapley-Shubik 指數。John F. Banzhaf 在 1955 年發表他的論文 [9]。取得預期的 Banzhaf 量值準確度所需的迭代次數是從 [6] 推導出來的。你可以在 [134] 找到計算加權投票的權力指數的各種演算法。Felsenthal 與 Machover 的書籍 [61] 詳細說明投票權力；亦見 Taylor 與 Pacelli 的書籍 [200]。最近，有人批評 Banzhaf 分析不適合真實世界的投票，因為他們採取不同的機率假設 [77]。

要瞭解質數篩子的複雜度分析，可參考 Sorenson 的報告 [191]。Gary L. Miller 在 1975 年首次提出一種質數測試 [140]；那種測試是確定性的，不是機率性的，但它採用一種未經證實的數學假說。Micheal O. Rabin 在幾年後修改它，寫出一種不依賴未經證實的數學的機率性演算法 [162]。Knuth 指出宇宙射線造成問題的可能性比 Miller-Rabin 的錯誤猜測還要高 [113, 第 4.5.4 節]。

練習

1. 如何從一個檔案中隨機讀出一行，且不將它們全部讀入記憶體中？也就是你不知道檔案裡面有幾行。你可以使用水塘抽樣，採用大小為一的水塘。這代表當你讀出第一行時，挑選它的機率等於 1。當你讀出第二行（當它存在時）挑選它的機率是 1/2，所以第 1 行與第 2 行被選中的機率一樣。當你讀出第三行，同樣當它存在時，選擇它的機率是 1/3。這代表第 1 與 2 行有 2/3 的機率會被選中，它共用這個機率，因為我們已經知道，它們之前都有 1/2 的機率被選中，所以這三行都有 1/3 的機率被選中。我們持續採取這種方式，直到檔案結束。實作水塘抽樣來從一個檔案中隨機抽樣一行。注意，這個版本的水塘抽樣可能會比一般的還要簡短許多。

2. 有一些應用需要根據某種預定的權重來抽樣，也就是說，某個項目被抽樣的機率必須與它的權重成正比。這稱為**加權抽樣**（*weighted sampling*），我們可以修改水塘抽樣來做這件事。一開始，我們先將前 m 個項目放入水塘，但是將一個等於 u^{1/w_i} 的鍵指派給每一個項目 i，其中的 w_i 是它的權重，u 是一個從 0 到 1（包括）的範圍內均勻選擇的亂數。對於接下來的項目 k，我們同樣在範圍 $[0, 1]$ 內取得一個亂數 u，並計算它的鍵 u^{1/w_k}；如果它比水塘中的最小鍵還要大，我們就將新項目插入水塘，取代鍵最小的那一個。實作這個方案，使用最小優先佇列來尋找水塘中鍵最小的項目。

3. 在 Eratosthenes 篩法中，我們使用條件 $p^2 \leq n$ 來取代 $p \leq \sqrt{n}$，因為它通常比較快。自行檢查這種情況，實作兩種做法，測量它們各自花費多少時間。

4. 許多選舉都會使用選票權重；計算你自選的選舉的 Banzhaf 量值。在每次執行程式時修改樣本數量，檢查準確度與所需時間。你可以將樣本大小與準確度以及程式執行時間之間的關係畫成圖表。

參考文獻

[1] Ravindra K. Ahuja, Kurt Mehlhorn, James Orlin, and Robert E. Tarjan. Faster algorithms for the shortest path problem. *Journal of the ACM*, 37(2):213–223, April 1990.

[2] Ethem Alpaydın. *Introduction to Machine Learning*. The MIT Press, Cambridge, MA, 3rd edition, 2014.

[3] Georey D. Austrian. *Herman Hollerith: Forgotten Giant of Information Processing*. Columbia University Press, New York, NY, 1982.

[4] Bachrach, El-Yaniv, and M. Reinstädtler. On the competitive theory and practice of online list accessing algorithms. *Algorithmica*, 32(2):201–245, 2002.

[5] Ran Bachrach and Ran El-Yaniv. Online list accessing algorithms and their applications: Recent empirical evidence. In *Proceedings of the Eighth Annual ACM-SIAM Symposium on Discrete Algorithms*, SODA '97, pages 53–62, Philadelphia, PA, USA, 1997. Society for Industrial and Applied Mathematics.

[6] Yoram Bachrach, Evangelos Markakis, Ezra Resnick, Ariel D. Procaccia, Jeffrey S. Rosenschein, and Amin Saberi. Approximating power indices: Theoretical and empirical analysis. *Autonomous Agents and Multi-Agent Systems*, 20(2):105–122, March 2010.

[7] Ricardo A. Baeza-Yates and Mireille Régnier. Average running time of the Boyer-Moore-Horspool algorithm. *Theoretical Computer Science*, 92(1):19–31, January 1992.

[8] Michael J. Bannister and David Eppstein. Randomized speedup of the Bellman-Ford algorithm. In *Proceedings of the Meeting on Analytic Algorithmics and Combinatorics*, ANALCO '12, pages 41–47, Philadelphia, PA, USA, 2012. Society for Industrial and Applied Mathematics.

[9] John F. Banzhaf, III. Weighted voting doesn't work: A mathematical analysis. *Rutgers Law Review*, 19:317–343, 1965.

[10] Albert-László Barabási. *Linked: The New Science Of Networks*. Basic Books, 2002.

[11] Albert-László Barabási and Eric Bonabeau. Scale-free networks. *Scientic American*, 288(5):50–59, May 2003.

[12] J. Neil Bearden. A new secretary problem with rank-based selection and cardinal payoffs. *Journal of Mathematical Psychology*, 50:58–59, 2006.

[13]   Richard Bellman. On a routing problem. *Quarterly of Applied Mathematics*, 16(1):87–90, 1958.

[14]   Frank Benford. The law of anomalous numbers. *Proceedings of the American Philosophical Society*, 78(4):551–572, 1938.

[15]   Arthur Benjamin, Gary Chartrand, and Ping Zhang. *The Fascinating World of Graph Theory*. Princeton University Press, Princeton, NJ, USA, 2015.

[16]   Jon Bentley. *Programming Pearls*. Addison-Wesley, 2nd edition, 2000.

[17]   Jon L. Bentley and Catherine C. McGeoch. Amortized analyses of self-organizing sequential search heuristics. *Communications of the ACM*, 28(4):404–411, April 1985.

[18]   MichaelW. Berry and Murray Browne. *Understanding Text Engines: Mathematical Modeling and Text Retrieval*. Society for Industrial and Applied Mathematics, Philadelphia, PA, 2nd edition, 2005.

[19]   N. Biggs, E. K. Lloyd, and R. J. Wilson. *Graph Theory, 1736–1936*. Clarendon Press, Oxford, UK, 1986.

[20]   Christopher M. Bishop. *Pattern Recognition and Machine Learning*. Springer, New York, NY, 2006.

[21]   Joshua Bloch. Extra, extra—read all about it: Nearly all Binary Searches and Mergesorts are broken. `http://googleresearch.blogspot.it/2006/06/extra-extra-read-all-about-it-nearly.html`, June 2 2006.

[22]   Joshua Bloch. *Eective Java (2nd Edition) (The Java Series)*. Prentice Hall PTR, Upper Saddle River, NJ, USA, 2nd edition, 2008.

[23]   Burton H. Bloom. Space/time trade-os in hash coding with allowable errors. *Communications of the ACM*, 13(7):422–426, July 1970.

[24]   James Blustein and Amal El-Maazawi. Bloom lters—a tutorial, analysis, and survey. Technical report, Dalhousie University, Faculty of Computer Science, 2002.

[25]   J. A. Bondy and U. S. R. Murty. *Graph Theory*. Springer, New York, NY, 2008.

[26]   Robert S. Boyer and J Strother Moore. A fast string searching algorithm. *Communications of the ACM*, 20(10):762–772, October 1977.

[27]   Steven J. Brams. *Mathematics and Democracy: Designing Better Votign and Fair-Division Processes*. Princeton University Press, Princeton, NJ, 2008.

[28]   Leo Breiman, Jerome H. Friedman, Richard A. Olshen, and Charles J. Stone. *Classication and Regression Trees*. Wadsworth International Group, Belmont, CA, 1984.

[29]   Sergey Brin and Lawrence Page. The anatomy of a large-scale hypertextual web search engine. *Computer Networks and ISDN Systems*, 30(1–7):107–117, April 1998.

[30]   Andrei Broder and Michael Mitzenmacher. Network applications of bloom filters: A survey. *Internet Mathematics*, 1(4):485–509, 2003.

[31]   Kurt Bryan and Tanya Leise. The $25,000,000,000 eigenvector: The linear algebra behind google. *SIAM Review*, 48(3):569–581, 2006.

[32]　Russell Burns. *Communications: An International History of the Formative Years.* The Institution of Electrical Engineers, Stevenage, UK, 2004.

[33]　Stefan Büttcher, Charles L. A. Clarke, and Gordon Cormack. *Information Retrieval: Implementing and Evaluating Search Engines.* The MIT Press, Cambridge, MA, 2010.

[34]　R. Callon. Use of OSI IS-IS for routing in TCP/IP and dual environments. RFC 1195, December 1990.

[35]　M. T. Chao. A general purpose unequal probability sampling plan. *Biometrika,* 69(3):653–656, 1982.

[36]　Tom Christiansen and Nathan Torkington. *Perl Cookbook.* O'Reilly, Sebastopol, CA, 2nd edition, 2003.

[37]　Richard J. Cichelli. Minimal perfect hash functions made simple. *Communications of the ACM,* 23(1):17–19, January 1980.

[38]　Douglas E. Comer. *Internetworking with TCP/IP, Volume 1: Principles, Protocols, and Architecture.* Pearson, 6th edition, 2013.

[39]　Marquis de Condorcet. *Essai sur l'application de l'analyse à la probabilité des décisions rendues à la pluralité des voix.* Imprimerie Royale, Paris, 1785.

[40]　Stephen A. Cook. Linear time simulation of deterministic two-way pushdown automata. In *IFIP Congress 1,* pages 75–80, 1971.

[41]　Thomas H. Cormen. *Algorithms Unlocked.* The MIT Press, Cambridge, MA, 2013.

[42]　Thomas H. Cormen, Charles E. Leiserson, Ronald L. Rivest, and Cliort Stein. *Introduction to Algorithms.* The MIT Press, Cambridge, MA, 3rd edition, 2009.

[43]　T. M. Cover and R. King. A convergent gambling estimate of the entropy of English. *IEEE Transactions on Information Theory,* 24(4):413–421, September 2006.

[44]　Thomas M. Cover and Joy A. Thomas. *Elements of Information Theory.* Wiley-Interscience, Hoboken, NJ, 2nd edition, 2006.

[45]　Maxime Crochemore, Christophe Hancart, and Thierry Lecroq. *Algorithms on Strings.* Cambridge University Press, Cambridge, UK, 2014.

[46]　Joan Daemen and Vincent Rijmen. *The Design of Rijndael: AES—The Advanced Encryption Standard.* Springer-Verlag New York, Inc., Secaucus, NJ, USA, 2002.

[47]　Sanjoy Dasgupta, Christos H. Papadimitriou, and Umesh Vazirani. *Algorithms.* McGraw-Hill, Inc., New York, NY, 2008.

[48]　Easley David and Kleinberg Jon. *Networks, Crowds, and Markets: Reasoning About a Highly Connected World.* Cambridge University Press, New York, NY, USA, 2010.

[49]　Butler Declan. When Google got u wrong. *Nature,* 494(7436):155–156, 2013.

[50]　W. Diffie and M. E. Hellman. New directions in cryptography. *IEEE Transactions on Information Theory,* 22(6):644–654, November 1976.

[51]　E.W. Dijkstra. A note on two problems in connexion with graphs. *Numerische Mathematik,* 1(1):269–271, December 1959.

[52]   Roger Dingledine, Nick Mathewson, and Paul Syverson. Tor: The second-generation Onion Router. In *Proceedings of the 13th USENIX Security Symposium*, Berkeley, CA, USA, 2004. USENIX Association.

[53]   Yevgeniy Dodis, Adi Shamir, Noah Stephens-Davidowitz, and Daniel Wichs. How to eat your entropy and have it too—optimal recovery strategies for compromised rngs. Cryptology ePrint Archive, Report 2014/167, 2014. `http://eprint.iacr.org/`.

[54]   Arnold I. Dumey. Indexing for rapid random-access memory. *Computers and Automation*, 5(12):6–9, 1956.

[55]   Pavlos S. Efraimidis and Paul G. Spirakis. Weighted random sampling with a reservoir. *Information Processing Letters*, 97(5):181–185, 2006.

[56]   Leonhardo Eulerho. Solutio problematis ad geometrian situs pertinentis. *Commetarii Academiae Scientiarum Imperialis Petropolitanae*, 8:128–140, 1736.

[57]   Shimon Even. *Graph Algorithms*. Cambridge University Press, Cambridge, UK, 2nd edition, 2012.

[58]   Kevin R. Fall andW. Richard Stevens. *TCP/IP Illustrated, Volume 1: The Protocols*. Addison-Wesley, Upper Saddle River, NJ, 2nd edition, 2012.

[59]   C. T. Fan, Mervin E. Muller, and Ivan Rezucha. Development of sampling plans by using sequential (item by item) selection techniques and digital computers. *Journal of the American Statistical Association*, 57(298):387–402, 1962.

[60]   Ariel Felner. Position paper: Dijkstra's algorithm versus Uniform Cost Search or a case against Dijkstra's algorithm. In *Proceedings of the 4th Annual Symposium on Combinatorial Search (SoCS)*, pages 47–51, 2011.

[61]   Dan S. Felsenthal and Moshé Machover. *The Measurement of Voting Power: Theory and Practice, Problems and Paradoxes*. Edward Elgar, Cheltenham, UK, 1998.

[62]   Niels Ferguson and Bruce Schneier. *Practical Cryptography*. Wiley Publishing, Indianapolis, IN, 2003.

[63]   Niels Ferguson, Bruce Schneier, and Tadayoshi Kohno. *Cryptography Engineering: Design Principles and Practical Applications*. Wiley Publishing, Indianapolis, IN, 2010.

[64]   Thomas S. Ferguson. Who solved the secretary problem? *Statistical Science*, 4(3):282–289, 08 1989.

[65]   R. M. Fewster. A simple explanation of Benford's law. *The American Statistician*, 63(1):26–32, 2009.

[66]   Robert W. Floyd. Algorithm 113: Treesort. *Communications of the ACM*, 5(8):434, August 1962.

[67]   Robert W. Floyd. Algorithm 97: Shortest path. *Communications of the ACM*, 5(6):345, June 1962.

[68]   Robert W. Floyd. Algorithm 245: Treesort 3. *Communications of the ACM*, 7(12):701, December 1964.

[69]   L. R. Ford. Networkflow theory, 1956. Paper P-923.

[70]　Glenn Fowler, Landon Curt Noll, Kiem-Phong Vo, and Donald Eastlake. The FNV noncryptographic hash algorithm. Internet-Draft draft-eastlake-fnv-09.txt, IETF Secretariat, April 2015.

[71]　Michael L. Fredman and Robert Endre Tarjan. Fibonacci heaps and their uses in improved network optimization algorithms. *Journal of the ACM*, 34(3):596–615, July 1987.

[72]　Edward H. Friend. Sorting on electronic computer systems. *Journal of the ACM*, 3(3):134–168, July 1956.

[73]　Zvi Galil. On improving the worst case running time of the boyer-moore string matching algorithm. *Commun. ACM*, 22(9):505–508, September 1979.

[74]　Antonio Valverde Garcia and Jean-Pierre Seifert. On the implementation of the Advanced Encryption Standard on a public-key crypto-coprocessor. In *Proceedings of the 5th Conference on Smart Card Research and Advanced Application Conference—Volume 5*, CARDIS'02, Berkeley, CA, USA, 2002. USENIX Association.

[75]　Martin Gardner. Mathematical games. *Scientic American*, 237(2):120–124, August 1977.

[76]　Simson L. Garfinkel. Digital forensics. *American Scientist*, 101(5):370–377, September–October 2013.

[77]　AndrewGelman, Jonathan N. Katz, and Francis Tuerlinckx. The mathematics and statistics of voting power. *Statistical Science*, 17(4):420–435, 11 2002.

[78]　Jeremy Ginsberg, Matthew H. Mohebbi, Rajan S. Patel, Lynnette Brammer, Mark S. Smolinski, and Larry Brilliant. Detecting inuenza epidemics using search engine query data. *Nature*, 457(7232):1012–1014, 2009.

[79]　Oded Goldreich. *Foundations of Cryptography: Basic Tools*. Cambridge University Press, Cambridge, UK, 2004.

[80]　Oded Goldreich. *Foundations of Cryptography: II Basic Applications*. Cambridge University Press, Cambridge, UK, 2009.

[81]　David Goldschlag, Michael Reed, and Paul Syverson. Onion routing. *Communications of the ACM*, 42(2):39–41, February 1999.

[82]　Michael T. Goodrich, Roberto Tamassia, and Michael H. Goldwasser. *Data Structures & Algorithms in Python*. John Wiley & Sons, Hoboken, NJ, 2013.

[83]　Robert M. Gray. *Entropy and Information Theory*. Springer, New York, NY, 2nd edition, 2011.

[84]　John Guare. *Six Degrees of Separation: A Play*. Random House, New York, NY, 1990.

[85]　Dan Gusfield. *Algorithms on Strings, Trees and Sequences: Computer Science and Computational Biology*. Cambridge University Press, Cambridge, UK, 1997.

[86]　David Harel and Yishai Feldman. *Algorithmics: The Spirit of Computing*. Pearson Education, Essex, UK, 3rd edition, 2004.

[87] P. E. Hart, N. J. Nilsson, and B. Raphael. A formal basis for the heuristic determination of minimum cost paths. *IEEE Transactions on Systems, Science, and Cybernetics*, 4(2):100–107, July 1968.

[88] Peter E. Hart, Nils J. Nilsson, and Bertram Raphael. Correction to "A formal basis for the heuristic determination of minimum cost paths". *SIGART Bulletin*, 37:28–29, December 1972.

[89] Fiona Harvey. Name that tune. *Scientic American*, 288(6):84–86, June 2003.

[90] Trevor Hastie, Robert Tibshirani, and Jerome Friedman. *The Elements of Statistical Learning: Data Mining, Inference, and Prediction*. Springer, New York, NY, 2nd edition, 2009.

[91] César Hidalgo. *Why Information Grows: The Evolution of Order, from Atoms to Economies*. Basic Books, New York, NY, 2015.

[92] Theodore P. Hill. A statistical derivation of the Signicant-Digit law. *Statistical Science*, 10(4):354–363, 1995.

[93] C. A. R. Hoare. Algorithm 63: Partition. *Communications of the ACM*, 4(7):321, July 1961.

[94] C. A. R. Hoare. Algorithm 64: Quicksort. *Communications of the ACM*, 4(7):321, July 1961.

[95] C. A. R. Hoare. Algorithm 65: Find. *Communications of the ACM*, 4(7):321–322, July 1961.

[96] John Hopcroft and Robert Tarjan. Algorithm 447: Ecient algorithms for graph manipulation. *Communications of the ACM*, 16(6):372–378, June 1973.

[97] W. G. Horner. A new method of solving numerical equations of all orders, by continuous approximation. *Philosophical Transactions of the Royal Society of London*, 109:308–335, 1819.

[98] R. Nigel Horspool. Practical fast searching in strings. *Software: Practice and Experience*, 10(6):501–506, 1980.

[99] D. A. Human. A method for the construction of minimum-redundancy codes. *Proceedings of the IRE*, 40(9):1098–1101, September 1952.

[100] Earl B. Hunt, Janet Marin, and Philip J. Stone. *Experiments in Induction*. Academic Press, New York, NY, 1966.

[101] P. Z. Ingerman. Algorithm 141: Path matrix. *Communications of the ACM*, 5(11):556, November 1962.

[102] Gareth James, Daniela Witten, Trevor Hastie, and Robert Tibshirani. *An Introduction to Statistical Learning: With Applications in R*. Springer, New York, NY, 2013.

[103] T. G. Jones. A note on sampling a tape-le. *Communications of the ACM*, 5(6):343, June 1962.

[104] David Kahn. *The Codebreakers: The Comprehensive History of Secret Communication from Ancient Times to the Internet*. Scribner, New York, NY, revised edition, 1996.

[105] Jonathan Katz and Yehuda Lindell. *Introduction to Modern Cryptography*. CRC Press, Taylor & Francis Group, Boca Raton, FL, 2nd edition, 2015.

[106] John Kelsey, Bruce Schneier, and Niels Ferguson. Yarrow-160: Notes on the design and analysis of the Yarrow cryptographic pseudorandom number generator. In Howard Heys and Carlisle Adams, editors, *Selected Areas in Cryptography*, volume 1758 of *Lecture Notes in Computer Science*, pages 13–33. Springer, Berlin, 2000.

[107] Jon Kleinberg and Éva Tardos. *Algorithm Design*. Addison-Wesley Longman Publishing Co., Inc., Boston, MA, 2005.

[108] Jon M. Kleinberg. Authoritative sources in a hyperlinked environment. In *Proceedings of the Ninth Annual ACM-SIAM Symposium on Discrete Algorithms*, SODA '98, pages 668–677, Philadelphia, PA, USA, 1998. Society for Industrial and Applied Mathematics.

[109] Jon M. Kleinberg. Authoritative sources in a hyperlinked environment. *Journal of the ACM*, 46(5):604–632, September 1999.

[110] Donald E. Knuth. Ancient babylonian algorithms. *Communications of the ACM*, 15(7):671–677, July 1972.

[111] Donald E. Knuth. *The TEXbook* Addison-Wesley Professional, Reading, MA, 1986.

[112] Donald E. Knuth. *The Art of Computer Programming, Volume 1: Fundamental Algorithms*. Addison-Wesley, Reading, MA, 3rd edition, 1997.

[113] Donald E. Knuth. *The Art of Computer Programming, Volume 2: Seminumerical Algorithms*. Addison-Wesley, Reading, MA, 3rd edition, 1998.

[114] Donald E. Knuth. *The Art of Computer Programming, Volume 3: Sorting and Searching*. Addison-Wesley, Reading, MA, 2nd edition, 1998.

[115] Donald E. Knuth. *The Art of Computer Programming, Volume 4A: Combinatorial Algorithms, Part 1*. Addison-Wesley, Upper Saddle River, NJ, 2011.

[116] Donald E. Knuth, James H. Morris, Jr., and Vaughan R. Pratt. Fast pattern matching in strings. *SIAM Journal on Computing*, 6(2):323–349, 1977.

[117] Donald E. Knuth and Michael F. Plass. Breaking paragraphs into lines. *Software: Practice and Experience*, 11:1119–1194, 1981.

[118] Alan G. Konheim. *Hashing in Computer Science: Fifty Years of Slicing and Dicing*. John Wiley & Sons, Inc., Hoboken, NJ, 2010.

[119] James F. Kurose and KeithW. Ross. *Computer Networking: A Top-Down Approach*. Pearson, Boston, MA, 6th edition, 2013.

[120] Leslie Lamport. *LATEX: A Document Preparation System*.Addison-Wesley Professional, Reading, MA, 2nd edition, 1994.

[121] Amy N. Langville and Carl D. Meyer. *Google's PageRank and Beyond: The Science of Search Engine Rankings*. Princeton University Press, Princeton, NJ, 2006.

[122] David Lazer, Ryan Kennedy, Gary King, and Alessandro Vespignani. The parable of Google flu: Traps in big data analysis. *Science*, 343(6176):1203–1205, 2014.

[123] Thierry Lecroq. Experimental results on string matching algorithms. *Software: Practice and Experience*, 25(7):727–765, 1995.

[124]   Pierre L'Ecuyer. Tables of linear congruential generators of dierent sizes and good lattice structure. *Mathematics of Computation*, 68(225):249–260, January 1999.

[125]   Pierre L'Ecuyer and Richard Simard. TestU01: A C library for empirical testing of random number generators. *ACM Transactions on Mathematical Software*, 33(4), August 2007.

[126]   C. Y. Lee. An algorithm for path connections and its applications. *IRE Transactions on Electronic Computers*, EC-10(3):346–365, September 1961.

[127]   D. H. Lehmer. Mathematical methods in large-scale computing units. In *Proceedings of the Second Symposium on Large-Scale Digital Calculating Machinery*, pages 141–146, Cambridge, MA, 1949. Harvard University Press.

[128]   Debra A. Lelewer and Daniel S. Hirschberg. Data compression. *ACM Computing Surveys*, 19(3):261–296, September 1987.

[129]   Anany Levitin. *Introduction to the Design & Analysis of Algorithms*. Pearson, Boston, MA, 3rd edition, 2012.

[130]   John MacCormick. *Nine Algorithms That Changed the Future: The Ingenious Ideas that Drive Today's Computers*. Princeton University Press, Princeton, NJ, 2012.

[131]   David J. C. MacKay. *Information Theory, Inference, and Learning Algorithms*. Cambridge University Press, Cambridge, UK, 2003.

[132]   Charles E. Mackenzie. *Coded Character Sets, History and Development*. Addison-Wesley, Reading, MA, 1980.

[133]   George Marsaglia. Xorshift rngs. *Journal of Statistical Software*, 8(14):1–6, 2003.

[134]   Tomomi Matsui and Yasuko Matsui. A survey of algorithms for calculating power indices of weighted majority games. *Journal of the Operations Research Society of Japan*, 43:71–86, 2000.

[135]   John McCabe. On serial les with relocatable records. *Operations Research*, 13(4):609–618, 1965.

[136]   A. I. McLeod and D. R. Bellhouse. A convenient algorithm for drawing a simple random sample. *Applied Statistics*, 32(2):182–184, 1983.

[137]   Alfred J. Menezes, Scott A. Vanstone, and Paul C. Van Oorschot. *Handbook of Applied Cryptography*. CRC Press, Inc., Boca Raton, FL, USA, 1996.

[138]   Ralph C. Merkle. A certied digital signature. In *Proceedings on Advances in Cryptology*, CRYPTO '89, pages 218–238, New York, NY, USA, 1989. Springer-Verlag New York, Inc.

[139]   Stanley Milgram. The small world problem. *Psychology Today*, 1(1):60–67, 1967.

[140]   Gary L. Miller. Riemann's hypothesis and tests for primality. In *Proceedings of Seventh Annual ACM Symposium on Theory of Computing*, STOC '75, pages 234–239, New York, NY, USA, 1975. ACM.

[141]   Thomas J. Misa and Philip L. Frana. An interview with Edsger W. Dijkstra. *Communications of the ACM*, 53(8):41–47, August 2010.

[142]   Thomas M. Mitchell. *Machine Learning*. McGraw-Hill, Inc., New York, NY, 1997.

[143]   Michael Mitzenmacher. A brief history of generative models for power law and lognormal distributions. *Internet Mathematics*, 1(2):226–251, 2004.

[144]   Michael Mitzenmacher and Eli Upfal. *Probability and Computing: Randomized Algorithms and Probabilistic Analysis*. Cambridge University Press, Cambridge, UK, 2005.

[145]   E. F. Moore. The shortest path through a maze. In *Proceedings of an International Symposium on the Theory of Switching, 2–5 April 1957*, pages 285–292. Harvard University Press, 1959.

[146]   Robert Morris. Scatter storage techniques. *Communications of the ACM*, 11(1):38–44, 1968.

[147]   J. Moy. OSPF version 2. RFC 2328, April 1998.

[148]   Kevin P. Murphy. *Machine Learning: A Probabilistic Perspective*. The MIT Press, Cambridge, MA, 2012.

[149]   Simon Newcomb. Note on the frequency of use of the different digits in natural numbers. *American Journal of Mathematics*, 4(1):39–40, 1881.

[150]   Mark Newman. *Networks: An Introduction*. Oxford University Press, Inc., New York, NY, USA, 2010.

[151]   Michael A. Nielsen and Isaac L. Chuang. *Quantum Computation and Quantum Information*. Cambridge University Press, Cambridge, UK, 2000.

[152]   Cathy O'Neil. *Weapons of Math Destruction: How Big Data Increases Inequality and Threatens Democracy*. Crown, New York, NY, 2016.

[153]   Christof Paar and Jan Pelzl. *Understanding Cryptography: A Textbook for Students and Practitioners*. Springer-Verlag, Berlin, 2009.

[154]   Vilfredo Pareto. *Cours d'Économie Politique*. Rouge, Lausanne, 1897.

[155]   Richard E. Pattis. Textbook errors in binary searching. *SIGCSE Bulletin*, 20(1):190–194, February 1988.

[156]   L. S. Penrose. The elementary statistics of majority voting. *Journal of the Royal Statistical Society*, 109(1):53–57, 1946.

[157]   Radia Perlman. *Interconnections: Bridges, Routers, Switches, and Internetworking Protocols*. Addison-Wesley, 2nd edition, 1999.

[158]   J. R. Quinlan. Discovering rules by induction from large collections of examples. In D. Michie, editor, *Expert systems in the micro electronic age*. Edinburgh University Press, Edinburgh, UK, 1979.

[159]   J. R. Quinlan. Semi-autonomous acquisition of pattern-based knowledge. In J. E. Hayes, D. Michie, and Y.-H. Pao, editors, *Machine Intelligence*, volume 10. Ellis Horwood, Chichester, UK, 1982.

[160]   J. R. Quinlan. Induction of decision trees. *Machine Learning*, 1(1):81–106, 1986.

[161]   J. Ross Quinlan. *C4.5: Programs for Machine Learning*. Morgan Kaufmann Publishers Inc., San Francisco, CA, 1993.

[162]   Michael O. Rabin. Probabilistic algorithm for testing primality. *Journal of Number Theory*, 12(1):128–138, 1980.

[163]   Rajeev Raman. Recent results on the single-source shortest paths problem. *SIGACT News*, 28(2):81–87, June 1997.

[164]   Edward M. Reingold, Kenneth J. Urban, and David Gries. K-M-P string matching revisited. *Information Processing Letters*, 64(5):217–223, December 1997.

[165]   R. L. Rivest, A. Shamir, and L. Adleman. A method for obtaining digital signatures and public-key cryptosystems. *Communications of the ACM*, 21(2):120–126, February 1978.

[166]   Ronald Rivest. On self-organizing sequential search heuristics. *Communications of the ACM*, 19(2):63–67, February 1976.

[167]   Phillip Rogaway and Thomas Shrimpton. Cryptographic hash-function basics: Definitions, implications, and separations for preimage resistance, second-preimage resistance, and collision resistance. In Bimal Roy and Willi Meier, editors, *Fast Software Encryption*, volume 3017 of *Lecture Notes in Computer Science*, pages 371–388. Springer Berlin Heidelberg, 2004.

[168]   Bernard Roy. Transitivé et connexité. *Comptes rendus des séances de l'Académie des Sciences*, 249(6):216–218, 1959.

[169]   Donald G. Saari. *Disposing Dictators, Demystifying Voting Paradoxes*. Cambridge University Press, Cambridge, UK, 2008.

[170]   David Salomon. *A Concise Introduction to Data Compression*. Springer, London, UK, 2008.

[171]   David Salomon and Giovanni Motta. *Handbook of Data Compression*. Springer, London, UK, 5th edition, 2010.

[172]   Khalid Sayood. *Introduction to Data Compression*. Morgan Kaufmann, Waltham, MA, 4th edition, 2012.

[173]   Douglas C. Schmidt. GPERF: A perfect hash function generator. In Robert C. Martin, editor, *More C++ Gems*, pages 461–491. Cambridge University Press, New York, NY, USA, 2000.

[174]   Bruce Schneier. *Applied Cryptography: Protocols, Algorithms, and Source Code in C*. John Wiley & Sons, Inc., New York, NY, USA, 2nd edition, 1995.

[175]   Markus Schulze. A new monotonic, clone-independent, reversal symmetric, and Condorcet-consistent single-winner election method. *Social Choice andWelfare*, 36(2):267–303, 2011.

[176]   Robert Sedgewick. *Algorithms in C—Parts 1–4: Fundamentals, Data Structures, Sorting, Searching*. Addison-Wesley, Boston, MA, 3rd edition, 1998.

[177]   Robert Sedgewick. *Algorithms in C++—Parts 1–4: Fundamentals, Data Structures, Sorting, Searching*. Addison-Wesley, Boston, MA, 3rd edition, 1998.

[178]   Robert Sedgewick. *Algorithms in C—Part 5: Graph Algorithms*. Addison-Wesley, Boston, MA, 3rd edition, 2002.

[179]   Robert Sedgewick. *Algorithms in C—Part 5: Graph Algorithms*. Addison-Wesley, Boston, MA, 3rd edition, 2002.

[180] Robert Sedgewick and Kevin Wayne. *Algorithms*. Addison-Wesley, Upper Saddle River, NJ, 4th edition, 2011.

[181] C. E. Shannon. A mathematical theory of communication. *The Bell System Technical Journal*, 27(3):379–423, July 1948.

[182] C. E. Shannon. Prediction and entropy of printed english. *The Bell System Technical Journal*, 30(1):50–64, January 1950.

[183] Claude E. Shannon and Warren Weaver. *The Mathematical Theory of Communication*. University of Illinois Press, Urbana, IL, 1949.

[184] L. S. Shapley and Martin Shubik. A method for evaluating the distribution of power in a committee system. *American Political Science Review*, 48:787–792, September 1954.

[185] Peter W. Shor. Polynomial-time algorithms for prime factorization and discrete logarithms on a quantum computer. *SIAM Journal on Computing*, 26(5):1484–1509, October 1997.

[186] Joseph H. Silverman. *A Friendly Introduction to Number Theory*. Pearson, 4th edition, 2012.

[187] Simon Singh. *The Code Book: The Secret History of Codes and Code-breaking*. Fourth Estate, London, UK, 2002.

[188] Steven S. Skiena. *The Algorithm Design Manual*. Springer-Verlag, London, UK, 2nd edition, 2008.

[189] Daniel D. Sleator and Robert E. Tarjan. Amortized efficiency of list update and paging rules. *Communications of the ACM*, 28(2):202–208, February 1985.

[190] David Eugene Smith, editor. *A Source Book in Mathematics*. McGraw-Hill Book Co., New York, NY, 1929. Reprinted by Dover Publications in 1959.

[191] Jonathan Sorenson. An introduction to prime number sieves. Computer Sciences Technical Report 909, Department of Computer Science, University of Wisconsin-Madison, January 1990.

[192] Gary Stix. Prole: David Human. *Scientific American*, 265(3):54–58, September 1991.

[193] James V Stone. *Information Theory: A Tutorial Introduction*. Sebtel Press, Sheeld, UK, 2015.

[194] Michael P. H. Stumpf and Mason A. Porter. Critical truths about power laws. *Science*, 335(6069):665–666, 2012.

[195] George G. Szpiro. *Numbers Rule: The Vexing Mathematics of Democracy, from Plato to the Present*. Princeton University Press, Princeton, NJ, 2010.

[196] Andrew S. Tanenbaum and David J. Wetherall. *Computer Networks*. Prentice Hall, Boston, MA, 5th edition, 2011.

[197] Robert Tarjan. Depth-rst searcn and linear graph algorithms. *SIAM Journal on Computing*, 1(2):146–160, 1972.

[198] Robert Endre Tarjan. Edge-disjoint spanning trees and depth-rst search. *Acta Informatica*, 6(2):171–185, 1976.

[199]   Robert Endre Tarjan. *Data Structures and Network Algorithms*. Society for Industrial and Applied Mathematics, Philadelphia, PA, 1983.

[200]   Alan D. Taylor and Allison M. Pacelli. *Mathematics and Politics: Strategy, Voting, Power and Proof*. Springer, 2nd edition, 2008.

[201]   Mikkel Thorup. On RAM priority queues. *SIAM Journal on Computing*, 30(1):86–109, April 2000.

[202]   Yves Tillé. *Sampling Algorithms*. Springer, New York, NY, 2006.

[203]   Thanassis Tiropanis, Wendy Hall, Jon Crowcroft, Noshir Contractor, and Leandros Tassiulas. Network science, web science, and internet science. *Communications of the ACM*, 58(8):76–82, July 2015.

[204]   Jerey Travers and Stanley Milgram. An experimental study of the small world problem. *Sociometry*, 32(4):425–443, 1969.

[205]   Alan Turing. Proposed electronic calculator. Technical report, National Physical Laboratory (NPL), UK, 1946. http://www.alanturing.net/ace/index.html.

[206]   United States National Institute of Standards and Technology (NIST). Announcing the ADVANCED ENCRYPTION STANDARD (AES), November 26 2001. Federal Information Processing Standards Publication 197.

[207]   United States National Institute of Standards and Technology (NIST). Secure hash standard (SHS), August 2015. Federal Information Processing Standards Publication 180-4.

[208]   United States National Institute of Standards and Technology (NIST). SHA-3 standard: Permutation-based hash and extendable-output functions, August 2015. Federal Information Processing Standards Publication 202.

[209]   Sebastiano Vigna. An experimental exploration of Marsaglia's xorshift generators, scrambled. *CoRR*, abs/1402.6246, 2014.

[210]   Jerey S. Vitter. Random sampling with a reservoir. *ACM Transactions on Mathematical Software*, 11(1):37–57, March 1985.

[211]   John von Neumann. Various techniques used in connection with random digit. In A.S. Householder, G. E. Forsythe, and H. H. Germond, editors, *Monte Carlo Method*, volume 12 of *National Bureau of Standards Applied Mathematics Series*, pages 36–38. U.S. Government Printing Oce, Washington, D.C., 1951.

[212]   Avery Li-ChunWang. An industrial-strength audio search algorithm. In *Proceedings of the 4th International Conference on Music Information Retrieval (ISMIR 2003)*, Baltimore, MD, October 26–30 2003.

[213]   StephenWarshall. A theorem on boolean matrices. *Journal of the ACM*, 9(1):11–12, January 1962.

[214]   Duncan J. Watts. *Six Degrees: The Science of a Connected Age*. W. W. Norton & Company, New York, NY, 2004.

[215]   T. A. Welch. A technique for high-performance data compression. *Computer*, 17(6):8–19, June 1984.

[216]　Frank Wilczek. *A Beautiful Question: Finding Nature's Deep Design.* Penguin Press, New York, NY, 2015.

[217]　Maurice V. Wilkes. *Memoirs of a Computer Pioneer.* The MIT Press, Cambridge, MA, 1985.

[218]　J.W. J. Williams. Algorithm 232: Heapsort. *Communications of the ACM,* 7(6):347–348, June 1964.

[219]　Ian H. Witten, Eibe Frank, Mark A. Hall, and Christopher J. Pal. *Data Mining: Practical Machine Learning Tools and Techniques.* Elsevier, Cambridge, MA, 4th edition, 2016.

[220]　XindongWu, Vipin Kumar, J. Ross Quinlan, Joydeep Ghosh, Qiang Yang, Hiroshi Motoda, Georey J. McLachlan, Angus Ng, Bing Liu, Philip S. Yu, Zhi-Hua Zhou, Michael Steinbach, David J. Hand, and Dan Steinberg. Top 10 algorithms in data mining. *Knowledge and Information Systems,* 14(1):1–37, January 2008.

[221]　J. Y. Yen. An algorithm for finding shortest routes from all source nodes to a given destination in general networks. *Quarterly of Applied Mathematics,* 27:526–530, 1970.

[222]　Joel Young, Kristina Foster, Simson Garnkel, and Kevin Fairbanks. Distinct sector hashes for target file detection. *Computer,* 45(12):28–35, December 2012.

[223]　G. Udny Yule. A mathematical theory of evolution, based on the conclusions of Dr. J. C. Willis, F.R.S. *Philosophical Transactions of the Royal Society of London: Series B,* 213:21–87, April 1925.

[224]　Philip Zimmermann. Why I wrote PGP. Part of the Original 1991 PGP User's Guide (updated), 1999. Available at `https://www.philzimmermann.com/EN/essays/WhyIWrotePGP.html`.

[225]　Philip Zimmermann. Phil Zimmermann on the importance of online privacy. The Guardian Tech Weekly Podcast, 2013. Available at `http://www.theguardian.com/technology/audio/2013/may/23/podcast-tech-weekly-phil-zimmerman`.

[226]　George Kingsley Zipf. *The Psycho-Biology of Language: An Introduction to Dynamic Philology.* Houghton Mifflin, Boston, MA, 1935.

[227]　George Kingsley Zipf. *Human Behavior and the Principle of Least Eort: An Introduction to Human Ecology.* Addison-Wesley, Reading, MA, 1949.

[228]　J. Ziv and A. Lempel. A universal algorithm for sequential data compression. *Information Theory, IEEE Transactions on,* 23(3):337–343, May 1977.

[229]　J. Ziv and A. Lempel. Compression of individual sequences via variable-rate coding. *Information Theory, IEEE Transactions on,* 24(5):530–536, September 1978.

索引

※提醒您：由於翻譯書排版的關係，部份索引名詞的對應頁碼會和實際頁碼有一、二頁之差。

現代演算法｜原來理解演算法並不難

作　　　者：Panos Louridas
譯　　　者：賴屹民
企劃編輯：蔡彤孟
文字編輯：詹祐甯
設計裝幀：張寶莉
發 行 人：廖文良

發 行 所：碁峰資訊股份有限公司
地　　　址：台北市南港區三重路 66 號 7 樓之 6
電　　　話：(02)2788-2408
傳　　　真：(02)8192-4433
網　　　站：www.gotop.com.tw
書　　　號：ACL051700
版　　　次：2018 年 09 月初版
建議售價：NT$780

國家圖書館出版品預行編目資料

現代演算法：原來理解演算法並不難 / Panos Louridas 原著；
　賴屹民譯. -- 初版. -- 臺北市：碁峰資訊, 2018.09
　　面；　　公分
　　譯自：Real-World Algorithms: A Beginner's Guide
　　ISBN 978-986-476-881-3(平裝)
　　1.演算法
318.1　　　　　　　　　　　　　　　　　　107012485

讀者服務

● 感謝您購買碁峰圖書，如果您
　對本書的內容或表達上有不清
　楚的地方或其他建議，請至碁
　峰網站：「聯絡我們」\「圖書問
　題」留下您所購買之書籍及問
　題。(請註明購買書籍之書號及
　書名，以及問題頁數，以便能
　儘快為您處理)
　http://www.gotop.com.tw

● 售後服務僅限書籍本身內容，
　若是軟、硬體問題，請您直接
　與軟體廠商聯絡。

● 若於購買書籍後發現有破損、
　缺頁、裝訂錯誤之問題，請直
　接將書寄回更換，並註明您的
　姓名、連絡電話及地址，將有
　專人與您連絡補寄商品。

● 歡迎至碁峰購物網
　http://shopping.gotop.com.tw
　選購所需產品。